Handbuch des amerikanischen Weinanbaus

CW01496363

UP Hedrick

Writat

Diese Ausgabe erschien im Jahr 2023

ISBN: 9789359253923

Herausgegeben von
Writat
E-Mail: info@writat.com

Inhalt

VORWORT

Neunundsiebzig Bücher über Trauben bereichern die Pomologie Nordamerikas, zahlreiche staatliche und nationale Veröffentlichungen nicht mitgerechnet. Pomologische Autoren in Amerika haben eine Vorliebe für die Traube, da es anderen Früchten bei weitem nicht so gut geht. Zweiundzwanzig Bücher sind der Erdbeere gewidmet, vierzehn dem Apfel, neun dem Pfirsich, acht der Preiselbeere, fünf der Pflaume, neun der Birne, zwei der Quitte und eines der Loganbeere, während Kirsche, Himbeere und Brombeere kein einziges Mal von anderen Früchten getrennt werden in speziellen Büchern. Obwohl die Traube ein relativer Neuling unter den Früchten des Landes ist, wurde sie doch häufiger für eine Abhandlung ausgewählt als alle anderen Früchte gemäßigter Klimazonen zusammen – neunundsiebzig Bücher über die Traube, siebzig über alle anderen Früchte.

Diese Parteilichkeitserklärung führt nicht zu einer Entschuldigung für ein neues Buch über die Traube. Es besteht dringender Bedarf an einem neuen Buch. Aber drei der neunundsiebzig Abhandlungen über diese Frucht sind zeitgenössisch, und alle bis auf eines, ein Handbuch über die Ausbildung, sind Aufzeichnungen verschwundener Geister. Die Methoden ändern sich so schnell und die Sorten vermehren sich so schnell, dass alle paar Jahre neue Bücher über Früchte erscheinen müssen, um Schritt zu halten. Außerdem sind die Traubenarten so vielfältig und unterschiedliche Böden, Klimazonen und Behandlungen führen zu so unterschiedlichen Ergebnissen, dass viele Bücher nötig sind, um dieser Frucht gerecht zu werden – der Weinberg sollte mit vielen Augen gesehen werden.

Der kommerzielle Weinanbau ist heute in Amerika ein großer Wirtschaftszweig und verdient eine eigene Abhandlung. Aber es gibt auch viele Nachfrager nach Informationen über den Weinanbau seitens derjenigen, die Früchte zum Vergnügen anbauen, insbesondere von denen, die aus der Stadt in Vorstadthäuser flüchten, denn die Traube ist eine Lieblingsfrucht des Amateurs. Und obwohl Vergnügen und Gewinn ein schwieriges Team sind, ist dieses Handbuch sowohl für kommerzielle als auch für Amateur-Weinbauern geschrieben.

Die Bedürfnisse des Amateurs werden insbesondere im Kapitel über Sorten berücksichtigt, in dem viele Sorten beschrieben werden, die keinen oder nur geringen kommerziellen Wert haben. Keine andere Frucht bietet den Zauber der Neuheit, der in der Traube zu finden ist. Verführerische Geschmacksrichtungen, Größen und Farben gibt es in Hülle und Fülle, von denen der Amateur gerne Proben möchte. Der kommerzielle Erzeuger, der nur eine Sorte anbaut, ist oft mit der Eintönigkeit des Geschäfts unzufrieden.

Er sollte dem Amateur nacheifern und mehr Arten pflanzen, wenn auch nur zum Vergnügen, und sich an das Sprichwort erinnern: „Wo kein Vergnügen wächst, wächst kein Gewinn . " Die größere Freude am Weinbau wird also als Begründung für das lange Sortenkapitel angeführt.

Auf die Gefahr hin, es zu weit zu verbreiten, diskutiert der Autor in einem Buch, das sich hauptsächlich mit einheimischen Trauben befasst, die Kultur europäischer Trauben im äußersten Westen. Das Hauptziel besteht natürlich darin, Informationen bereitzustellen, die für die Erzeuger dieser Trauben in den westlichen Bundesstaaten hilfreich sein werden, da es außer Bulletins staatlicher und nationaler Agrarinstitutionen keine Abhandlungen gibt, auf die westliche Erzeuger zurückgreifen können. Es gibt jedoch noch einen weiteren Grund für den Versuch, den gesamten Bereich des Weinanbaus in Amerika abzudecken. Es ist sicher, dass östliche Weinbauern irgendwann europäische Trauben anbauen werden. Westliche Weinberge könnten durchaus durch den Anbau einheimischer Trauben vergrößert werden. Unter der Annahme, dass der Anbau sowohl europäischer als auch einheimischer Weintrauben in Amerika immer weniger eingeschränkt werden wird, hat der Autor es gewagt, den Anbau aller Weintrauben für alle Teile Nordamerikas zu diskutieren.

Bei der Erstellung dieses Handbuchs wurde viel Wert auf „The Grapes of New York" des Autors gelegt, ein Buch, das lange vergriffen war und nie weit verbreitet wurde, insbesondere bei der Beschreibung der Sorten. Wir danken FZ Hartzell für die Lektüre des Kapitels über Traubenschädlinge und ihre Bekämpfung sowie für die Bereitstellung der meisten Fotos, die für die Illustrationen von Insekten und Pilzen verwendet wurden. an FE Gladwin für ähnliche Hilfe bei der Vorbereitung der beiden Kapitel über das Beschneiden und die Erziehung der Traube in Ostamerika; an Frederic T. Bioletti für die Erlaubnis, aus einem von ihm verfassten Bulletin der Agricultural Experiment Station of California fast das gesamte Kapitel über das Beschneiden von Weintrauben am pazifischen Hang erneut zu veröffentlichen ; und an OM Taylor und an RD Anthony für die sehr materielle Unterstützung beim Lesen des Manuskripts und der Korrekturabzüge.

UP HEDRICK

GENF, NY ,
1. Januar 1919.

KAPITEL I

Die Domestizierung der Traube

Die Domestizierung eines Tieres oder einer Pflanze ist ein Meilenstein im Fortschritt der Landwirtschaft und wird so für jeden Menschen von Interesse. Aber insbesondere die Materialien, die Ereignisse und die Männer, die die Arbeit der Domestikation leiten, sind für diejenigen von Interesse, die Tiere und Pflanzen züchten und pflegen; Der Weinbauer dürfte aus der Geschichte der Domestizierung der Traube großen Nutzen ziehen. Was war der Rohstoff einer Frucht, die seit Beginn der Landwirtschaft und überall dort bekannt ist, wo gemäßigte Früchte angebaut werden? Wie wurde dieses Material verarbeitet? Wer waren die Urheber und wer die Weisungsbevollmächtigten? Dies sind grundlegende Fragen bei der Verbesserung der Traube, deren Antworten auch viel Licht auf die Kultur dieser Traube werfen werden.

Botaniker zählen weltweit zwischen vierzig und sechzig Traubenarten. Sie sind auf der Nordhalbkugel weit verbreitet und kommen bis auf wenige in gemäßigten Ländern vor. So stammen mehr als die Hälfte der genannten Arten aus den Vereinigten Staaten und Kanada, während fast alle anderen aus China und Japan stammen, wobei nur eine Art sicherlich wild in Südwestasien und angrenzenden Teilen Europas vorkommt. Alle echten Weintrauben haben mehr oder weniger essbare Früchte, und von den zwanzig oder mehr in der Neuen Welt angebauten Arten wurden oder werden mehr als die Hälfte domestiziert. Von den Weintrauben der Alten Welt wird nur eine Art für den Obstanbau angebaut, diese ist jedoch von allen Weintrauben von größter wirtschaftlicher Bedeutung und verdient daher erste Betrachtung.

DIE EUROPÄISCHE TRAUBE

Die europäische Traube *Vitis vinifera* (Abb. 1) ist die Traube der antiken und modernen Landwirtschaft. Es ist der Weinstock, den Noah nach der Sintflut pflanzte; der Weinstock Israels und des Gelobten Landes; der Weinstock der Gleichnisse im Neuen Testament. Es ist die Traube und der Weinstock der Mythen, Fabeln, Poesie und Prosa aller Völker. Es ist die Traube, aus die die Weine der Welt hergestellt werden. Daraus entstehen die Rosinen der Welt. Es ist die wichtigste landwirtschaftliche Nutzpflanze in Südeuropa und Nordafrika sowie in weiten Regionen in anderen Teilen der Welt und folgte dem zivilisierten Menschen von Ort zu Ort in allen gemäßigten Klimazonen. Die europäische Traube hat sich so sehr in den menschlichen Geist eingeprägt, dass, wenn man an die Traube oder den Weinstock denkt oder darüber spricht, es diese Art der Alten Welt , der Weinstock der Antike, ist, der einem in den Sinn kommt.

Die schriftlichen Aufzeichnungen über den Anbau der europäischen Traube reichen fünf- bis sechstausend Jahre zurück. Die alten Ägypter, Phönizier , Griechen und Römer bauten die Rebe an und stellten Wein aus ihren Früchten her. In den Überresten europäischer Völker aus prähistorischer Zeit wurden Traubenkerne gefunden, was zeigt, dass die Naturvölker ihre karge Kost mit wilden Weintrauben verfeinerten. Der Weinanbau in der Alten Welt begann wahrscheinlich in der Region um das Kaspische Meer, wo die Rebe seit jeher verwildert ist. Wir haben Beweise für das große Alter der Traube in Ägypten, denn ihre Samen werden bei den ältesten Mumien begraben gefunden. Wahrscheinlich brachten die Phönizier , die ersten Seefahrer auf dem Mittelmeer, die Traube von Ägypten und Syrien nach Griechenland, Rom und in andere an dieses Meer angrenzende Länder. Die Domestizierung der Traube war zur Zeit Christi weit fortgeschritten, denn Plinius beschrieb in seinen Schriften einundneunzig Traubensorten und fünfzig Weinsorten.

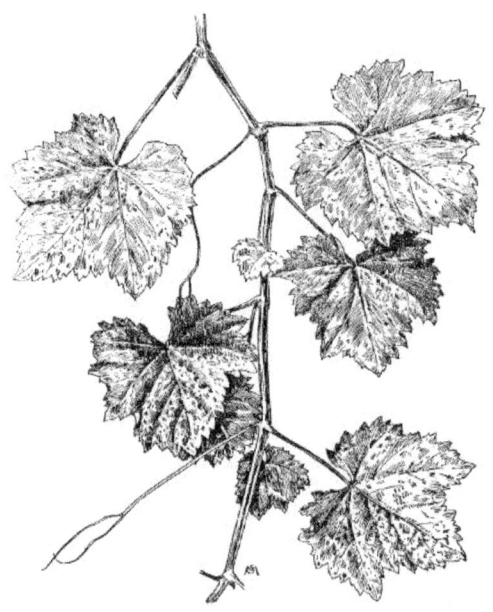

ABB. 1. Ein Spross von *Vitis vinifera* .

Man kann nie genau wissen, wann die europäische Traube angebaut wurde. Es gibt kein Wort über die Methoden und Prozesse der Domestizierung und wessen Geist und Hände die wilde Traube Europas in die Traube der Weinberge verwandelt haben. Die Traube der Alten Welt wurde domestiziert, lange bevor die schwachen Traditionen, die bis heute überliefert wurden, entstanden sein könnten. Um zu erfahren, wie wilde

Arten dieser Frucht kultiviert wurden und werden, müssen wir uns an die Aufzeichnungen der Neuen Welt wenden.

AMERIKANISCHE TRAUBEN

Nur wenige andere Pflanzen in der Neuen Welt wachsen wild unter so unterschiedlichen Bedingungen und auf so ausgedehnten Gebieten wie die Weintraube. Wilde Trauben kommen in den wärmeren Teilen von New Brunswick vor; an den Ufern der Großen Seen; überall in den Wäldern der Nord- und Mittelatlantikstaaten; auf den Kalksteinböden von Kentucky, Tennessee und den Virginias; und sie gedeihen in den Sandwäldern, Meeresebenen und Riffen des Südatlantiks und der Golfstaaten. Obwohl sie westlich des Mississippi nicht so häufig vorkommt, findet man von North Dakota bis Texas eine Art wilde Traube; Weintrauben wachsen auf den Bergen und in den Schluchten aller Rocky-Mountain-Staaten; und mehrere Arten gedeihen an den mexikanischen Grenzen und im äußersten Südwesten.

Während es möglich ist, dass alle amerikanischen Trauben von einer ursprünglichen Art abstammen, sind die Arten heute so vielfältig wie die Regionen, in denen sie vorkommen. Die wilden Weintrauben der Wälder haben lange, schlanke Stämme und Zweige, wodurch ihre Blätter dem Sonnenlicht besser ausgesetzt sind. Zwei strauchige Arten erreichen keine größere Höhe als vier bis fünf Fuß; Diese wachsen auf sandigen Böden oder zwischen Felsen, die Sonne und Luft ausgesetzt sind. Ein anderer läuft auf dem Boden und trägt fast immergrünes Laub. Der Stamm einer Art erreicht einen Durchmesser von einem Fuß und trägt sein Laub in einem großen Blätterdach. Von dieser Riesenform reichen die Arten bis hin zu schlanken, anmutigen Kletterpflanzen. Wilde Trauben sind in ihren klimatischen Anpassungen ebenso vielfältig wie in der Struktur der Reben und gedeihen unter allen Bedingungen von Hitze oder Kälte, Nässe oder Trockenheit üppig, was den Obstbau in Amerika unterstützen kann. So viele dieser Arten haben gärtnerische Möglichkeiten, dass es sicher erscheint, dass einige Trauben in allen landwirtschaftlichen Regionen des Landes domestiziert werden können, wobei ihre natürliche Plastizität darauf hindeutet, dass alle domestiziert werden können, auch wenn dies nicht aus Erfahrung bekannt wäre.

Leif der Glückliche, der erste Europäer, der Amerika besuchte, taufte das neue Land Wineland , wenn die isländischen Aufzeichnungen stimmen . Man vermutet, dass diese Bezeichnung den Weintrauben zugeschrieben wurde, neuere Untersuchungen zeigen jedoch, dass es sich bei den Früchten wahrscheinlich um Bergpreiselbeeren handelte. Kapitän John Hawkins, der 1565 die spanischen Siedlungen in Florida besuchte, erwähnt wilde Weintrauben als Ressourcen der Neuen Welt. Amadas und Barlowe , die

1584 von Raleigh ausgesandt wurden, beschreiben die Küsten der Carolinas als „so voller Weintrauben, dass es auf der ganzen Welt keinen vergleichbaren Überfluss gibt". Kapitän John Smith beschreibt im Jahr 1606 die Trauben Virginias und empfiehlt den Weinanbau als Wirtschaftszweig für die neu gegründete Kolonie. Tatsächlich gibt es nur wenige Entdecker der Atlantikküste, die nicht die Weintraube unter den Pflanzen des Landes erwähnen. Doch niemand erkannte den inneren Wert dieser wilden Reben. Für die Europäer waren allein die Trauben der Alten Welt einen Anbau wert, und die überall in Amerika wachsenden Reben deuteten nur darauf hin, dass die Traube, die sie jenseits des Meeres gekannt hatten, in der neuen Heimat angebaut werden könnte.

Dass der amerikanische Weinbau für seine Sorten auf einheimische Arten angewiesen sein muss, begann man zu Beginn des 19. Jahrhunderts zu erkennen, als mehrere große Unternehmen, die sich mit dem Anbau ausländischer Trauben befassten, scheiterten und eine verdienstvolle einheimische Traube auftauchte. Die Rebe der Verheißung war eine Sorte, die als Alexander bekannt war. Thomas Jefferson, der immer auf das landwirtschaftliche Wohlergehen der Nation bedacht war, brachte 1809 in einem Brief an John Adlum , einen der ersten Experimentatoren mit einer amerikanischen Sorte, die Meinung der Traubenexperimentatoren zum Ausdruck, als er über den Alexander sprach: „Ich denke, es wird gut sein, dies zu tun." den Anbau dieser Traube voranzutreiben, ohne Zeit und Mühe mit der Suche nach fremden Reben zu verschwenden, deren Anpassung an unseren Boden und unser Klima Jahrhunderte dauern wird."

ABB. 2. Ein Spross von *Vitis Labrusca*.

Alexander ist ein Ableger der gewöhnlichen Fuchstraube *Vitis Labrusca* (Abb. 2), die in den Wäldern an der Atlantikküste von Maine bis Georgia und gelegentlich im Mississippi-Tal vorkommt. Die Geschichte der Sorte reicht bis in die Zeit vor dem Unabhängigkeitskrieg zurück, als sie laut William Bartram, dem Quäker-Botaniker, von John Alexander, dem Gärtner des Gouverneurs von Penn von Pennsylvania, in der Nähe von Philadelphia entdeckt wurde. Kurioserweise gelangte es durch die Täuschung eines Gärtners in den allgemeinen Anbau. Peter Legaux , ein französisch-amerikanischer Weinbauer, verkaufte der Kentucky Vineyard Society im Jahr 1801 fünfzehnhundert Weinreben, die seiner Aussage nach von einer europäischen Traube stammten, die vom Kap der Guten Hoffnung eingeführt worden war, und daher „Cape"-Traube genannt wurde. Es stellte sich heraus, dass es sich bei der Legaux- Traube um die Alexander-Traube handelte. In der neuen Heimat wuchs die Kappflanze wunderbar gut, und als sich das Wissen um ihre Fruchtbarkeit in Kentucky, Ohio und Indiana verbreitete, stieg die Nachfrage danach, und mit für die damalige Zeit bemerkenswerter Geschwindigkeit wurde sie in den Teilen der Vereinigten Staaten allgemein angebaut Die Staaten ließen sich dann nieder.

Die Labrusca- oder Fuchstrauben.

Von den verschiedenen Arten amerikanischer Trauben, die jetzt angebaut werden, hat die Labrusca, zuerst vertreten durch die Alexander-Traube, mehr kultivierte Sorten hervorgebracht als alle anderen amerikanischen Arten zusammen; nicht weniger als fünfhundert ihrer Sorten wurden in den Weinbergen des Landes angebaut . Es gibt mehrere Gründe, warum es sich um die am häufigsten kultivierte Art handelt. Sie ist in den Teilen der Vereinigten Staaten beheimatet, in denen sich die Landwirtschaft am schnellsten zu einem Zustand entwickelte, in dem Früchte begehrt waren. In freier Wildbahn sind die Labruscas am attraktivsten, da sie am größten und in der schönsten Farbe sind; Unter allen Rebsorten zeigt sie als einzige an Wildreben schwarz-, weiß- und rotfruchtige Formen. Es gibt eine nördliche und eine südliche Form der Art und ihre Varianten sind daher weitgehend an das Klima und die Böden angepasst. Der Geschmack der Früchte dieser Art ist alles in allem etwas besser als der aller anderen unserer Wildtrauben, obwohl die Schalen der meisten ihrer Sorten ein besonderes Aroma haben, das bei den bekannten Concord-, Niagara- und Niagara-Reben etwas ausgeprägter ist Worden, das für den Geschmack unangenehm ist, der an den reinen Geschmack europäischer Trauben gewöhnt ist. Alle Labruscas vertragen sich gut mit der Bewirtschaftung von Weinbergen und sind kräftig, robust und produktiv, obwohl sie anfälliger für die gefürchtete Reblaus sind als die meisten anderen kultivierten einheimischen Arten. Von den vielen

Trauben dieser Art verdienen mindestens zwei eine kurze historische Erwähnung.

Catawba, wahrscheinlich eine reinrassige Labrusca-Traube, die erste amerikanische Traube von kommerzieller Bedeutung, ist die interessanteste Sorte ihrer Art. Der Ursprung der Sorte ist nicht sicher bekannt, aber alle Beweise deuten darauf hin, dass sie um das Jahr 1800 an den Ufern des Catawba River in North Carolina gefunden wurde. Sie wurde von Major John Adlum , Soldat der Revolution, Richter, Landvermesser und Autor des ersten amerikanischen Buches über Trauben, in den allgemeinen Anbau eingeführt . Adlum unterhielt einen Versuchsweinberg im District of Columbia, von wo aus er 1823 mit der Verbreitung des Catawba begann. Zu dieser Zeit lag das Zentrum des amerikanischen Weinanbaus in der Nähe von Cincinnati und einer frühen Lieferung von Adlum Catawbas ging an Nicholas Longworth aus dieser Stadt und wurde von ihm in den Weinanbauzentren des Landes verteilt. Als einer der ersten, der neue Sorten amerikanischer Trauben testete, sie großflächig anbaute und kommerziell Wein daraus herstellte, gilt Nicholas Longworth als „Vater der amerikanischen Traubenkultur".

Catawba ist immer noch eine der vier führenden Sorten in den Weinbergen Ostamerikas. Die Merkmale, die ihren hohen Stellenwert unter den Weintrauben begründen, sind: Große Elastizität der Konstitution, wodurch sich die Rebe an viele Umgebungen anpassen kann; Reichhaltiger Geschmack, lange Haltbarkeit und schönes Aussehen der Frucht, Eigenschaften, die sie zu einer sehr guten Desserttraube machen; hoher Zuckergehalt und reiches Saftaroma, so dass aus seinen Früchten ein sehr guter Wein und ein sehr guter Traubensaft entsteht; und Kraft, Widerstandsfähigkeit und Produktivität der Rebe. Die Charaktere von Catawba sind leicht übertragbar und es gibt viele reinrassige oder hybride Nachkommen, die ihm mehr oder weniger ähneln.

Die zweite kommerzielle Rebsorte von Bedeutung im amerikanischen Weinbau ist Concord, die aus den Samen einer wilden Traube entstand, die im Herbst 1843 von Ephraim W. Bull in Concord, Massachusetts, gepflanzt wurde. Die neue Sorte wurde im Frühjahr 1854 verbreitet und vom Zeitpunkt ihrer Einführung an war die Verbreitung ihrer Kultur phänomenal. Im Jahr 1860 war sie die führende Rebsorte in Amerika und ist es auch heute noch. Concord liefert mit den daraus hervorgegangenen Sorten 75 Prozent der in Ostamerika angebauten Trauben. Die Merkmale, die die Rebe auszeichnen, sind: Anpassungsfähigkeit an verschiedene Böden, Fruchtbarkeit, Winterhärte und Widerstandsfähigkeit gegen Krankheiten und Insekten. Die Früchte zeichnen sich durch sichere Reife, attraktives Aussehen, guten, aber nicht übertriebenen Geschmack aus und dadurch, dass sie so billig produziert werden können, dass keine andere Traube auf dem Markt mit dieser Sorte konkurrieren kann. Concord ist, wie Horace Greeley es treffend nannte, als er den Greeley-Preis für die beste amerikanische Traube verlieh, „die Traube für die Millionen".

Die Geschichte dieser beiden Rebsorten ist typisch für die von fünfhundert oder mehr anderen Labruscas. Aus einer erstaunlichen Anzahl einheimischer Setzlinge findet sich gelegentlich ein Exemplar, das seine Artgenossen deutlich übertrifft, und wird kultiviert.

Die Rotundifolia- oder Muscadine-Trauben.

Lange bevor die nördliche Labruscas-Traube in den Weinbergen des Nordens eine herausragende Stellung erlangte, war eine Rebsorte teilweise im Süden domestiziert worden. Es handelt sich um *Vitis rotundifolia* (Abb. 3), eine Art, die vom Potomac bis zum Golf weit verbreitet ist und auf vielen verschiedenen Böden gedeiht, aber nur im südlichen Klima wächst und die Meeresküste bevorzugt. Rotundifolia-Trauben wurden seit der frühesten Kolonialzeit eher als Frucht- oder Zierpflanze angebaut. Es ist sicher, dass die englischen Siedler in Jamestown Wein aus dieser Art hergestellt haben. Weinreben davon sind heute auf Lauben, in Gärten oder halb wild auf Zäunen auf fast jedem Bauernhof in den südatlantischen Staaten zu finden. Dass die Rotundifolias nicht allgemeiner kultiviert wurden, liegt an der Fülle der wilden Reben, die die Notwendigkeit ihrer Domestizierung überflüssig gemacht hat. Die Früchte dieser Sorten sind für den Gaumen, der sie nicht gewohnt ist, nicht sehr akzeptabel, da sie einen moschusartigen Geschmack und Geruch haben und ein süßes, saftiges Fruchtfleisch haben, dem es an Spritzigkeit mangelt. Viele kommen jedoch auf den Geschmack dieser Trauben und empfinden sie als angenehmen Verzehr. Der große Nachteil dieser Traube besteht darin, dass sich die Beeren beim Reifen von den Stielen lösen und keine perfekten Trauben erhalten werden können. Tatsächlich wird die Ernte oft durch Schütteln der Reben geerntet, sodass die Beeren auf die darunter liegenden Blätter fallen. Trotz dieser Mängel werden heute im Baumwollgürtel etwa zwanzig oder mehr Sorten dieser Art allgemein angebaut, und das Interesse an ihrer Domestizierung ist jetzt größer als bei jeder anderen Art, was große Aussichten für die Zukunft bietet.

ABB. 3. Ein Spross von *Vitis rotundifolia* .

Die Æstivalis oder Sommertrauben.

Der Süden verfügt über eine weitere Reihe bemerkenswerter gärtnerischer Möglichkeiten. Dabei handelt es sich um *Vitis æstivalis* (<u>Abb. 4</u>), die Sommertraube oder, um sie von den Rotundifolias zu unterscheiden , die Traubentraube der südlichen Wälder. Mittlerweile gibt es eine oder mehr bekannte Sorten dieser Art, die bekannteste ist Norton, die wahrscheinlich von Dr. DN Norton, Richmond, Virginia, zu Beginn des 19. Jahrhunderts stammt. Die Beeren der echten Æstivalis- Trauben sind zu klein, zu arm an Fruchtfleisch und zu säuerlich, um gute Dessertfrüchte zu ergeben, aber aus ihnen werden unsere besten einheimischen Rotweine hergestellt. Die Domestizierung dieser Art wurde durch eine Besonderheit der Art, die ihre Fortpflanzung behindert, stark verzögert. Trauben lassen sich am besten durch Stecklinge vermehren, aber diese Art lässt sich auf diese Weise nicht leicht vermehren und die Schwierigkeit, gute junge Reben zu sichern, war ein ernstes Hindernis für ihre Kultur.

Es gibt zwei Unterarten von *Vitis æstivalis* , die viel für den amerikanischen Weinbau versprechen. *Vitis æstivalis Bourquiniana* , nur im Anbau bekannt und von sehr zweifelhaftem botanischen Status, liefert dem amerikanischen Weinbau mehrere wertvolle Sorten. Die wichtigste davon ist die Delaware-Traube, deren Einführung vor sechzig Jahren in der Stadt Delaware, Ohio, den Qualitätsstandard der Trauben der Neuen Welt auf den der Alten Welt erhöhte. Keine europäische Traube hat einen reichhaltigeren oder feineren

Geschmack oder ein angenehmeres Aroma als Delaware. Obwohl es sich um eine nördliche Rebsorte handelt, kann sie auch im Süden angebaut werden, gedeiht unter so vielen unterschiedlichen Klima- und Bodenbedingungen und ist unter allen Umständen so fruchtbar, dass sie neben der Concord die beliebteste amerikanische Rebsorte für Garten und Weinberg ist. Zweifellos enthält Delaware jedoch eine Spur europäischen Blutes.

ABB. 4. Ein Spross von *Vitis æstivalis* .

Ein weiterer Ableger dieser Unterart ist Herbemont , der im Süden den gleichen Rang einnimmt wie Concord im Norden. Die Sorte wird nur südlich von Ohio angebaut und wird in dieser großartigen Region von allen als Desserttraube und für ihren leichten Rotwein geschätzt. Sie ist eine der wenigen amerikanischen Sorten, die in Frankreich Anklang findet und im Südwesten Frankreichs als Weintraube angebaut wird. Seine Geschichte geht auf eine Kolonie französischer Hugenotten in Georgien vor dem Unabhängigkeitskrieg zurück. Lenoir ist Herbemont sehr ähnlich , dessen Geschichte ebenfalls bis zu den Franzosen in den Carolinas oder Georgia im 18. Jahrhundert zurückreicht.

Die andere Unterart von *Vitis æstivalis* ist *Vitis æstivalis Lincecumii* , die Post-Eichen-Traube aus Texas und dem südlichen Teil des Mississippi-Tals. Vor kurzem wurde diese wilde Traube domestiziert und daraus wurden eine Reihe der vielversprechendsten Sorten für heiße und trockene Regionen gezüchtet.

Die Vulpina- oder Flussufer-Trauben.

Auch im Norden gibt es eine Weintraube, aus der Weine hergestellt werden, die denen des südlichen Æstivalis nahezu ebenbürtig sind. Dabei handelt es sich um *Vitis vulpina* (*V. riparia*), die Flussufertraube, deren Trieb in <u>Abb. 5</u> <u>dargestellt ist</u>, und die am weitesten verbreitete aller einheimischen Arten. Sie wächst nördlich bis Quebec, südlich bis zum Golf von Mexiko und vom Atlantik bis zu den Rocky Mountains. Vor gut einem Jahrhundert wurde eine Weintraube dieser Art unter dem Namen Worthington angebaut, aber die Aufmerksamkeit der Winzer richtete sich erst nach der Mitte des letzten Jahrhunderts auf die Vulpinas , als die Qualitäten ihrer Reben die Aufmerksamkeit der Franzosen auf sich zogen Weinbauern. Die Reblaus war von Amerika nach Frankreich eingeschleppt worden und bedrohte die Existenz französischer Weinberge. Nachdem man alle möglichen Heilmittel gegen die Geißel ausprobiert hatte, stellte man fest, dass das Insekt bekämpft werden konnte, indem europäische Weintrauben auf amerikanische, gegen Reblaus resistente Weinreben gepfropft wurden. Ein Versuch mit der vielversprechenden Rebsorte der Neuen Welt zeigte, dass sich Reben dieser Art am besten für den Wiederaufbau französischer Weinberge eignen, da die Reben nicht nur resistent gegen die Reblaus, sondern auch kräftig und winterhart sind. Gegenwärtig werden in Europa, Kalifornien und anderen Weinanbaugebieten große Teile der Reben auf die Wurzeln dieser oder anderer amerikanischer Rebsorten gepfropft, und der Weinbau auf der ganzen Welt ist daher weitgehend von diesen Trauben abhängig.

ABB. 5. Ein Spross von *Vitis vulpina* .

Die Franzosen stellten fest, dass einige der wegen ihrer Wurzeln eingeführten Vulpina- Trauben (Riparia) als direkte Weinproduzenten wertvoll waren. Die Früchte dieser Art sind zu klein und zu sauer für den Nachtisch, aber sie sind frei von den unangenehmen Geschmäckern und Aromen einiger unserer einheimischen Trauben und ergeben daher sehr gute Weine. Die bekannteste Sorte dieser Art ist die Sorte Clinton, von der allgemein angenommen wird, dass sie um 1820 im Garten von Dr. Noyes vom Hamilton College in Clinton, New York, entstanden ist. Es handelt sich jedoch wahrscheinlich um die Sorte Worthington von dessen Herkunft unbekannt ist, umbenannt. Derzeit werden möglicherweise hundert oder mehr Trauben angebaut, die ganz oder teilweise aus Vulpina stammen, die meisten davon Hybriden mit der amerikanischen Labrusca und der europäischen Vinifera, mit denen es frei hybridisiert.

Domestizierte Arten von untergeordneter Bedeutung.

In den vorangehenden Absätzen haben wir gesehen, dass vier Traubenarten die Grundlage des amerikanischen Weinbaus bilden. Neun weitere Arten liefern reinrassige Sorten und viele Hybriden mit den vier Hauptarten oder untereinander. Dies sind *V. rupestris* , *V. Longii* , *V. Champinii* , *V. Munsoniana* , *V. cordifolia* , *V. candicans* , *V. bicolor* , *V. monticola* und *V. Berlandieri* . Einige dieser neun Arten sind im Weinberg oder als Bestock für die Veredelung anderer Trauben wertvoll. Die Domestizierung all dieser Sorten hat gerade erst begonnen und jedes Jahr werden sie in den Weinbergen des Landes immer häufiger eingesetzt.

TAFEL I. – Zwei Ansichten von Weinbergen in Kalifornien. *Top*, ein Weinberg in der Obstgartenregion Zentralkaliforniens; *unten*, ein Weinberg in Südkalifornien.

KAPITEL II

REBSORTE UND IHRE DETERMINANTEN

Glücklicherweise passt sich die Traube in ihrer großen Formenvielfalt an viele Bedingungen an, so dass einige der verschiedenen kultivierten Arten in jedem an die allgemeine Landwirtschaft angepassten Teil Amerikas Früchte für den Hausgebrauch, wenn nicht sogar als Marktware, hervorbringen. Allerdings ist der kommerzielle Weinanbau auf diesem Kontinent auf wenige Regionen beschränkt, in denen er jeweils nur im Idealfall rentabel ist. Tatsächlich sind kaum andere landwirtschaftliche Industriezweige stärker von der Umwelt bestimmt als die Weintraubenindustrie. Wo liegen die Weinregionen Amerikas? Was macht die Eignung einer Region für den Weinanbau aus? Antworten auf diese Fragen liefern Hinweise auf die Kultur dieser Frucht und helfen bei der Einschätzung der Möglichkeiten einer neuen Region oder eines Standortes für den Weinanbau.

DIE WEINREGIONEN AMERIKAS

In Nordamerika gibt es vier Hauptanbaugebiete für Weintrauben, möglicherweise doppelt so viele weitere Nebengebiete. Diese verschiedenen Regionen, von denen jede ihre eigenen Sorten und in geringerem Maße eigene Arten aufweist und in denen Trauben für ganz unterschiedliche Zwecke angebaut werden, verleihen dem Weinanbau auf dem Kontinent eine große Vielfalt industrieller Bedingungen. Dennoch haben die Regionen in ihrem Umfeld viele Gemeinsamkeiten. Aus ihren Unterschieden und Gemeinsamkeiten lässt sich in den folgenden kurzen Diskussionen über die Regionen am meisten lernen.

Der pazifische Hang.

Unter den Weinanbaugebieten des Kontinents ist der pazifische Hang vorherrschend und übertrifft alle anderen zusammengenommen bei der Produktion von Trauben und Traubenprodukten. Kalifornien ist das Weinbauzentrum dieser großartigen Region. Innerhalb seiner Grenzen werden Weintrauben vom Fuße des Mount Shasta im Norden bis nach Mexiko im Süden und von den Ausläufern der Sierras im Osten bis zu den Wäldern angebaut, die im Westen an die Küste grenzen . So dargestellt könnte Kalifornien wie ein einziger riesiger Weinberg erscheinen, aber nur in den bevorzugten Tälern, Ebenen und niedrigen Hügeln des abgegrenzten Territoriums ist die Rebe ausreichend gut geeignet, um produktiv zu sein. Ausreißer dieser Hauptregion des pazifischen Abhangs erstrecken sich nach Norden bis nach Oregon, Washington, Idaho und sogar nach British Columbia und werden je weiter nördlich immer mehr nach Osten gedrängt, um der Feuchtigkeit aus dem Ozean zu entgehen, der immer weiter ins Landesinnere nach Norden zieht. Weitere Ausreißer der Hauptregion finden sich östlich in Nevada, Arizona, New Mexico und sogar Utah und Colorado, obwohl der Weinanbau in diesen Staaten größtenteils noch unbedeutend ist. Tafel I zeigt typische Weinberge in Kalifornien.

Die am pazifischen Hang angebauten Trauben sind fast ausschließlich Vinifera-Sorten, obwohl im pazifischen Nordwesten einige amerikanische Trauben angebaut werden. Das liegt nicht daran, dass amerikanische Sorten nicht angebaut werden können, obwohl sie hier etwas weniger gut gelingen als an der Ostküste, sondern daran, dass die Viniferas beliebter sind und Klima und Boden genau zu ihnen passen. Der Weinbau am Pazifikhang ist in drei voneinander abhängige Industrien unterteilt, die fast nie ganz unabhängig voneinander sind: die Weinindustrie, die Rosinenindustrie und die Tafeltraubenindustrie. Jeder dieser Industriezweige ist auf Trauben angewiesen, die mehr oder weniger speziell an das Produkt angepasst sind. Die besonderen Eigenschaften werden hauptsächlich durch etwas unterschiedliche Traubenarten gewährleistet, hängen aber teilweise von den Boden- und Klimabedingungen ab. Die Herstellung von unvergorenem Traubensaft ist in dieser Region noch kein Erfolg, da Vinifera-Trauben keinen guten unvergorenen Saft ergeben und amerikanische Trauben nicht in ausreichenden Mengen angebaut werden, um die Errichtung von Traubensaftanlagen zu rechtfertigen.

Bioletti gibt den Umfang der Weinbauindustrie in Kalifornien wie folgt an: [1]

„Die Weinberge Kaliforniens umfassten im Jahr 1912 etwa 385.000 Acres. Davon wurden etwa 180.000 Acres Weintrauben angebaut. Ungefähr 50 Prozent des Weins wurden in den großen Binnentälern produziert, darunter die meisten Süßweine; 35 Prozent Prozent wurden in den Tälern und Hängen der Küstengebiete produziert, darunter die meisten trockenen Weine; die restlichen 15 Prozent wurden in Südkalifornien produziert und umfassten sowohl süße als auch trockene Weine.

„Die Rosinen-Weinberge umfassten etwa 130.000 Acres, davon etwa 90 Prozent im San Joaquin Valley, 7 Prozent in Sacramento und 3 Prozent in Südkalifornien.

„Die Weinberge für Schiffstrauben werden auf 75.000 Acres geschätzt und verteilen sich etwa wie folgt: 50 Prozent im Sacramento Valley, 40 Prozent in San Joaquin, 6 Prozent in Südkalifornien und 4 Prozent in den Küstengebieten."

Der Chautauqua-Traubengürtel.

Der Chautauqua-Traubengürtel, der am nordöstlichen Ufer des Eriesees in New York, Pennsylvania und Ohio liegt, ist die zweitwichtigste Weinbauregion in Amerika. Der „Gürtel" ist ein schmaler Tieflandstreifen mit einer durchschnittlichen Breite von etwa drei Meilen, der zwischen dem Eriesee und einer hohen Böschung liegt, die den Gürtel im Süden über seine gesamte Länge von hundert oder mehr Meilen begrenzt. Hier scheinen Klima und Boden außerordentlich günstig für den Weinanbau zu sein. Das Klima ist der wichtigste bestimmende Faktor für die Grenzen dieses Gürtels, da es in der Region mehrere Bodentypen gibt, auf denen Weintrauben gleich gut gedeihen, und wenn sich das Klima an den beiden Enden des Gürtels ändert, wo die Böschung niedrig wird, oder wenn die Da die Entfernung zwischen See und Steilhang zu groß ist, ist der Weinanbau nicht mehr rentabel.

Die Erzeuger dieser Region sind in Vertriebsgemeinschaften organisiert, so dass Schätzungen zu Anbauflächen und Erträgen möglich sind. Zum jetzigen Zeitpunkt, 1918, gibt es in diesem Gürtel in New York etwa 35.000 Acres Weintrauben; in Pennsylvania und Ohio etwa 15.000 Acres, der weitaus größte Teil davon liegt in Pennsylvania. Der durchschnittliche Traubenertrag pro Hektar in der Region beträgt etwa zwei Tonnen. Die durchschnittliche Gesamtproduktion der letzten fünf Jahre betrug etwa 100.000 Tonnen, wovon 65.000 Tonnen als Tafeltrauben verschifft und 35.000 Tonnen für die Herstellung von Wein und Traubensaft verwendet werden. Unter den Sorten dominiert im Chautauqua-Gürtel die Sorte Concord. Der Autor erstellte 1906 eine Untersuchung der Region, Weinberg für Weinberg, und stellte fest, dass 90 Prozent der Fläche des Gürtels auf Concord, 3 Prozent auf Niagara, 2 Prozent auf Worden und die restlichen 5 Prozent entfielen Cent bis ein Dutzend oder mehr Sorten, von denen Moore Early und Delaware angeführt wurden.

Die Herstellung von Traubensaft im kommerziellen Maßstab begann im Chautauqua-Gürtel und der größte Teil dieses Produkts wird noch immer in der Region hergestellt. Hier werden ausschließlich Concord-Trauben bester Qualität für den Traubensaft verwendet. Das Wachstum dieser Branche ist für die Zukunft des Weinanbaus in der Region von größter Bedeutung. Vor zwanzig Jahren war Traubensaft in der Traubenindustrie dieser Region ein vernachlässigbarer Faktor; Derzeit liegt die jährliche Produktion bei etwa 4.000.000 Gallonen. Traubensafthersteller bestimmen jetzt den Preis der Trauben für die Region, und obwohl die verwendete Menge geringer ist als die für Tafeltrauben, ist die Zeit nicht mehr fern, in der sie größer sein wird.

Die Niagara-Region.

Fünfzig Meilen nördlich des Chautauqua-Gürtels, jenseits des Endes des Eriesees und der schmalen Landenge von Niagara, liegt ein kleinerer Gürtel am Südufer des Ontariosees, der sich in Boden, Klima und Topographie so ähnlich ist, dass die beiden Regionen in dieser Hinsicht möglicherweise gleich sind als identisch betrachtet. Dies ist die Niagara-Region, Kanadas wichtigstes Weinanbaugebiet. Es wird im Norden vom Ontariosee begrenzt; im Süden, in einer Entfernung von ein bis drei Meilen am hohen Niagara-Steilhang; im Osten überquert es den Niagara River nach New York; und verjüngt sich im Westen zu einem Punkt bei Hamilton am westlichen Ende des Ontariosees. Auch hier kommt der Einfluss des Klimas deutlich zum Ausdruck. Wenn dieser Gürtel nach New York übergeht, wird er breiter und der Einfluss des Ontariosees ist nach Osten hin immer weniger spürbar, und in der Folge wird der Weinanbau immer weniger rentabel.

Nach Angaben des Ontario Bureau of Industries gab es im Jahr 1914 in der Niagara-Region in Kanada etwa 10.850 Acres Weinanbaufläche und möglicherweise weitere 4.000 Acres in der Nähe des Niagara River und am Ufer des Ontariosees in New York. Die Niagara-Traube hat ihren Ursprung auf der amerikanischen Seite der Niagara-Region und wird hier häufiger angebaut als anderswo. Der Weinanbau in dieser Region ähnelt in jeder Hinsicht dem des Chautauqua-Gürtels, da dieselben Sorten und nahezu identische Methoden des Beschneidens, Anbaus, Besprühens und Erntens angewendet werden. Die Ernte wird hauptsächlich als Tafeltrauben verwendet, aber auch die Traubensaftindustrie wächst.

Die Central Lakes-Region von New York.

Im zentralen Teil des westlichen New York gibt es mehrere bemerkenswerte Gewässer, die als Central Lakes bekannt sind. Drei davon sind groß und tief genug, um ideale klimatische Bedingungen für Weintrauben zu bieten, und um diese Seen herum gruppieren sich mehrere wichtige Weinberge, was diese Seen zur drittwichtigsten Weinbauregion in Amerika macht. Die Region gewinnt zusätzlich an Bedeutung, da hier der Großteil des in Amerika hergestellten Champagners hergestellt wird und sie auch das Hauptzentrum für Stillweine in Ostamerika ist. Es zeichnet sich außerdem durch seine besonderen Rebsorten aus: Catawba und Delaware ersetzen Concord und Niagara, die Sorten, die normalerweise in den östlichen Rebregionen vorherrschen.

Der Hauptteil dieser Region liegt an den steilen Hängen des Hochlandes rund um den Keuka-See. An den Ufern dieses Sees gibt es etwa 15.000 Hektar Weinanbaufläche. Angrenzend an diesen Hauptkörper liegen mehrere kleinere Körper rund um die benachbarten Seen. So liegen an der Spitze des Canandaigua-Sees und an seinen Ufern etwa 2500 Acres; In der Nähe von Seneca und zwischen Seneca und Cayuga Lakes gibt es wahrscheinlich 1500 Acres mehr. An einigen besonders bevorzugten Orten an anderen dieser zentralen Seen gibt es möglicherweise 1000 Acres, insgesamt also etwa 20.000 Acres für diese Region. Auch hier ist es das Klima, das der Region das Gütesiegel für den Weinbau verleiht. Zusätzlich zu den Vorteilen tiefer Gewässer führen hohe und abschüssige Gebiete dazu, dass der Frost im Frühjahr früh aufhört und ihn im Herbst in der Schwebe hält, was zu einer außergewöhnlich langen Saison führt.

Die Champagnerherstellung begann hier um 1860; Gegenwärtig gibt es etwa zwanzig oder mehr Hersteller von Champagner, Wein und Brandy, die jährlich etwa 3.000.000 Gallonen Wein und 2.000.000 Flaschen Champagner produzieren. Vor kurzem wurde mit der Herstellung von Traubensaft begonnen und die Industrie floriert nun.

Kleinere Rebregionen.

Der Weinbau ist in mehreren anderen Regionen als den genannten kommerziell wichtig. So werden im Tal des Hudson River seit fast hundert Jahren Weintrauben kommerziell angebaut, wobei die Branche zwischen 1880 und 1890 ihren Höhepunkt erreichte, als 13.000 Acres bewirtschaftet wurden. Seit einigen Jahren ist der Weinanbau entlang des Hudson jedoch rückläufig. Eine weitere Region, in der der Weinbau ein beträchtliches Ausmaß erreicht, liegt auf mehreren Inseln im Eriesee in der Nähe von Sandusky, Ohio, wobei das Produkt größtenteils für die Weinherstellung verwendet wird. Früher wurden Weintrauben kommerziell an den Ufern des Ohio River um Cincinnati und westlich bis nach Indiana angebaut. Allerdings gehört die Industrie hier der Vergangenheit an. Eine weitere Region, in der der Weinanbau einst von größter Bedeutung war, heute aber zurückbleibt, hat ihr Zentrum in Hermann, Missouri. Das jüngste erwähnenswerte Weinanbaugebiet liegt im Südwesten von Michigan in der Nähe der Städte Lawton und Paw Paw . Eine kleine, aber sehr wohlhabende Weinanbauregion hat ihr Zentrum in Egg Harbor, New Jersey. Ives ist die wichtigste Sorte in dieser Region. In den südlichen Bundesstaaten werden in jedem Teil des Baumwollgürtels in geringem Umfang Muscadine-Trauben angebaut, und in heimischen Weinbergen in den Hochlandregionen findet man Sorten anderer einheimischer Arten, aber nirgends im Süden kann man von dieser Traube sprechen -Wachstum ist eine kommerzielle Industrie.

DIE DETERMINANTEN DER WEINREGIONEN

Klima, Boden, Standort, die Oberflächenbeschaffenheit des Landes, Insekten, Pilze und die Wirtschaftsgeographie sind die Hauptfaktoren, die Regionen bestimmen, in denen im Weinanbau Geld verdient wird. Dies wurde in der vorangehenden Diskussion der Weinregionen deutlich gemacht, die einzelnen Faktoren müssen jedoch detaillierter betrachtet werden. Es ist weniger wichtig, die Regionen abzugrenzen, als zu verstehen, warum sie existieren – es ist weniger wichtig, sich daran zu erinnern, sondern vielmehr zu verstehen. Aus dem Gesagten ist der Leser zweifellos bereits zu dem Schluss gekommen, dass ein erfolgreicher Weinanbau größtenteils auf die Freundlichkeit des Klimas zurückzuführen ist.

Klima

Unter der Annahme, dass von allen Faktoren das Klima den größten Einfluss auf die Weintraube hat, wollen wir die Beziehungen des Klimas zum Weinanbau etwas kritisch untersuchen. Bei der Analyse ergeben sich sechs wesentliche Faktoren des Klimas, da es den Weinanbau regelt: erstens die Länge der Saison; zweitens, saisonale Wärmesumme; drittens die Luftfeuchtigkeit bei Sommerwetter; viertens, Daten der Frühlings- und Herbstfröste; fünftens, Wintertemperatur; sechstens, Luftströmungen.

Länge der Saison.

Um wahre Perfektion zu erreichen, hat jede Rebsorte ihre eigene Saison. Wenn die Rebe jedoch in einem zu niedrigen Breitengrad angebaut wird, wird ihr Wachstum nicht unterbrochen; seine Blätter neigen dazu, immergrün zu werden; und nicht selten bringt sie gleichzeitig Blüten, grüne Früchte und reife Früchte hervor. Das ist natürlich das Extrem, zu dem Weintrauben im äußersten Süden gelangen. Auch hier scheitern viele nördliche Sorten dort, wo südliche Trauben erfolgreich sind, weil die Früchte zu schnell von der Reife in den Verfall übergehen. Andererseits sind südliche Trauben im Norden sehr oft winterhart, aber die Saison ist nicht lang genug, damit die Früchte reifen und genügend Zucker aufnehmen können, um ihnen eine gute Haltbarkeit zu verleihen, die Weingärung ordnungsgemäß zu durchlaufen oder sogar um einen guten unvergorenen Traubensaft zu machen. Aufgrund der unebenen Topographie dieses Kontinents ist es nicht möglich, den Breitengradbereich anzugeben, in dem Weintrauben vorteilhaft angebaut werden können, da der Breitengrad oft durch die Höhe bestimmt wird. So sind isotherme Linien oder Linien gleicher Temperatur in Amerika stark gekrümmt und fallen überhaupt nicht mit den Breitenkreisen zusammen.

Natürlich spielen bei der Reifung der Trauben noch andere Faktoren eine Rolle als die Länge der Saison. Die tägliche Temperaturschwankung, die nicht immer vom Breitengrad abhängt, beeinflusst die Reifung. Kühle Nächte können warme Tage ausgleichen und die Reifung verzögern. Sicherlich verzögern Regen, Nebel und feuchte Luft die Reife. Die Unterhitze lockerer, warmer, trockener kiesiger oder steiniger Böden beschleunigt die Reife. Sonnenschein, gesichert durch einen sonnigen Aspekt oder Schutz, beschleunigt die Reife.

Die saisonale Wärmesumme.

Der erfolgreiche Anbau der Traube hängt von einer ausreichenden Wärmemenge während der Sommersaison ab. Die Theorie besagt, dass die Knospen der Traube beginnen, wenn die durchschnittliche Tagestemperatur eine bestimmte Höhe erreicht, und dass die Summe der durchschnittlichen Tagestemperatur einen bestimmten Wert erreichen muss, bevor die Trauben reifen. Offensichtlich muss diese Summe je nach Sorte stark schwanken, niedrig für die frühesten Sorten, hoch für die neuesten. Es gibt viele Beobachtungen darüber, bei welchen Temperaturen die Knospen der Traube zu wachsen beginnen, so dass man heute weiß, dass die Temperatur je nach Standort und Reifegrad variiert. Grob gesagt beginnen Traubenknospen bei Temperaturen von 50 bis 60 °F. Die saisonale Hitzesumme für die Reifung beträgt wahrscheinlich 1600 bis 2400 Einheiten. Daher sollte eine Sorte nicht in einer Region gepflanzt werden, in der die durchschnittliche saisonale Wärmesumme nicht ausreichend hoch ist. Die saisonale Wärmesumme kann für einen Ort anhand der vom United States Weather Bureau veröffentlichten Daten ermittelt werden; Durch den Vergleich mit der Summe der Wärmeeinheiten an Orten, an denen eine Sorte bekanntermaßen gedeiht, kann der Weinbauer feststellen, ob für eine bestimmte Sorte ausreichend Wärme vorhanden ist.

Die Traube leidet in einer Weinbauregion selten unter heißem Wetter. Manchmal verbrüht die Frucht in der prallen Hitze der heißen Sonne, aber das üppige Laub der Rebe bietet normalerweise Schutz vor der brennenden Sonne. Während der Reifezeit sorgt die Hitze einer ungetrübten Sonne bei freier Luftzirkulation für ein fein verarbeitetes Produkt. Eine tiefe Bepflanzung trägt dazu bei, die schädlichen Einflüsse warmer Klimazonen auszugleichen.

Luftfeuchtigkeit des Sommerwetters.

Die Traube reagiert sehr empfindlich auf Feuchtigkeit und gedeiht am besten in Regionen, in denen es im Sommer vergleichsweise wenig regnet. Ein feuchter und wolkiger Sommer bringt in mehrfacher Hinsicht Unheil über den Weinberg; B. geringes Weinwachstum, kleiner Fruchtansatz, schlechte Erntequalität und die Entwicklung verschiedener Pilzkrankheiten. Obwohl die Traube Trockenheit verträgt, kann ein Überschuss an Feuchtigkeit im Boden kaum schaden, wie es bei bewässerten Weinbergen der Fall ist. Eine feuchte Luft ist jedoch für den Erfolg fatal, insbesondere wenn die Luft sowohl warm als auch feucht ist. Besonders feuchte Witterung während der Reifezeit sowie häufiger Nebel sind für die Traube schädlich. Kaltes, nasses Wetter zur Blütezeit ist für den Weinbauern ein Frühlingsproblem, da es den Fruchtansatz am wirksamsten verhindert. Man kann als Regel festlegen, dass die Traube von Sonnenlicht, Wärme und Luft lebt – sie gedeiht oft am Rande der Wüste. Diese Überlegungen machen deutlich, dass bei der Auswahl eines Standorts für den Weinanbau die monatlichen und saisonalen Niederschlagsmengen berücksichtigt werden müssen.

Frühlings- und Herbstfröste.

Das durchschnittliche Datum, an dem der letzte tödliche Frost im Frühjahr auftritt, bestimmt häufig die Breitengrenze, in der die Traube angebaut werden kann. Selbst in der beliebtesten Weinbauregion des Kontinents zerstören tödliche Fröste gelegentlich die Weinernte, und es gibt nur wenige Jahreszeiten, in denen der Frost nicht seinen Tribut fordert. So vernichtete der Frost am 7. Mai 1916 die Wein- und Tafeltraubenernte in der großen Weinregion Nordkaliforniens, wo im Mai nur selten mit Frösten zu rechnen ist. Es kann kaum oder gar nichts getan werden, um die Trauben vor Frost zu schützen. Windschutzwände begünstigen ebenso oft den Frost wie die Reben, und das Besprühen oder Heizen der Weinberge ist zu teuer, um praktikabel zu sein. Beim Weinanbau muss daher die allgemein anerkannte Vorsichtsmaßnahme getroffen werden, einen Standort in der Nähe von Wasser, an Hängen oder in einem warmen Thermalgebiet auszuwählen.

Die Grenzen des Weinanbaus werden auch durch frühe Herbstfröste bestimmt. Die Traube verträgt zwei oder drei Grad Frost, aber alles, was darunter liegt, zerstört normalerweise die Ernte. Auch hier besteht die einzige Vorsichtsmaßnahme darin, den Standort sorgfältig auszuwählen.

Die Nutzung von Wetterdaten und Daten von Lebensereignissen der Traube.

Diese Überlegungen zu Saisonlänge, Luftfeuchtigkeit sowie Frühlings- und Herbstfrösten machen deutlich, dass der Weinbauer diese Klimaphasen mit den Lebensereignissen der Traube synchronisieren muss. Insbesondere muss er Wetterdaten im Zusammenhang mit der Blüte und Reifung der Trauben untersuchen. In der Regel können die erforderlichen Wetterdaten beim nächstgelegenen lokalen Wetteramt eingeholt werden, während das Blüh- und Reifedatum von den staatlichen Versuchsstationen in den Bundesstaaten erfragt werden kann, in denen die Traube eine wichtige Kulturpflanze darstellt.

Wintertemperatur.

Sorten einheimischer Trauben werden in Amerika selten durch Wintertötung geschädigt, da sie normalerweise in Klimazonen angebaut werden, in denen wilde Trauben winterlichen Bedingungen standhalten. Einheimische Sorten folgen der Regel, dass Pflanze und Klima in Regionen, in denen die Pflanze ohne die Hilfe des Menschen gedeiht, wirklich verträglich sind. Einige einheimische Rebsorten kommen in der winterlichen Kälte der nördlichen Weinregionen schlecht zurecht, und die zarte Vinifera-Rebe ist überall dort, wo die Quecksilbertemperatur unter Null fällt, dem Winter ausgeliefert. In kalten Klimazonen muss daher bei der Auswahl winterharter Sorten und bei der Befolgung sorgfältiger Kulturmethoden bei den zarten Sorten Vorsicht geboten sein. Wenn andere klimatische Bedingungen günstig sind, stellt die Wintertötung jedoch keine unüberwindbare Schwierigkeit dar, da die Traube leicht vor Kälte geschützt werden kann, so dass die zarten Viniferas im kalten Norden mit Winterschutz angebaut werden können.

Luftströme.

Luftströmungen sind für den Anbau von Baumfrüchten nur von örtlicher Bedeutung, für den Anbau von Weintrauben sind sie jedoch von allgemeiner und lebenswichtiger Bedeutung. Die Richtung, Stärke und Häufigkeit der vorherrschenden Winde sind oft entscheidende Faktoren bei der Unterdrückung von Pilzkrankheiten der Traube, und das Vorhandensein von Pilzen bedeutet oft Erfolg oder Misserfolg in den Regionen, in denen die Traube angebaut wird. Auch Winde sind von Vorteil, wenn sie warme Luft oder trockene Luft bringen und wenn sie frostige Luft in Bewegung halten. Die Luft muss sich in allen Weinregionen bewegen, egal ob vom Canyon , Berg, See oder Meer. Sonnenlicht, Wärme und bewegte Luft sind das Leben der Traube. Manchmal können Winde schädlich sein; B. wenn es zu kalt ist, es zu heftig stürmt oder wenn es zu Hagel kommt, wobei es sich bei Letzterem um die verheerendste aller Naturkatastrophen handelt. Windschutze sind von geringem Wert und oft mehr als nutzlos. Nachdem der Weinbauer seinen Weinberg gepflanzt hat, muss er die Winde ertragen, wie sie wehen.

Böden für Trauben

Eine Grundvoraussetzung für einen Weinberg ist die Erde, auf der die Reben wachsen. Der erfolgreiche Weinanbau hängt in hohem Maße von der Wahl des Bodens ab. In den großen Weinanbaugebieten werden viele Fehler gemacht, wenn es darum geht, auf ungeeigneten Böden zu pflanzen, da der Pflanzer davon ausgeht, dass jeder Boden in einem Weinanbaugebiet gut genug für die Traube sein sollte. Aber die Erdkruste in Weinanbaugebieten besteht nicht nur aus Weintraubenboden. In New York zum Beispiel eignet sich ein großer Teil des Landes in den drei Weinregionen besser für den Anbau von Feldfrüchten für den Maurer oder Straßenbauer als für den Weinbauern. Andere Böden in diesen Regionen sind nur dann für Weinberge geeignet, wenn sie gefliest sind, und durch das Fliesenlegen sind nicht alle feuchten Flächen für die Bearbeitung geeignet. Schwerer, klammer Ton, leichter Sand, durstige Böden, dünne oder hungrige Böden – auf all diesen kann der Anbauer zwar pflanzen, aber selten ernten.

Der ideale Boden.

Trauben können auf einer Vielzahl von Böden gut angebaut werden, wenn das Land gut entwässert, luftdurchlässig und warm ist. Aber ohne diese Grundvoraussetzungen wird, egal auf welchem Boden, jede weitere Behandlung keinen guten Weinberg hervorbringen. Im Allgemeinen gedeiht die Traube am besten auf leichtem, lockerem, kiesigem Lehmboden, aber es gibt viele gute Weinberge auf kiesigem oder steinigem Ton, Kies oder Stein, um für Entwässerung, Luftzufuhr und Wärmespeicherung zu sorgen. Entgegen der allgemeinen Meinung gedeiht die Traube selten auf sehr sandigen Böden, es sei denn, es gibt eine angemessene Beimischung von Ton, erheblich zersetzendem Pflanzenmaterial und einen lehmigen Untergrund. Letzteres darf jedoch nicht zu nahe an die Oberfläche kommen. Einige der besten Weinberge des Landes sind sehr steinig, und die Steine behindern nur die Bewirtschaftung des Landes. Fast alle Trauben benötigen einen lockeren Boden, wobei Kompaktheit ein schwerwiegender Mangel ist. Vergil, der zur Zeit Christi schrieb, gab gute Ratschläge zum Boden für den Weinstock:

„Eine freie, lockere Erde ist das, was die Weinreben verlangen, wo Wind und Frost den Laborarbeitern geholfen haben Hand, und kräftige Bauern haben das Land aufgewühlt .

Kalter, mürrischer, klebriger oder klammer Ton schmeckt der Traube nie.

Große Fruchtbarkeit ist in Weinanbaugebieten nicht erforderlich. Tatsächlich zeichnet sich die Traube unter den Kulturpflanzen durch ihre Fähigkeit aus, sich dort zu ernähren, wo das Nahrungsangebot knapp ist. Von Natur aus zu nährstoffreiche Böden führen zu einem übermäßigen Weinwachstum, das Holz der Saison reift nicht, die Ernte reift nicht und den Trauben mangelt es an Zucker, Größe, Farbe und Geschmack. Eine gute körperliche Verfassung und Wärme in einem gut bewässerten, gut belüfteten Boden ermöglichen es der Traube, weit und breit nach ihrer Nahrung zu suchen.

Drainage.

Keine angebaute Traube verträgt einen nassen Boden; Alle erfordern eine Entwässerung. Einige Arten gedeihen möglicherweise eine Zeit lang in feuchtem, schwerem Land, häufiger leben sie jedoch nicht, obwohl sie dort verweilen. Der Grundwasserspiegel sollte mindestens 60 cm von der Oberfläche entfernt sein. Wenn dies zufällig geschieht, ist das umso besser, andernfalls muss das Land trockengelegt werden. Hanglagen sind keineswegs immer gut entwässert, da viele Hänge einen Untergrund haben, der so undurchlässig oder feuchtigkeitsspeichernd ist, dass eine Unterentwässerung erforderlich ist. Die Beschaffenheit des Bodens wird in der Regel durch eine gute Entwässerung so stark verbessert, dass sich der Winzer bei der Weinbaubewirtschaftung in gut entwässertem Land kaum auf die milde Jahreszeit verlassen muss.

Bodenanpassungen.

Bei der Verfeinerung des Weinbaus stellen Weinbauern fest, dass bestimmte Sorten auf einem bestimmten Boden am besten gedeihen, wobei die Vorlieben und Abneigungen nur durch Versuche ermittelt werden können, da die Besonderheiten, die einen Boden an eine Sorte anpassen, nicht analysierbar sind. Einige Sorten hingegen, darunter die Concord, gedeihen auf den verschiedensten Böden gut. Jede der verschiedenen Arten mit ihren Varietäten weist ganz unterschiedliche Anpassungen an Böden auf. Dies macht man sich zunutze, indem man Sorten auf ungünstigen Böden anpflanzt, nachdem sie auf einen Rebstock gepfropft wurden, der sich in dem jeweiligen Boden wohlfühlt. Beim Anbau von Sorten auf ungeeigneten Böden wurde viel erreicht, indem man sie mit anderen Beständen vermischte, ein Vorgang, der zahlreiche Diskussionen über die Anpassungsfähigkeit von Sorten an Bestände und Bestände an Böden hervorgerufen hat, Themen, die auf einer späteren Seite behandelt werden sollen.

Insekten und Pilze

Die ertragsstarken Weinanbaugebiete des Landes wurden allesamt in vergleichsweise frei von Traubeninsekten und -pilzen liegenden Regionen angesiedelt. Kamen später Schädlinge in beträchtlicher Zahl hinzu, ging die Industrie früher unter. Hier und da findet man in den landwirtschaftlich genutzten Regionen des Landes eine erbärmliche Gesellschaft verkümmerter und verstümmelter Weinreben, Überbleibsel einst blühender Weinberge, die durch eine Plage von Insekten oder Pilzen in ihren erbärmlichen Zustand gebracht wurden. Das Aufkommen des Sprühens und eine bessere Kenntnis der Gewohnheiten der Schädlinge hat die Bedeutung von Parasiten als Faktor für die Bestimmung des Werts einer Region für den Weinanbau erheblich verringert; Aber selbst angesichts der neuen Erkenntnisse ist es nicht ratsam, in Regionen, in denen Schädlinge stark verwurzelt sind, gegen die Natur vorzugehen.

Kommerzielle Faktoren

Die dominierenden Faktoren, die zur Anpflanzung großer Flächen für eine einzelne Frucht führen, sind häufig wirtschaftlicher Natur; B. Transport, Märkte, Arbeitskräfte, Einrichtungen zur Herstellung von Nebenprodukten und die Möglichkeit, sich Kauf- und Verkaufsorganisationen anzuschließen. Alle diese Faktoren spielen eine wichtige Rolle bei der Festlegung der Grenzen der Weinanbaugebiete, jedoch eine geringere Rolle als bei der

Festlegung großer Anbauflächen für andere Obstsorten, da die Traube in großem Maße für Rosinen, Wein, Champagner und Trauben angebaut wird. Saft, in Form verdichtete Produkte, die mit geringem Arbeitsaufwand hergestellt, leicht transportiert werden können, lange haltbar sind und jederzeit auf den Markt kommen. Auch dort, wo die natürlichen Bedingungen für den Weinanbau günstig sind, kommt die Ernte fast wie ein Geschenk der Natur; Wenn der Winzer hingegen den Schlägen ungünstiger natürlicher Umstände standhalten muss, ist der Weinberg, egal wie günstig die wirtschaftlichen Faktoren auch sein mögen, selten profitabel. Daher überwiegen beim Weinanbau natürliche Faktoren die wirtschaftlichen Faktoren, letztere müssen jedoch bei der Suche nach einem Standort für einen Weinberg berücksichtigt werden, eine Aufgabe, die im Folgenden in mehreren Kapiteln besprochen wird.

Zugänglichkeit zu Märkten.

Im kommerziellen Weinanbau sollten Märkte zugänglich sein. Wünschenswert ist ein Standort, an dem es einen guten lokalen Markt und gleichzeitig ausreichende Möglichkeiten für den Versand in entfernte Märkte gibt. Wenn es auch Möglichkeiten gibt, etwaige Überschüsse an Rosinen-, Wein- oder Traubensafthersteller zu entsorgen, hat der Erzeuger das Ideal schon fast erreicht. Zu wünschen übrig sind außerdem gute Straßen, kurze Wege, schnelle Transporte, günstige Frachtraten, Kühlschrankservice und kooperative Agenturen. Je mehr dieser Vorteile einem Landwirt zur Verfügung stehen, desto geringer ist die Wahrscheinlichkeit, dass er im kommerziellen Wettbewerb scheitert.

Allgemeine versus *lokale Märkte.*

Der Erzeuger muss eher daran erinnert als darüber informiert werden, dass er beim Standort seines Weinbergs entscheiden muss, ob er für entfernte Märkte, für die Herstellung von Traubenprodukten oder für lokale Märkte anbauen möchte. Sobald die Entscheidung getroffen wurde, Weintrauben anzubauen, hängt das weitere Vorgehen bei jedem Schritt von der Disposition ab, die für das Produkt getroffen werden soll. Zusammenfassend sind die Unterschiede beim Weinanbau für die beiden Märkte wie folgt: Für den allgemeinen Markt: Die Anbaufläche sollte groß sein; der Markt kann weit entfernt sein; die Sorten wenige; die Produktionskosten niedrig; Die Verkäufe sind groß und die Preise niedrig; die Geschäfte erfolgen über Zwischenhändler; und umfassende Kultur wird praktiziert. Für den lokalen Markt: Die Anbaufläche kann klein sein; der Markt muss nah sein und die Preise müssen hoch sein; der Verkauf erfolgt direkt an den Verbraucher; es muss eine Abfolge beim Reifen geben; und es wird intensive Kultur praktiziert. Für den allgemeinen Markt ist der Weinberg die Einheit; Für den lokalen Markt sollte die Sorte die Einheit sein. In dieser Diskussion können jedoch die Begriffe „große Anbaufläche" und „extensive Kultur" im Vergleich zu „kleiner Anbaufläche" und „intensiver Kultur" irreführend sein. Dies ist ein Fall, in dem ein großes Unterfangen ein kleines Unterfangen und ein kleines Unterfangen ein großes Unterfangen sein kann; oder, wo es gut sein könnte, den Rat von Virgil zu befolgen, der römischen Weinbauern riet: „Loben Sie große Güter, bewirtschaften Sie ein kleines."

Der Weinanbau der damaligen Zeit tendiert immer mehr dazu, für allgemeine Märkte zu kultivieren. Der Züchter pflanzt, um einen vergleichsweise geringen Ertrag aus einer großen Fläche abzuschöpfen. Dieser Zweig des Weinanbaus ist in Amerika mittlerweile gut entwickelt. Der intensive Weinanbau für lokale Märkte ist nicht gut entwickelt. Allerdings gibt es in Amerika viele Möglichkeiten für einfache Erfolge im Obstanbau durch die Bepflanzung von Weinbergen für lokale Märkte. Keine andere Frucht reagiert so gut auf die Kunst der Kultur wie die Traube. Bei der Auswahl guter Sorten und einem fein verarbeiteten Produkt kann der Züchter fast das bekommen, was er sich von den Produkten seiner Fähigkeiten wünscht. Auch bei der Traube geht die Palme des Verdiensts mit Geschick in der Kultur einher; Unter allen Pflanzenzüchtern kann es nur der Florist mit dem Winzer aufnehmen, wenn es darum geht, die Entwicklung einer Pflanze zu einem besonderen Ziel zu führen. Beim Anbau, Düngen, Training, Pfropfen, Beschneiden, Besprühen hat der Weinbauer in jedem Kulturbetrieb die Möglichkeit, seine Fähigkeiten zu verkaufen, die dem Anbau anderer Früchte nicht in so hohem Maße gegeben sind.

Arbeit.

Ein großer Vorteil in der Gemeinde der Winzer in Weinanbaugebieten besteht darin, dass Arbeitskräfte beschafft werden müssen. Für den Weinanbau sind qualifizierte Arbeitskräfte erforderlich, die nur in Weinbauzentren frei verfügbar sind. Der Weinanbau ist ein Spezialgeschäft, und es dauert mehr als einen Tag oder eine Saison, um aus einem Bauern, Gärtner oder Obstgärtner einen Winzer zu machen. Expertenarbeit ist am einfachsten zu bekommen und von bester Qualität, wenn es Trauben im Überfluss gibt. Auch an guten Weinbergstandorten muss für eilige Aufgaben wie das Binden und Pflücken genügend Arbeitskraft vorhanden sein. In diesen beiden Betrieben können Frauen, Kinder oder andere ungelernte Arbeitskräfte vorteilhaft eingesetzt werden. Die Weinlese muss oft eilig erfolgen, und um sie in vollem Gange zu halten, ist eine nahe gelegene Stadt, aus der die Weinpflücker angelockt werden können, von großem Vorteil.

Weinberge.

Innerhalb einer Weinregion ist der Standort wichtig, um zu bestimmen, wo gepflanzt werden soll. Die Lage ist die örtliche Lage des Weinbergs. Websites können nicht standardisiert werden und daher gleicht keine zwei der anderen.

Die wichtigsten natürlichen Faktoren, die es an einem Standort zu sichern gilt, sind Wärme, Sonne, Luft und Frostfreiheit. Diese Faktoren wurden allgemein im Hinblick auf das Klima der Weinregionen diskutiert, man muss jedoch etwas genauer darauf eingehen, um festzustellen, wie sie sich auf einzelne Weinberge auswirken. Wärme, Sonne, Luft und Frostfreiheit lassen sich am besten durch die Nähe zu Wasser, Hochland und die richtige Belichtung gewährleisten.

Nähe zum Wasser.

Die günstigen Einflüsse des Wassers werden in den Weinregionen New York, Pennsylvania, Ohio und Kanada gut veranschaulicht. Alle Weinbaugebiete dieser Regionen werden auf einer oder mehreren Seiten von Wasser begrenzt. Die ausgleichenden Auswirkungen großer Wassermassen auf die Temperatur, wärmere Winter und kühlere Sommer, sind so bekannt, dass es kaum eines Kommentars bedarf. Kaum weniger wichtig als die Auswirkungen des Wassers auf die Temperatur sind die küstennahen nächtlichen Brisen und die binnenländischen Brisen am Tag, die auf großen Gewässern wehen. Diese halten die Luft im Weinberg in ständiger Bewegung und verhindern so Frost im Frühjahr und Herbst sowie trockenes Laub und Früchte, sodass Pilzsporen nur schwer Fuß fassen können. Aber wenn Wasser Nebel, Tau und Feuchtigkeit mit sich bringt, wie es im Pazifik der Fall ist, müssen Weintrauben im Landesinneren gepflanzt werden; andernfalls entstehen Blätter, Blüten und Früchte in der Pilzfäule. Die wohltuenden Einflüsse des Wassers sind in den östlichen Weinanbaugebieten in Entfernungen von ein bis vier Meilen zu spüren, selten weiter. Diese schmalen Gürtel um die östlichen Gewässer werden auf der Landseite von hohen Klippen begrenzt, über die viele Regenschauer nicht hinwegkommen und die die Gürtel darunter vor starkem Tau schützen. Dort, wo der Hintergrund der Steilhänge in diesen Regionen zu flachem Land absinkt, hören die Weinberge auf.

Weinberge liegen normalerweise in einiger Entfernung über dem Wasser, wobei die Höhenspanne zwischen 50 und 500 Fuß liegt. Wo die Höhe viel höher liegt, ist die Immunität gegen Frost und Winterfrost nicht mehr gegeben, da die Atmosphäre seltener und trockener ist und die Wärme vom Land schnell abstrahlt. Mit zunehmender Höhe verwüsten auch die heftigen Windböen die Weinreben. Dennoch ist man oft überrascht, auf der Höhe der Seen oder auf der Krönung hoher Hügel gute Weinberge zu finden. Die Höhenlage beim Weinanbau muss daher experimentell ermittelt werden. Wir wissen sehr wenig über die Entstehung der für die Weinrebe so günstigen Hochlandgebiete.

Das lagen des landes.

Wir assoziieren die Traube mit rauem Land; wie die Weinreben an den Ufern des Rheins, die hügeligen Gebiete Burgunds, die Hänge des Vesuvs und des Olymp, die hohen Hügel Madeiras, die wolkenverhangenen Berge Teneriffas , Berghänge in Kalifornien und die Steilhänge der Weinregionen im Osten Amerikas . Diese Beispiele beweisen, wie gut hügelige Gebiete, geneigte Ebenen und sogar steile und felsige Hänge für den Weinanbau geeignet sind. Virgil schrieb vor langer Zeit: „Bacchus hat eine Vorliebe für weite, sonnige Hügel." Doch hügeliges Land ist für den Weinanbau nicht unbedingt erforderlich, denn in Europa und Amerika werden sehr gute Trauben auf ungeschützten Ebenen angebaut, vorausgesetzt, das Land liegt an einer oder mehreren Grenzen über dem umliegenden Land. Wenn die Boden- und Klimabedingungen, die die Traube benötigt, auf ebenem Gelände oder mäßigen Hängen zu finden sind, sind solche Situationen viel besser als steile Hänge, da dort die Kosten für alle Weinbergarbeiten höher sind und starke Regenfälle den Boden erodieren. Auch auf Hügeln ist der Boden oft karg und karg. Ebenes Land darf jedoch nicht auf allen Seiten von höher gelegenem Land umschlossen sein, da vorzeitiger Frost in einer solchen Situation oft dazu führt, dass die Reben verkümmern.

Belichtungen.

Die Ausrichtung bzw. die Neigung des Landes zu einer Himmelsrichtung ist bei der Auswahl eines Standorts für den Weinberg wichtig, auch wenn der Wert bestimmter Ausrichtungen häufig überbewertet wird. Bedenken Sie, dass in Weinbergen, die in jeder Himmelsrichtung liegen, gute Trauben angebaut werden können, dass sich jedoch manchmal geringfügige Vorteile ergeben können, abhängig von der besonderen Umgebung der Plantage, und dass das Problem dann je nach den Bedingungen gelöst werden kann. Zur Ausrichtung gelten folgende Theorien: Eine Ausrichtung nach Süden ist wärmer und daher früher als eine Ausrichtung nach Norden und daher der beste Hang für frühe und sehr späte Trauben, die anfällig für Frost sind. Nord- und Westhänge verzögern die Blatt- und Blütezeit und ermöglichen es der Traube so oft, vorzeitigen Frühlingsfrösten zu entgehen; Wenn man jedoch an solchen Hängen pflanzt, könnte man Peter die Bezahlung von Paul rauben, da das, was durch die Verzögerung im Frühjahr gewonnen wird, im Herbst verloren gehen kann, was dazu führen kann, dass die Reben vom Frost erfasst werden und ihre Ernte nicht reifen kann. Der Frostschaden ist in der Regel an einem steilen Osthang am größten, und die Weinreben leiden am stärksten unter winterlichen Frösten an dieser Stelle, da die direkten Strahlen der aufgehenden Sonne auf die gefrorenen Pflanzen treffen, so dass diese durch schnelles Auftauen stärker als sonst geschädigt werden. An Standorten in der Nähe von Gewässern ist die beste Neigung unabhängig von der Richtung zum Wasser gerichtet. Die Ausrichtung kann manchmal im Hinblick auf die vorherrschenden Winde vorteilhaft gewählt werden.

PLATTE II. — Das Land für die Bepflanzung vorbereiten.

KAPITEL III

VERMEHRUNG

Die Traube empfiehlt sich sowohl für kommerzielle als auch für Hobbyanbauer aufgrund ihrer einfachen Vermehrung. Die Reben aller Arten können aus Samen vermehrt werden, und alle bis auf eine der verschiedenen kultivierten Arten können problemlos aus Stecklingen oder Schichten gezogen werden. Alle geben einer Veredelung der einen oder anderen Art nach. Samen werden nur gepflanzt, um neue Sorten hervorzubringen. Früher wurden Bestände aus Samen gezogen, aber diese Praxis ist aufgrund der großen Unterschiede bei den Setzlingen in Verruf geraten. Sorten mit eigenen Wurzeln und Beständen werden zumeist durch Stecklinge vermehrt. Bei der Produktion von Rebstöcken geht der Winzer dem Obstgärtner mit gutem Beispiel voran, denn es steht außer Frage, dass alle Baumfrüchte darunter leiden, dass sie auf Setzlingen angebaut werden. Die Traube ist eine kräftige, selbstbewusste Pflanze und wenn sie einmal gepflanzt wurde, sei es aus Samen, Stecklingen oder Schichten, kommt es selten vor, dass sie nicht mehr wächst.

SÄMLINGE

Der Anbau von Setzlingen ist der einfachste Vorgang. Zur Erntezeit werden den Trauben die Kerne entnommen, danach müssen sie eine Ruhephase von einigen Monaten durchlaufen. Einmal oder alle ein bis zwei Monate sollten die Samen in feuchtem Sand geschichtet und an einem kalten Ort bis zum Frühjahr gelagert werden, dann können sie in der Ebene oder im Freiland ausgesät werden; Alternativ kann im Herbst die Aussaat auf einem gut vorbereiteten Gartengrundstück erfolgen. Bei der Aussaat im Freiland, im Herbst oder Frühling, werden die Samen in einer Tiefe von 2,5 cm mit einem Abstand von 2 bis 5 cm und in für den Anbau geeigneten Reihen eingebracht. Die anschließende Pflege besteht aus der Kultivierung, wenn die Samen in Gartenreihen ausgesät werden, und aus dem Pikieren, wenn echte Blätter erscheinen, wenn die Samen in flachen Reihen gepflanzt werden. Bei verkrustetem Boden empfiehlt es sich, Traubenkerne mit Apfelkernen zu vermischen; Die kräftigeren Apfelsämlinge brechen die Kruste auf und dienen als Ammenpflanzen für die zarteren Trauben. Manchmal hilft es den Jungpflanzen, den Boden leicht mit Rasenschnitt oder Moos zu mulchen. Traubensämlinge wachsen schnell und bilden in einer Saison oft zwei bis drei Fuß Holz.

Die jungen Pflanzen werden ausgedünnt oder so gesetzt, dass sie in der Anzuchtreihe 10 bis 12 cm voneinander entfernt stehen. Am Ende der ersten Saison werden alle Pflanzen stark zurückgeschnitten und durch beidseitiges Pflügen bis zur Reihe fast vollständig mit Erde bedeckt. Diese Erde wird natürlich im folgenden Frühjahr eingeebnet. Wenn die Jahreszeiten günstig sind und alles gut verläuft, sind die Setzlinge am Ende der zweiten Saison bereit für den Weinberg. Wenn es ihnen jedoch aus irgendeinem Grund in den ersten beiden Jahren schlecht ergangen ist, ist es viel besser, ihnen eine dritte Saison zu geben in der Krankenabteilung. Sämlingsreben sind selten so kräftig wie Rebstöcke aus Stecklingen, und beim Setzen im Weinberg ist besondere Sorgfalt geboten, obwohl der Vorgang im Wesentlichen der gleiche ist wie der, der für Reben aus Stecklingen beschrieben wird. In der dritten Saison werden die Reben an einem einzelnen Trieb gehalten und zurückgeklemmt, wenn die Stöcke eine Länge von fünf bis sechs Fuß erreichen. Im Herbst werden sie auf zwei bis drei Fuß zurückgeschnitten. Im Frühjahr der vierten Jahreszeit wird das Spalier aufgestellt und man darf ein paar Früchte reifen lassen.

Die verheißungsvollen Reben können nun ausgewählt werden. Die Pflanzen müssen jedoch zweimal oder öfter Früchte tragen, bevor man sagen kann, ob die Hoffnungen erfüllt sind oder verschoben werden müssen. Das Züchten von Setzlingen für neue Sorten ist ein Spiel voller Chancen, das zwar wenig unmittelbaren oder individuellen Gewinn bringt, aber viel Freude bereitet. Man kann kaum sagen, dass die Traubenindustrie Ostamerikas mit ihren 300.000 Hektar und 1.500 Sorten ein Beweis für das Gute ist, das der Anbau von Setzlingstrauben mit sich bringt.

RUHENDE STECKLINGE

Weinreben für den Weinbau, mit Ausnahme der Rotundifolia-Sorten, werden aus Hartholzstecklingen vermehrt, die beim Beschneiden der Weinreben aus den Zweigen der jeweiligen Saison entnommen werden. Die inaktiven Knospen in diesen Stecklingen können auf verschiedene Weise zu aktivem Wachstum gebracht und Wurzeln zum Wachstum aus den Schnittflächen gebracht werden. Durch dieses Wunder der Natur können in einer endlosen Prozession aus dem Produkt eines einzigen Samens unendlich viele Pflanzen vermehrt werden, wobei jede Pflanze in ihrer Vererbung vollständig ist und sich von ihren Artgenossen nur in Übereinstimmung mit der Umgebung unterscheidet.

Zeit, Stecklinge zu machen.

Ein guter Schnitt sollte eine schützende Hornhaut über dem Schnitt haben und dies braucht Zeit. Je früher die Schnitte gemacht werden, nachdem das Holz vollständig in den Ruhezustand übergegangen ist, desto besser. Außerdem sollte der Steckling sein gespeichertes Nahrungsmaterial für die Bildung von Adventivwurzeln nutzen, anstatt es in die Knospen übergehen zu lassen, wie dies schnell in der Ruhephase der Fall ist, wenn sich die

Knospen gerade öffnen. Wenn die Stecklinge spät in der Saison gemacht werden müssen, muss das Umpflanzen so lange wie möglich hinausgezögert werden, und die Stecklinge müssen in nördlicher Richtung gesetzt werden, um eine vorzeitige Entwicklung der Knospen zu verhindern. Allerdings reagiert die Traube überraschend gut auf den Ruf der Natur und bildet Wurzeln, und es muss kein großer Wert auf den Zeitpunkt gelegt werden, zu dem die Stecklinge gemacht werden.

Auswahl von Schnittholz.

Stecklinge werden aus einjährigem Holz hergestellt; Das heißt, die im Sommer produzierten Stöcke werden im Herbst für Stecklinge verwendet. Unreife Stöcke und solche mit weichem, schwammigem Holz sollten nicht verwendet werden. Kräftige, kräftige Stöcke sollten gegenüber schwachwüchsigen Stöcken bevorzugt werden, aber die meisten Gärtner sind der Meinung, dass sehr große Stöcke nicht so gute Stecklinge ergeben wie mittelgroße Stöcke, wobei der Einwand gegen große Stöcke darin besteht, dass die Stecklinge nicht so gut Wurzeln schlagen. Kurz gegliedertes Holz ist besser als lang gegliedertes Holz. Stecklinge von Weinreben, die durch Insekten und Pilze geschwächt sind, neigen dazu, schwach, weich, unreif und schlecht mit Lebensmitteln gelagert zu sein. Das Holz sollte glatt und gerade sein.

Den Schnitt machen.

Die Länge der Weinstecklinge variiert zwischen 10 cm und 60 cm, wobei die Länge vom Klima und dem Boden der Gärtnerei sowie von der Art und Sorte abhängt. Je heißer und trockener das Klima und je leichter der Boden, desto länger muss der Schnitt erfolgen. Im Klima Ostamerikas beträgt die übliche Länge jedoch 6 bis 9 Zoll, während am pazifischen Hang die Länge zwischen 20 und 15 Zoll schwankt. Um die Handhabung zu erleichtern, sollten alle Abschnitte ungefähr die gleiche Länge haben, um sicherzustellen, dass eine einfache Messung erforderlich ist. Es werden verschiedene Lehren verwendet, z. B. als in den Arbeitstisch geschnittene Markierungen, ein Stab in der erforderlichen Länge oder eine Schneidbox.

Bei der Herstellung der Stecklinge erfolgt ein schräger Schnitt nahe unter der untersten Knospe, während über der oberen Knospe etwa ein Zoll Holz übrig bleibt. Wenn möglich, wird am unteren Ende ein Absatz aus altem Holz belassen; oder, noch besser, ein Knospenwirbel, da die Wurzeln normalerweise von jeder Knospe ausgehen. Die fertigen Stecklinge werden zu Bündeln zusammengebunden, alle Enden in eine Richtung, und sind dann bereit zum Einfädeln. Dies geschieht durch Eingraben in Gräben, Aufschütten und Bedecken mit einigen Zentimetern Erde. Es ist wichtig, die Stecklinge beim Graben umzudrehen, da sonst die Spitzen oft zu wachsen beginnen, bevor die Stümpfe richtig verhornt sind, und es sehr wichtig ist, dass die Spitzen ruhen, bis Wurzeln erscheinen, die das neue Wachstum unterstützen.

Stecklinge pflanzen.

ABB. 6. Stecklinge pflanzen.

Stecklinge werden in der Baumschule in Reihen gepflanzt, die für die Kultivierung weit genug voneinander entfernt sind und in der Reihe einen Abstand von 5 bis 7 cm haben. Gräben werden mit einem Pflug angelegt; senkrecht, wenn die Stecklinge kürzer sind, und leicht schräg, wenn sie länger als 15 cm sind. Die Stecklinge werden so tief gesetzt, dass die oberen Knospen über den Boden hinausragen, wie in Abb. 6 dargestellt. Wenn die Stecklinge in einer Reihe platziert werden, werden 5 cm Erde hineingegeben und fest um die Basis der Stecklinge gepresst. Anschließend wird der Graben gleichmäßig mit Erde gefüllt und der Grubber folgt. Die Aufgabe der Jungpflanzen besteht darin, sie häufig im Sommer zu kultivieren, um den Boden feucht und locker zu halten.

ABB. 7. Ein Schnittanfangswachstum.

Die Stecklinge werden gepflanzt, sobald der Boden warm und trocken genug für die Arbeit ist. Eine zu lange Verzögerung der Aussaat führt zu Schäden durch Dürre, die fast jedes Jahr das Land in Ostamerika ausdörrt. Bewässerung gibt im Westen mehr Spielraum für die Pflanzzeit. Wenn warmes, sonniges Wetter, begleitet von gelegentlichen Regenfällen, vorherrscht, beginnen die Stecklinge fast sofort zu wachsen, wie in Abb. 7 gezeigt, und erreichen im Herbst, wenn alles günstig ist, ein Wachstum von 1,20 bis 1,80 m. Bei einem Schnitt von 7,5 cm und einem Reihenabstand von 7,5 cm können pro Hektar 58.080 Weinreben angebaut werden.

Einäugige Stecklinge.

Aus einäugigen Stecklingen werden neue und seltene Sorten vermehrt, wodurch sich die Anzahl der Pflanzen aus dem Vermehrungsholz verdoppelt. Diese Methode bietet auch die Möglichkeit, früh in der Saison mit der Vermehrungsarbeit zu beginnen, da einäugige Stecklinge fast immer durch künstliche Hitze bewurzelt werden. Der größte Wert der Methode besteht jedoch darin, dass einige Sorten, die auf andere Weise nicht vermehrt werden können, problemlos unter künstlicher Hitze aus Einzelaugen wachsen. Auf diese Weise vermehrte, gut gewachsene Reben sind genauso gut wie solche, die mit anderen Methoden angebaut wurden. Der große Nachteil besteht jedoch darin, dass die Reben aus diesen Stecklingen schlecht und völlig wertlos sind, wenn nicht viel Sorgfalt und Geschick angewendet wird. Es ist auch eine teurere Methode als der Anbau aus langen Stecklingen im Freien.

Es gibt verschiedene Möglichkeiten, einäugige Stecklinge herzustellen. Die häufigste Form des Stecklings ist die einzelne Knospe mit einem Zoll Holz oben und unten, wobei die Enden schräg abgeschnitten sind. Einige modifizieren diese Form, indem sie das Holz auf der der Knospe gegenüberliegenden Seite abschneiden und so das Mark über die gesamte Länge des Schnitts freilegen. Bei einer anderen Form wird direkt unter der Knospe ein quadratischer Schnitt gemacht, wobei darüber eineinhalb Zoll Holz übrig bleiben. Oder diese letzte Form wird modifiziert, indem ein langer, schräger Schnitt von der Knospe bis zum oberen Ende gemacht wird, wodurch die maximale Menge an Kambium freigelegt wird. Für jede Form werden Vorteile behauptet, diese sind jedoch größtenteils eingebildet, und der Schnitt kann nach den Vorstellungen des Vermehrers erfolgen, wenn einige wesentliche Punkte beachtet werden.

Einäugige Stecklinge werden im Herbst gemacht und bis zum späten Winter, etwa Februar in New York, im Sand gelagert. Zu diesem Zeitpunkt werden die Stecklinge horizontal einen Zentimeter tief in eine Sandvermehrungsbank in einem kühlen Gewächshaus gepflanzt. Wenn die Stecklinge nicht gut verhornt sind, bleiben sie ein bis zwei Wochen bei einer Temperatur von 40° bis 50° ohne Unterhitze. Gut gemachte Stecklinge sind jedoch verhornt und wurzelbereit, so dass sofort kräftige Unterhitze angewendet werden kann. Nach sechs Wochen oder zwei Monaten können die Jungpflanzen ausgetopft oder in ein Frühbeet oder ein kühles Gewächshaus umgepflanzt werden. Wenn nur wenige Pflanzen gezüchtet werden sollen, kann man sie in 5- bis 7,6 cm großen Töpfen beginnen und mit fortschreitendem Wachstum ein- oder zweimal in größere Töpfe umpflanzen. Im Frühsommer werden die Jungpflanzen in Baumschulreihen im Freien gepflanzt und im Herbst sollten die jungen Reben kräftig und kräftig sein.

Einzelaugen werden auch in Frühbeeten, Frühbeeten und sogar im Freien ohne künstliche Wärme eingesetzt. Bei Warmbeeten und Frühbeeten handelt es sich bei der Methode nur um eine Abwandlung der für Gewächshäuser beschriebenen Methode. Im Freien werden die Stecklinge unter denselben Bedingungen bewurzelt, unter denen lange Stecklinge bewurzelt werden, mit der Ausnahme, dass der gesamte kurze Steckling 2,5 cm tief in der Baumschulreihe vergraben wird.

KRÄUTERSTECKLINGE

Trauben lassen sich leicht aus krautigen Stecklingen vermehren. Da die Reben jedoch schwach und die Methode teuer sind, werden sie selten verwendet. Grüne Stecklinge werden in der Regel von Pflanzen aus Gewächshäusern entnommen, können aber im Sommer auch von Weinreben entnommen werden. Ein grüner Steckling wird normalerweise mit zwei Knospen geschnitten, wobei das Blatt oben links bleibt. Die

Stecklinge werden in sich vermehrenden Sandbetten oder Sandtöpfen in engen Rahmen gesetzt, unter denen eine lebhafte Unterhitze herrscht. Um eine übermäßige Verdunstung zu verhindern, werden die Rahmen geschlossen gehalten und die Atmosphäre warm und feucht gehalten. Mit fortschreitendem Wachstum oder bei Auftreten von Schimmel werden die Rahmen immer stärker belüftet. In zwei bis vier Wochen sollten die Stecklinge so gut bewurzelt sein, dass sie in Töpfe umgepflanzt werden können. Im Sommer hergestellte krautige Stecklinge müssen bis zum nächsten Frühjahr unter Glas aufbewahrt werden.

SCHICHTUNG

Die Traube lässt sich leicht aus Schichten von grünem oder altem Holz vermehren. Die Methode ist sicher und praktisch und bringt besonders kräftige Pflanzen hervor. Der Nachteil besteht darin, dass durch Schichtung weniger Pflanzen gewonnen werden können als durch Stecklinge mit einer bestimmten Holzmenge. Einige Arten können jedoch nicht durch Stecklinge vermehrt werden, weshalb die Schichtung für den Vermehrer von größter Bedeutung ist. Fast alle Rotundifolia-Sorten und einige Æstivalis-Sorten lassen sich am besten in Schichten anbauen. Soweit bekannt ist, können alle Sorten kultivierter Arten durch Schichtung angebaut werden, und da die Methode einfach und sicher ist und die Reben kräftig und leicht zu handhaben sind, wird diese Methode kleinen Weinbauern empfohlen.

Ruhende Holzschichtung.

Die Schichtung von Altholz beginnt in der Regel im Frühjahr, die Rebstöcke, aus denen die Schichten entnommen werden sollen, sollten jedoch in der vorangegangenen Saison eine Vorbehandlung erhalten haben. Die zu schichtenden Rebstöcke werden ein Jahr oder länger vor der Schichtung stark zurückgeschnitten, um ein kräftiges Wachstum der Stöcke zu bewirken. Starke, kräftige Stöcke werden in einen flachen, fünf bis fünf Zoll tiefen Graben gelegt, in dem sie mit Holz- oder Drahtpflöcken oder Klammern befestigt werden. Der Graben wird dann teilweise mit feiner, feuchter, weicher Erde gefüllt, die fest um das Rohr gepackt wird. Aus jedem Gelenk schlagen Wurzeln und Triebe entspringen. Wenn sich die Jungpflanzen weit über der Erde befinden, wird der Graben vollständig gefüllt und dann, oder etwas später, werden die Jungpflanzen abgesteckt, damit sie dem Grubber nicht im Weg stehen. Im darauffolgenden Herbst sind die jungen Reben zum Umpflanzen bereit.

Die Grundzüge der Schichtung wurden erläutert, aber unter bestimmten Umständen können auch einige unwesentliche Dinge hilfreich sein. Daher kann ruhendes Holz im Herbst geschichtet werden. In diesem Fall wird das Rohr normalerweise an der Verbindungsstelle eingekerbt oder beringt, um die Wurzelbildung zu induzieren. Je weniger Gelenke bedeckt sind, desto kräftiger sind die jungen Reben. Während die Zahl normalerweise fünf beträgt, können durch das Abdecken von nur einem oder zwei Gelenken sechs oder mehr besonders kräftige Pflanzen erhalten werden. Bei der Vermehrung von Rotundifolia-Trauben wird erwartet, dass die Seitenzweige die Spitzen der neuen Pflanzen bilden. Diese werden zum Zeitpunkt der Schichtung alle auf derselben Seite der Rebe auf 20 bis 20 cm zurückgeschnitten und dürfen nicht näher als 30 cm beieinander bleiben. In der Baumschulpraxis werden Rotundifolia-Reben zum Schichten am Boden entlang gezogen. Weinreben an Lauben, in Gewächshäusern oder an Gebäudeseiten lassen sich leicht in Kisten oder Töpfe mit Erde schichten. Aus Schichten gezogene Pflanzen sind nicht so einfach zu handhaben wie solche aus Stecklingen.

Grüne Holzschichtung.

Manchmal werden Schichtpflanzen aus Grünholz gezüchtet, um schnell neue oder seltene Sorten zu vermehren. Die Arbeit wird im Hochsommer erledigt, indem man die Triebe der aktuellen Saison herunterbiegt und abdeckt. Durch Sommerschichtung erhält man selten kräftige Pflanzen und es ist nie sicher, mehr als eine oder zwei Pflanzen aus einem Trieb heranzuziehen. Sommerschichtpflanzen müssen nach der Trennung vom Mutterstock eine möglichst kräftige Kultur gegeben werden. Es besteht allgemein Einigkeit darüber, dass Pflanzen aus Sommerlagen nicht nur keine guten Pflanzen hervorbringen, sondern auch, dass die Elternrebe geschädigt wird, wenn sie auf diese Weise einen Nachwuchs von ihr nimmt.

Schichtung zum Füllen von Leerstellen im Weinberg.

Selbst im besten Weinberg gibt es mit Sicherheit hin und wieder eine Lücke. Junge Pflanzen, die auf freien Plätzen gepflanzt werden, müssen mit benachbarten, ausgewachsenen Rebstöcken konkurrieren, und das oft auf einem so ungünstigen Grundstück, dass es möglicherweise der Grund für den Untergang des ursprünglichen Besitzers war. Unter diesen Umständen hat der Neuankömmling schlechte Chancen auf ein Leben. Eine Pflanze, die durch das Schichten eines starken Stocks einer nahegelegenen Rebe eingeführt wird, hat kaum Schwierigkeiten, sich auf ihren eigenen Wurzeln zu etablieren, und kann anschließend von der Mutterpflanze getrennt werden. Eine solche Schichtung gelingt am besten, indem man im zeitigen Frühjahr einen starken, unbeschnittenen Stock einer angrenzenden Pflanze in derselben Reihe nimmt und an der freien Stelle eine sechs Zoll tiefe Endfuge abdeckt, aber am Ende des Stocks genügend Holz übrig lässt, um senkrecht nach oben zu ragen aus dem Boden. Dieses freie Ende wird zur neuen Pflanze und kann im folgenden Herbst oder Frühjahr von der Mutterpflanze getrennt werden. Nicht selten trägt die junge Pflanze in der zweiten Saison Früchte an ihren eigenen Wurzeln. Diese Methode ist besonders in kleinen Plantagen von Nutzen, da dadurch die Mühe, eine oder zwei Pflanzen zu bestellen, vermieden wird und der Vorteil einer frühen Fruchtbildung erzielt wird.

PFROPFUNG

Da die Veredelung von Weintrauben eng mit Rebstöcken verbunden ist, deren Anbau eine moderne Praxis ist, wird die Veredelung als ein neues Verfahren beim Anbau dieser Frucht angesehen. Ganz im Gegenteil, es ist eine alte Praxis. Cato, der kräftige alte römische Weinbauer, der fast zweihundert Jahre vor Christus lebte, spricht vom Pfropfen von Trauben, obwohl Theophrastus, der griechische Philosoph, hundert Jahre zuvor schrieb: „Der Weinstock kann nicht auf sich selbst gepfropft werden." Bis es jedoch notwendig wurde, Vinifera-Trauben auf resistenten Rebstöcken anzubauen, um den verheerenden Folgen der Reblaus zu entgehen, war die Veredelung der Traube unter Winzern überhaupt nicht üblich und wird auch heute nicht mehr angewendet, außer wenn reblausanfällige Reben zusammen mit reblausresistenten Wurzeln angebaut werden müssen Insekt, oder um die Wuchskraft der Spitze durch einen kräftigeren oder weniger kräftigen Bestand zu verändern. Aus diesen beiden Gründen ist die Veredelung heute in einigen Weinregionen einer der wichtigsten Weinbaubetriebe.

Beim Pfropfen der Traube gibt es eine Zeit und einen Weg, der nicht so speziell ist, wie viele glauben, sondern eher spezieller als beim Pfropfen der meisten anderen Früchte. Wenn man das Wesentliche der Veredelung im Auge behält, hat man eine große Auswahl an Details. Beim Pfropfen handelt es sich um das Abtrennen und Einsetzen einer oder mehrerer Knospen einer Mutterpflanze auf eine andere Pflanze gleicher oder ähnlicher Art; Der Knospenstamm ist der Spross, die Wurzelpflanze ist der Stamm. Das Wesentliche lässt sich in drei Aussagen darlegen: Erstens ist das Wesentliche, dass die Kambiumschichten, das zwischen Rinde und Holz liegende Heilgewebe, im Stamm und Stamm zusammentreffen; Zweitens ist die Transplantationsmethode am besten, bei der das geschnittene Gewebe am schnellsten und vollständigsten heilt. Drittens: Je größer der Kambiumkontakt im Vergleich zur gesamten Schnittfläche ist, desto schneller und vollständiger heilen die Wunden. Von den vielen sind die folgenden einige der einfachsten Methoden zur Veredelung der Traube, die je nach Bedarf mehr oder weniger abgeändert werden können.

Weinbergveredelung in Ostamerika.

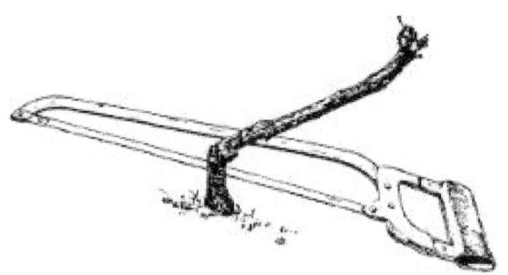

ABB. 8. Den Stamm abschneiden.

In Ostamerika wird die wachsende Rebe meist veredelt. An der New York Agricultural Experiment Station wird dieser Vorgang sehr erfolgreich an alten Reben wie folgt durchgeführt: Vor der Veredelung wird die Erde rund um den Stock bis zu einer Tiefe von zwei bis drei Zoll entfernt. Anschließend werden die Reben an der Bodenoberfläche und im rechten Winkel zur Stockachse enthauptet. Wenn die Maserung gerade ist, kann der Spalt durch Spalten mit einem Meißel hergestellt werden. In den meisten Fällen muss dies jedoch mit einer Säge mit dünner Klinge durch die Mitte des Schafts erfolgen, die mindestens fünf Zentimeter lang ist. Der Zweig wird mit zwei Knospen geschnitten, wobei der Keil an der unteren Knospe beginnt. Anschließend wird der Spalt im Stamm geöffnet und der Spross eingeführt, so dass das Kambium von Stamm und Spross in engen Kontakt kommt. Wenn der Bestand groß ist, werden zwei Zweige verwendet. Die verschiedenen Vorgänge beim Pfropfen sind in den Abbildungen dargestellt. 8 , 9 , 10 und 11 . Das Pfropfen von Wachs ist unnötig, oft sogar mehr als nutzlos, und wenn der Bestand groß ist, ist das Transplantat nicht einmal gebunden. Bei jungen Reben wird Bast zum Binden der Pfropfe verwendet. Zum Schutz und zur Feuchthaltung reicht es aus, das Transplantat bis zur Spitze des Pfahls mit Erde anzuhäufen. Zwei- bis dreimal im Sommer sollten die Sprossen aus dem Wurzelstock oder die Wurzeln aus der Blüte entfernt werden.

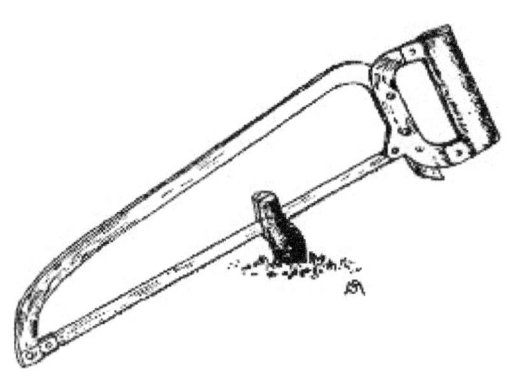

ABB. 9. Durchschneiden der Spalte.

Eine Methode, die an der New York Agricultural Experiment Station mit rechtem Erfolg bei jungen Reben angewendet wird, besteht darin, einjährige Rebstöcke in die Baumschulreihe zu pflanzen, sobald der Boden im Frühjahr bearbeitet werden kann. Sobald die Reben zu wachsen beginnen, werden diese an der Bodenoberfläche abgeschnitten und mit einer Zwei-Augen-Spitze veredelt. Das Transplantat wird mit Bast zusammengebunden und danach fast vollständig mit einem Erdhaufen bedeckt. Dies ist ein Fall, in dem die Arbeit zum vereinbarten Zeitpunkt erledigt werden muss, da eine Verzögerung fatal ist.

ABB. 10. Einsetzen des Cions.

RD Anthony beschreibt eine andere Methode wie folgt: [2] „Eine Methode, die ein Viniferas-Züchter aus Pennsylvania als sehr zufriedenstellend empfunden hat, besteht darin, die Vinifera-Stecklinge zu bewurzeln und sie ein Jahr lang auf ihren eigenen Wurzeln wachsen zu lassen; dann entsteht die Rebe, die als verwendet werden soll." Im Weinberg wird ein Stock gepflanzt und daneben der bewurzelte Steckling gepflanzt, damit die Triebe der beiden miteinander in Kontakt gebracht werden können. Im Juni, wenn die Pflanzen in vollem Wachstum sind, entstchen zwei kräftige Triebe (einer von jedem Weinstock). zusammengebracht und jeweils ein zwei bis drei Zoll langer Schnitt parallel zur Länge des Stocks gemacht, wobei ein Drittel bis die Hälfte der Dicke des Triebs entfernt wird. Diese durch die Schnitte freigelegten flachen Oberflächen werden dann mit dem in Kontakt gebracht Kambiumgewebe berühren sich und werden an Ort und Stelle festgebunden. Die Spitzen werden etwas kontrolliert, indem ein Teil des Wachstums abgebrochen wird. Im folgenden Frühjahr werden die Vinifera-Wurzeln unterhalb des Transplantats abgeschnitten und die Spitze des Stammes über dem Transplantat entfernt."

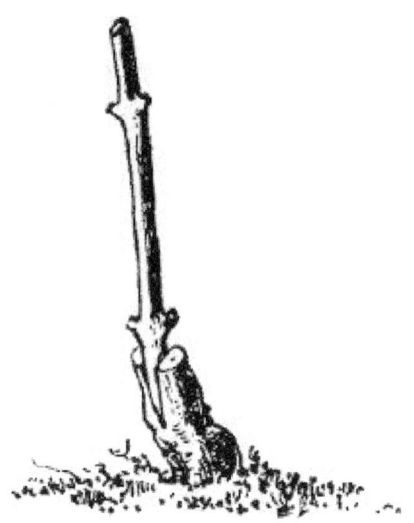

ABB. 11. Das fertige Transplantat.

Bei der anschließenden Pflege dieser jungen Rebstöcke muss sich der Züchter Zeit nehmen und die Pflänzchen an geeigneten Pfählen festbinden; Andernfalls besteht die Gefahr, dass sie in der Gewerkschaft durch Wind oder unvorsichtige Arbeiter abgebrochen werden. Veredelte Weinberge müssen bei allen Kulturvorgängen besonders sorgfältig gepflegt werden, und selbst bei bester Pflege versagen 5 bis 50 Prozent der Veredelungen oder wachsen so schlecht, dass eine Nachveredelung notwendig wird, was der ungünstigste Umstand der Feldveredelung ist. Die Nachpfropfung erfolgt eine Fuge tiefer als beim ersten Eingriff, um totes Holz zu vermeiden; Dadurch gelangt die Verbindung unter die Erdoberfläche, und der Winzer muss damit rechnen, dass viele Wurzelstöcke seine Geduld auf die Probe stellen.

Weinbergveredelung am Pazifikhang.

Laut Bioletti [3] war die Weinbergveredelung früher die häufigste Methode zur Anlage resistenter Weinberge in Kalifornien. Nachdem Bioletti festgestellt hat, dass es nach Möglichkeit am besten ist, gute Stecklinge anstelle von Wurzeln zu pflanzen, und dass die Veredelung normalerweise ein Jahr nach der Pflanzung erfolgen sollte, gibt Bioletti die folgenden Anweisungen für die Veredelung: [4]

„Wo immer möglich, sollten die Reben auf oder über der Bodenoberfläche veredelt werden. In vielen Fällen wird es jedoch notwendig sein, unter die

Oberfläche zu gehen, um einen glatten, geeigneten Teil des Stocks zu finden, wo eine Veredelung möglich ist."

der zu verwendenden Veredelung hängt von der Größe des Bestands ab. Für Bestände mit einem Durchmesser von bis zu 2/3 Zoll eignen sich die bereits beschriebenen Methoden der Zungen- und Drahtveredelung am besten. Für größere Reben bis zu 3/4 Zoll ist eine Modifikation erforderlich Am besten eignet sich die Verwendung eines gewöhnlichen Zungentransplantats. Wenn das Zungentransplantat auf übliche Weise mit Beständen dieser Größe hergestellt würde, wäre es notwendig, zu große Sprosse zu verwenden, was unerwünscht ist, oder die Rinden nur auf einer Seite zu vereinen. Indem man die Abschrägung des Stammes nur teilweise durch die Reben schneidet, ist es möglich, einen kleineren Spross auf beiden Seiten zu vereinen. Für noch größere Reben mit einem Durchmesser von mehr als 3/4 Zoll ist der gewöhnliche Spalt das beste Transplantat.

„Für das Transplantat sollte kein Wachs oder Ton verwendet werden. Alles, was die Luft vollständig ausschließt, verhindert das Zusammenwachsen des Gewebes. Bei der Verwendung des Spalttransplantats kann ein wenig Ton, ein Tuch oder ein Blatt über den Spalt im Schaft gelegt werden. einfach den Boden fernhalten. Ansonsten gibt es nichts Geeigneteres oder Günstigeres für die Bildung einer guten Verbindung, die man um die Transplantation legen kann, als lockeren, feuchten Boden. Wenn der Boden lehmig, steif oder klumpig ist, ist es notwendig Umgeben Sie die Verbindung mit lockerer Erde oder Sand, der von außerhalb des Weinbergs gebracht wird.

„Normalerweise ist es notwendig, die Transplantate zu binden. Ein gut gemachtes Spalttransplantat hält den Spross oft mit ausreichender Kraft fest, um eine Verschiebung zu verhindern, und es ist kein Binden erforderlich. Wo jedoch die Gefahr besteht, dass sich das Transplantat bewegt, sollte es gebunden werden." . Für diesen Zweck gibt es nichts Besseres als gewöhnlichen Bast. Der Bast sollte nicht mit Blausteinen bestäubt werden , da er ohne diese lange genug hält und mit Sicherheit in ein paar Wochen verrottet, und die Mühe des Schneidens wird vermieden. Baumwollschnur oder Es kann auch alles verwendet werden, was das Transplantat einige Wochen lang an Ort und Stelle hält.

„Sobald das Transplantat hergestellt und gebunden ist, sollte ein Pfahl eingetrieben und die Verbindung mit etwas Erde bedeckt werden. Das Aufhäufen des Transplantats kann einige Stunden lang erfolgen, außer bei sehr heißem, trockenem Wetter. Zum Schluss wird das Transplantat hergestellt und gebunden Der gesamte Transplantat sollte mit einem breiten Hügel lockerer Erde 5 cm über der Spitze des Sprosses bedeckt sein.

„Mit der Feldveredelung sollte in der Regel nicht vor Mitte März begonnen werden, außer an den heißesten und trockensten Standorten. Davor ist die

Gefahr zu groß, dass starke Regenfälle den Boden mehrere Wochen lang durchnässt halten – ein sehr ungünstiger Zustand für den Boden." Bildung guter Verbindungen. Auf keinen Fall sollte die Veredelung erfolgen, während der Boden feucht ist. Die Veredelung kann fortgesetzt werden, solange die Stecklinge ruhen können. Eine erfolgreiche Veredelung ist jedoch schwierig, wenn die Rinde des Bestandes locker wird , wie es in den meisten Orten kurz nach Mitte April der Fall ist.

Wie im Osten ist es auch in Kalifornien notwendig, im Sommer ein- oder zweimal die Triebe von den Wurzeln und die Wurzeln von den Zweigen zu entfernen. Saugnäpfe sollten das Transplantat nicht überschatten, es ist jedoch am besten, sie erst zu entfernen, wenn die Gefahr einer Störung des Transplantats vorüber ist. Die Pfropfe sollten abgesteckt und die Reben entsprechend den Empfehlungen für östliche Bedingungen gepflegt werden.

TAFEL III. — Zwischenfrüchte. *Oben*, Kuhhornrüben; *unten*,
Roggen.

Bankveredelung.

Die resistenten Weinberge in Frankreich und Kalifornien werden
mittlerweile fast ausschließlich mit veredelten Reben angelegt. In diesen
Regionen hat man gelernt, dass eine veredelte Rebe nur dann dauerhaft
Erfolg hat, wenn die Rebstöcke perfekt vereint sind und dass die Verbindung
umso besser ist, je früher die Veredelung im Leben von Stamm und Rebe
erfolgt. Dazu werden in der Werkstatt Stecklinge der gewünschten Sorte auf
resistente Wurzeln oder resistente Stecklinge aufgepfropft und anschließend
in der Baumschule gepflanzt. Die Bankveredelung hat gegenüber der

Feldveredelung den Vorteil, dass sie Zeit spart und einen volleren Rebbestand sichert.

Die Tischveredelung beginnt eigentlich mit der Auswahl der Stecklinge, da der Erfolg weitgehend von guten Stecklingen sowohl des Stammes als auch der Stecklinge abhängt. Die Stecklinge stammen von kräftigen, gesunden Reben und sind mittelgroß mit kurzen bis mittleren Gelenken. Die beste Größe ist ein Drittel Zoll im Durchmesser, wobei die Größe von Schaft und Stange gleich sein muss, da die beiden genau übereinstimmen müssen. Das Schnittholz kann jederzeit während der Ruhezeit bis zu zwei Wochen vor dem Anschwellen der Knospen im Frühjahr von den Mutterreben entnommen werden, und die Stecklinge können dann nach Bedarf gemacht werden, allerdings muss das Holz in der Zwischenzeit kühl und feucht gehalten werden Dies geschieht am besten, indem man sie in einem Keller oder kühlen Schuppen mit feuchter, aber nicht nasser Erde oder Sand bedeckt. In Kalifornien werden die besten Ergebnisse erzielt, wenn die Veredelung im Februar oder März erfolgt, obwohl sie auch früher begonnen und einen Monat später fortgesetzt werden kann.

Vorbereitung der Stecklinge.

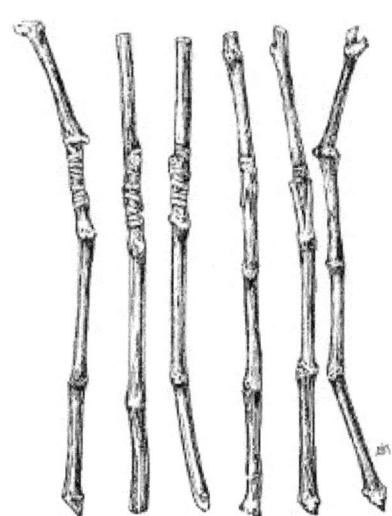

ABB. 12. Auf der Bank veredelte Weintraubenstecklinge, die sowohl das Spalttransplantat als auch das Peitschentransplantat zeigen.

Die Vorräte werden in Längen von etwa zehn Zoll geschnitten, wobei eine Lehre verwendet wird, um eine gleichmäßige Länge sicherzustellen. Der Schnitt an der Unterseite erfolgt durch eine Knospe, so dass das Zwerchfell frei bleibt. Der obere Schnitt erfolgt so nah wie möglich an der Unterseite, wobei zur Vereinfachung des Pfropfens etwa eineinhalb Zoll über der oberen Knospe verbleibt. Anschließend wird der Bestand entknospt, wobei sowohl sichtbare als auch zufällige Knospen entnommen werden, wobei letztere durch holzige Vergrößerungen gekennzeichnet sind, um die Anzahl der Ausläufer gering zu halten.

Der Zweig sollte nur aus einer Knospe bestehen. Dies hat den Vorteil, dass jeder Zweig die gleiche Länge hat, so dass sich alle Zweige im gleichen Abstand unter der Erdoberfläche in der Baumschule befinden. Der Spross besteht aus einem Internodium von etwa zweieinhalb Zoll unter der Knospe und einem halben Zoll darüber, wobei ein scharfes Messer das beste Werkzeug für die Schnitte ist.

Stamm- und Stecklinge werden jetzt auf genau die gleichen Durchmesser sortiert, was notwendig ist, um die Perfektion in den Verbindungen zu gewährleisten. Drei Methoden zur Vereinigung von Stamm und Stamm sind in Abb. 12 dargestellt . Es reicht aus, die Pflanzen nach Augenmaß in drei Partien einzuteilen – groß, klein und mittel –, aber einige Baumschulen ziehen es vor, durch die Verwendung mehrerer mechanischer Messgeräte eine noch größere Genauigkeit zu erreichen. Die Methoden zur Vereinigung von Stamm und Stamm lassen sich am besten mit einem Zitat von Bioletti beschreiben , von dem die meisten der bereits gegebenen Details zusammengefasst wurden: [5]

Zungentransplantation.

„Wenn die Zweige und Edelreiser vorbereitet und sortiert sind, nimmt der Veredler eine Kiste mit Zweigen und eine Kiste mit Zweigen in der entsprechenden Größe und vereint sie. Jeder wird im gleichen Winkel geschnitten, so dass beim Zusammensetzen die Schnittfläche von einem entsteht passt genau und deckt die gesamte Schnittfläche des anderen ab. Die Länge der Schnittfläche sollte das Drei- bis Vierfache des Durchmessers des Schnitts betragen, wobei der kürzere Schnitt für die größeren Größen und der längere für die dünneren gilt. Dies entspricht einen Winkel von 14,5 bis 19,5 Grad. Der Schnitt sollte mit einer gleitenden Bewegung des Messers erfolgen. Dadurch wird der Schnitt einfacher und gleichmäßiger.

„Der Schnitt sollte mit einer einzigen schnellen Bewegung des Messers ausgeführt werden. Wenn der erste Schnitt nicht zufriedenstellend ist, sollte ein völlig neuer Schnitt durchgeführt werden. Der Schnitt sollte nicht geschält werden, da dies zu einer unregelmäßigen oder welligen Oberfläche führt Verhindern Sie, dass die Stecklinge an allen Stellen eng zusammenwachsen.

„Die Zungen werden mit einer langsamen, gleitenden Bewegung des Messers hergestellt. Sie beginnen etwas über einem Drittel des Abstands vom scharfen Ende der Abschrägung und werden abgeschnitten, bis die Zunge nur noch etwas mehr als ein Drittel der Länge hat." der Schnittfläche. Die Zunge sollte *geschnitten* und nicht *gespalten* sein. Das Messer sollte nicht der Maserung des Holzes folgen, sondern so geneigt sein, dass die Zunge etwa halb so dick ist, wie wenn sie hergestellt wäre durch Spalten. Vor dem Herausziehen des Messers wird es umgebogen, um die Zunge zu öffnen. Dies erleichtert das Zusammensetzen von Schaft und Spross erheblich.

„Der Schaft und der Spross werden nun zusammengelegt, und wenn alles richtig gemacht wurde, ist keine Schnittfläche mehr sichtbar und das Ende von weder Schaft noch Spross ragt über die Schnittfläche des anderen hinaus. Es ist viel besser als die Spitzen ." Wenn die Spitzen nicht ganz bis zum unteren Rand der Schnittfläche reichen, sollten sie sich überlappen, da die Verbindung vollständiger ist und die Triebe weniger dazu neigen, Wurzeln auszuwerfen. Wenn sich die Spitzen überlappen, sollte der überlappende Teil abgeschnitten werden in den Champin- Transplantaten.

„Ein geschickter Transplantator wird, indem er die oben beschriebene Methode befolgt, Transplantate herstellen, von denen die meisten sehr fest zusammenhalten. Viele von ihnen würden sich jedoch bei späteren Operationen verschieben, so dass es notwendig ist, sie zu binden. Dies wird getan." mit Bast oder gewachster Schnur. Der einzige Zweck der Bindung besteht darin, den Stamm und den Spross zusammenzuhalten, bis sie sich durch das Wachstum ihrer eigenen Gewebe vereinen. Je weniger Material verwendet wird, desto besser, sofern dieses Ziel erreicht wird. Zur Bildung von Für die Heilung des Gewebes ist Luft erforderlich, sodass kein Ton, Wachs, Alufolie oder irgendetwas anderes verwendet werden sollte, das die Luft ausschließt. Das Bindematerial wird zweimal um die Spitze des Sprosses geführt, um ihn festzuhalten, und dann mit ein oder zwei Breiten Spiralenförmig wird es bis zur Spitze des Schaftes geführt, dieser wird mit zwei weiteren Windungen fest befestigt und das Ende der Schnur wird unter der letzten Windung hindurchgeführt. Je weniger Schnur verwendet wird, desto leichter lässt sie sich später in der Baumschule entfernen.

„Für späte Transplantate, die direkt in der Baumschule ausgepflanzt werden sollen, sollte unbehandelter Bast verwendet werden. Wenn die Transplantate jedoch zuerst in ein verhorntes Beet gelegt werden sollen, ist es am besten, den Bast mit Blaustein zu versehen, um ein Verrotten zu verhindern, bevor die Transplantate gepflanzt werden." Dazu werden die Bastbündel einige Stunden lang in einer dreiprozentigen Blausteinlösung eingeweicht und dann zum Trocknen aufgehängt. Vor der Verwendung sollte der Bast schnell unter einem Wasserstrahl gewaschen werden, um den Blaustein zu entfernen das an der Außenseite kristallisiert ist und das Transplantat angreifen könnte.

„Manche Veredler bevorzugen gewachste Schnüre zum Pfropfen. Die Schnur sollte stark genug sein, um das Transplantat zu halten, aber dünn genug, um von Hand zerrissen zu werden. Strickwatte Nr. 18 hat eine gute Größe. Sie wird gewachst, indem die Kugeln in geschmolzenem Pfropfwachs getränkt werden." für mehrere Stunden. Die Schnur nimmt das Wachs auf und kann dann auf die Seite gelegt werden, bis sie benötigt wird. Ein gutes Wachs für diesen Zweck wird durch das Zusammenschmelzen eines Teils Talg, zwei Teilen Bienenwachs und drei Teilen Kolophonium hergestellt."

Drahtveredelung.

„Die Vorteile dieser Methode bestehen darin, dass sie schneller geht, weniger Geschick erfordert und das mühsame Binden und noch mühsamere Entfernen des Bindematerials überflüssig macht. Geübte Transplantatoren können auf diese Weise einen möglichst hohen Prozentsatz an Nr. 1-Verbindungen erzielen." Diese Methode ist wie jede andere Methode, und ungeübte Transplantatoren kommen fast genauso gut zurecht wie geübte. Ein weiterer Vorteil der Methode besteht darin, dass die Sprösslinge weniger dazu neigen, Wurzeln zu schlagen als mit der Zungentransplantation.

„Es besteht im Wesentlichen aus der Verwendung eines kurzen Stücks verzinktem Eisendraht, der in das Mark von Brühe und Spross eingeführt wird, um sie zusammenzuhalten, und so sowohl Zungen als auch Bast ersetzt. Es wurde eingewandt, dass das Eisen eine schädliche Wirkung haben würde." auf das Gewebe der Veredelung, wodurch es korrodiert oder zum Verfall kommt. Es scheint jedoch kein Grund zu der Annahme gegeben zu sein, dass ein solches Ergebnis zu erwarten ist, und auf diese Weise veredelte Reben haben jahrelang gedauert, ohne irgendeinen solchen Effekt zu zeigen.

„Die Vorbereitung und Sortierung von Brühen und Stecklingen ist bei dieser Methode genau die gleiche wie bei der Zungentransplantation."

„Stiel und Spross werden in einem Winkel von 45 Grad geschnitten. Ein zwei Zoll langes Stück verzinkter Eisendraht wird dann 2,5 cm in das festeste Mark geschoben. Dies wird normalerweise das Mark des Stammes sein, aber es hängt von der Sorte ab." gepfropft. Der Spross wird dann auf den Draht geschoben und nach unten gedrückt, bis er Kontakt mit dem Stamm hat. Wenn die Stecklinge ein großes Mark haben , ist es besser, zwei Drahtstücke zu verwenden, eines zuerst in den Stamm und das andere in den Stamm Spross.

„Die Länge des zu verwendenden Drahtes hängt von der Größe und Festigkeit der Stecklinge ab, aber 2 Zoll werden normalerweise am besten sein. Draht der Stärke Nr. 17 ist die nützlichste Größe."

Bündel herstellen.

„Wenn die Transplantate direkt in der Baumschule ausgepflanzt werden sollen, kann man sie einfach in Kisten oder Schalen legen, mit feuchten Säcken abdecken und gleich nach der Herstellung zur Pflanzung bringen. In der Regel ist es jedoch besser, sie zu platzieren." mehrere Wochen in einem Hornbeet vor dem Pflanzen. In diesem Fall ist es aus Gründen der Handhabung erforderlich, sie zu Bündeln zusammenzubinden. Es sollten nicht mehr als zwanzig Transplantate in ein Bündel gegeben werden, besser sind zehn. Wenn die Bündel zu groß sind Es besteht die Gefahr, dass die Transplantate in der Mitte schimmeln oder austrocknen.

„Ein Ständer ist sehr praktisch. Er besteht aus einem 12 Zoll großen Stück Brett, an dessen einem Ende eine 6 Zoll mal 4 Zoll große Leiste und unter dem anderen Ende eine Stütze der gleichen Größe genagelt ist. Zwei 4 Zoll große Drahtnägel sind vorhanden Von unten durch das Brett getrieben, 4 Zoll voneinander entfernt und 5 Zoll von der Klampe entfernt. Zwei weitere 4-Zoll-Nägel werden auf ähnliche Weise 1 1/2 Zoll vom anderen Ende entfernt getrieben . Die Transplantate werden auf diesen Ständer gelegt, wobei die Sprosse anliegen Klampe und werden dann mit den beiden Stücken aus blausteinigem Bast gebunden, die zuvor über jedem Nagelpaar platziert wurden. Diese Anordnung stellt sicher, dass alle Sprosse und damit die Verbindungen auf der gleichen Höhe sind, und platziert beide Bindungen unterhalb der Verbindung, wo Sie belasten das Transplantat nicht. Das Binden ist schneller und führt weniger zu Störungen der Verbindungen, als wenn die Bündel ohne Führung hergestellt würden.

„Ein geschickter Transplantator wird pro Stunde etwa einhundert Zungentransplantate auf Stecklingen herstellen, oder fünfundsechzig bis fünfundsiebzig pro Stunde, wenn er auch das Binden durchführt. Drahttransplantate können in einer Menge von zweihundertfünfzig oder mehr hergestellt werden." pro Stunde, und bei richtiger Arbeitsteilung, wenn mehrere Veredler eingesetzt werden, kann diese Zahl leicht überschritten werden. Diese Schätzungen berücksichtigen nicht die Vorbereitung und Sortierung der Stecklinge."

Bewurzelte Stecklinge veredeln.

Der Spross kann auf einen Stamm gepfropft werden, der in der vorherigen Saison in der Baumschule bewurzelt wurde. Dabei werden weitgehend die gleichen Methoden angewendet wie bei Stecklingen. Diese Methode wird verwendet, um Stecklinge zu verwenden, die zum Pfropfen zu klein sind, wobei die in der Baumschule gewonnenen zusätzlichen Größen sie groß genug machen, und zum Pfropfen auf Stämme, die nur schwer Wurzeln schlagen, wodurch die Herstellung von Transplantaten, die nie wachsen, eingespart wird. Bei dieser Methode werden die Stängel so geschnitten, dass die Triebe als ursprünglicher Steckling und nicht als neuer Austrieb eingesetzt werden können. Um die Handhabung zu erleichtern, werden die Wurzeln auf eine Länge von etwa einem Zoll gekürzt.

Das schwielige Bett.

Wenn in der Baumschule sofort Banktransplantate gepflanzt werden, scheitern die meisten davon. Sie werden daher in einem Hornschichtbett geschichtet, in dem Feuchtigkeit und Temperatur kontrolliert werden können. Bioletti beschreibt ein Hornhautbett und seine Verwendung wie folgt: [6]

„Dieses Schwielenbett ist normalerweise ein Haufen sauberen Sandes, der auf der Südseite einer Wand oder eines Gebäudes platziert und von einer Brettertrennwand umgeben ist, wo keine Möglichkeit besteht, dass er durch den Wasserfluss von einer höheren Ebene oder einem Überhang zu nass wird Es sollte bei Bedarf durch einen umlaufenden Graben geschützt werden. Es sollte mit einer abnehmbaren Abdeckung aus Plane oder Brettern versehen sein, um es vor Regen zu schützen und die Temperatur durch Zulassen oder Ausschließen von Sonnenstrahlen regulieren zu können. Für diesen Zweck eignet sich hervorragend eine wasserdichte Plane, die auf der einen Seite schwarz und auf der anderen weiß ist.

„Der Boden des Hornhautbetts wird zuerst mit 2 bis 3 Zoll Sand bedeckt. Die Transplantatbündel werden dann in einer Reihe an einem Ende des Betts platziert und rundherum gut mit Sand gefüllt. Die Bündel sollten in einer Reihe platziert werden Leicht geneigte Position mit den Sprösslingen nach oben, und der Sand sollte trocken genug sein, damit er zwischen die Transplantate im Bündel gelangt . Die Transplantatbündel werden dann vollständig mit Sand bedeckt, so dass er mindestens 5 cm tief über der Oberseite bleibt Dann wird eine weitere Reihe auf die gleiche Weise gelegt, bis das Beet voll ist. Zum Schluss wird eine Schicht aus 5 bis 7 cm dickem Moos oder Stroh darüber gelegt.

„Im Schwielenbeet sollten wir uns bemühen, die Verbindung von Stamm und Spross so weit wie möglich zu beschleunigen und zu perfektionieren und gleichzeitig den Beginn der Knospenbildung und den Austrieb der Wurzeln zu verzögern. Letztere Prozesse erfordern daher mehr Feuchtigkeit als die Bildung von heilendem Gewebe." Der Sand sollte vergleichsweise trocken gehalten werden. Zwischen 5 und 10 Prozent Wasser im Sand reichen aus. Je reiner der Sand, desto weniger Wasser ist nötig. Es sollte etwas mehr Feuchtigkeit vorhanden sein als im Sand, der zur Aufbewahrung der Stecklinge verwendet wird Winter. Zu viel Feuchtigkeit regt den Wurzelaustrieb und die Bildung von Knospen an, ohne die Kallusbildung zu unterstützen.

„Alle lebenswichtigen Prozesse laufen schneller ab, wenn die Stecklinge warm gehalten werden. Um sie zu verzögern, halten wir daher den Sand kühl, und um sie zu beschleunigen, machen wir ihn warm. Zu Beginn der Saison und bis Mitte März haben wir Halten Sie den Sand kühl. Dies erreichen Sie, indem Sie das Bett tagsüber, wenn die Sonne scheint, bedeckt halten und nachts, wenn kein Regen zu befürchten ist, gelegentlich aufdecken. Wenn Sie die schwarz-weiße Plane verwenden, ist die weiße Die Seite sollte nach außen gerichtet sein, um die Wärme zu reflektieren. Die Temperatur sollte bei etwa 18 °C oder niedriger gehalten werden.

„Etwa Mitte März sollte die Temperatur des Beetes erhöht werden. Dies geschieht durch Entfernen der Abdeckung an warmen Tagen und sorgfältiges Abdecken in der Nacht. Bei Bedarf sollte die Moos- oder Strohschicht an sonnigen Tagen entfernt und anschließend ersetzt werden. Die Die Temperatur des Sandes auf der Höhe der Gelenke sollte während dieser Zeit etwa 25 °C betragen. Wenn die Temperatur höher ansteigt, kommt es zu einer stärkeren Kallusproduktion, diese ist jedoch weich, leicht zu verletzen und anfällig verfallen.

„Am Ende von vier Wochen nach dem Erwärmen des Bettes sollte die Verbindung gut zementiert sein. Der Kallus sollte sich nicht nur reichlich um den gesamten Umfang der Wunde gebildet haben, sondern durch die Bildung von Kallus auch eine gewisse Festigkeit erlangt haben Faseriges Gewebe. Es sollte einen Zug von mehreren Pfund erfordern, um den Kallus zu brechen und Stamm und Spross zu trennen. Wenn der Kallus diese Qualität erreicht hat, sind die Transplantate in einem Zustand, in dem sie in der Baumschule gepflanzt werden können, und können ohne Gefahr gehandhabt werden. Bei Entnahme aus Während die Hornhaut noch weich ist, werden viele Verbindungen verletzt und die Transplantate versagen oder verbinden sich nur auf einer Seite.

„Wenn man sie so lange im Hornbeet belässt, sind die meisten Sprossknospen bereits angelaufen und haben weiße Triebe gebildet. Diese Triebe sollten jedoch nicht länger als 1/2 bis 1 Zoll lang sein . Wenn sie länger sind , hat das Beet gestanden. " zu nass oder zu warm gehalten werden. Die Wurzeln sind ebenfalls aus dem Stamm hervorgegangen, aber auch diese sollten nicht länger als 1/2 Zoll sein. Die Transplantate sollten so vorsichtig wie möglich behandelt werden, aber es gibt keine Einwände gegen das Abbrechen von Sprösslingen Triebe oder Stammwurzeln, die zu lang gewachsen sind. Es ist fast unmöglich, sie zu retten, und neue werden entstehen, nachdem die Transplantate gepflanzt wurden, und ein völlig zufriedenstellendes Wachstum erzielen."

Betreuung im Kindergarten.

Die Transplantate werden in der Baumschule gepflanzt und erhalten im Wesentlichen die gleiche Pflege, die auch für Stecklinge empfohlen wird. Sie können in mit Pflug oder Spaten angelegte Gräben gelegt werden; oder sie können in sehr flache Gräben mit einem Dibble gepflanzt werden. Nach dem Pflanzen werden die Transplantate mit einer bis zu zwei Zentimeter dicken Erde bedeckt, wodurch ein breiter Grat in der Pflanzreihe entsteht und die Transplantate auf dem ursprünglichen Niveau des Bodens vereint werden. Die Kultivierung sollte sofort beginnen und häufig genug erfolgen, um die Bildung einer Kruste zu verhindern, damit die jungen Triebe keine Schwierigkeiten haben, sich durch den Boden zu kämpfen. Die Wurzeln beginnen an den Stecklingen früher als am Stamm, da der Boden an der Oberfläche wärmer ist, und tragen dazu bei, die Stecklinge zu stützen, bis die Stecklinge gut verwurzelt sind. Zu diesem Zeitpunkt werden alle an den Stecklingen entstandenen Wurzeln entfernt und gleichzeitig die Bindung durchgeführt Material wird geschnitten, wenn es nicht verrottet ist. Saugnäpfe werden entfernt, sobald sie über der Erde sichtbar sind. Sobald die Blätter fallen und die jungen Reben in den Ruhezustand übergehen, werden die Pflänzchen ausgegraben. Anschließend werden sie je nach Größe der Krone und der Wurzel in drei Partien sortiert und an einem kühlen, feuchten Ort verwurzelt, bis sie gepflanzt werden sollen.

Baumschule versus *selbst angebaute Reben.*

Das Urteil aller Winzer ist, dass es besser ist, Reben aus der Baumschule zu kaufen, als zu versuchen, sie anzubauen. Aufgrund der hohen Qualität der zu erwerbenden Reben und des günstigen Kaufpreises lohnt es sich kaum, selbst angebaute Reben auszuprobieren, zumal der Anbau guter Reben erhebliche Investitionen, Erfahrung und Geschick erfordert.

„STAMMBAUMARTIGE" WEINREBEN

Viele Winzer glauben ebenso wie Obstgärtner, dass ihre Pflanzen nur von Eltern vermehrt werden sollten, die einen guten Charakter haben, das heißt kräftig, gesund, produktiv sind und Früchte von großer Größe, perfekter Form, guter Farbe und guter Qualität tragen. Sie glauben, kurz gesagt, dass Sorten durch Knospenselektion verbessert werden können. Allerdings gibt es weder in der Theorie noch in den Tatsachen wenig, was die Überzeugung derjenigen untermauern könnte, die sagen, dass einmal etablierte Sorten verbessert werden können; oder andererseits, dass sie degenerieren. Aktuelle Erkenntnisse und Erfahrungen zeigen, dass die Vererbung bei Sorten, die aus Pflanzenteilen vermehrt werden, nahezu vollständig ist. Die Vielzahl der Trauben jeder Sorte, die alle aus einem Samen stammen, sind morphologisch ein einziges Individuum. Einige Traubensorten stammen aus der Zeit Christi und scheinen nahezu perfekt mit den Beschreibungen römischer Schriftsteller vor 2000 Jahren übereinzustimmen. Wie lassen sich dann die

Unterschiede zwischen den Rebstöcken einer Sorte in jedem Weinberg des Landes erklären?

Unter „Pflege" finden sich zahlreiche Erklärungen, um die Variation der Reben zu erklären, ohne dass es zu einer Veränderung der „Natur" kommt. Boden, Sonnenlicht, Feuchtigkeit, Insekten, Krankheiten, Pflanzennahrung und bei veredelten Reben der Bestand verleihen jeder Rebe eine eigene Umgebung und damit eine eigene Individualität. Besonderheiten einer Rebe erscheinen und verschwinden mit dem Individuum. Eine Sorte kann durch ihre Umgebung vorübergehend verändert werden, aber entfernt man die einwirkenden Kräfte, kehrt sie zu ihrem alten Selbst zurück.

Allerdings ist die Vererbung bei der Traube nicht ganz vollständig; denn hin und wieder treten Sorten oder Mutationen auf, die dauerhaft sind und, wenn sie ausreichend unterschiedlich sind, zu einem Stamm der Elternsorte oder möglicherweise einer neuen Sorte werden. Es gibt mehrere solcher Concord-Sportarten im Anbau. Der Weinbauer kann diese Sportarten nur durch die Vermehrung von den durch die Umwelt verursachten Veränderungen unterscheiden. Wenn eine Variation, wie es gelegentlich vorkommt, unverändert über nachfolgende Generationen der Traube weitergegeben wird, kann sie als neue Form angesehen werden. „Pedigreed"-Reben sollten also einem Test über mehrere Generationen in einem Versuchsweinberg unterzogen werden, bevor der Winzer den für die vermeintliche Verbesserung geforderten Preis zahlt.

TAFEL IV. – **Ein gut bestellter Weinberg von Concords.**

KAPITEL IV

STÜCKE UND WIDERSTANDSFÄHIGE REBEN

Die Reblaus, eine winzige Wurzellaus, tauchte 1861 in Frankreich auf und begann sich mit einer in der Insektenwelt beispiellosen Heftigkeit zu vermehren. Bis 1874 hatte sich der Schädling in Europa so weit verbreitet, dass er die Existenz der großen Weinbauindustrie dieses Kontinents bedrohte. Alle Versuche, den Schädling unter Kontrolle zu bringen, scheiterten, obwohl die französische Regierung für ein zufriedenstellendes Mittel eine Belohnung von 300.000 Francs aussetzte. Es wurden auch zahlreiche Methoden zur Bodenbehandlung ausprobiert, um die Verwüstungen des Insekts einzudämmen, aber keine war wirksam. Schließlich wurde den europäischen Winzern klar, dass die Reblaus in Amerika, ihrem Lebensraum, keine Geißel ist und dass europäische Weinberge durch das Pfropfen von Vinifera-Reben auf die Wurzeln immunisierter amerikanischer Trauben gerettet werden könnten. Sofort wurde mit dem Wiederaufbau der Weinberge in Europa begonnen, indem die Trauben auf reblausresistente Wurzeln gepfropft wurden. Unterdessen breitete sich in Kalifornien Bestürzung aus, als man entdeckte, dass in einigen Weinbergen am pazifischen Hang die Reblaus grassierte; Mit dem Wissen der Weinbauern in Europa begannen jedoch auch sie, Weinberge auf Immunwurzeln zu rekonstruieren, zwar ohne den gleichen Erfolg wie die Europäer, aber mit so viel Erfolg, dass es sich hier bald als bewährte Methode für den Weinanbau etablierte tolle Region.

Durch den Einsatz resistenter Bestände wird der Reblaus nun auch in Vinifera-Gebieten getrotzt. Millionen amerikanischer Rebstöcke werden jedes Jahr zu Hause, in Europa und überall dort, wo Vinifera-Trauben angebaut werden, gezüchtet, um sie mit Sorten zu bestücken, die anfällig für Reblaus sind. Selten war die Bekämpfung eines Schädlings so vollständig; Doch um das winzige Insekt zu besiegen, musste die Industrie revolutioniert werden. Resistente Bestände wiederum brachten unzählige neue Probleme mit sich, von denen viele noch immer ungelöst sind. Seit vierzig Jahren werden Untersuchungen und Erfahrungen bei der Rehabilitierung von Weinbergen durchgeführt, die Ergebnisse in Büchern und Mitteilungen niedergelegt, und dennoch gibt es viele Probleme zu lösen. Der Weinbauer in Regionen, die von Reblaus befallen sind, ist stets gezwungen, sich die neuesten Erkenntnisse zur Verwendung resistenter Rebstöcke zunutze zu machen. Diese Praktiken lassen sich am besten in den Experimenten staatlicher Versuchsstationen und des US-Landwirtschaftsministeriums sowie in den Weinbergen führender Weinbauern untersuchen, da selbst diejenigen, die am meisten einer Erläuterung bedürfen, in den folgenden Absätzen nur kurz besprochen werden können.

Die Wildreben einer Art sind immer Keimlinge und daher äußerst variabel. Die ersten Weinberge mit resistenten Rebstöcken waren Rebstöcke, die auf Wildrebenbestände gepfropft waren, und die Ergebnisse waren sehr unbefriedigend; denn natürlich gab es Unterschiede in vielen Merkmalen und insbesondere in der Wuchskraft der Reben. Außerdem war die Veredelung schwierig, da einige Wildreben kräftig und andere schlank sind; Einige vertragen Transplantate gut, andere nicht. Es zeigte sich schnell, dass für den Erfolg eine Sortenauswahl aus den verschiedenen Arten für die Arbeit im Weinberg erforderlich ist. Die große Aufgabe des Experimentators und Weinbauers bestand daher darin, Sorten der verschiedenen Arten auszuwählen, die ausreichend widerstandsfähig und kräftig sind und auch sonst über Eigenschaften verfügen, die sie für eine gute Zucht geeignet machen. Aus der großen Anzahl getesteter Sorten gelten heute einige allgemein als die besten für die verschiedenen Gruppen von Vinifera-Trauben und die verschiedenen Regionen, in denen diese Trauben angebaut werden.

Resistente Arten und Sorten.

Der Wiederaufbau reblausbefallener Weinberge durch den Einsatz resistenter Bestände ist nur möglich, weil einige Arten und Sorten, wie gesagt, resistenter gegen die Wurzellaus sind als andere. Wie man vermuten könnte, gibt es alle Resistenzgrade, von Immunität bis hin zu großer Anfälligkeit. Es ist offensichtlich, dass die Grundlage der Kunst des Anbaus resistenter Weinberge die genaue Kenntnis der Immunität und Anfälligkeit der vielen Rebsorten und -arten ist. Seit der ersten Verwendung resistenter Reben haben sich Experimentatoren auf der ganzen Welt daran gemacht, nicht nur die resistentesten Reben zu bestimmen, sondern auch die Ursachen und Bedingungen für die Immunität zu ermitteln. Trotz einer Fülle empirischer Erkenntnisse darüber, welche Trauben der Wurzellaus am besten widerstehen können, sind die Ursachen und die meisten Bedingungen der Immunität noch wenig verstanden. Konkrete, nützliche Erkenntnisse gehen bisher kaum über die Erstellung von Listen von Arten und Sorten hinaus, die sich am nützlichsten für die Anlage resistenter Weinberge eignen (letztere können sich ändern).

Reblaus verursacht bei Vitis-Arten, die in der gleichen Region heimisch sind, in der der Schädling seinen Lebensraum hat, kaum Schaden, dennoch gibt es einige Unterschiede in der Resistenz bei amerikanischen Trauben. Munson, einer der besten amerikanischen Experten für die Resistenz von Arten gegen Reblaus, sagt: [7] „Rotundifolia ist völlig immun, daher weisen Rupestris , Vulpina , Cinerea, Berlandieri , Champini , Candicans , Doaniana , Æstivalis und Lincecumii eine so hohe Resistenz auf." als praktisch unverletzt, obwohl sie angegriffen werden können, während Labrusca eine geringe Resistenz aufweist und in Lehmböden bei Befall stark geschwächt ist und Vinifera überhaupt nicht resistent ist. Einige dieser Arten sind schwer zu vermehren und schwierig an den Boden und das Klima anzupassen, sodass nur zwei von ihnen häufig für resistente Bestände verwendet werden. Die beiden am häufigsten verwendeten sind Rupestris und Vulpina (Riparia), von denen es beide Sorten gibt, die befriedigend sind. Bioletti , eine führende Autorität für resistente Bestände in Kalifornien, sagt: [8]

„Sorten resistenter Bestände, die aller Wahrscheinlichkeit nach in Kalifornien verwendet werden, sind Rupestris St. George (du Lot), Riparia × Rupestris 3306, Riparia × Rupestris 3309, Riparia Solonis 1616, Mourvèdre × Rupestris 1202, Aramon × Rupestris 2, Riparia gloire und Riparia grande Glabre . Dies sind alles Sorten , die in Europa seit Jahren hervorragende Sorten hervorbringen und alle in Kalifornien erfolgreich getestet wurden. Darunter sind Sorten, die für fast alle Weinbergböden Kaliforniens geeignet sind, vielleicht mit Ausnahme einiger der schwereren Tonböden.

„Die einzige dieser Sorten, die in Kalifornien in großem Umfang angebaut wurde, ist die Rupestris St. George. Es besteht jedoch kaum ein Zweifel daran, dass sie auf vielen Böden nicht zufriedenstellend sein wird, und obwohl wir möglicherweise nicht für alle etwas Besseres finden." Auf unseren Böden werden wir wahrscheinlich die Erfahrungen aus Südfrankreich wiederholen und feststellen, dass es in den meisten Böden eine andere Sorte gibt, die bessere Ergebnisse liefert. Ohne zu versuchen, diese Sorten zu beschreiben, sondern um eine Vorstellung von ihren Vorzügen und Mängeln zu vermitteln Welche Böden für jeden am besten geeignet sind, werden die folgenden Hinweise gegeben, die hauptsächlich auf den Meinungen von L. Ravaz und Prosper Gervais und auf einer noch begrenzten Erfahrung in Kalifornien basieren:

„Der Rupestris St. George ist bemerkenswert kräftig und wächst sehr groß, wobei er die Veredelung auch ohne Pfähle gut stützt. Er wurzelt leicht und bildet hervorragende Verbindungen mit den meisten Vinifera-Sorten. Er eignet sich gut für tiefe Böden, in die seine Wurzeln eindringen können. Seine Mängel sind Sie weist darauf hin, dass sie besonders in feuchten Böden sehr anfällig für Wurzelfäule ist, dass sie schlecht saugt und in flachgründigen Böden unter Trockenheit leidet. Ihre große Wuchskraft führt bei manchen Sorten zu Blütenbildung und erfordert oft einen langen Schnitt.

„In feuchten oder nassen Böden hatten 1616 oder 3306 in Frankreich bessere Ergebnisse geliefert und geben Hinweise darauf, dass sie hier gleich gut abschneiden. In trockeneren Böden wird 3309 wahrscheinlich vorzuziehen sein."

„ Aramon Rupestris Nr. 2 eignet sich für die gleichen Böden wie Rupestris St. George und gedeiht besonders gut auf extrem kiesigen Böden. Sie weist einige der Mängel der St.-George-Pflanze auf und ist darüber hinaus schwieriger zu veredeln. Ihr einziger Vorteil in Kalifornien besteht darin, dass sie weniger anfällig für Wurzelfäule ist.

„Es gibt keine widerstandsfähigeren Bestände als Riparia gloire und Riparia grande. " glabre , wo auch immer sie in Böden gepflanzt werden, die für sie geeignet sind. Sie gedeihen jedoch nur in tiefgründigen, nährstoffreichen Schwemmlandböden, die weder zu nass noch zu trocken sind. Ihre Veredelungen sind die produktivsten von allen und ihre Trauben reifen ein bis zwei Wochen früher als die Veredelungen auf St. George. Ihr Hauptfehler besteht darin, dass sie sehr wählerisch sind, was den Boden angeht, und dass sie nie ganz so groß werden wie die Stecklinge. Der Gloire ist am kräftigsten und der Durchmesserunterschied ist bei dieser Sorte geringer als bei allen anderen Riparia.

„Der Mourvèdre × Rupestris 1202 ist äußerst kräftig, wurzelt und pfropft leicht und ist gut an nährstoffreiche, sandige und feuchte Böden angepasst. In trockeneren und ärmeren Böden reicht seine Widerstandsfähigkeit möglicherweise nicht aus.

„Die vielversprechendsten Sorten für den allgemeinen Gebrauch scheinen derzeit die beiden Hybriden von Riparia und Rupestris , 3306 und 3309, zu sein. Sie haben eine große Resistenz gegen die Reblaus, wurzeln und pfropfen fast so leicht wie St. George und sind ziemlich kräftig genug unterstützen jede Art von Vinifera. Ersteres eignet sich besser für feuchtere Böden und überall dort, wo die Gefahr von Wurzelfäule besteht, und letzteres für trockenere Böden. Im Allgemeinen sind sie für eine größere Vielfalt an Böden und Bedingungen geeignet als vielleicht alle anderen andere Sorten.

„Riparia gloire sollte nur auf nährstoffreichem, tiefgründigem Schwemmlandboden gepflanzt werden, der reichlich pflanzliche Nahrung und Humus enthält, also auf sogenanntem gutem Gartenland, wie z. B. Flussuferboden, der nicht zum Überlaufen neigt.

„Auf den meisten anderen Böden ist Riparia × Rupestris 3306 zu empfehlen, mit Ausnahme derjenigen, die eher trocken sind, wo 3309 zu bevorzugen ist, oder derjenigen, die sehr nass sind, wo Solonis × Riparia 1616 mit Sicherheit gute Ergebnisse liefert."

Der Wert einer Art oder Sorte für einen resistenten Bestand kann in etwa anhand der sichtbaren Wirkung der Reblaus auf die Wurzeln der Reben beurteilt werden. Bei anfälligen Arten kommt es durch die Einstiche der Insekten schnell zu Schwellungen, die je nach Resistenz der Art in Größe und Anzahl variieren. Technisch gesehen wird die erste Schwellung an den jungen, zarten Wurzeln der Rebe als Nodosität bezeichnet . Das Vorhandensein einiger Nodositäten im Wurzelsystem bedeutet nicht, dass es sich bei einer Rebe nicht um einen wertvollen resistenten Bestand handelt.

Wenn die Nodosität zu zerfallen beginnt und krebsartigen Charakter annimmt, spricht man von einer Tuberositas. Diese Knollen verfaulen mehr oder weniger schnell und tiefgreifend, und wenn sie tief verfaulen, kommt es zur Schwächung oder zum Tod der Rebe. So sind bei Vinifera-Sorten die Tuberositas um ein Vielfaches größer und der Verfall setzt viel schneller ein als bei amerikanischen Arten, die diese Tuberositas aufweisen. Die Resistenz von Arten wird üblicherweise anhand der Größe und Anzahl der Tuberkel beurteilt. Wenn sich jedoch herausstellt, dass diese eine schorfartige Wunde bilden, die abschuppt, kann es zu einer hohen Resistenz kommen.

Um die Widerstandskraft gegen die Reblaus einigermaßen eindeutig darzustellen, haben sich die Weinbauern auf eine willkürliche Skala geeinigt. In dieser Skala wird die maximale Widerstandsfähigkeit mit 20 und die minimale mit 0 angegeben. Somit wird die Widerstandsfähigkeit einer guten Vulpina-Sorte mit 19,5 und die einer schlechten Vinifera-Sorte mit 0 angegeben.

ANPASSUNGEN RESISTENTER BESTÄNDE AN BÖDEN UND KLIMA

Widerstand zählt natürlich nichts bei einem Bestand, der von einer Art stammt, die für den Boden und das Klima oder andere Umstände des Ortes, an dem der Weinberg gepflanzt werden soll, ungeeignet ist. Die verschiedenen Arten, die für Bestände verwendet werden, unterscheiden sich stark in den Anforderungen an das Wachstum, sodass der Züchter sicherstellen muss, dass der von ihm ausgewählte resistente Besatz eine angenehme Umgebung vorfindet. Bestände unter günstigen Bedingungen sind häufig widerstandsfähiger als andere, die von Natur aus widerstandsfähiger sind, aber ansonsten nicht an die besonderen Bedingungen des Weinbergs angepasst sind. Die Traubenarten unterscheiden sich stark in ihren Wurzelsystemen, einige haben dicke, andere schlanke Wurzeln; Die Wurzeln einiger sind weich, andere hart; Einige haben Wurzeln, die tief in die Tiefe reichen, andere reichen fast bis zur Erdoberfläche. Offensichtlich sind diese verschiedenen Wurzelformen nur Anpassungen an lockere und schwere, trockene und feuchte, tiefe und flache Böden oder an bestimmte klimatische Umstände. Ein von Widrigkeiten gebeutelter Weinstock ist nicht in der Lage, der Reblaus zu widerstehen. Da die Anpassungsfähigkeit einer Sorte an einen Boden oder ein Klima durch den Bestand verändert werden kann, muss daher auf die Anpassungen der Bestände an Böden und Klima geachtet werden.

Affinität von Aktie und Cion.

Verschiedene Rebsorten verhalten sich bei denselben Rebsorten nicht gleich, und unterschiedliche Rebsorten können sich unterschiedlich auf die Sorten auswirken. Selbst wenn die Verwandtschaft eng ist, widersetzen sich einige Trauben allen Kunstgriffen, um eine erfolgreiche Verbindung einzugehen;

während andererseits ganz unterschiedliche Arten oft dazu bestimmt zu sein scheinen, vereint zu werden. Beispielsweise ist Rotundifolia, die von allen Arten die höchste Resistenz gegen Reblaus aufweist, als Stamm unbrauchbar, da keine andere Traube darauf aufgepfropft werden kann, während Vulpina und Rupestris sich problemlos mit Vinifera-Sorten vereinigen, was zu einem leichten Rückgang der Wuchskraft führt der veredelten Rebstöcke dienen oft der Steigerung der Fruchtbarkeit. Es bedarf also mehr als einer botanischen Verwandtschaft. Was genau notwendig ist, weiß niemand darüber hinaus: dass es eine Übereinstimmung in der Gewohnheit zwischen Stamm und Stamm geben muss; dass beide ungefähr zur gleichen Zeit mit dem Wachstum beginnen müssen; und dass die Gewebe so ähnlich sein müssen, dass in der Verbindung ein richtiger Kontakt besteht. Doch diese Tatsachen erklären nicht ausreichend alle Verwandtschaften und Antipathien, die die Rebsorten und -sorten zueinander aufweisen. Leider hatte der Weinbauer bei der Auswahl der Weinstöcke nur wenig Anhaltspunkte und musste durch wiederholte Versuche lernen.

RICHTIGES PFLANZEN VEREDELTER REBEN

Europäer und Kalifornier haben schon vor langer Zeit gelernt, dass Misserfolge bei gepfropften Reben oft darauf zurückzuführen sind, dass die Reben zu tief in den Boden gepflanzt wurden. Das Ergebnis war, dass die Rebstöcke Wurzeln schlugen und unabhängig wurden, woraufhin der Bestand abstarb oder so sterbend wurde, dass die wohltuende Wirkung verloren ging. Es gibt Weinbauern, die argumentieren, dass es für die Rebe von Vorteil sei, Wurzeln sowohl aus Stamm als auch aus Reben zu haben, aber Erfahrungen und Experimente lehren im Allgemeinen das Gegenteil, denn es wurde festgestellt, dass bei den meisten Veredelungen die Wurzeln aus Reben kräftiger wachsen als Wurzeln aus Stamm und Reben letztere schließlich aushungern. Die katastrophalen Auswirkungen der Kionwurzelbildung sind häufig auch dann zu beobachten, wenn im Weinberg alte Reben veredelt wurden; und wiederum, wenn das Transplantat zu nahe am Wurzelsystem liegt.

Eine weitere Fehlerursache besteht darin, dass unterschiedliche Bestände eine unterschiedliche Behandlung des Weinbergbodens erfordern, insbesondere zum Zeitpunkt der Pflanzung. Vulpina- Bestände erfordern, dass der Boden viel tiefer gepflügt wird als bei Viniferas auf ihren eigenen Wurzeln, da Vulpina-Stämme tief wurzeln und hohe Anforderungen an die erforderliche Wurzeltiefe stellen. Diejenigen, die die meiste Erfahrung mit resistenten Rebstöcken haben, behaupten, dass alle amerikanischen Trauben ein etwas tieferes Pflügen auf ihren eigenen Wurzeln erfordern als europäische Trauben.

EINFLUSS DER AKTIEN AUF DEN CION

Bis heute wurde der Anbau veredelter Weintrauben ohne Rücksicht auf die gegenseitige Beeinflussung von Stamm und Rebstock betrieben; Die Trauben wurden nur veredelt , um reblausresistente Reben zu erhalten. Es kann jedoch kein Zweifel daran bestehen, dass Stamm und Rebe aufeinander reagieren und dass jede Rebsorte durch den Stamm, auf den sie gepfropft wird, im Guten oder Schlechten in den Eigenschaften von Rebe und Frucht beeinflusst wird. Eine Pflanze ist ein empfindlicher Mechanismus, der leicht aus dem Takt gerät, und alle Pflanzen, nicht zuletzt die Traube, werden durch die Anpassung von Stamm und Reben mehr oder weniger verändert. Über den vermeintlichen wechselseitigen Einfluss von Stamm und Kern in Früchten ließe sich ein umfangreiches Buch füllen. Der Platz reicht hier jedoch aus, um nur diejenigen zu erwähnen, die nachgewiesen wurden und die sich auf den Einfluss des Stammes auf die Rebe bei der Veredelung der Traube beziehen.

Einfluss der Bestände auf europäische Trauben zusammengefasst.

Gemeinsame Erfahrungen in Europa und Kalifornien zeigen, dass Sorten von Vinifera-Trauben, die auf resistente Rebstöcke gepfropft sind, die perfekt an Boden und Klima angepasst sind, nicht nur größere Erträge, sondern auch süßere oder saurere Trauben hervorbringen; dass die Ernte früher oder später reift; dass die Rebe oft kräftiger ist; und dass es je nach verwendetem Material einige geringfügige Unterschiede gibt. Winzer behaupten, dass der Charakter ihres Produkts durch den Weinstock positiv oder negativ beeinflusst werden kann. Oftmals werden Reben durch Pfropfen so verbessert, dass die zusätzlichen Kosten für den Betrieb und den Bestand gedeckt werden; obwohl die Auswirkungen natürlich ungefähr genauso oft schädlich sind. Die Erfolge und Misserfolge von Weinbergen mit resistenten Rebstöcken machen deutlich, dass der Weinbauer die vielen Probleme, die die Rebstöcke mit sich bringen, studieren und bei der Auswahl des richtigen Rebstocks äußerste Intelligenz walten lassen muss.

Einfluss von Beständen auf amerikanische Trauben.

Zweifellos werden amerikanische Rebsorten durch Bestände ebenso stark verändert wie die europäischen, aber es gibt nur wenige Beweise für diese Phase des Weinanbaus, die aus der Erfahrung von Winzern stammen könnten. Ein ziemlich schlüssiges Experiment zeigt jedoch, dass amerikanische Trauben verbessert werden können, wenn sie auf Beständen angebaut werden, die ihnen eine bessere Anpassung an ihre Umgebung ermöglichen. Das Experiment wurde im Chautauqua-Traubengürtel im Westen von New York von der New York Agricultural Experiment Station durchgeführt. Der Test wurde elf Jahre lang durchgeführt und in dieser Zeit kamen viele interessante Möglichkeiten für die Veredelung von Trauben in dieser Region ans Licht. Es wurde nachgewiesen, dass der Rebstock einen wesentlichen Einfluss auf die Vitalität und Produktivität der Rebe sowie die Qualität der Trauben hat. Der folgende kurze Bericht stammt aus dem Bulletin Nr. 355 der New York Station:

In diesem Experiment wurden eine Reihe von Sorten auf St. George-, Riparia Gloire- und Clevener- Stämme und eine vierte Gruppe auf ihre eigenen Wurzeln gepfropft. Die gepfropften Sorten waren: Agawam, Barry, Brighton, Brilliant, Campbell Early, Catawba, Concord, Delaware, Goff, Herbert, Iona, Jefferson, Lindley, Mills, Niagara, Regal, Vergennes, Winchell und Worden. Der Pflanzplan und alle Arbeiten im Weinberg entsprachen denen, die in kommerziellen Weinbergen üblich sind.

Jährliche Berichte über den Weinberg zeigen, dass die Reben viele Wechselfälle durchgemacht haben. Das Experiment wurde 1902 begonnen, als St. George- und Riparia Gloire-Stämme aus Kalifornien auf dem Feld gepflanzt und veredelt wurden. Viele von ihnen starben im ersten Jahr. Der Winter 1903/04 war ungewöhnlich streng und viele weitere Reben wurden entweder getötet oder so schwer verletzt, dass sie in den nächsten zwei Jahren abstarben. Die Reben der St. George, einer sehr tief wurzelnden Rebsorte, hielten der Kälte am besten stand. Fidia, der Traubenwurzelbohrer, wurde schon früh in den Weinbergen gefunden und richtete in manchen Jahren großen Schaden an. In den Jahren 1907 und 1909 wurden die Ernten durch Hagel zerstört.

Aber trotz dieser schwerwiegenden Rückschläge zeigte sich während des gesamten Experiments, dass die veredelten Trauben bessere Rebstöcke bildeten und produktiver waren als solche mit eigenen Wurzeln. Als Beispiel für die Ertragsunterschiede sei eine Zusammenfassung der Daten für 1911 gegeben. In diesem Jahr brachten alle Sorten auf eigenen Wurzeln im Durchschnitt einen Ertrag von 4,39 Tonnen pro Hektar; auf St. George 5,36 Tonnen; auf Gloire, 5,32 Tonnen; auf Clevener , 5,62 Tonnen. Die Erträge der veredelten Rebstöcke wurden durch die Anpflanzung weiterer Trauben und die Entwicklung größerer Trauben und Beeren gesteigert.

Die Trauben der auf Gloire und Clevener gepfropften Rebstöcke reiften einige Tage früher als die auf ihren eigenen Wurzeln, während bei St. George einige Sorten in der Reifung verzögert waren. Eine Änderung des Reifezeitpunkts kann in Traubenregionen sehr wichtig sein, in denen die Gefahr von frühem Frost für spät reifende Sorten besteht und in denen es oft wünschenswert ist, den Erntezeitpunkt früher Trauben zu verschieben.

Im Verhalten der Reben stimmen die Ergebnisse weitgehend mit den Ertragsangaben überein. Bei den Wachstumsbewertungen von Sorten auf verschiedenen Beständen wurden die Sorten auf ihren eigenen Wurzeln in der Wuchskraft mit 40 bewertet; auf St. George, bei 63,2; auf Gloire, bei 65,2; auf Clevener , bei 67,9. Es lässt sich nicht vorhersagen, wie sehr die

Ertragsfähigkeit der Reben von der Anpassungsfähigkeit an den Boden und wie stark von anderen Faktoren abhängt. Da alle Sorten auf veredelten Rebstöcken produktiver und kräftiger waren als auf ihren eigenen Wurzeln, kann man sagen, dass zwischen den getesteten Beständen und Sorten ein hohes Maß an Verwandtschaft besteht.

Das Experiment legt nahe, dass es rentabel wäre, Edeltrauben amerikanischer Arten auf veredelten Reben anzubauen, und dass es durchaus im Rahmen der Möglichkeiten liegt, dass Trauben der Hauptfrucht gewinnbringend veredelt werden können. Im Zuge der allgemeinen Umgestaltung der Landwirtschaft, die derzeit im Gange ist, ist zu erwarten, dass bald sowohl amerikanische als auch europäische Rebsorten unter bestimmten Bedingungen und für bestimmte Zwecke auf anderen als ihren eigenen Wurzeln angebaut werden.

DIREKTE PRODUZENTEN

Es wurden und werden unzählige Versuche unternommen, durch Hybridisierung von *V. vinifera* und amerikanischen Rebsorten Sorten zu sichern, die der Reblaus, dem Mehltau und der Schwarzfäule widerstehen. Die Trauben dieses Kontinents sind gegen all diese Probleme relativ immun, und wenn man Hybriden gewinnen könnte, um direkt, ohne Veredelung, Trauben mit den guten Eigenschaften der Viniferas – kurz, europäische Trauben auf amerikanischen Reben – zu produzieren, wäre die kultivierte Traubenflora von die ganze Welt könnte verändert werden. Für die Wein- oder Rosinenindustrie konnte bisher weder in Europa noch in Kalifornien ein „Direkterzeuger" gefunden werden, der völlig zufriedenstellend ist, obwohl einige Sorten als sehr gute Tafeltrauben gelten und einige auch in der Weinherstellung verwendet werden . Die besten Direktproduzenten sind Lenoir, Taylor, Noah, Norton's Virginia, Autuchon , Othello, Catawba und Delaware.

TAFEL V. – Vinifera-Trauben, die in New York im Freien angebaut werden. *Oben* , Malvasia; *unten* : Chasselas Golden.

KAPITEL V

DER WEINBERG UND SEINE BEWIRTSCHAFTUNG

Ein Weinberg ist künstlicher als andere Obstplantagen, da die Rebe eine größere Disziplin beim Anbau erfordert als ein Baum oder ein Strauch. Größere Kunst ist jedoch nur dann erforderlich, wenn versucht wird, die Traube bis zur Perfektion anzubauen, denn der Weinstock trägt Früchte, wenn er überall dort, wo er Wurzeln schlagen kann, einem wilden Wachstum frönen kann. Die Bewirtschaftung von Weinbergen kann daher die vollendete Kunst von dreitausend oder mehr Jahren kultureller Unterwürfigkeit darstellen; oder es mag so ursprünglich in seiner Einfachheit sein, dass es der Vernachlässigung nahe kommt. Die Traube reagiert jedoch so wunderbar auf gute Pflege, dass kein echter Obstliebhaber sie durch Vernachlässigung entweihen wird, sondern stattdessen versuchen wird, ihr eine günstige Lage, die Wahl des Bodens und eine großzügige Pflege zu verschaffen, die starke, kräftige, ertragreiche Weinberge mit ausgesucht guten Früchten.

Der Weinanbau ist ein Spezialgeschäft, denn der Anbau der Traube unterscheidet sich von dem anderer Obstsorten. Die Grundlagen der Weinbergbewirtschaftung sind jedoch leicht zu erlernen. Tatsächlich geschieht die Pflege der Rebe fast instinktiv; Denn die Traube wird seit prähistorischen Zeiten angebaut und die Völker der Welt sind durch heilige Schriften, Mythen, Fabeln, Geschichten und Poesie so vertraut mit ihr, dass ihre Pflege einem natürlichen Impuls entspringt. Die Traube ist dem zivilisierten Menschen so eng von Ort zu Ort durch die gemäßigten Klimazonen der Welt gefolgt, dass für fast alle Bedingungen, unter denen sie wachsen wird, Regeln und Anbaumethoden entwickelt wurden, sodass jeder Weinbauer von den Erfolgen profitieren kann und Versagen der Generationen, die ihm vorausgingen. Der Weinanbau ist jedoch keine Kunst, die vollständig den Regeln der Vergangenheit unterliegt und von gewöhnlichen Arbeitern betrieben wird, die nur die Hände benutzen, sondern eine Kunst, bei der sich seine Anhänger die Wissenschaft zunutze machen und Gedanken, Geschick und Geschmack einbringen können ihre Arbeit.

DEN WEINBERG ANLEGEN

Die Weinberge sind größtenteils nach anerkannten Mustern für jede der großen Weinregionen Amerikas angelegt. Die Reben werden immer in Rechtecken gepflanzt, in der Regel in den Reihen mit einem geringeren Abstand als die Reihen voneinander, manchmal aber auch in Quadraten. Stolz auf das Erscheinungsbild und Komfort im Weinbergbetrieb machen eine perfekte Ausrichtung unerlässlich. Viele Rebsorten, insbesondere amerikanische Arten, sind teilweise selbststeril, so dass bei einigen Sorten andere zur Fremdbestäubung eingepflanzt werden müssen. Dies geschieht in der Regel durch das Setzen abwechselnder Reihen der zu bestäubenden Sorte und des Fremdbestäubers. Alle selbstfruchtbaren Sorten werden aus Gründen der Erntefreundlichkeit in festen Blöcken gepflanzt.

Richtung der Reihen.

Manche Winzer legen großen Wert auf die Richtung der Reihenführung und sind der Meinung, dass die volle Sonneneinstrahlung zur Mittagszeit entweder für Wein, Boden und Früchte wünschenswert oder schädlich sei. Wer die volle Sonneneinstrahlung erreichen möchte, pflanzt Reihen nach Osten und Westen, wenn der Abstand zwischen den Rebstöcken geringer ist als der Abstand zwischen den Reihen; Norden und Süden, wenn die Reben in der Reihe weiter voneinander entfernt sind als die Reihen voneinander. Wenn Schatten wünschenswerter erscheint, werden diese Richtungen umgekehrt. Meistens werden die Reihen jedoch entsprechend der Form des Weinbergs angeordnet; oder, wenn das Land hügelig ist, folgen die Reihen der Kontur der Abhänge, um eine Bodenerosion durch starke Regenfälle zu verhindern.

Gassen.

Aus Gründen der Bequemlichkeit im Weinberg, insbesondere beim Besprühen und Ernten, sollten immer Wege durch einen Weinberg vorhanden sein. Auf hügeligem Gelände sind die Gassen so angeordnet, dass das Transportieren erleichtert wird. Auf ebenen Flächen werden sie normalerweise so angeordnet, dass die Weinberge in Blöcke geschnitten werden, die doppelt so lang und breit sind. Eine Allee entsteht meist durch das Weglassen einer Weinrebenreihe. Viele Weinberge sind so weit voneinander entfernt, dass keine Alleen erforderlich sind.

Abstände zwischen Reihen und Pflanzen.

Es gibt große Unterschiede in den Abständen zwischen Reihen und Pflanzen in verschiedenen Regionen, und die Abstände variieren in jeder Region etwas. Die Abstände werden durch folgende Überlegungen beeinflusst: Reichhaltige Böden und große, kräftige Sorten erfordern größere Abstände als arme Böden und weniger kräftige Sorten; Manchmal ist es jedoch notwendig, eine Sorte im Weinberg zu drängen, damit durch Reduzierung ihrer Wuchskraft die Fruchtbarkeit gefördert werden kann. Normalerweise sollte der Abstand zwischen den Rebstöcken umso größer sein, je wärmer das Klima oder die Lage ist. Sehr oft bestimmt die Topographie des Geländes die Pflanzabstände. Unter Berücksichtigung der vorangehenden Überlegungen, die zu Recht auf die Abstände zwischen den Pflanzen in der

Reihe hinweisen, ist die Bequemlichkeit im Weinbergbetrieb der Faktor, der am häufigsten den Abstand zwischen den Reihen festlegt. In kommerziellen Weinbergen müssen die Reihen weit genug voneinander entfernt sein, um den Einsatz von zwei Pferden zum Pflügen, Besprühen und Ernten zu ermöglichen.

In Quadraten gepflanzt, variiert der Abstand von sieben Fuß in der Gartenkultur bis zu neun Fuß in kommerziellen Weinbergen für Ostamerika. Häufiger sind die Reihen jedoch 2,40 bis 2,70 Meter voneinander entfernt, wobei die Rebstöcke in den Reihen 6, 7 oder 8 und im Süden 10 bis 12 Fuß voneinander entfernt sind. Am Pazifikhang sind die Pflanzabstände in der Regel kürzer als in den östlichen Regionen; Das heißt, die Abstände zwischen den Reihen sind gleich, um die Arbeit in Teams zu ermöglichen, aber der Abstand zwischen den Pflanzen in den Reihen ist geringer und beträgt manchmal nicht mehr als dreieinhalb oder vier Fuß. Die Ranken wachsenden Rotundifolien der Südstaaten brauchen viel Platz, neun mal sechzehn Fuß sind nicht allzu viel. Sonnenschein muss den Abstand einigermaßen bestimmen. In den engen Gassen der eng beieinander liegenden Weinberge im Norden und Osten werden nur wenige, kleine und dürftige Trauben gepflückt; Weiter südlich kann der Schatten der Reben eine Voraussetzung für eine gute Ernte sein.

Vor dem Anbau oder dem Kauf von Pflanzen muss die Anzahl der Rebstöcke pro Hektar ermittelt werden. Dazu wird der Abstand in Fuß zwischen den Reihen mit dem Abstand der Pflanzen in der Reihe multipliziert und 43.560, die Anzahl der Quadratfuß pro Acre, durch das Produkt dividiert.

VORBEREITUNG ZUM PFLANZEN

Es ist unmöglich, die Notwendigkeit einer gründlichen Vorbereitung des Bodens vor dem Pflanzen der Traube zu sehr zu betonen. Zusätzliche Ausgaben für die Sicherstellung einer guten Bodenbeschaffenheit werden durch ein gesteigertes Wachstum der Traube reichlich wettgemacht, und alle nachfolgende Pflege kann dazu führen, dass die Reben nicht zu einem kräftigen Wachstum gelangen, wenn sich das Land vor der Pflanzung nicht in einer guten Bodenbeschaffenheit befindet. Der Weinberg soll eine Generation oder länger überdauern und sein Boden ist praktisch unsterblich, zwei Tatsachen, die auf eine perfekte Vorbereitung schließen lassen. Der Boden sollte gründlich gepflügt, geeggt, gemischt und geglättet sein. Je besser diese Arbeit ausgeführt wird, desto größer sind die Möglichkeiten des Weinbergs. Hier ist es tatsächlich an der Zeit, sich des Sprichworts bewusst zu sein, das von Cato, einem robusten alten römischen Weinbauern vor 2000 Jahren, stammt: „Das Gesicht des Meisters ist gut für das Land."

Bei der Vorbereitung handelt es sich um eine Reihe von Arbeitsgängen, bei denen es ratsam ist, die Zeit zu nutzen und ein Jahr vor dem Setzen der Reben zu beginnen. Das Land muss erschlossen werden, damit es für den langen Dienst geeignet ist, den es leisten soll. Die beiden wichtigsten Voraussetzungen für die Vorbereitung sind die Entwässerung und die gründliche Kultivierung. Beides erfordert Zeit, um so durchgeführt zu werden, wie es das Wohlergehen der Traube erfordert, und ein Jahr ist keine zu kurze Zeitspanne, um die Arbeit zu erledigen. Darüber hinaus benötigt neu entwässertes und tief umgepflügtes Land Zeit, damit Frost, Luft, Sonnenschein und Regen den Boden nach der Vermischung von lebendem Oberboden mit inertem Untergrund versüßen und beleben.

Drainage.

Der ideale Boden ähnelt, wie uns oft gesagt wird, einem Schwamm und ist in der Lage, die größtmögliche Menge an im Wasser gelöster pflanzlicher Nahrung aufzunehmen und ist gleichzeitig luftdurchlässig. Dieser ideale, schwammartige Zustand ist für die Traube, insbesondere für einheimische Arten, besonders wünschenswert, da die Reben aller Reben außerordentlich tief verwurzelt sind. Außerdem gedeihen Weintrauben am besten in einem warmen Boden. Daher können die Wurzeln Nährlösungen zwar gut nutzen, wenn sie nicht zu stark verdünnt werden, doch in einem nicht entwässerten Boden ersticken sie und erhalten nicht ausreichend Bodenwärme. Es muss betont werden, dass die Traube in überschwemmtem Land nicht gedeihen wird.

Sofern das Land nicht von Natur aus gut entwässert ist, muss als erster Schritt bei der Vorbereitung des Landes für den Weinberg eine Unterentwässerung vorgesehen werden. Das Trockenlegen von Fliesen wird in der Regel am besten von denjenigen durchgeführt, die sich mit der Trockenlegung von Grundstücken befassen. Aus vielen Texten können jedoch Informationen über alle Anforderungen an Land und Einzelheiten der Arbeiten entnommen werden, so dass Weinbauern die Arbeiten selbst durchführen können. Zum Abschluss des Themas muss der Leser daran erinnert werden, dass Hoch- und Hügelland nicht unbedingt gut entwässert ist und Tiefland nicht unbedingt nass ist, selbst wenn die Oberfläche eben ist. Hügelkuppen und Hänge benötigen oft eine künstliche Entwässerung; viel seltener benötigen Talgebiete und ebene Gebiete dies möglicherweise nicht. Auch die Annahme, dass kiesige und schieferhaltige Böden immer gut entwässert sind, widerspricht oft der Wahrheit. Sandige und kiesige Böden benötigen fast genauso oft eine Entwässerung wie lehmige und tonige.

Wenn das Land nach der Bodenbearbeitung nicht ausreichend entwässert werden musste, sollte der Weinberg planiert werden, um Vertiefungen zu füllen und die Oberfläche gleichmäßig zu machen. Normalerweise kann dies mit einer Egge, einer Zahnegge oder einer anderen Egge erfolgen, aber manchmal muss auch ein Grader oder Straßenkratzer zum Einsatz kommen.

Das Land anpassen.

Mit der vorbereitenden Bodenbearbeitung sollte im Frühjahr vor der Pflanzung durch tiefes Pflügen begonnen werden. Wenn das Land schon lange für die allgemeine Landwirtschaft genutzt wird und sich durch jahrelanges flaches Pflügen eine harte Pflugsohle gebildet hat, sollte ein Untergrundpflug in die Furche des Oberflächenpfluges folgen, obwohl es selten ratsam ist, tief in den Boden einzudringen echter Hardpan. Die Bearbeitung des Bodens darf hier nicht aufhören, sondern sollte den ganzen Sommer über mit Egge und Grubber fortgesetzt werden, um den Boden fast bis zu seinen endgültigen Partikeln zu pulverisieren. Eine solche Bewirtschaftung kann durch den Anbau einiger Hackfrüchte, die eine intensive Kultur erfordern, hinreichend gründlich und gleichzeitig rentabel sein. Wenn es dem Boden an Humus mangelt, kann es gut sein, im Frühsommer eine Zwischenfrucht aus Klee oder anderen Hülsenfrüchten auszusäen, die im Spätherbst untergepflügt wird. Wenn Stallmist verfügbar ist, sollte dieser im Allgemeinen im Herbst vor der Pflanzung ausgebracht werden. Stabiler Dünger, der zu diesem Zeitpunkt auf einen Boden aufgetragen wird, der dazu neigt, kümmerlich zu sein, sorgt für eine Atmosphäre im künftigen Weinberg, die dem Landwirt, der auf handelsübliche Düngemittel angewiesen ist, völlig verwehrt bleibt.

Das Land sollte so früh wie möglich im Herbst noch einmal tief umgepflügt, gründlich geeggt oder möglicherweise quergepflügt und anschließend geeggt werden. Das Land muss im Winter bereit für die Frühjahrsbepflanzung sein und die Herbstarbeiten müssen umgehend und mit einem starken Team und scharfen, hellen Werkzeugen durchgeführt werden. Der Winzer muss bedenken, dass es während der Lebensdauer des Weinbergs keine Möglichkeit gibt, die anfängliche Schwäche auszugleichen, und dass ein Weinberg mit schmuddeligen, unglücklichen Reben das Ergebnis von Vernachlässigung in dieser kritischen Zeit sein kann. Eine gute Bodenbearbeitung sollte so lange erfolgen, bis die Erde bei der Pflanzung der Weinreben einigermaßen belebt ist. Tafel II zeigt ein Stück Land, das sich gut für die Bepflanzung eignet.

Markierung zum Pflanzen.

Bei ebenem Boden, einem gut gemachten Markierer, einem sanften Team und einem vorsichtigen Fahrer mit dem Blick eines Vermessers kann ein Weinberg zur Bepflanzung mit einem Schlittenmarkierer, einem modifizierten Maismarkierer oder sogar einem Pflug markiert werden. Eine solche Markierungsmethode wird am häufigsten beim Anlegen von Weinrebenreihen verwendet, aber jedem Passanten in Weinanbaugebieten ist klar, dass die gebräuchlichste Methode nicht die beste ist, um eine perfekte Ausrichtung von Reihe und Rebstock sicherzustellen. Die genannte Kombination für gute Arbeit mit einer der Markierungsmethoden kommt zu selten vor. Wenn die Markierungsmethode verwendet wird, wird sie wie folgt in die Praxis umgesetzt: Die Reihen werden im festgelegten Abstand markiert und eine tiefe Furche wird entlang der Reihe gepflügt, indem man mit dem Pflug in beide Richtungen fährt; Nachdem dies erledigt ist, werden kleine Pfähle in den richtigen Abständen für die Reben in die Furche gesetzt, wobei darauf zu achten ist, dass sie in beide Richtungen ausgerichtet sind. Dabei werden Pflanzlöcher in die Furche gegraben, wobei die Pfähle als Mittelpunkt dienen.

Die Markierung mit einem Messdraht oder einer Messkette ist die beste Methode, um Rebstöcke im Weinberg genau zu lokalisieren. Der Messdraht variiert je nach Wunsch des Benutzers zwischen 60 und 90 Meter oder kann auch länger sein. Die besten Drähte bestehen aus geglühtem Stahldraht mit einem Durchmesser von etwa einem Achtel Zoll. An jedem Ende des Drahtes befindet sich ein starker Eisenring, der über die Pfähle gestülpt wird. Der Draht ist über seine gesamte Länge mit Lötstellen in den gewünschten Abständen zwischen den Rankenreihen markiert; Um diese Stellen besser sichtbar zu machen, sind rote Stoffstücke daran befestigt. Manchmal besteht dieser Messdraht aus mehreren kleinen Drahtsträngen, was mehr Flexibilität bietet und das Markieren erleichtert, da durch das Trennen der Stränge an den gewünschten Stellen Stoffstücke zusammengebunden werden können, um Abstände zu markieren.

Bei der Verwendung des Drahtes wird die Seite des Weinbergs ausgewählt, die als Basis des Quadrats dienen soll, und der Draht wird gespannt, sodass mindestens ein Stab von der Straße oder dem Zaun als Landzunge übrig bleibt. Nachdem der Draht so gespannt ist, wird an jeder der Distanzmarkierungen ein Pfahl angebracht, der die erste Weinrebenreihe darstellt. Beginnend am Startpunkt werden 60 Fuß an der Grundlinie abgemessen und ein vorübergehender Pfahl gesetzt; Anschließend werden am Eckpflock achtzig Fuß im rechten Winkel zur ersten Linie gemessen und der Winkel mit dem Auge beurteilt. Laufen Sie dann diagonal vom 80-Fuß-Pfahl zum 60-Fuß-Pfahl. Wenn der Abstand zwischen den beiden Pfählen 30 Meter beträgt, ist die Ecke ein rechter Winkel. Wenn die Basislinien auf diese Weise im rechten Winkel zueinander beginnen, kann man mit dem Messdraht eine beliebig große Fläche abmessen, indem man darauf achtet, dass die Linie jedes Mal parallel zur letzten verläuft und die Pfähle genau an dieser Stelle platziert werden Markierungspunkte auf dem Draht.

Eine weitere Methode, die bei der Anlage eines Weinbergs nützlich sein kann, insbesondere wenn der Weinberg klein ist, ist die Kombination von Maß und Sicht. Die Abstände rund um den Weinberg werden gemessen und

Pfähle gesetzt, um die Enden der Reihen rund um das Gebiet zu markieren. Gute Pfähle lassen sich aus Latten herstellen, die an einem Ende zugespitzt und am anderen Ende weiß getüncht sind. Anschließend wird eine Reihe von Pfählen quer durch die Mitte des Feldes angebracht, natürlich an Stellen, die von den beiden mittleren Weinrebenreihen ausgefüllt werden. Wenn diese vorhanden sind und die Fläche nicht zu groß oder zu hügelig ist, kann auf sämtliche Messungen verzichtet und die Rebstöcke durch Sichtung gesetzt werden. Ein Mann am Ende der Reihe hat in jeder Reihe drei Latten zum Sichten, und ein zweiter Mann sollte die Pfähle nach Anweisung des Sichters einschlagen. Mit dieser Methode kann eine genaue Arbeit geleistet werden, sie erfordert jedoch Zeit, ein gutes Auge und viel Geduld des Sichtenden.

AUSWAHL UND VORBEREITUNG DER REBEN

Junge Weinreben sehnen sich nach Leben, denn sie sind normalerweise kräftig und nicht leicht zu verletzen. Daher können die Pflanzen ohne Angst vor Verlust aus der Ferne gebracht werden. Der örtliche Gärtner ist jedoch ein guter Sortenberater, wenn er ehrlich und intelligent ist und unter sonst gleichen Bedingungen bevormundet werden sollte. Wenn die Bedürfnisse des Züchters jedoch nicht zu Hause gedeckt werden können, sollte er nicht zögern, einen Gärtner aus der Ferne aufzusuchen. Dies ist bei der Traube notwendiger als bei anderen Früchten, da junge Trauben nur an bestimmten Standorten gut und günstig angebaut werden. Bei der Weintraube ist es, wie bei allen Obstpflanzen, viel besser, beim Erzeuger zu kaufen als beim Baumhändler.

Reben auswählen.

Solange der Käufer nicht weiß , was er will, ist die Auswahl der Reben reines Glücksspiel. Glücklicherweise gibt es mehrere Merkmale guter Reben, die für diejenigen, die sie kennen, sehr hilfreich sind. Man sollte zunächst sicherstellen, dass die Wurzeln und Spitzen bis in die entferntesten Teile lebendig sind. Die Reben sollten ein gutes, sauberes und gesundes Aussehen haben, mit einem Stammdurchmesser, der groß genug ist, um ein kräftiges Wachstum anzuzeigen, und einer ausreichenden Wurzelverteilung. Eine große Größe ist nicht so wünschenswert wie festes, gut ausgereiftes Holz und eine Fülle von Wurzeln. Reben mit mittellangen Internodien sind für die Sorte besser geeignet als solche mit großen oder sehr kurzen Internodien. Es sollten die größtmöglichen Vorsichtsmaßnahmen getroffen werden, um sicherzustellen, dass die Sorten ihrem Namen treu bleiben. Allerdings muss man sich hierbei auf den Ruf des Gärtners verlassen, mit Ausnahme der wenigen Sorten, die in der Gärtnerei auf den ersten Blick bekannt sind.

Einjährige Reben der ersten Klasse sind in der Regel besser als zweijährige . Verkümmerte Reben sind es nicht wert, gepflanzt zu werden, und zwei Jahre alte Reben sind oft verkümmerte Einjährige. Einige schwach wachsende

Sorten werden kräftiger, wenn man sie zwei Jahre – drei Jahre, niemals – in der Baumschule belassen darf.

Handhabung und Vorbereitung der Reben.

Je besser die Reben verpackt, transportiert und auf dem Feld gepflegt werden, desto schneller greifen die Wurzeln und die Reben starten kräftig, von dem so viel abhängt. Der Gärtner sollte gebeten werden, vor dem Verpacken nicht viel zu beschneiden und die Reben für den Versand gut zu verpacken. Sobald die Reben ihren Bestimmungsort erreicht haben, sollten sie eingepfercht werden. Wenn die Reben bei der Ankunft trocken sind, sollten sie vor dem Einwurzeln gut durchnässt werden. Es kommt manchmal vor, dass die Reben durch übermäßiges Trocknen schrumpfen und schrumpfen. In diesem Fall kann man die Pflanzen oft wieder zu voller Fülle bringen, indem man sie mit Wurzeln und Zweigen in feuchter Erde vergräbt, wo sie eine oder vielleicht auch zwei Wochen bleiben. Zum Eingraben sollte ein Graben in leichter, feuchter Erde doppelt gefurcht werden, die Reben zwei oder drei Mal tief im Graben ausgebreitet werden und dann Erde über die Wurzeln und die Hälfte der Spitzen geschaufelt und in den Wurzeln gesiebt werden Der Boden wird verfestigt. So können die Reben bei Bedarf mehrere Wochen lang in gutem Zustand gehalten werden.

Die Reben werden für die Pflanzung vorbereitet, indem alle toten oder verletzten Wurzeln entfernt und die gesunden Wurzeln eingekürzt werden. Traubenwurzeln können stark beschnitten werden, wenn gesunde Stümpfe übrig bleiben. Das Entfernen kleiner Wurzeln und Fasern schadet nicht, da Fasern nur als Hinweis darauf dienen, dass die Rebe stark und kräftig ist. Aus kräftigen, gesunden Wurzeln entstehen schnell frische Fasern. Die meisten Fasern einer verpflanzten Rebe sterben ab, und das Auslegen in das Loch, um sie zu konservieren, wie es so oft empfohlen wird, ist nur ein nutzloser Bestattungsritus. Bei guten, gesunden Reben sind die Wurzelstummel nach dem Zurückschneiden 10 bis 20 Zoll lang. Nachdem das Wurzelsystem erheblich beschnitten wurde, muss die Reziprozität zwischen Wurzeln und Spitzen berücksichtigt und die Spitze entsprechend beschnitten werden. Um die Arbeit der Blätter zu reduzieren und sie mit der Aktivität der Wurzeln in Einklang zu bringen, sollte die Spitze auf einen einzigen Zweig und zwei, niemals mehr als drei Knospen zurückgeschnitten werden. Die Rebe ist jetzt zum Pflanzen bereit und da der Boden vorbereitet ist, sollte die Pflanzung zügig voranschreiten.

TAFEL VI. — Schwarzes Hamburg ($\times\ ^1/_2$).

PFLANZEN

Die Gefahren und Schwierigkeiten beim Pflanzen von Hartholzpflanzen werden stark übertrieben. Insbesondere der Tyrann ist von seiner Verantwortung in dieser Zeit beeindruckt und sendet oft einen eiligen Anruf an die Versuchsstation oder den Gärtner, um ihm „einen Mann zum Pflanzen zu schicken". Wenn das Land richtig vorbereitet ist und die Pflanzen in gutem Zustand sind, ist die Pflanzung einfach, schnell und sicher durchzuführen. Bei der Pflanzung des Weinstocks ist es nicht nötig, so aufwändige Feinheiten wie das Auslegen der Wurzeln, um die Fasern zu bewahren, das Bewässern jedes Weinstocks, wenn er gesetzt ist, und das behutsame Einsetzen des Weinstocks, um sicherzustellen, dass er an seinem neuen Standort steht, zu ersparen es stand im alten Zustand oder pfützte die Wurzeln in einem Eimer oder einer Wanne mit Wasser. Andererseits ist die Slap-Dash-Methode eines Stringfellows , der alle kleinen Wurzeln abschneidet und ein Brecheisen anstelle eines Spatens verwendet, für die Pflanze keine Pflicht, da er die Wurzeln tief in der Erde vergräbt oder sie in der Nähe des Spatens bedeckt Oberfläche buhlt um Scheitern.

Die Löcher graben.

Bei gutem Boden ist dies eine einfache Aufgabe. Die Löcher müssen nur groß und tief genug sein, um die Wurzeln ohne übermäßige Verkrampfung aufzunehmen. Hierin wird erneut deutlich, wie klug es ist, das Land gründlich vorzubereiten; denn auf gut vorbereitetem Boden ist das Loch tatsächlich so groß wie der Weinberg. Selbst bei schlechter Bodenbepflanzung stellen tiefe Löcher oft eine Gefahr für das Leben der Pflanze dar, vor allem, wenn kein Abfluss vorhanden ist, denn das tiefe Loch wird zu einer Wanne, in die Wasser fließt und die Wurzeln absterbender Reben durchnässt. Ein zusätzlicher Schwung beim Graben von Löchern kann die perfekte Anpassung des Geländes nicht ersetzen.

Es gibt nichts Gutes dafür, in der Freizeit Löcher zu graben, damit alle bereit sind, wenn die Zeit zum Pflanzen gekommen ist. Die Reben wurzeln am besten im frisch umgegrabenen, feuchten Boden aus frisch umgegrabener Erde, die beim Pflanzen der Rebe fest um die Wurzeln gelegt werden kann. Es spart auch keine Zeit, wenn man vorher gräbt, denn die von der Sonne ausgebrannten und vom Regen überschwemmten Seiten von Löchern, die man schon lange gegraben hat, müssten sicherlich neu beschnitten werden. Es lohnt sich jedoch durchaus, die oberflächliche Erde auf eine Seite zu werfen und diese auf die andere Seite zu senken, damit ein Spaten voll feuchter, männlicher oberflächlicher Erde neben die Wurzeln gelegt werden kann.

Zweifellos gibt es einige Böden, in denen die Löcher mit Dynamit gesprengt werden könnten, wie zum Beispiel in einem flachen Boden, bei dem sich die Hartpfanne nahe der Oberfläche befindet und darunter ein guter Untergrund vorhanden ist. Es ist jedoch sehr fraglich, ob diese mangelhaften Böden für kommerzielle Anpflanzungen genutzt werden sollten, solange in allen Weinanbaugebieten noch viele Hektar gutes, tiefes Land für den Weinanbau unbepflanzt bleiben. Für diejenigen, die sich für den „Dynamitanbau" interessieren, können von den Herstellern des Sprengstoffs detaillierte Beschreibungen der Verwendungsmethoden von Dynamit und sogar Demonstrationen eingeholt werden.

Zeit zum Pflanzen.

Die beste Zeit, die Rebe in kalten Klimazonen zu pflanzen, ist der frühe Frühling, wenn Sonne und Regen den Wachstumsgeist der Pflanzen wecken und Nährlösungen schnell und zielsicher an die vorgesehenen Plätze gelangen. Zu diesem Zeitpunkt kann die stark verstümmelte Rebe am besten die doppelte Aufgabe übernehmen, frische Wurzeln zu bilden und die ruhenden Blätter zu öffnen. Durch die Herbstpflanzung wird die Arbeit vorverlegt, wodurch der Ansturm des frühen Frühlings, wenn die Weinberge überfüllt sind, gemindert wird und die Reben, wenn alles günstig ist, zweifellos einen etwas schnelleren Start ermöglichen. Allerdings kommt es bei der Pflanzung im Herbst häufig zu gravierenden Verlusten. In kalten Wintern reicht der Frost aus, um die junge Rebe von ihrem Platz zu reißen und sie manchmal fast aus dem Boden zu heben. Bei Weinreben, die im Herbst umgepflanzt werden, besteht außerdem eine große Gefahr des Wintersterbens, nicht wegen der größeren Empfindlichkeit der Pflanze, sondern wegen der größeren Porosität des gelockerten Bodens, die es der Kälte ermöglicht, in größere Tiefen vorzudringen. Diese beiden Einwände gegen das Pflanzen im Herbst lassen sich weitgehend dadurch ausräumen, dass man die Erde so aufhäuft, dass sie die Reben praktisch bedeckt, und den Hügel im zeitigen Frühjahr ebnet; Aber diese zusätzliche Arbeit gleicht die Arbeitsersparnis bei der Herbstpflanzung mehr als aus.

In Klimazonen, in denen der Boden im Winter nicht gefriert, können die Reben bei günstigen Bedingungen im Herbst gepflanzt werden. In warmen Klimazonen sind die Bedingungen für die Herbstpflanzung jedoch oft ungünstig, da der Herbstregen häufig den Boden durchnässt, so dass er nicht richtig um die Wurzeln herum platziert werden kann. und darüber hinaus beginnen in einem kalten, wasserdurchtränkten Boden die inaktiven Wurzeln zu verfaulen; oder der Boden ist möglicherweise zu trocken für eine Herbstpflanzung. Unter solchen Bedingungen ist es oft besser, die Aussaat in warmen Klimazonen bis zum Frühjahr zu verschieben, wenn bessere Bodenbedingungen gewährleistet werden können. Im Herbst oder Frühling sollte der Boden nach Abschluss der Arbeiten einigermaßen trocken, warm und locker sein. Der beste Zeitpunkt zum Pflanzen muss zwangsläufig von Jahr zu Jahr variieren, und der Weinbauer muss genau entscheiden, wann er mit der Pflanzung beginnen möchte, entsprechend den Boden- und Wetterbedingungen, unter Berücksichtigung der Anweisung des Psalmisten, dass es „eine Zeit zum Pflanzen und eine Zeit" gibt „auszupflücken, was gepflanzt ist" unterliegt mehreren Bedingungen, die eine Beurteilung erfordern. Die Traube treibt ihre Blätter erst spät im Frühling aus, was die Versuchung groß macht, die Pflanzung hinauszuzögern; Spät gepflanzte Pflanzen benötigen jedoch besondere Pflege, damit sie nicht unter der Sommerdürre leiden, die jedes Jahr die Länder dieses Kontinents ausdörrt.

Der Betrieb der Bepflanzung.

Da alles bereit ist, geht die Bepflanzung zügig voran. Eine Bande von vier Männern arbeitet zum Vorteil. Zwei graben Löcher, ein dritter hält die Weinreben und stampft die Erde, während der verbleibende Mann Erde schaufelt. Außer in großen Weinbergen stehen selten vier Männer zur Verfügung, und Gruppen von zwei oder drei Personen müssen die Arbeit je nach den Bedingungen unter ihren Mitgliedern aufteilen. Beim Pflanzen von Weintrauben ist kein Baumsetzbrett erforderlich, obwohl einige Winzer es verwenden. Der Mann, der die Ranken im Loch hält und trampelt, während der Schaufelbagger es füllt, muss die Pflanze nach dem Entfernen des Pfahls ausrichten und darauf achten, dass sie senkrecht im Loch steht. Der Pfahl, eine Latte, wird an seinem alten Platz im Loch angebracht, um als Stütze für die wachsende Rebe zu dienen und sie zu markieren, damit der Kultivierende die junge Pflanze nicht herauszieht. Der Boden muss um die Wurzeln der Pflanze herum fest verankert werden, aber der Eifer beim Stampfen sollte nachlassen, wenn das Loch gefüllt ist, so dass der Mutterboden ungestampft , glatt, locker und pulverisiert bleibt, ein Staubmulch – der beste aller Mulche – um Verdunstung zu verhindern.

Die Pflanztiefe der Rebstöcke ist umstritten. Dies sollte mehr als jeder andere Faktor vom Boden bestimmt werden, obwohl einige Sorten einen tieferen Wurzelverlauf benötigen als andere. Die Regel, bis zu der Tiefe zu pflanzen, in der die Rebe in der Baumschulreihe steht, ist unter den meisten Bedingungen sicher, obwohl die Wurzeln in leichten, hungrigen oder durstigen Böden tiefer reichen sollten; und andererseits in schweren Böden nicht so tief. Eine tiefe Pflanzung ist ein häufigerer Fehler als eine flache Pflanzung, da die Wurzeln unter den meisten Bedingungen der Freilegung besser standhalten als das Einpflanzen, wobei es natürlicher ist, nach unten zu gehen, als nach oben zu kommen, um eine Wurzel zu suchen, die einen Ort sucht, der ihnen gefällt.

Eine Bewässerung beim Pflanzen ist nur dann notwendig, wenn das Land durch Dürre ausgedörrt ist oder in Regionen, in denen Bewässerung praktiziert wird. Bei Bedarf sollte reichlich Wasser verwendet werden, mindestens ein oder zwei Gallonen pro Weinstock. Nachdem sich die Erde um die Wurzeln herum verfestigt hat und das Loch nahezu gefüllt ist, sollte das Wasser eingefüllt und das Loch ohne weitere Verfestigung gefüllt werden. Bei trockenem Wetter ziehen manche es vor, die Wurzeln in Pfützen zu legen; das heißt, sie in dünnen Schlamm zu tauchen und zu pflanzen, wobei der Schlamm daran haften bleibt. Zur Herstellung der Pfütze wird lockerer Lehm und nicht klebriger Ton verwendet, da der Ton so hart backen kann, dass die Wurzeln verletzt werden. Bei der Bildung von Pfützen sollte, wie auch beim Gießen, die Erdoberfläche locker und weich bleiben und keine Spuren der Pfützenbildung darunter hinterlassen.

Mist oder Dünger über die Wurzeln oder gar in das Loch sind weder notwendig noch wünschenswert. Wenn der Boden zum Zeitpunkt der Pflanzung überhaupt angereichert werden soll, sollte der Dünger auf der zu kultivierenden Oberfläche verteilt werden oder seine Nahrungsbestandteile bei Regen nach unten sickern lassen. Auf Böden, in denen die Vorsehung der Weintrauben deutlich zum Ausdruck kommt, reagieren die Weinreben zu keinem Zeitpunkt besonders gut auf Düngemittel, da der Nutzen von Stallmist wahrscheinlich zum größten Teil aus dessen Auswirkungen auf die Beschaffenheit und das Wasserhaltevermögen des Bodens resultiert. Die frisch gesetzte Pflanze benötigt keine äußere Nahrung; Den Wurzeln einer jungen, neu gepflanzten Rebe groben Mist oder starken handelsüblichen Dünger zuzuführen, ist Pflanzenmord.

PFLEGE JUNGER REBEN

Vergil nennt die Zeit im Leben der Rebe zwischen dem Weinstock und der ersten Weinlese die „zarte Nonage" und sagt uns, dass die Reben zu diesem Zeitpunkt eine sorgfältige Aufzucht benötigen; Das gilt heute wie damals für amerikanische Trauben ebenso wie für die Trauben des antiken Roms. Glücklicherweise lässt sich jede Abweichung vom normalen Wohlbefinden leicht an der Traube erkennen, denn die Farbe des Blattes ist ein ebenso genauer Hinweis auf die Gesundheit und Kraft der Rebe wie die Farbe der Zunge oder der Pulsschlag beim Menschen. Ein Farbwechsel vom üppigen Grün des Laubs der sparsamen Weintrauben, insbesondere der gelbe Farbton, der darauf hindeutet, dass das Blattgrün nicht richtig funktioniert, deutet darauf hin, dass die Reben krank sind oder Pflege benötigen. Wenn jedoch alles gut geht, zeigt sich die erstaunliche Energie der Natur nirgends bei Pflanzen besser als im Wachstum der Traube, sodass ein Großteil der Sorgfalt im Umgang mit dem Messer liegt; Tatsächlich lebt die Traube, wie wir sehen werden, in den ersten zwei Jahren fast vom Messer.

Das erste Jahr.

Da die Reben bei der Pflanzung beschnitten und auf Pfähle gesetzt wurden, bedürfen diese Arbeiten im ersten Sommer keiner Aufmerksamkeit. Bei vielen Sorten treiben zu Beginn des Wachstums mehrere Triebe aus, und außer bei veredelten Pflanzen und wenn die Triebe aus dem Bestand kommen, sollten diese übrig bleiben, um die Rebe zu ernähren und zum Aufbau eines guten Wurzelsystems beizutragen. Stark wachsende Reben sollten an den Pfahl gebunden werden, zumindest am stärksten Trieb, um zu verhindern, dass der Wind ihn herumwirbelt, und um zu verhindern, dass die Pflanzen dem Kultivierenden im Weg stehen. Der einzige Kniff beim Binden besteht darin, die Rebe auf der Luvseite des Pfahls zu halten und so das Zerreißen des Bindematerials zu vermeiden.

Der Rückschnitt im ersten Jahr ist zwar schwer, aber leicht durchzuführen. Alle bis auf die stärksten Stöcke werden herausgeschnitten und diese bis auf zwei Knospen fast bis zum Boden zurückgeschnitten, so dass die Reben genauso aussehen wie im Weinberg. Das Ziel dieses und der nächsten zwei Jahre erfolgenden Beschneidung besteht darin, ein gutes Wurzelsystem zu etablieren und einen stabilen Stamm in der Höhe zu erzeugen, auf die die Rebe wachsen soll. Es ist wichtig, dass das Rohr, aus dem der Stamm entstehen soll, gesund und das Holz gut ausgereift ist. Der Schnitt kann jederzeit nach dem Laubfall erfolgen, die meisten Züchter bevorzugen jedoch den Spätwinter. In kalten Klimazonen empfiehlt es sich, zum

Winterschutz bis zu den jungen Reben zu pflügen; in diesem Fall sollte der Schnitt vor dem Pflügen erfolgen.

Jedes Detail der Weinbergbewirtschaftung sollte in diesem kritischen ersten Jahr mit Sorgfalt und zum vereinbarten Zeitpunkt durchgeführt werden. Die Bewirtschaftung muss intensiv sein, Insekten und Pilze müssen abgewehrt werden, mechanische Verletzungen müssen vermieden werden, Reben, die sich geweigert haben zu wachsen, müssen zum Verwerfen markiert werden und der Weinberg muss Anfang August als Zwischenfrucht angelegt werden, wenn er nicht schon vorher gepflanzt wurde einige gehackte Zwischenfrüchte.

Das zweite Jahr.

Die Arbeiten beginnen im Frühjahr des zweiten Jahres mit dem Aufstellen von Spalierpfosten, an denen ein Draht befestigt wird. Die Rebe ist noch nicht bereit für die Reifung, aber die schlanke Latte der ersten Saison bietet keine ausreichende Stütze, und der einzige Draht am künftigen Spalier erspart die Kosten für das Abstecken. Das Binden erfordert etwas Sorgfalt und erfolgt meist mit Bindfaden oder Bast. Im Laufe des Sommers werden die Triebe von den Wurzeln entfernt und einige Züchter verdünnen die Triebe der jungen Rebe; Einige halten es für notwendig, auch den Wuchs zu toppen, wenn er zu üppig wird, und so den Stock in Grenzen zu halten. Saugnäpfe müssen an den Stellen, an denen sie entstehen, abgeschnitten oder abgebrochen werden, andernfalls können mehrere neue Saugnäpfe an der Basis des alten entstehen. Beim Beschneiden der Rebstöcke muss berücksichtigt werden, dass der Schnitt im Sommer schwächer wird. Aus diesem Grund sollten die Triebspitzen klein genommen werden, um das Wachstum auf die Teile des Rebstocks zu lenken, die dauerhaft bleiben sollen
.

Der Schnitt, wenn die Rebe im zweiten Winter draußen ist, hängt von der Wuchskraft der Pflanze ab. Wenn ein starker, gesunder, gut ausgereifter Stock über den unteren Draht des Spaliers hinausragt, sollte er zurückgeschnitten werden, damit der Stock am Draht festgebunden werden kann; Andernfalls sollte die Rebe erneut fast bis zum Boden abgeschnitten werden, sodass nur drei oder vier Knospen übrig bleiben. Wenn der Stock übrig bleibt, sollte er nicht nur robust und reif sein, sondern auch gerade sein, denn er soll zum Stamm des reifen Weinstocks werden. Die Erziehung der jungen Rebe ist nun abgeschlossen, für die nächste Saison muss die Rebe in ihre dauerhafte Form gebracht werden, Anweisungen dazu finden Sie im Kapitel über den Schnitt .

Die Sommerpflege des Weinbergs unterscheidet sich im zweiten Jahr nicht wesentlich von der des ersten. Der intensive Anbau wird fortgesetzt, die Reben werden gegen Schädlinge behandelt und die jährliche Zwischenfrucht folgt auf den Anbau. Viele Sorten werden, wenn sie kräftig sind, in diesem zweiten Sommer einige Früchte tragen, aber die Ernte sollte nicht reifen; je früher entfernt, desto besser, da die Fruchtbildung in diesem Wachstumsstadium die jungen Reben ernsthaft schwächt.

ZWISCHENFRÜCHTE UND ZWISCHENFRÜCHTE

Eine Zwischenfrucht wird zwischen den Reihen einer anderen Kulturpflanze angebaut, um aus den Erträgen Profit zu schlagen. Unter Deckfrucht versteht man eine vorübergehende Kulturpflanze, die, wie der Begriff ursprünglich verwendet wurde, zum Schutz des Bodens angebaut wird. Mittlerweile umfasst der Begriff auch Gründüngungspflanzen. Zwischenfrüchte haben in den meisten Weinbergen selten ihren Platz, Zwischenfrüchte werden jedoch häufig angebaut.

Zwischenfrüchte.

Zwischenfrüchte sind im kommerziellen Weinbau in der Regel nicht rentabel; Sie können vorübergehend Gewinn bringen, aber auf lange Sicht sind sie meist schädlich für die Reben. Es kann sich lohnen und die Traube wird an einigen Orten möglicherweise nicht geschädigt, wenn im ersten und möglicherweise im zweiten Jahr Nutzpflanzen wie Kartoffeln, Bohnen, Tomaten und Kohl zwischen den Reihen oder sogar in den Reihen angebaut werden. Um die Pflicht beider Kulturen zu erfüllen, muss das Land jedoch ausgezeichnet sein und die Pflege beider Kulturen muss optimal sein. Der Anbau von Stachelbeeren, Johannisbeeren, Brombeersträuchern oder sogar Erdbeeren ist ein schlechtes Verfahren, es sei denn, der Weinberg ist klein, das Land sehr wertvoll oder es herrschen andere Bedingungen, die einen intensiven Anbau möglich oder notwendig machen. Gegen Zwischenfrüchte im Weinberg gibt es zwei Einwände: Sie rauben den Reben Nahrung und Feuchtigkeit und gefährden sie durch Verletzungen durch Werkzeuge bei der Pflege der Zwischenfrüchte.

Manchmal wird die Traube selbst als Zwischenfrucht im Weinberg gepflanzt. Das heißt, es wird die doppelte Anzahl an Rebstöcken in einer Reihe angelegt, die für den Dauerweinberg erforderlich sind, mit der Erwartung, dass Ersatzreben herausgeschnitten werden, wenn zwei oder drei Ernten geerntet wurden und sich die Reben zu drängen beginnen. Diese Praxis ist der Zwischenpflanzung mit Buschfrüchten vorzuziehen, doch es gibt nicht viel, was sie lobenswert macht, wenn man sich an der Erfahrung derjenigen orientiert, die es ausprobiert haben. Allzu oft bleiben die Füllreben ein Jahr zu lange stehen, was zur Folge hat, dass das Wachstum der Dauerreben mehrere Jahre lang gehemmt wird. Die Gewinne aus den Füllern sind nie groß, sie decken kaum die zusätzliche Arbeit, und wenn die Dauerreben verkümmert sind, müssen die Füller als Verbindlichkeit und nicht als Vermögenswert ausgewiesen werden.

Zwischenfrüchte.

In einem Experiment, das von der New York Agricultural Experiment Station durchgeführt wurde, zeigten Weintrauben hinsichtlich des Fruchtertrags oder des Weinwachstums keine nennenswerte Reaktion auf Zwischenfrüchte. [9] An der New York Station scheint es keine anderen Experimente zu geben, die die Ergebnisse bestätigen könnten, und Weinbauern haben nirgendwo allgemein Zwischenfrüchte zur Verbesserung ihrer Weinberge eingesetzt. Es besteht daher Zweifel daran, ob Trauben auf den jährlichen Einsatz von Zwischenfrüchten hinsichtlich des Fruchtertrags profitabel reagieren werden, was natürlich der ultimative Test für den Wert von Zwischenfrüchten ist, aber ein Test, der nur schwer anzuwenden ist Das Experiment dauert viele Jahre.

Abgesehen von dem zweifelhaften Wert von Zwischenfrüchten für die Erhöhung des Angebots an Pflanzennahrung und dadurch für eine Ertragssteigerung gibt es mindestens drei Arten, in denen Zwischenfrüchte im Weinberg wertvoll sind. Daher ist es für alle, die Zwischenfrüchte im Weinberg ausprobiert haben, offensichtlich, dass das Land einen viel besseren Boden hat und leichter bearbeitet werden kann, wenn im Herbst oder Frühling etwas Grünland umgewendet wird; Es ist nicht unangemessen anzunehmen, dass Zwischenfrüchte die Wurzeln der Weintrauben vor dem Absterben im Winter schützen, auch wenn es unmöglich ist, verlässliche experimentelle Daten zur Bestätigung dieser Annahme zu sichern. Sicherlich ist zu erwarten, dass eine im Hochsommer gesäte Zwischenfrucht dazu führt, dass die Trauben ihr Holz früher und gründlicher reifen lassen, so dass die Reben in einem besseren Zustand in den Winter gehen. Der einzige Einwand, der gegen Zwischenfrüchte im Weinberg erhoben werden kann, besteht darin, dass die Pflücker, meist Frauen, Einwände gegen die Zwischenfrüchte haben, wenn sie durch Regen oder Tau nass sind, und sich normalerweise dafür entscheiden, in Weinbergen zu pflücken, in denen es keine solche Ernte gibt. Dieser scheinbar unbedeutende Faktor bereitet dem Weinbauern, der Zwischenfrüchte sät, in der Erntezeit oft große Probleme.

In Weinbergen können verschiedene Zwischenfrüchte wie Klee, Wicke, Hafer, Gerste, Hornrübe, Raps, Roggen und Buchweizen angebaut werden. Kombinationen davon machen das Saatgut meist zu teuer oder machen die Aussaat zu schwierig. Dennoch scheinen einige Kombinationen aus Hülsenfrüchten und Nicht-Hülsenfrüchten die beste grüne Ernte für die Traube zu ergeben. Daher sollte sich ein Scheffel Hafer oder Gerste plus zehn Pfund Klee oder zwanzig Pfund Winterwicke, eine Kombination, die häufig in Obstgärten verwendet wird, im Weinberg als zufriedenstellend erweisen. Oder man verdoppelt die Saatgutmenge und wechselt alle vier bis sechs Jahre abwechselnd mit Kuhhornrübe oder Raps an. Rüben und Raps erfordern mindestens drei Pfund Saatgut pro Hektar.

Die Zwischenfrucht wird im Hochsommer, etwa am 1. August in nördlichen Breiten, gesät und sollte im Herbst oder Frühjahr untergepflügt werden. Auf keinen Fall darf das Grüngut spät im Frühjahr im Weinberg stehen bleiben, um den Reben Nahrung und Feuchtigkeit zu entziehen. Zum Zeitpunkt der Aussaat muss die Wetterkarte beobachtet werden, um sicherzustellen, dass das Saatbett feucht ist. Tafel III zeigt zwei Weinberge mit gut gewachsenen Zwischenfrüchten.

BODENBEARBEITUNG

Weinbauern befinden sich nicht im Nebel, der Baumobstbauern hinsichtlich der Bodenbearbeitung verwirrt. Er ist in der Tat ein Schlamper, der seine Reben eine Saison lang in unversehrtem Boden stehen lässt, und es gibt keinen Winzer, der Rasen oder einen der modifizierten Rasenmulche für die Traube empfiehlt. Die Bodenbearbeitung ist in hügeligen Regionen schwierig und wird in Weinbergen in Hanglage oft vernachlässigt, wie in der Region Central Lakes in New York, aber auch hier ist eine Art Bodenbearbeitung universell. Das Auslassen einer einzigen Saison bei der Bodenbearbeitung verkümmert die Reben, und zwei oder drei Auslassungen in aufeinanderfolgenden Saisons ruinieren einen Weinberg. Niemand beklagt sich darüber, dass die Weintrauben unter Überbebauung leiden, wie man oft von Baumfrüchten hört. Es gibt kein Stärkungsmittel für die Traube, das sich mit dem Anbau vergleichen lässt, wenn die Blätter farblos sind und schlaff herabhängen und die Rebe einen undefinierbaren Hauch von Depression hat; Und es gibt nichts Besseres als den Anbau, um in einem sengenden Sommer oder bei schwerer Dürre die latente Lebenskraft zu wecken.

Bodenbearbeitungswerkzeuge.

Die bei der Weinbearbeitung verwendeten Werkzeuge variieren je nach Topographie des Weinbergs, der Art des Bodens und den Vorlieben des Winzers. Das beste Werkzeug ist das, mit dem sich der Boden mit geringstem Aufwand gut bearbeiten lässt. Für eine gute Arbeit im Weinberg sind mindestens zwei Pflüge erforderlich, ein Einspänner und ein Zweispännerpflug. Letzteres sollte, außer auf sehr hügeligem Gelände, ein Reihenpflug sein. Für kommerzielle Weinberge größerer Größe sind je nach Jahreszeit und Bodenbeschaffenheit mehrere Grubber erforderlich. Daher sollte jeder Weinberg über eine Feder- und Scheibenegge, eine der verschiedenen Arten von Unkrautjätern, einen Einspänner und einen Grubber verfügen. Wenn viel Unkraut vorhanden ist, ist ein Schneidwerkzeug oder ein Anbaugerät an einem der Grubber erforderlich, das über den Boden gleitet und große Unkräuter abschneidet. Ein weiteres unverzichtbares Werkzeug in einem großen Weinberg ist eine einspännige

Traubenhacke, zu deren Arbeit schwere Handhacken erforderlich sind. Sehr oft muss der Oberflächenboden pulverisiert werden, und ein Klutenbrecher, eine Walze oder ein Schwimmer sind erforderlich. Eine vollständige Ausstattung mit hellen, scharfen Werkzeugen, die dem Winzer zur Verfügung stehen, trägt wesentlich zum Erfolg seines Unternehmens bei.

Bodenbearbeitungsmethoden.

Es gibt mehrere zuverlässige Ratgeber, die angeben, wann der Weinberg bestellt werden muss. Der Winzer, der nur ein zufälliger Beobachter der Beziehung zwischen Weinbaubetrieben, Lebensereignissen und dem Wohlergehen seiner Reben ist, wird sich an der Unkrauternte orientieren. Es ist natürlich notwendig, das Unkraut zu bekämpfen, aber der Mann, der wartet, bis ihn das Unkraut zum Pflügen zwingt, wird in seinem Weinberg ein schlechtes Bild abgeben. Der Feuchtigkeitsgehalt des Bodens ist ein besserer Anhaltspunkt. Die Hauptaufgabe der Bodenbearbeitung besteht darin, durch die Eindämmung der Verdunstung Feuchtigkeit zu speichern und den Boden in einen Zustand zu versetzen, der seine Wasserhaltekapazität erhöht. Der physische Zustand des Landes ist ein weiterer Anhaltspunkt. Durch die Bodenbearbeitung, wenn der Boden pulverisiert werden muss, entsteht eine größere Nahrungsoberfläche für die Wurzeln.

Die Bodenbearbeitung beginnt mit dem Pflügen im zeitigen Frühjahr. Ob mit einer Deckfrucht zum Umgraben oder hart und kahl, das Land muss jeden Frühling mit dem Pflug umgebrochen werden. Das Pflügen erfolgt am besten, indem eine einzelne Furche mit einem einspännigen Pflug bis zu den Reben oder von diesen weg gezogen wird, je nach Bedarf, und anschließend mit einem zweispännigen Pflug oder einem Reihenpflug gefolgt wird. Einige Winzer verwenden eine Scheibenegge anstelle des Pflugs, um das Land im Frühjahr zu brechen. Dies ist jedoch in den meisten Weinbergen ein zweifelhafter Vorgang und unmöglich, wenn eine schwere Grünpflanze das Land bedeckt. Die Bodenbearbeitung mit Egge, Grubber, Unkrautjäter oder Walze erfolgt dann in den Zeitabständen, die die Bedingungen erfordern, selten weniger als einmal alle zwei Wochen, bis im Hochsommer die Zwischenfrucht ausgesät werden kann. Ungefähr zur Zeit der Traubenblüte sollte die Traubenhacke zum Einebnen der Furche verwendet werden, die beim Frühjahrspflügen bis zu den Weinreben gezogen wurde. Die Bodenbearbeitung sollte immer auf einen starken Regen folgen, um die Bildung einer Bodenkruste zu verhindern. Dies ist eine Zeit, in der derjenige, der schnell pflügt, zweimal pflügt. Wie oft ein Weinberg bearbeitet werden sollte, hängt vom Boden und der Jahreszeit ab. Zehnmal mit dem Grubber in einem Weinberg oder in einer Saison ist möglicherweise nicht so effektiv wie *fünfmal* in einem anderen Weinberg oder in einer anderen Saison. In manchen Regionen, wie etwa in New York, ist der Landwirt so oft dem nassen Wetter im zeitigen Frühjahr ausgeliefert, dass das Pflügen am besten im Herbst durchgeführt wird und die Frühlingsarbeiten dann mit dem Eggen mit einem Werkzeug beginnen müssen, das das Land gründlich umbricht .

Die Bearbeitungstiefe hängt von der Beschaffenheit des Bodens und der Jahreszeit ab. Schwere Böden erfordern eine tiefe Bodenbearbeitung; leichte Böden, flache Bodenbearbeitung; bei nassem Wetter bis tief; bei trockenem Wetter leicht. Die Wurzeln der Weintrauben liegen tief im Boden und es besteht kaum die Gefahr, sie bei tiefer Bodenbearbeitung zu verletzen. Die Pflug- und Bearbeitungstiefe sollte von Saison zu Saison etwas variiert werden, um die Bildung einer Pflugsohle zu vermeiden. In einigen Regionen können Pflügen und Kultivieren als Mittel zur Bekämpfung von Insekten und Pilzen eingesetzt werden, wodurch die Tiefe der Bodenbearbeitung reguliert wird. So wird im Chautauqua-Traubengürtel im Westen von New York die Puppe des Wurzelwurms, einer Geißel der Traube in dieser Region, von der Traubenhacke ausgeworfen und zerstört, gerade als sie kurz davor steht, als Pflanze zu schlüpfen Erwachsener legt seine Eier auf die Reben. In allen Regionen werden Blätter und mumifizierte Trauben, die unzählige Myriaden von Sporen von Mehltau, Schwarzfäule und anderen Pilzen tragen, vom Pflug interniert und können keine Krankheiten verbreiten.

Der Zeitpunkt in der Saison, zu dem die Bodenbearbeitung eingestellt werden muss, hängt vom Standort, der Jahreszeit und der Sorte ab. Es ist eine gute Regel, den Anbau ein paar Wochen bevor die Trauben ihre volle Größe erreichen und anfangen zu färben, zu beenden, denn zu diesem Zeitpunkt haben sie die Reben so belastet, dass Früchte und Blätter dem Anbauer im Weg stehen. Im Norden endet der Anbau in der gewöhnlichen Jahreszeit um den 1. August, je weiter im Süden früher. Rankwüchsige Sorten wie Concord oder Clinton müssen nicht so spät kultiviert werden wie Sorten mit geringerem Wuchs und spärlicherer Belaubung wie Delaware oder Diamond. Das Saatgut der Zwischenfrucht wird ein letztes Mal mit dem Grubber abgedeckt. Tafel IV zeigt einen gut bestellten Weinberg von Concords.

BEWÄSSERUNG

Die Traube übersteht Trockenheit in der Regel sehr gut, einige Arten wachsen wild am Rande der Wüste. Selbst in den halbtrockenen Regionen des äußersten Westens, wo andere Früchte immer bewässert werden müssen, gedeiht die Traube oft gut ohne künstliche Bewässerung. Bewässerung wird in Weinbergen in den Vereinigten Staaten nur am Pazifikhang praktiziert und ist hier nicht so allgemein verbreitet wie bei anderen Obstkulturen. Ob die Traube unter Bewässerung angebaut werden soll oder nicht, ist eine lokale und oft eine individuelle Frage, die im Hinblick auf mehrere Bedingungen beantwortet wird; B. die lokale Niederschlagsmenge, die Tiefe und

Beschaffenheit des Bodens, die Wasserkosten und die Leichtigkeit der Bewässerung. Diese Bedingungen hängen alle zusammen und stellen das komplexeste und schwierigste Problem dar, das die Weinbauern in semiariden Regionen lösen müssen. Solange der Weinbauer jedoch recht kräftige Weinreben anbauen und durch natürliche Niederschläge eine recht reiche Ernte einfahren kann, sollte er nicht bewässern; Denn auch wenn die Ernte die Kosten ausgleicht, gibt es mehrere Einwände gegen den Anbau von Weintrauben unter Bewässerung. Die Reben sind anfälliger für Krankheiten und physiologische Probleme; der Frucht soll es an Aroma und Geschmack mangeln; Trauben, die auf bewässertem Land angebaut werden, vertragen den Versand nicht gut, die übermäßig aufgeblähten Trauben platzen oft; Winzer mögen bewässerte Trauben nicht so gut wie solche aus unbewässertem Land; und wässrige Trauben aus bewässertem Land ergeben minderwertige Rosinen. Es wird jedoch mit gutem Grund behauptet, dass die Trauben in bewässerten Weinbergen nur dann auf die beschriebene Weise leiden, wenn die Reben übermäßig oder unsachgemäß bewässert werden.

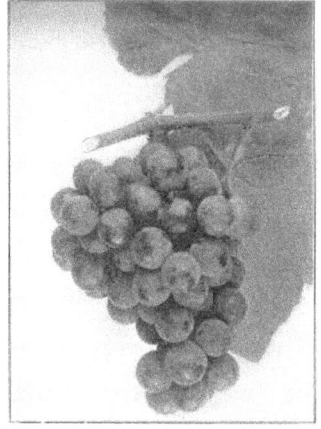 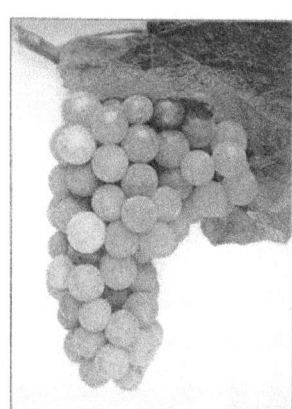

TAFEL VII. — Barry ($\times$ 2 / 5).   Delaware ($\times$ 2 / 5).

KAPITEL VI

DÜNGEMITTEL FÜR TRAUBEN

Was Düngemittel betrifft, muss der Weinbauer noch viel lernen, und wenn er lernt, muss er das Problem mit Demut angehen. Denn bei seinem Experimentieren, das die beste Art zu lernen ist, kommt er kaum zu einer scheinbar sicheren Schlussfolgerung, als die Ergebnisse einer anderen Saison oder die Erträge in einem angrenzenden Weinberg die Ergebnisse vergangener Saisons und die Ergebnisse anderer Saisons zunichte machen setzt. Leider gibt es zu diesem Thema nur wenig wirkliches Wissen, denn die Weinbauern haben sich in Sachen Düngemittel noch nicht von althergebrachten Lehrsätzen gelöst und folgen immer noch den Empfehlungen aus der Arbeit mit LKW- und Feldfrüchten. Dies wird dadurch entschuldigt, dass es im Land kaum flächendeckende Versuche mit Düngemitteln für Weintrauben gibt.

Keine Irrtümer sterben härter aus als die Behauptungen der Chemiker vor einer Generation, dass die Düngung darin bestehe, dem Boden ungefähr das hinzuzufügen, was die Pflanzen aufnehmen; und dass die chemische Zusammensetzung der Ernte den notwendigen Leitfaden für die Düngung liefert. Diese beiden Theorien liegen nahezu allen Empfehlungen zum Einsatz von Düngemitteln im Pflanzenanbau zugrunde. Die auf die Traube angewandten Tatsachen besagen jedoch, dass der durchschnittliche bebaubare Boden hundert- oder tausendmal mehr chemische Bestandteile von Pflanzen enthält, als die Traube möglicherweise aus dem Boden aufnehmen kann; und viele Experimente zur Nahrungsversorgung von Pflanzen zeigen, dass die chemische Zusammensetzung der Pflanze kein sicherer Hinweis auf ihren Düngemittelbedarf ist. Spätere Lehren in Bezug auf die Verwendung von Düngemitteln lauten: dass die Menge an mineralischen Nahrungsmitteln in einem Boden von weitaus geringerer Bedeutung sein kann als die Menge an Wasser, und dass der Landwirt sicherstellen sollte, dass in seinem Land ausreichend Feuchtigkeit vorhanden ist, damit die Mineralsalze können leicht gelöst werden und so als pflanzliche Nahrung verfügbar werden; dass viel zu viel Wert auf die Einbringung von Chemikalien in den Boden und zu wenig auf den physikalischen Zustand des Bodens gelegt wurde, wodurch die Arbeit von Bakterien und die Lösungsmittelwirkung organischer Säuren möglicherweise Pflanzennahrung verfügbar machen, die ohne diese Mittel nicht verfügbar wäre.

Diese kurzen und einfachen Aussagen stellen den Weinbauern einige der Probleme vor, mit denen sie sich bei der Düngung von Trauben auseinandersetzen müssen, und zeigen, was für ein komplexes Problem der Chemie, Physik und Biologie die Düngung des Bodens ist; wie schwierig die experimentelle Arbeit auf diesem Gebiet ist; und wie vorsichtig Arbeiter bei der Interpretation von Ergebnissen von Experimenten oder Erfahrungen sein müssen. Ein Bericht über ein Experiment zur Düngung eines Weinbergs macht die Schwierigkeiten bei der Durchführung von Experimenten zur Düngung von Früchten und die Vorsicht, die beim Ziehen von Schlussfolgerungen geboten ist, noch deutlicher.

EIN EXPERIMENT ZUR DÜNGUNG VON TRAUBEN

Die New York Agricultural Experiment Station experimentiert mit Düngemitteln für Weintrauben in Fredonia, Chautauqua County, der wichtigsten Weinbauregion in Ostamerika. Das Experiment dürfte für jeden Winzer unter mehreren Gesichtspunkten interessant sein. Es zeigt nicht nur, dass es bei der Düngung der Trauben viele und schwierige Probleme gibt, sondern auch die Folgen der Verwendung von Gülle, handelsüblichen Düngemitteln und Zwischenfrüchten in einem bestimmten Weinberg; es schlägt die zu verwendenden Düngemittel und die Verwendungsmethoden vor; und es liefert einen Plan für ein Experiment von Weinbauern, die ein solches Experiment ausprobieren und ihre eigenen Schlussfolgerungen ziehen wollen. Es folgt ein Bericht über das Experiment und die Ergebnisse der ersten fünf Jahre: [10]

Tests bei Fredonia.

„Im Weinberg von Fredonia wurden elf Parzellen in einem Abschnitt des Weinbergs angelegt, in dem Ungleichheiten im Boden und anderen Bedingungen gering waren oder neutralisiert wurden. Jede Plat umfasste drei Reihen (etwa ein Sechstel Acre) und war von den angrenzenden Parzellen getrennt Platten durch eine „Puffer"-Reihe, die nicht getestet wurde. Eine Platte in der Mitte des Abschnitts diente als Kontrolle, und fünf verschiedene Düngerkombinationen wurden auf doppelten Platten auf beiden Seiten der Kontrolle verwendet. Platten 1 und 7 erhielten Kalk und eine vollständige Dünger mit schnell und langsam wirkendem Stickstoff; Plättchen 2 und 8 erhielten den Volldünger, aber keinen Kalk; auf Plättchen 3 und 9 wurde in der Volldüngerkombination auf Kali verzichtet; Plättchen 4 und 10 erhielten keinen Phosphor; Plättchen 5 und 11, kein Stickstoff; und Plat 6 war die Kontrolle. Die Materialien wurden in solchen Mengen ausgebracht, dass sie im ersten Jahr 72 Pfund Stickstoff pro Acre, 25 Pfund Phosphor und 59 Pfund Kalium lieferten, und in den letzten vier Jahren jeweils zwei -Drittel so viel Stickstoff und Phosphor und acht Neuntel so viel Kalium. Der Kalk wurde im ersten und vierten Jahr in einer Menge ausgebracht, die einer Tonne pro Hektar pro Jahr entsprach. Zwischenfrüchte wurden auf allen Parzellen gleichermaßen gesät und Ende April oder Anfang Mai eines jeden Jahres untergepflügt. Diese unterschieden sich in den folgenden Jahren, enthielten jedoch keine Hülsenfrüchte. Die verwendeten Kulturen waren

Roggen, Weizen, Gerste und Kuhhornrüben einzeln und die letzten beiden in Kombination.

„Der Anbau unterschied sich nur in der Gründlichkeit von dem, der allgemein im Gürtel angewendet wird, wobei das Ziel darin bestand, während der gesamten Vegetationsperiode einen guten Staubmulch aufrechtzuerhalten. Der Schnitt nach dem Chautauqua-System wurde durchgehend von einem Mann durchgeführt, der ausschließlich entsprechend der Wuchskraft beschnitt Die einzelnen Rebstöcke ließen vier, zwei oder drei oder gar keine Fruchtstöcke übrig, wie es am besten schien. Der Weinberg wurde gründlich besprüht, alle Parzellen gleich.

„Niedrige Wintertemperaturen, die sich auf unreifes Holz und Knospen aufgrund des ungünstigen Wetters der vorangegangenen Saison auswirkten, verringerten die Erträge in zwei der fünf Jahre erheblich und machten praktisch jeden erwarteten Nutzen von Düngemitteln zunichte. Nach dem ersten dieser erntearmen Jahre folgte ein Saison 1911, in der günstige Bedingungen, die auf die Reben wirkten, deren Vitalität durch die schwache Ernte des Vorjahres nicht gemindert wurde, zu hohen und recht gleichmäßigen Erträgen auf allen Parzellen führten.

„Die Erträge für die fünf Jahre sind in Tabelle I aufgeführt ; und eine Zusammenfassung, die die durchschnittlichen Gewinne aus jeder Behandlung zeigt, ist in Tabelle II angegeben , mit dem durchschnittlichen Finanzsaldo nach Abzug der Kosten für die Düngemittelanwendung von den erhöhten Erträgen der Pflanzen, die sie erhalten." .

TABELLE I. – TRAUBENERTRAG (TONNEN PRO ACRE) IN DÜNGEMITTELVERSUCHEN

Plat. NEI N.		1909	1910	1911	1912	1913	5-Jahres-Durchschnitt
		Tonnen	Tonnen	Tonnen	Tonnen	Tonnen	Tonnen
1	Komplettdünger; Kalk	4.48	2.10	5.37	3.46	2.14	3.51
2	Komplettdünger	4,76	2.21	5.71	4.30	2,83	3,96
3	Stickstoff und Phosphor	5.17	2.14	5.61	4.00	2,25	3,83
4	Stickstoff und Kali	4.25	2,55	5,64	4.10	2,85	3,87
5	Phosphor und Kali	3.41	2,00	5.44	4.35	1,78	3.39

Plat. NEI N.		190 9	191 0	1911	191 2	191 3	5-Jahres-Durchsc hnitt
6	Überprüfe n	3.38	2.10	5.32	3,60	1.24	3.12
7	Komplettd ünger; Kalk	4,69	2,38	5.62	4,80	3.04	4.10
8	Komplettd ünger	4,66	2.07	5.71	4,98	2,72	4.02
9	Stickstoff und Phosphor	4,99	2.04	5.35	4,89	2.61	3,97
10	Stickstoff und Kali	4,79	2.26	5,91	4,89	3.07	4.18
11	Phosphor und Kali	4,99	1,87	5.03	4.21	1,97	3.61

TABELLE II. – DURCHSCHNITTLICHER ANSTIEG DER TRAUBENERTRÄGE UND DURCHSCHNITTLICHER FINANZIELLER GEWINN DURCH DÜNGEMITTELANWENDUNGEN

N = Stickstoff, P = Phosphor, K = Kalium, Ca = Kalk.
Gewinne in Tonnen pro Acre.

	N, P, K, Ca.	N, P, K.	N, P.	N, K.	P, K.
	Tonn en	Tonn en	Tonn en	Tonn en	Tonn en
Erstes Paar	3.51	3,96	3,83	3,87	3.39
Zweites Paar	4.10	4.02	3,97	4.18	3.61
Durchschnitt	3,80	3,97	3,90	4.02	3,50
Überprüfen Sie das Plat	3.12	3.12	3.12	3.12	3.12
Durchschnittli cher Gewinn	.68	.85	.78	.90	.38
Durchschnittli cher finanzieller Gewinn	5,82 $	13,8 4 $	14,0 5 $	18,5 4 $	6,99 $

Aus dieser letzten Tabelle geht der Nutzen von Stickstoff recht deutlich hervor, da jede Kombination, in der er vorkommt, einen erheblichen Gewinn gegenüber der Kombination ergibt, in der er fehlt. Phosphor und Kalium ohne Stickstoff führen nur zu einem leichten Anstieg gegenüber der Kontrolle; und Kalk scheint keinen Nutzen zu haben. Finanziell konnten sich die Volldünger-Kalk-Kombination, die Stickstoff-Phosphor-Kombination und die Phosphor-Kalium-Kombination in fünf der zehn Vergleiche nicht lohnen; In vier von zehn Fällen wurde der Volldünger mit Verlust verwendet; und die Kombination aus Stickstoff und Kalium dreimal von zehn. Kalk hatte weder auf die Reben noch auf die Früchte nennenswerte Auswirkungen.

„In den ersten drei Jahren zeigte sich außer dem Ertrag keine Wirkung der Düngemittel auf die Früchte selbst; aber im Jahr 1912 und noch deutlicher im Jahr 1913 waren die Früchte von den Pflanzflächen, auf denen Stickstoff verwendet worden war, hinsichtlich der Kompaktheit überlegen Trauben, Traubengröße und Beerengröße. Auch im Jahr 1912, als die frühe Reifung ein entscheidender Vorteil war, reiften die Früchte auf den Stickstoffplatten früher als auf den Kontrollplatten. Im Jahr 1913 tendierten die günstige Reifezeit und die geringere Ernte dazu, sich anzugleichen die Reifezeit auf allen Platten. Die Trauben auf den Phosphor-Kalium-Platten waren von besserer Qualität als die auf den Kontrollplatten, aber nicht so gut wie die auf den Platten, auf denen Stickstoff verwendet wurde.

„Andere Indizes zeigen auch deutlich den Nutzen von Stickstoff in diesem Weinberg; Größe und Gewicht der Blätter, Gewicht des erzeugten Holzes und Anzahl der an den Rebstöcken verbliebenen Fruchtstände waren alle größer, wenn Düngemittel und insbesondere Stickstoff verwendet wurden. Die drei Die Jahresmittelwerte (1911–1913) der Messungen für diese Merkmale sind in Tabelle III aufgeführt:

TABELLE III. – VERGLEICHENDE PRODUKTION VON BLÄTTERN, HOLZ UND FRUCHTSTÖCKEN AN UNTERSCHIEDLICH GEDÜNGTEN WEINREBEN

(Durchschnittswerte über drei Jahre.)

DÜNGEMITTELANWENDUNG	BLATTGEWICHT [11]	BESCHNITTENES HOLZ [12]	FRUCHTENDE STÖCKE ÜBRIG [13]
	Gramm.	*Pfund.*	

DÜNGEMITTELAN WENDUNG	BLATTGE WICHT [11]	BESCHNIT TENES HOLZ [12]	FRUCHT ENDE STÖCKE ÜBRIG [13]
Komplettdünger; Kalk	1.033	1.295	2.468
Komplettdünger	1.010	1.367	2.609
Stickstoff und Phosphor	1.047	1.272	2.585
Stickstoff und Kalium	1.069	1.401	2.646
Phosphor und Kalium	964	1.086	2.326
Überprüfen	930	915	2.110

Kooperative Experimente.

„Um Informationen über das Verhalten von Düngemitteln auf den verschiedenen Böden des Traubengürtels zu erhalten, wurden kooperative Tests in sechs Weinbergen durchgeführt, die jeweils SS Grandin, Westfield, Hon. CM Hamilton, State Line, James Lee, gehörten. Brocton; HS Miner, Dünkirchen; Miss Frances Jennings, Silver Creek; und JT Barnes, Prospect Station. Der Boden in diesen Weinbergen umfasste kiesigen Lehm, Schieferlehm und Tonlehm, alle in der Dunkirk-Reihe, und die Experimente umfassten zwei bis zwei In drei Fällen waren es eineinhalb Acres und in den anderen Weinbergen jeweils etwa fünf Acres. Die Arbeiten dauerten insgesamt vier Jahre, bis auf eines der Experimente, das nach dem zweiten Jahr beendet werden musste.

„Der allgemeine Plan der Tests ähnelte in den meisten Weinbergen weitgehend dem in Fredonia, mit der Hinzufügung von Plattformen für Stallmist und für Leguminosen- und Nicht-Leguminosen-Zwischenfrüchte mit und ohne Kalk. Es blieben zwei bis sechs Kontrollplattformen übrig." Vergleich in jedem Weinberg. Wie bereits erwähnt , waren die Ergebnisse bei doppelten Parzellen im selben Weinberg oft inkonsistent, und wenn ein Test eindeutig in eine bestimmte Richtung zu weisen schien, wurde die Anzeige durch Ergebnisse in anderen Weinbergen negativ beeinflusst. Bei diesen Experimenten der Ertrag Die Anzahl der Früchte war der einzige Hinweis auf die Wirkung der Behandlungen, da es nicht möglich war, Blätter oder beschnittenes Holz zu wiegen oder die verbleibenden Stöcke zu zählen.

„Stickstoff und Kalium in Kombination, die im Station-Weinberg in Fredonia die größten Zuwächse und den größten Gewinn brachten, zeigten auf einer Parzelle im Jennings-Weinberg eine Ertragssteigerung von 13 Prozent und auf der anderen einen Rückgang um 9 Prozent Beim Miner-Weinberg führte diese Kombination offenbar zu einer Steigerung von 25 Prozent, im Lee-Weinberg zu einem Verlust von 2 1/2 Prozent, im Hamilton-Weinberg zu einem Gewinn von 17 Prozent und im Grandin-Weinberg weder zu Gewinn noch zu Verlust. In nur zwei der fünf Weinberge, in denen diese Kombination getestet wurde, war der Gewinn groß genug, um die Kosten für den ausgebrachten Dünger zu decken. Ähnliche Diskrepanzen oder das Fehlen eines rentablen Gewinns kennzeichnen den Einsatz der anderen Düngemittelkombinationen.

„Selbst Stallmist, der den Bauern und Obstbauern zur Verfügung steht, zahlte sich im Durchschnitt nicht aus, wenn er jedes Frühjahr in einer Menge von fünf Tonnen pro Acre ausgebracht und untergepflügt wurde. Tatsächlich gab es nur wenige Beispiele dafür Die 60 möglichen Vergleiche, bei denen der Gülle mehr als nur ein sehr mäßiger Gewinn zugeschrieben werden konnte. Die durchschnittliche Ertragssteigerung nach alleiniger Ausbringung von Gülle betrug weniger als eine Vierteltonne Weintrauben pro Hektar; bei der Verwendung von Kalk mit Der Mist steigerte den Ertrag auf ein Drittel einer Tonne pro Acre. Die jährliche Tonne Kalk pro Acre konnte nicht durch den Gewinn von 175 Pfund Weintrauben bezahlt werden. In fünf der sechs kooperativen Experimente wurden Deckfrüchte verwendet erwies sich als noch weniger geeignet für die Steigerung der Ernteerträge als der Mist. Es gab im Durchschnitt keinen nennenswerten Gewinn durch die Verwendung von Mammutklee; tatsächlich muss für den Klee ein leichter Verlust verzeichnet werden, außer auf den ebenfalls gekalkten Pflanzflächen. und selbst mit dem Kalk unterschieden sich die durchschnittlichen Erträge bei Karo- und Mammutklee-Pflanzen nur um eine Hundertstel Tonne. Weizen oder Gerste mit Kuhhornrüben schnitten etwas besser ab, da die Flächen, auf denen diese Pflanzen ohne Kalk umgegraben wurden, im Durchschnitt etwa eine Zwanzigstel Tonne pro Hektar besser schnitten als die Vergleichsfrüchte. Bei diesen Nicht-Hülsenfrüchten war Kalk offensichtlich ein Nachteil, da die Pflanzen mit Kalk im Durchschnitt eine Zehnteltonne weniger lieferten als diejenigen ohne Kalk.

Praktische Lehren aus dem Fredonia-Experiment.

Aus diesem Experiment wird deutlich, dass der Einsatz von Düngemitteln im Weinberg ein lokales Problem darstellt. Allgemeine Ratschläge haben wenig Wert. Es ist auch offensichtlich, dass die Düngung der Weinberge so stark mit anderen Faktoren verknüpft ist, dass nur eine sorgfältig geplante und lange andauernde Arbeit verlässliche Informationen über die

Bedürfnisse der Reben liefern kann. Tatsächlich können Feldexperimente selbst in sorgfältig ausgewählten Weinbergen, wie die kooperativen Experimente zeigen, so widersprüchlich und irreführend sein, dass sie sogar nutzlos sind, wenn aus den Ergebnissen einiger Saisons Rückschlüsse gezogen werden. Das Experiment hat jedoch Informationen über die Düngung von Weinbergen hervorgebracht, die für Weinbauern äußerst hilfreich sein dürften. Somit deuten die Ergebnisse darauf hin:

Nur Weinberge in gutem Zustand reagieren auf Düngemittel.

In schlecht entwässerten Weinbergen, die unter Winterkälte oder Frühlingsfrösten leiden, in denen Insektenschädlinge epidemisch und unkontrolliert auftreten oder in denen es an guter Pflege mangelt, ist es in der Regel Verschwendung, Düngemittel auszubringen. Die Experimente liefern mehrere Beispiele für Trägheit, Wirkungslosigkeit oder fehlenden Gewinn, wenn die Düngemittel unter den genannten Bedingungen ausgebracht wurden. Sie betonen, wie wichtig es ist, alle Faktoren zu berücksichtigen, von denen das Pflanzenwachstum abhängt. Feuchtigkeit, Bodentemperatur, Belüftung , Bodenbeschaffenheit, Schädlings-, Kälte- und Frostfreiheit sowie die Versorgung mit Nahrungsmitteln können den Traubenertrag begrenzen.

Ein Weinbergboden kann eine einseitige Abnutzung aufweisen.

In einigen Experimenten ist es sicher und in anderen ist es ein deutlicher Hinweis darauf, dass der Boden einseitig abgenutzt ist – dass nur ein oder sehr wenige Elemente der Fruchtbarkeit fehlen. Das am häufigsten fehlende Element ist Stickstoff. Eine Ausnahme werden wahrscheinlich sehr leichte Sande oder Kies sein, denen oft Kali und Phosphate fehlen; oder auf Böden, die so flach sind oder eine solche mechanische Beschaffenheit aufweisen, dass der Wurzelbereich der Rebe begrenzt ist; oder in Böden, die so feucht oder trocken sind, dass sie den Wurzelbereich einschränken oder biologische Aktivitäten verhindern. Diese Ausnahmen bedeuten in der Regel, dass die Böden mit den ungünstigen Eigenschaften für den Weinanbau ungeeignet sind. Der Winzer sollte versuchen herauszufinden, welche der Düngemittel seinem Boden fehlen und welche nicht durch die Verwendung nicht benötigter Elemente verschwendet werden.

Traubenböden sind oft uneben.

Die ausgeprägten Unebenheiten des Bodens in den sieben Weinbergen, in denen diese Experimente durchgeführt wurden, wie sie sich aus den Ernten und der Wirkung der Düngemittel ergeben, geben Weinbauern Anlass zum Nachdenken. Auf Weinbergen, deren Boden so uneben ist wie auf diesen, die in jedem Fall ausgewählt wurden, weil sie den Anschein von

Einheitlichkeit erweckten, können maximale Erträge nicht erreicht werden. Ein Problem für Weinbauern besteht darin, alle Bedingungen in ihren Weinbergen zu vereinheitlichen, und die Reben müssen frei von Schädlingen gehalten werden, wenn Düngemittel gewinnbringend eingesetzt werden sollen.

Wie ein Weinbauer wissen kann, wann seine Reben Dünger benötigen.

Ein Weinbauer kann davon ausgehen, dass seine Reben keinen Dünger benötigen, wenn sie kräftig sind und ein ordentliches jährliches Wachstum verzeichnen. Wenn sich herausstellt, dass die Vitalität des Weinbergs nachlässt, besteht der erste Schritt darin, für eine gute Entwässerung zu sorgen; der zweite Schritt besteht darin, Insekten- und Pilzschädlinge zu bekämpfen; der dritte, um Bodenbearbeitung und gute Pflege zu leisten; und der vierte Schritt besteht darin, bei Bedarf Düngemittel auszubringen. Nur wenige Weinberge benötigen eine Volldüngung. Was die besonderen Anforderungen an einen Weinberg sind, lässt sich nur durch Experimente ermitteln und ist durch Bodenanalysen wahrscheinlich nicht zu ermitteln. Dieser Versuch liefert Anregungen, wie der Weinbauer den Wert von Düngemitteln in seinem eigenen Weinberg testen kann.

Ausbringen von Düngemitteln.

Wenn feststeht, dass die Reben gedüngt werden müssen und der gewünschte Bedarf bekannt ist, sollten die Düngemittel im Frühjahr ausgebracht und im Frühjahrsanbau eingearbeitet werden. Stallmist sollte untergepflügt werden. Traubenwurzeln durchdringen die gesamte oberste Bodenschicht, so dass das Land mit Dünger bedeckt sein sollte, sei es chemischer Dünger oder Stallmist. Die Anwendung von handelsüblichen Düngemitteln erfolgt in der Regel im Streuverfahren. Es ist jedoch besser, sie einzusäen, wenn das Blattwerk nicht an den Rebstöcken steht, um mögliche Verletzungen des zarten Blattwerks zu vermeiden. Handelsübliche Düngemittel sollten gründlich und fein verteilt gemischt werden. Bei ausgelaugten Böden sollte Natronlauge nicht zu früh in der Saison ausgebracht werden, da es sonst schnell aus der Reichweite der Traubenwurzeln ausgeschwemmt wird.

TAFEL VIII. — Brighton (× 2 / 3).

Übernährstoffreiche Böden.

Manche Böden sind zu nährstoffreich für die Traube. Hier ist der Wuchs zu üppig, das Holz reift im Herbst nicht aus, es bilden sich keine Fruchtknospen und die Früchte sind von schlechter Qualität. Bestimmte Sorten vertragen einen nährstoffreicheren Boden als andere. Übermäßiger Reichtum ist ein Problem, das sich von selbst heilen kann, wenn die Reben ihre volle Blüte entfalten und den Boden stärker als Nahrung beanspruchen. Bei einem Boden, bei dem der Verdacht besteht, dass er zu nährstoffreich ist oder der sich durch das Verhalten der Reben als zu nährstoffreich erweist, ist es jedoch gut, einen zusätzlichen Draht am Spalier anzubringen, wenig zu beschneiden und so den wuchernden Wuchs zu bekämpfen. Manche Böden sind jedoch, und das ist häufig der Fall, so nährstoffreich, dass die Traube darin nicht gedeihen kann; Die Weinreben vergeuden ihre Substanz in einem ausgelassenen Leben und produzieren üppiges Laub und kräftiges Holz, aber wenig oder gar keine Früchte.

Kapitel VII

SCHNEIDEN DER TRAUBE IN OSTAMERIKA

Der unerfahrene Betrachter betrachtet den Rebschnitt als eine schwierige Operation im Weinanbau. Aber wenn man erst einmal ein paar Grundlagen verstanden hat, ist das Beschneiden der Weintrauben nicht schwierig. Beim Beschneiden der Traube ist die Verwirrung viel geringer als beim Beschneiden von Baumfrüchten. Der Schnitt folgt in jeder Rebregion anerkannten Mustern, und wenn man das Muster erlernt hat, lassen sich die Schwierigkeiten leicht überwinden. Unerfahrene sind verwirrt durch die Vielzahl an „Prinzipien", „Typen", „Methoden", „Systemen" und die vielen Fachbegriffe, die in Diskussionen über das Beschneiden von Weintrauben eine Rolle spielen. Einige der technischen Details stammen aus europäischen Praktiken, andere stammen aus den Anfängen des Weinanbaus in diesem Land, als es eine große Vielfalt beim Rebschnitt gab. Ohne viel Fachjargon kann ein unerfahrener Mann in wenigen Lektionen durch Mundpropaganda oder gedruckte Seiten leicht lernen, wie man Weintrauben schneidet.

Die Einfachheit des Beschneidens hat dazu geführt, dass die Arbeit in kommerziellen Weinbergen zu gering ist und sie allzu oft ungeübten Händen anvertraut wird. Auch im Zeitalter der kraftbetriebenen Werkzeuge ist der Stolz auf Handarbeit verloren gegangen, und nur noch wenige Weinbauern nehmen sich Zeit und Mühe, um Experten im Beschneiden zu werden. So einfach die Arbeit denjenigen erscheinen mag, die seit langem daran gewöhnt sind, wer in seine sorgfältige Beschneidung Intelligenz stecken und die Freude an einer gut erledigten Aufgabe genießen möchte, findet in diesem Weinbergbetrieb ein weites Feld für Vergnügen und für die Erzielung größerer Gewinne . Der Preis, den diejenigen zu zahlen haben, die auf diese Weise versuchen würden, den Weinstock perfekt zu beschneiden, ist der Weitblick, das Auge des Mechanikers, das Fingerspitzengefühl des Gärtners, die Geduld und der Stolz auf das Handwerk.

So einfach das Beschneiden auch ist, der Garten- und Gartenschere lernt schnell, dass es sich dabei um eine Kunst handelt, bei der man die Perfektion eher im Kopf erkennt als in der Tat befolgt. Die Theorie ist einfach, aber es gibt einige Stolpersteine, die ihre Verwirklichung erschweren. Es ist eine Kunst, bei der Regeln nicht ausreichen, denn keine zwei Weinberge können in Menge oder Methode gleich beschnitten werden, und jeder Weinbauer findet in seinem Weinberg ein geeignetes Feld zur Befriedigung seines Schnittgeschmacks. Glücklicherweise stimmen jedoch beim Weinbeschneiden aufgeklärte Theorie und fundierte Praxis perfekt überein, so dass spezifische Ratschläge gut auf den maßgeblichen Prinzipien basieren.

Natürlich kann man das Beschneiden nicht lernen, wenn man nicht die Gewohnheit des Weinstocks versteht und mit den für die verschiedenen Teile des Weinstocks verwendeten Begriffen vertraut ist. Als Vorstufe zu diesem Kapitel ist daher die Kenntnis von Kapitel XVII erforderlich, in dem die Struktur der Weinrebe besprochen wird. Der nächste Schritt besteht darin, zwischen Beschneiden und Training zu unterscheiden.

BESCHNEIDEN UND TRAINING AUSGEZEICHNET

Die Traube wird beschnitten, um den wirtschaftlichen Wert der Pflanze auf verschiedene Weise zu steigern, indem die Menge und der Wert der Ernte erhöht werden. Das ist der richtige Schnitt. Oder es werden Trauben beschnitten, um wohlproportionierte Pflanzen zu erhalten, wobei die Teile so angeordnet sind, dass die Reben im Weinberg bestmöglich bewirtschaftet werden können. Das ist Training. Um es noch einmal zu wiederholen: Die Weinpflanze wird beschnitten, um den Ertrag zu regulieren; Es ist darauf trainiert, die Rebe zu regulieren. Weinbauern bezeichnen beide Vorgänge normalerweise als „Beschneiden", es ist jedoch besser, die beiden Konzepte im Auge zu behalten. Die Unterschiede zwischen Beschneiden und Training müssen deutlicher gemacht werden, indem die durch die beiden Vorgänge erzielten Ergebnisse detaillierter dargelegt werden.

Ergebnisse, die beim Beschneiden zur Regulierung des Ertrags erzielt werden.

Durch den richtigen Schnitt der Reben im ersten Jahr im Weinberg, der, wie wir gesehen haben, darin besteht, die jungen Pflanzen stark zurückzuschneiden, sind die Reben ein oder zwei Jahre früher fruchtbar, als wenn der Schnitt vernachlässigt worden wäre . Dieser frühe Schnitt sorgt für ein gleichmäßigeres Wachstum und eine größere Produktivität des Weinbergs, da er unter Berücksichtigung der Vitalität jedes einzelnen Rebstocks erfolgt. Die so erzielte Gleichmäßigkeit ist nicht nur vorerst wichtig, sondern auch für die zukünftige Entwicklung der Reben, da schwache Reben, wenn sie nicht beschnitten werden, verkümmern und es Jahre dauern kann, bis sie die kräftigeren Reben im Weinberg überholen.

Durch den Schnitt lässt sich die Qualität der Ernte regulieren. Wenn die Reben zu stark tragen, sind die Trauben klein, und Winzer haben herausgefunden, dass sie selten Zucker und Geschmack entwickeln, wie dies bei Trauben an Reben der Fall ist, die nicht zu stark tragen. Trauben an zu stark beladenen Rebstöcken reifen selten und haben selten eine gute Farbe. Die Trauben schlecht beschnittener und unbeschnittener Rebstöcke weisen nicht nur eine schlechte Qualität auf, sondern die Trauben solcher Rebstöcke sind in der Regel auch nicht gut verteilt und reifen und färben daher ungleichmäßig. Die gerade erwähnten Ergebnisse ergeben sich daraus, dass die Trauben in einer schlecht verteilten Kultur abhängig von der Entfernung vom Boden, der Entfernung vom Stamm und der Menge an Schatten unterschiedlich viel Licht und Wärme erhalten.

Der Rebschnitt kann dazu dienen, die Menge der in einem Weinberg getragenen Trauben zu regulieren und so dazu beitragen, eine Wechseltragung zu verhindern. Auf ungewöhnlich große Ernten folgt in der Regel ein teilweiser Ernteausfall, und manchmal kommt es zu einer zweijährigen Ernte, aber die große Ernte kann durch Beschneiden reduziert und die schlimmen Folgen ganz oder teilweise vermieden werden. Daraus folgt, dass der Schnitt stark von der Vitalität der Rebe abhängt; Denn ein schwacher Weinstock kann so beschnitten werden, dass er übertrieben wird. und andererseits könnte ein kräftiger, auf die gleiche Weise beschnittener Weinstock überhaupt nicht ertragen.

Ergebnisse, die beim Beschneiden zur Regulierung der Rebe erzielt werden.

Es ist notwendig, die Form der Rebe durch Training so zu regulieren, dass die Bearbeitung, das Besprühen, das Beschneiden und die Ernte problemlos durchgeführt werden können und die Ernte vom Boden ferngehalten wird. Die Produktionskosten sind in einem gut beschnittenen Weinberg immer geringer, da alle Arbeiten im Weinberg einfacher durchzuführen sind.

Die Lebensdauer eines Weinbergs verlängert sich, wenn die Reben gut erzogen werden, denn wenn die Teile einer Rebe richtig auf Spalieren oder Pfählen angeordnet sind, werden die Pflanzen bei der Arbeit im Weinberg seltener verletzt. Darüber hinaus kommt es nicht selten vor, dass Weinreben aufgrund von Überproduktion und daraus resultierendem Bruch von Stöcken oder Stämmen sterben, was durch das Beschneiden, um die Rebe in Form zu bringen, hätte verhindert werden können. Ausläufer und Wassersprossen kommen bei gut erzogenen Reben seltener vor. Durch das Training ist es auch notwendig, die Trauben von Stämmen, Stöcken und anderen Trauben fernzuhalten und so Verletzungen der Trauben vorzubeugen.

Schließlich können Mode, Geschmack oder eine mehr oder weniger ungewöhnliche Verwendung der Trauben die Form vorschreiben, in der eine Rebe erzogen wird. Mode und Geschmack reichen von sehr einfachen oder natürlichen Stilen bis hin zu äußerst komplexen, formalen Stilen, oft abhängig von der Sorte, der Umgebung oder anderen Bedingungen, aber genauso oft von der Laune des Winzers. Die Traube ist eine beliebte Zierpflanze für Zäune, Lauben und zur Abdeckung von Gebäuden; Für all diese Zwecke müssen die Reben je nach Bedarf erzogen werden.

EINIGE PRINZIPIEN DES BESCHNEIDENS

Wenn wir die Form der Pflanze außer Acht lassen und auf den richtigen Schnitt achten, zielen alle Bemühungen beim Beschneiden auf zwei Ziele: (1)

Die Bildung von Blatttrieben, um die Vitalität der Pflanze zu erhöhen. (2) Die Förderung der Bildung von Fruchtknospen. Das erste ist im allgemeinen Sprachgebrauch das Beschneiden von Holz; der zweite, das Beschneiden für Früchte.

Beschneiden für Holz.

Einige Weintrauben bringen, wie alle anderen Obstsorten, übermäßige Fruchterträge hervor, so dass die Pflanzen erschöpft sind, was zu dauerhaften Schäden und zum Nachteil der Ernte führt. Es muss etwas getan werden, um die vegetative Vitalität wiederherzustellen und zu steigern. Das natürlichste Verfahren besteht darin, den Kampf ums Dasein zwischen den Pflanzenteilen zu mildern. Je reichhaltiger und reichlicher das Angebot an Nahrungslösung ist, desto größer ist die vegetative Aktivität, desto größer sind die Blätter und desto größer und kräftiger sind die Internodien. Offensichtlich kann die Versorgung mit Nahrungslösung für jede Knospe erhöht werden, indem die Anzahl der Knospen verringert wird. Je schwächer die Pflanzen sind, desto stärker sollte die Rebe beschnitten werden. Der starke Rückschnitt in den ersten zwei Jahren des Bestehens der Rebe ist ein Beispiel für den Holzschnitt. Der Rebstock wird in der Ruhephase zwischen dem Laubfall und dem Anschwellen der Knospen im folgenden Frühjahr auf Holz beschnitten.

Beschneiden für Obst.

Züchter aller Obstsorten lernen schnell, dass übermäßige vegetative Kraft normalerweise nicht mit Fruchtbarkeit einhergeht. Eine zu große Wuchskraft wird durch lange, beblätterte, unverzweigte Triebe angezeigt. Einige Obstbauern gehen sogar so weit zu sagen, dass die Fruchtbarkeit umgekehrt proportional zur vegetativen Vitalität sei. Es gibt verschiedene Methoden, die Vitalität der Rebe zu verringern. wie das Zurückhalten von Wasser und Düngemitteln, das Stoppen der Bodenbearbeitung, die Trainingsmethode und das Beschneiden. Das Beschneiden dient dazu, die Wuchskraft der Rebe zu verringern, zumindest theoretisch, da die Praxis nicht immer so erfolgreich ist, indem man die Wurzeln beschneidet oder die Triebe im Sommer beschneidet.

Das Beschneiden der Traubenwurzeln in Abständen von mehreren Jahren ist bei einigen Sorten in warmen Ländern, insbesondere in Europa, eine regelmäßige Praxis, wird jedoch in Amerika selten oder nie praktiziert, außer beim Pflanzen und wenn Wurzeln aus der Rebe über der Verbindung von Stamm und Rebe entstehen .

Der Sommerschnitt zur Förderung der Fruchtbarkeit besteht darin, neue Triebe mit neu entwickelten Blättern zu entfernen. Diese jungen Triebe sind aus Reservematerial der vorangegangenen Saison entstanden und gelten bis zu ihrer Entwicklung als Blattschädlinge als Parasiten. Wenn daher diese Triebe beschnitten oder abgeklemmt werden, wird die Pflanze des Materials beraubt, das der kräftige Trieb verwendet, der bis zu diesem Zeitpunkt keine Gegenleistung erbracht hat. Dadurch wird die Wuchskraft der Pflanze kontrolliert und die Fruchtbarkeit gesteigert. Der Sommerschnitt kann schädlich sein, wenn er zu lange aufgeschoben wird. Die Zeit zum Beschneiden ist bei der Traube vorbei, wenn die Blätter von der hellgrünen Farbe des neuen Wachstums in die dunkelgrüne Farbe reifer Blätter übergegangen sind.

Die Fruchtbildung kann durch Biegen, Drehen oder Ringen der Stöcke gesteigert werden, da alle diese Vorgänge die vegetative Vitalität verringern. Das Ringen ist die einzige dieser Methoden, die allgemein angewendet wird, und dies nur für eine bestimmte Sorte oder einen besonderen Zweck, und normalerweise mit dem Ergebnis, dass die Vitalität der Rebe zu stark gemindert wird, was der Pflanze nicht zugute kommt. Das Klingeln wird ausführlicher in Kapitel XVI besprochen .

Die Art und Weise der Fruchtbildung in der Traube.

Bevor mit dem Beschneiden begonnen wird, muss der Rebenschneider genau verstehen, wie die Traube ihre Ernte trägt. Die Früchte werden in der Nähe der Basis der Triebe der aktuellen Saison getragen, und die Triebe werden auf dem Holz des Wachstums des Vorjahres getragen, das aus einer ruhenden Knospe stammt. Hier manifestiert sich eine der energiesparenden Vorrichtungen der Natur: Aus einer einzigen Knospe entstehen in kurzer Zeit Triebe, Blätter, Blüten und Früchte. Angesichts dieser Tatsache sollte das Beschneiden als ein einfaches Problem betrachtet werden, das mathematisch gelöst werden muss, und nicht als ein Rätsel, das es zu entwirren gilt, wie es so viele betrachten . Als Beispiel wird hier ein Problem beim Beschneiden dargelegt und gelöst.

Eine sparsame Weinrebe sollte, sagen wir, fünfzehn Pfund Trauben hervorbringen, ein angemessener Durchschnitt für die Hauptsorten. Jedes Bündel wiegt zwischen einem Viertel und einem halben Pfund. Um an einem Weinstock fünfzehn Pfund zu produzieren, sind daher dreißig bis sechzig Trauben erforderlich. Da jeder Trieb zwei oder drei Büschel trägt, müssen an den Stöcken des Vorjahres fünfzehn bis dreißig Knospen verbleiben. Diese Knospen werden beim Beschneiden an einem oder mehreren Stöcken ausgewählt, die auf einem oder zwei Hauptstämmen verteilt sind, und zwar auf eine Weise, die der Gartenschere wählen kann, normalerweise jedoch in Übereinstimmung mit der einen oder anderen von mehreren gut entwickelten Trainingsmethoden. Beim Beschneiden geht es also darum, die Anzahl der notwendigen Trauben und Knospen zu berechnen und den Rest zu entfernen. Im Wesentlichen ist das Beschneiden eine Ausdünnung.

Horizontale versus *senkrechte Stöcke.*

Ein altes Sprichwort des Weinbaus besagt, dass die Teile der Rebe umso kräftiger sind, je näher sie der Senkrechten kommen. Die Endknospen wachsen, wie jeder Winzer weiß, sehr schnell und absorbieren wahrscheinlich, sofern sie nicht kontrolliert werden, mehr als ihren Anteil an der Energie der Rebe. Dieser Tendenz kann etwas entgegengewirkt werden, indem die Endknospen entfernt werden. Dies trägt ebenfalls dazu bei, die Pflanzen innerhalb handhabbarer Grenzen zu halten, lässt sich jedoch besser kontrollieren, indem man die Stöcke in eine horizontale Position bringt. Weinstöcke werden horizontal an Drähten befestigt, um die Reben handlicher zu machen, ihre Wuchskraft zu verringern und so die Fruchtbarkeit zu fördern; Sie werden vertikal erzogen, um die Vitalität der Rebe zu erhöhen.

Winterschnitt.

Der Winterschnitt im Weinberg kann zu jeder Zeit erfolgen, vom Abfallen der Blätter im Herbst bis zum Anschwellen der Knospen im Frühjahr. Der Saft beginnt im frühen Frühling aktiv in der Traube zu zirkulieren, sogar bis zu den Enden der Rebe, und die meisten Weinbauern glauben, dass dieser Saft ein „lebenswichtiger Strom" ist und dass, wenn die Rebe während ihres Fließens beschnitten wird, der Pflanze wird verbluten. Der Weinstock ist jedoch zu dieser Jahreszeit von einer so wassersüchtigen Konstitution, dass der Saftverlust besser als „Weinen" denn als „Bluten" bezeichnet werden kann. Es ist zweifelhaft, ob das Beschneiden zu ernsthaften Verletzungen führt, nachdem der Saft zu fließen beginnt, aber es ist eine sichere Praxis, früher zu beschneiden, und die Arbeit ist sicherlich angenehmer. Die Rebe sollte nicht beschnitten werden, wenn das Holz gefroren ist, da die Stöcke zu diesem Zeitpunkt spröde sind und bei der Handhabung leicht brechen. Andererseits ist es in nördlichen Klimazonen gut, den Schnitt bis nach einem starken Frost im Herbst zu verschieben, um unreifes Holz im Winter abzutöten und zu verdorren, damit es beim Beschneiden entfernt werden kann.

TAFEL IX. — Campbell Early (× ² / ₃).

Sommerschnitt.

Es gibt drei Arten des Sommerschnitts: das Entfernen überflüssiger Triebe, das Einschlagen von Stöcken, um die Reben in überschaubaren Grenzen zu halten, und den Schnitt, um die Fruchtbarkeit zu fördern, die auf der vorherigen Seite besprochen wurde und keiner weiteren Betrachtung bedarf. Es ist sehr wichtig, dass der Züchter diese drei Zwecke im Auge behält, insbesondere da es viele Meinungsverschiedenheiten über die Notwendigkeit von zwei dieser Vorgänge gibt.

Alle sind sich einig, dass die Rebe meist überflüssige Triebe trägt, die entfernt werden sollten. Diese entstehen beispielsweise aus kleinen, schwachen Knospen oder aus Knospen an den Armen und am Stamm der Rebe. Diese Triebe sind nutzlos, devitalisieren die Rebe und behindern den Betrieb im Weinberg. Eine gute Vorgehensweise besteht darin, die Knospen, aus denen diese Triebe wachsen, abzurubbeln, sobald sie entdeckt werden. In den meisten Weinbergen müssen die Reben jedoch von Zeit zu Zeit bearbeitet werden, wenn die Triebe erscheinen. Eine weitere Art überflüssiger Triebe, die entfernt werden sollten, sobald sie erscheinen, sind diejenigen, die an der Basis der Triebe der Saison wachsen, die sogenannten Neben- oder

Achseltriebe. Diese werden normalerweise zum Zeitpunkt der Entfernung der Triebe von schwachen Knospen „ausgebrochen".

Während Zweifel daran bestehen, dass es sinnvoll ist, die Reben im Sommer ausschließlich zum Zweck der Fruchtbarkeit zurückzuschneiden, besteht kein Zweifel daran, dass dies wünschenswert ist, um einige Sorten in Grenzen zu halten. Das Zurückziehen ist heute nicht mehr die Hauptoperation, die es einmal war. Die Notwendigkeit eines starken Schneidens wird umgangen, indem man die Rebstöcke weiter auseinander stellt, indem man hoch auf drei oder sogar vier Drähten trainiert und indem man eines der herabhängenden Trainingssysteme anwendet. Die Einwände gegen den Rückschnitt im Sommer bestehen darin, dass dadurch die Reben oft übermäßig geschwächt werden, dass es zu einem Wachstum von Seitentrieben kommen kann, die die Reben zu sehr verdicken, und dass es die Reifung des Holzes verzögert. Diese negativen Auswirkungen können jedoch überwunden werden, indem man die Pflanze leicht beschneidet und die Arbeit so spät in der Saison durchführt, dass das seitliche Wachstum nicht einsetzt. Die meisten Winzer, die ihre Plantagen aufrechterhalten, halten es für notwendig, je nach Jahreszeit und Sorte mehr oder weniger zurückzukehren. Die Arbeit ist in der Regel erledigt, wenn die übermäßig üppigen Triebe den Boden berühren. Anschließend werden die Triebe mit einer Sichel, einem Maisschneider oder einem ähnlichen Werkzeug geköpft.

ERNEUERNDES FRUCHTHOLZ

Es gibt zwei Möglichkeiten, das Fruchtholz einer Weinrebe zu erneuern: durch Stöcke und durch Sporen. Die Art der Erneuerung bezieht sich auf das Beschneiden und nicht auf das Training, denn beides kann in jeder Trainingsmethode verwendet werden.

Stock-Erneuerungen.

Die Erneuerung durch Stöcke erfolgt jedes Jahr, indem man einen oder mehrere Stöcke nimmt, die auf die gewünschte Anzahl an Knospen zugeschnitten sind, um tragende Triebe zu liefern. Bei dieser Methode wird jedes Jahr der größte Teil des tragenden Holzes entfernt und neue Stöcke ersetzen die alten. Diese Erneuerungsstöcke können entweder vom Kopf des Weinstocks oder vom Boden genommen werden, obwohl Letzterer kaum verwendet wird, außer wenn Weinreben zum Winterschutz niedergelegt werden müssen. Stöcke können auf unbestimmte Zeit erneuert werden, wenn darauf geachtet wird, dass die Stummel kurz bleiben, ohne dass der Kopf, von dem die Stöcke entnommen werden, im Verhältnis zur Größe des Rumpfes vergrößert wird. Die Erneuerung durch Stöcke ist eine gebräuchlichere Methode als die Erneuerung durch Sporen, wie aus der Diskussion der Trainingsmethoden hervorgeht.

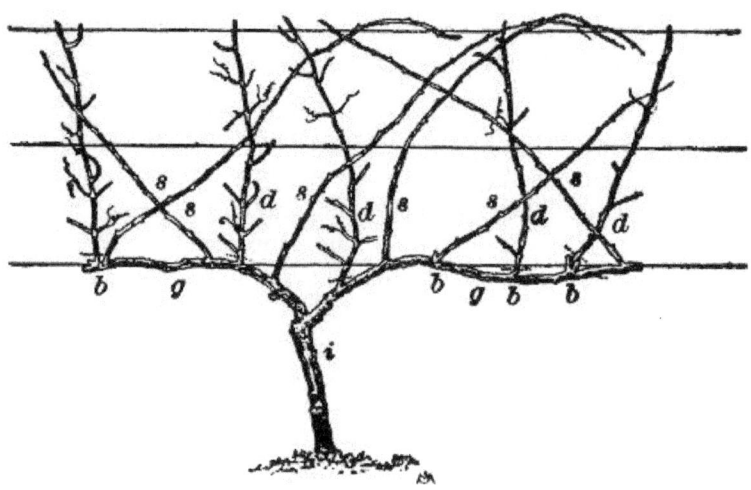

ABB. 13. Rebe bereit zum Beschneiden; *ich*, der Stamm; *g*, Arme; *d*, Stöcke; *s*, Triebe; *b*, Sporen. Die schwachen Linien an der Basis der Stöcke zeigen die Stellen an, an denen sie im Winter abgeschnitten werden sollten, um Triebe für die Triebbildung in der folgenden Saison zu hinterlassen.

Sporenerneuerung.

Bei der Erneuerung durch Sporen wird an den Stöcken ein dauerhafter Arm nach rechts und links angelegt. Triebe an diesem Arm dürfen nicht als Stöcke verbleiben, sondern werden im ruhenden Schnitt auf Sporen zurückgeschnitten. Bei diesem Schnitt bleiben zwei Knospen übrig, die beide tragende Triebe hervorbringen; Das untere wird jedoch nicht dazu zugelassen, sondern soll als Ansporn für die nächste Saison dienen. Der Trieb der oberen Knospe wird vollständig abgeschnitten. Wenn dieser Prozess von Jahr zu Jahr fortgesetzt wird, werden die Sporen immer länger, bis sie unhandlich werden. Gelegentlich ermöglicht es jedoch ein glücklicher Zufall, einen Trieb am alten Holz für einen neuen Sporn auszuwählen. Gelingt dies nicht, muss ein neuer Arm verlegt werden und die Anspornung geht wie bisher weiter. Die Einwände gegen die Erneuerung durch Sporne sind: Es ist oft schwierig, Sporne durch neues Holz zu ersetzen, und der tragende Teil der Rebe entfernt sich immer weiter vom Stamm. Aus diesen Gründen ist die Spornerneuerung bei kommerziellen Weinbauern im Allgemeinen ungünstig, obwohl sie immer noch in einer oder zwei prominenten Trainingsmethoden eingesetzt wird, wie in dieser Diskussion herausgefunden wird. Abbildung 13 zeigt eine Rebe, die zum Beschneiden bereit ist.

DIE ARBEIT DES BESCHNEIDENS

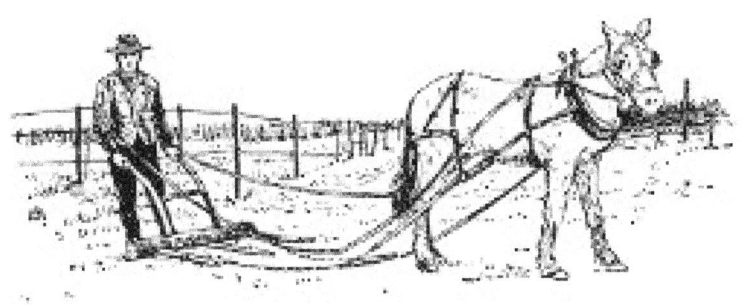

ABB. 14. Ein „Go-Teufel" zum Sammeln von Schnittholz .

Der Garten-/Gartenschere kann zwischen mehreren Arten von Hand-Gartenscheren wählen, mit denen er seine Arbeit verrichten möchte. Außer beim Sommerschnitt kommt das Messer selten zum Einsatz, hier kommt es häufiger zum Ausbrechen oder Abklemmen der Triebe. Beim Winterschnitt wird der Stock etwa einen Zentimeter über die letzte Knospe hinaus geschnitten, die er hinterlassen soll; andernfalls könnte die Knospe durch das Austrocknen des Zuckerrohrs absterben. Die Stöcke dürfen in der Regel an den Drähten festgebunden bleiben, bis der Schnitt abgeschlossen ist. Züchter, die die Kniffin- Erziehungsmethode anwenden, können sie jedoch vor dem Beschneiden abschneiden. Zwei Männer erledigen die Schnittarbeit am besten, wenn sie zusammenarbeiten. Der geschicktere der beiden trennt das Holz von der tragenden Rebe ab und lässt genau die Anzahl an Knospen übrig, die für die Ernte der nächsten Saison benötigt wird. Der weniger erfahrene Mann schneidet die Ranken ab und trennt die abgeschnittenen Zweige voneinander, so dass der Rebschnitt vom „Entferner" problemlos aus dem Weinberg entfernt werden kann.

Nicht zuletzt besteht die Aufgabe des Beschneidens darin, das Gestrüpp zu „entfernen" und es aus dem Weinberg zu entfernen. Der Schnittbaum haftet mit großer Zähigkeit am Spalier und muss mit einem eigenartigen, durch Übung erlernten Ruck herausgezogen und zwischen den Reihen auf den Boden gelegt werden. Das Abisolieren erfolgt, in der Regel durch billige Arbeitskräfte, jederzeit nach dem Beschneiden bis zum Frühjahr, darf aber nicht bis zum Beginn des Wachstums verzögert werden, da sonst die jungen Knospen leiden könnten, wenn das geschnittene Holz vom Spalier gerissen wird. Die Bürste wird von Hand oder mit Pferdestärken, die auf einem der Dutzend Geräte angewendet werden, die in den verschiedenen Weinregionen verwendet werden, bis zum Ende der Reihe gezogen. Eines der besten ist das Gerät, das in den Chautauqua-Weinbergen im Westen von New York häufig verwendet wird. Eine 12 Fuß lange Stange mit einem Durchmesser von 4 Zoll am Ende und 2 Zoll an der Spitze ist mit einem Loch von 4 Fuß Entfernung vom Ende versehen. Ein Pferd wird an dieser Stange mit einem durch das Loch gezogenen Seil festgebunden, und die

Stange wird dann mit dem Ende am Boden zwischen den Reihen gezogen, wobei das kleine Ende in der rechten Hand gehalten wird. Wenn die Stange geschickt eingesetzt wird, fängt sie das Gestrüpp auf, das am Ende der Reihe abgeladen wird, indem das kleine Ende zum Pferd hinüberfliegt. Der in Abb. 14 dargestellte „Go-Devil" ist ein weiteres gängiges Gerät zum Sammeln von Schnittholz .

DAS SPALIER

Das Spalier stellt einen beträchtlichen Posten im Budget des Winzers dar, da es etwa alle fünfzehn Jahre erneuert werden muss. Im Norden werden die Drähte am Ende der zweiten Saison nach der Pflanzung gespannt, im Süden ist das Wachstum jedoch oft so groß, dass die Drähte am Ende der ersten Saison angebracht werden müssen. Spaliere haben den gleichen allgemeinen Stil wie kommerzielle Weinberge. nämlich zwei oder drei Drähte, die straff auf fest angebrachten Pfosten gespannt sind. Gelegentlich werden in Gärten Lamellenspaliere aufgestellt, die jedoch nur zu Zierzwecken zu empfehlen sind.

Beiträge.

Starke, haltbare Pfosten aus Kastanien-, Robinien-, Zedern-, Eichenholz oder armiertem Zement werden in einem solchen Abstand voneinander platziert, dass zwischen jeweils zwei Pfosten zwei oder drei Weinreben gepflanzt werden können. Der Abstand zueinander hängt vom Abstand zwischen den Reben ab, obwohl die Tendenz dahin geht, drei Reben zwischen zwei Pfosten zu haben. Die Pfosten sind zwischen sechs und acht Fuß lang, wobei die schwersten als Endpfosten verwendet werden. In harten, steinigen Böden kann es notwendig sein, die Endpfosten mit einem Spaten zu setzen, aber normalerweise können geschärfte Pfosten mit einem Brecheisen in Löcher getrieben werden. Beim Fahren steht der Bediener auf einem von einem Pferd gezogenen Wagen und benutzt einen zehn oder zwölf Pfund schweren Hammer. Als Endpfosten werden die Pfosten bis zu einer Tiefe von 18 bzw. 24 Zoll eingerammt. Wie auch immer sie angebracht sind, die Pfosten müssen fest stehen, um die Last der Weinreben und Früchte zu tragen. Die Endpfosten müssen ausgesteift werden. Eine ebenso gute Stütze wie jede andere besteht aus einem Vier-mal-Vier-Holz, das so eingekerbt ist, dass es auf halber Höhe des Bodens auf den Pfosten passt, und schräg zum Boden reicht, wo es von einem Vier-mal-Vier-Pflock gehalten wird. Ein Zweidrahtgitter und eine übliche Methode zur Abstützung von Endpfosten sind in Abb. 15 dargestellt . Die Pfosten an Hängen müssen leicht nach oben geneigt sein, sonst kippen sie mit ziemlicher Sicherheit früher oder später den Hang hinab. Normalerweise dürfen die Pfosten zunächst etwas höher als nötig stehen, damit sie bei

Bedarf heruntergefahren werden können; Das Fahren erfolgt normalerweise im zeitigen Frühjahr.

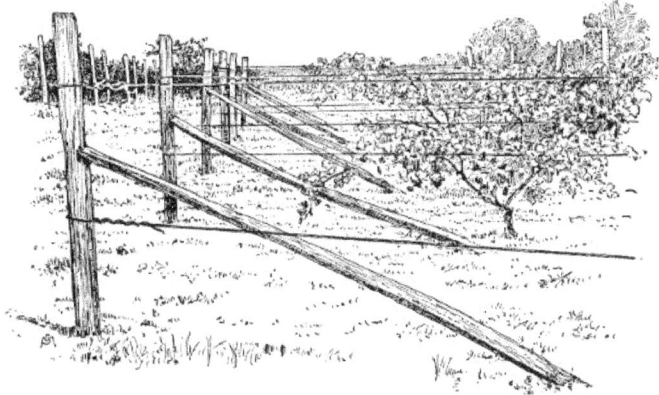

ABB. 15. Ein Spalier und eine übliche Methode zur Abstützung von Endpfosten.

Draht für das Gitter.

Für Weinbergsgitter werden üblicherweise vier Drahtgrößen verwendet; Nr. 9, 10, 11 und 12. Nummer 9, die schwerste, wird oft für den oberen Draht verwendet, während leichtere Drähte unten liegen. Die folgenden Zahlen zeigen die Länge des Drahtes in einer Tonne:

- Nr. 9, 34.483 Fuß.
- Nr. 10, 41.408 Fuß.
- Nr. 11, 52.352 Fuß.
- Nr. 12, 68.493 Fuß.

Aus diesen Zahlen lässt sich leicht berechnen, wie viele Pfund pro Hektar benötigt werden. Herkömmlicher geglühter Draht ergibt ein langlebiges Gitter, aber viele Züchter bevorzugen den haltbareren verzinkten Draht, dessen Kosten etwas höher sind. Die Drähte werden an den Endpfosten befestigt, indem sie einmal um den Pfosten gewickelt werden, und dann wird jeder Draht fest um sich selbst geschlungen; Sie werden mit gewöhnlichen Zaunklammern an den dazwischen liegenden Pfosten befestigt, so dass der Draht nicht durch sein Eigengewicht durchziehen kann, aber genügend Platz bleibt, um von Saison zu Saison ein Festziehen zu ermöglichen. Die Größe und Länge der Klammern hängt davon ab, ob es sich bei den Pfosten um Hart- oder Weichholz handelt. Die längsten und größten Klammern werden bei Weichhölzern wie Zeder oder Kastanie verwendet. Für einen Hektar werden zwischen 9 und 12 Pfund Grundnahrungsmittel benötigt. Die Drähte sollten auf der Luvseite der Pfosten und auf der Hangseite in Weinbergen verlegt werden. Der Abstand zwischen den Drähten hängt von der Schnittmethode ab.

Die Drähte müssen an den Pfosten straff gespannt werden. Zu diesem Zweck gibt es im Baumarkt ein halbes Dutzend guter Drahtspanner. Einige Züchter lockern die Drähte nach der Ernte, um das Zusammenziehen bei kaltem Wetter zu ermöglichen, andere verwenden eine von mehreren Vorrichtungen, um die Belastung zu verringern. Die meisten Winzer halten es jedoch für notwendig, jeden Frühling über den Weinberg zu gehen, um gelockerte Pfähle einzuschlagen und durchhängende Drähte zu dehnen, und treffen daher keine Vorkehrungen, um die Drähte im Herbst freizugeben. Alle sind sich einig, dass die Drähte während der Vegetationsperiode straff gehalten werden müssen, um Knospen, Blätter und Früchte vor Verletzungen durch Schlagen zu schützen.

Binden.

Die Stöcke werden im zeitigen Frühjahr an das Spalier gebunden, und bei den meisten Schnittsystemen werden die wachsenden Triebe im Sommer festgebunden. Diese Arbeit wird von billigen Männern, Frauen, Jungen und Mädchen verrichtet. Für die Herstellung der Krawatte wird eine große Vielfalt an Materialien verwendet, wie Bast, Wollschnur , Weide, Innenrinde von Linde oder Linde, grünes Roggenstroh, Maishülsen, Teppichlappen und Draht. Für Stöcke und Triebe werden in der Regel nicht die gleichen Materialien verwendet, da die Stöcke fest gebunden werden, um sie stabil zu halten, und die Arbeit früh erfolgt, bevor die Gefahr besteht, dass die anschwellenden Knospen brechen, während die Sommertriebe für eine kürzere Zeit festgebunden werden, um sie zu halten und lockerer, um ein Wachstum des Durchmessers zu ermöglichen. Die Bindung erfolgt in der Regel nach akzeptierten Mustern in einer Region, variiert jedoch stark in den verschiedenen Regionen. Bei der Verwendung jedes einzelnen der genannten Materialien muss man ein gewisses Geschick erlernen, aber mit keinem ist es schwierig, und ein genialer Mensch kann leicht eine eigene Krawatte erfinden, die seinen Vorstellungen oder Bedingungen entspricht.

PLATTE X. – Clinton ($\times\, ^2/_3$).

KAPITEL VIII

Methoden zur Traubenerziehung in Ostamerika

Der Weinbauer lässt sich bei der Erziehung seiner Pflanzen große Freiheiten gegenüber der Natur. Keine andere Frucht verändert sich durch die Kunst des Züchters so vollständig aus ihrer natürlichen Wachstumsgewohnheit. Glücklicherweise verträgt die Traube das Schneiden gut, und der Rebenschneider kann sicher sein, dass er beim Beschneiden seiner Reben seinen Willen zeigen kann, indem er nach Herzenslust eine Lieblingsmethode anwendet, ohne befürchten zu müssen, seine Reben ernsthaft zu verletzen. Aufgrund der Anpassung der Rebe an die Wünsche des Menschen gibt es viele Methoden, die Traube zu erziehen; In den kommerziellen Weinbergen Ostamerikas gibt es ein Dutzend oder mehr. Die Unterschiede und Ähnlichkeiten sind jedoch so deutlich, dass die verschiedenen Methoden in eine einfache Klassifizierung eingeteilt werden können, die ihre Hauptmerkmale hervorhebt. Daher fallen alle Methoden unter zwei Hauptthemen: (1) Die Anordnung der Triebe; (2) die Disposition von Stöcken.

Die Anordnung der Triebe.

Tragende Triebe werden bei der Erziehung von Trauben auf drei Arten entsorgt; Triebe aufrecht, Triebe hängend und Triebe horizontal. Die Begriffe erklären sich von selbst, aber die drei Methoden müssen näher erläutert werden, da ihre Einführung für die Erzeuger nicht optional ist, sondern von mehreren Umständen abhängt.

Triebe werden auf verschiedene Weise aufrecht trainiert, wobei zwei oder mehr Arme oder Stöcke nach rechts und links gelegt werden, manchmal horizontal, manchmal schräg entlang oder über horizontale Drähte. Wenn die Triebe nach oben wachsen, werden sie oben an Drähten befestigt. Die aufrechte Methode soll das tragende Holz gleichmäßiger auf den Rebstöcken verteilen und für eine gleichmäßigere Fruchtbildung sorgen. Auch bei der aufrechten Methode bleiben die Stöcke und Arme näher am Boden, was bei kleinen, schwachen oder langsam wachsenden Sorten als Vorteil angesehen wird. Delaware, Catawba, Iona und Diana sind Beispiele für Sorten, von denen angenommen wird, dass sie am besten wachsen, wenn sie mit einer der aufrechten Methoden erzogen werden.

Bei den verschiedenen Methoden, bei denen die Triebe herabhängen, werden die Triebe nicht zusammengebunden, sondern können nach Belieben herabhängen, unabhängig davon, wie die Stöcke entsorgt werden. Diese Methoden sind vergleichsweise neu, werden jedoch aufgrund mehrerer deutlicher Vorteile schnell übernommen. Normalerweise kann bei einer herabhängenden Methode ein Draht weniger verwendet werden als bei einer aufrechten Methode; Da die Triebe nicht gebunden werden, wird beim Sommerbinden viel Arbeit gespart; Der Boden kann mit weniger Gefahr für die Reben bestellt werden. und die Früchte verbrennen weniger durch die Sonne, da die herabhängenden Blätter die Trauben schützen. Weinbauern sind sich im Allgemeinen einig, dass stark wachsende Sorten wie Concord, Niagara, Brighton, Diamond und die meisten Hybriden zwischen europäischen Trauben und einheimischen Arten am besten gedeihen, wenn die Triebe herabhängen.

Triebe werden horizontal mit nur einer anerkannten Methode trainiert, der Hudson Horizontal, die später ausführlich beschrieben wird. Da diese Methode nahezu veraltet ist, gibt es noch weniger Anlass, sie hier zu diskutieren, da der aussagekräftige Name für die vorliegenden Zwecke ausreicht.

Anordnung der Stöcke.

Es gibt viele anerkannte Methoden zur Entsorgung der Stöcke bei der Traubenerziehung. Die wichtigsten davon werden auf den folgenden Seiten besprochen, ihre Namen werden für die Gegenwart in der folgenden Klassifizierung aufgeführt.

KLASSIFIKATION DER METHODEN ZUR TRAUBENERZIEHUNG IN OSTAMERIKA

I. Triebe aufrecht:

- 1. Chautauqua-Arm.

- 2. Keuka High Renewal.

- 3. Ventilator.

II. Triebe hängen herab:

- 1. Einstämmiger, vierrohriger Kniffin .

- 2. Zweistämmiger, vierrohriger Kniffin .

- 3. Regenschirm -Kniffin .

- 4. Y-Stiel Kniffin .

- 5. Munson.

III. Horizontales Schießen:

- 1. Hudson Horizontal.

I. Schießt aufrecht

Der systematische Anbau der Traube begann in Amerika etwa in der Mitte des 19. Jahrhunderts mit einer Methode, bei der die Triebe aufrecht von zwei permanenten horizontalen Armen ausgezogen wurden. Diese Arme liegen rechts und links auf einem niedrigen Draht und tragen mehr oder weniger bleibende Ausläufer, aus denen jede Saison zwei Triebe hervorgehen, die die Ernte tragen. Die Anzahl der an jedem Arm verbleibenden Sporen hängt von der Wuchskraft der Rebe und dem Abstand zwischen den Reben ab. Wenn die Triebe nach oben wachsen, werden sie an oberen Drähten festgebunden. Für diese Methode befinden sich drei Drähte am Spalier. Diese Methode ist heute als Horizontal Arm Spur bekannt. Es weist einen schwerwiegenden Fehler in seinen störenden Ausläufern auf und ist fast vollständig einer Modifikation namens Chautauqua-Arm-Methode gewichen , die im großen Chautauqua-Traubengürtel häufig verwendet wird. Als eine der Hauptmethoden zur Erziehung der Traube in Ostamerika muss dies ausführlich beschrieben werden.

Die Chautauqua-Arm-Methode.

Das Gitter für diese Methode besteht aus zwei Drähten, gelegentlich werden jedoch auch drei verwendet. Der untere Draht liegt 18 bis 20 Zoll über dem Boden und der zweite 34 Zoll über dem unteren. Wenn drei verwendet werden, sind die Drähte 20 Zoll voneinander entfernt. FE Gladwin, Leiter des Weinberglabors der New York Agricultural Experiment Station in Fredonia, im Herzen des Chautauqua-Gürtels, beschreibt diese Trainingsmethode wie folgt:

„In den ersten zwei Jahren werden die Reben bei jedem Schnitt bis auf zwei Knospen zurückgeschnitten. Wenn die Reben kräftig sind, werden zu Beginn des dritten Jahres zwei Stöcke zusammengebunden; wenn sie knapp sind, bleibt einer übrig, und zwar, wenn das Wachstum extrem ist." ungünstig, wird bis auf zwei Knospen zurückgeschnitten. Die Stöcke werden, wenn das Wachstum es zulässt, schräg zum oberen Draht hochgeführt und dort entweder mit Bindfaden oder feinem Draht festgebunden, wobei letzterer häufiger verwendet wird. Die Stöcke werden auch locker an den Draht gebunden Unterer Draht. Der Schnitt für das vierte Jahr besteht darin, alle bis auf zwei oder drei Stöcke und eine Reihe von Sporen von den Armen abzuschneiden, die durch das Zusammenbinden der beiden Stöcke im Vorjahr entstanden sind. Die Rebe besteht jetzt aus zwei Armen, die in der Nähe des Boden, mit zwei oder drei Stöcken des Vorjahres und mehreren zweiknospenförmigen Sporen in Abständen entlang der Arme. Soweit möglich werden solche Stöcke ausgewählt, die nur eine kurze Distanz über dem unteren Draht entstanden sind . Das gesamte alte Holz ragt darüber hinaus Der letzte Stock, der an jedem der Arme verblieben ist, wird abgeschnitten. Die Arme des dritten Jahres werden aus ihrer Schrägstellung nach unten gebogen und am unteren Draht rechts und links der Weinrebenmitte festgebunden. Dies sind jetzt dauerhafte Waffen. Der Weinstock besteht zu diesem Zeitpunkt aus zwei Armen, die in Bodennähe aufragen und am unteren Draht rechts und links von der Mitte befestigt sind. An diesen befinden sich zwei oder drei Stöcke, die so lang beschnitten sind, dass sie mindestens bis zum mittleren Draht reichen , und wenn möglich nach oben. Sie werden so gebunden, dass sie in vertikaler oder schräger Position stehen. Entlang der Arme befinden sich in Abständen von einigen Zentimetern Sporen, die aus zwei Knospen bestehen. Wenn der Winzer die Arme dauerhaft behält, liefern diese Sporen das Fruchtholz für das folgende Jahr.

ABB. 16. Chautauqua-Training; Rebe bereit zum Beschneiden.

„Beim Beschneiden im fünften Jahr wird einer der Arme ganz nahe an seinem Ursprungspunkt abgeschnitten. Der verbleibende Arm, der vom Boden bis zu einem Punkt reicht, der einige Zentimeter unter der Höhe des unteren Drahtes liegt, wird nun zum Permanenter Stamm. Der Winzer muss nun dafür sorgen, dass der Arm abgeschnitten wird. Dies geschieht durch Auswahl eines Stocks, der aus dem verbleibenden Arm an einer Stelle unterhalb des unteren Drahts hervorgeht, entweder direkt oder aus einem für diesen Zweck belassenen Sporn. Dies wird beschnitten, um den oberen Draht zu erreichen, und wird schräg daran festgebunden. Dieser Stock wird beim nächsten Schnitt am unteren Draht festgebunden und wird zum zweiten Arm. Dann wird daraus die gleiche Auswahl an Stöcken und Sporen gemacht wie beim Wenn der Züchter jedoch einige Jahre lang beide Arme des Vorjahres behalten möchte, können die aus den Trieben gewachsenen

Stöcke zusammengebunden und für das folgende Jahr vorgesorgt werden weitere Spornung. Wenn nur ein einzelner Arm erhalten bleibt, wird er auf die gleiche Weise beschnitten. Sporen können aus Stöcken gewonnen werden, die aus ruhenden Knospen am Arm entstanden sind, oder durch Einspornen der Basalstöcke des Fruchtholzes des Vorjahres. Eine Kombination beider Erneuerungsmethoden erweist sich auf Dauer als die bessere, da durch das wiederholte Einspornen der Wurzelstöcke stark verlängerte Sporen entstehen, die häufig herausgeschnitten werden müssen. Während die Stöcke, die zwei Jahre und älter direkt aus ruhenden Knospen am Holz entstehen, nicht unbedingt die besten Früchte tragen, können sie dennoch für Erneuerungszwecke verwendet werden.

„Der ideale Weinstock, der nach diesem System beschnitten wird, besteht jetzt aus einem Stamm, der 16 bis 18 Zoll über dem Boden oder einige Zoll unter dem Niveau des unteren Drahtes liegt. Ein solcher Weinstock ist in Abbildung 16 dargestellt. Aus dem Kopf wachsen zwei Arme Einer erstreckt sich nach rechts, der andere nach links und ist entlang des unteren Drahtes festgebunden, wobei jeder Arm nicht mehr als zweieinhalb Fuß zu beiden Seiten des Kopfes reicht. An den Armen sind jeweils zwei Stöcke vertikal oder schräg festgebunden bis zum oberen Draht. Darüber hinaus wachsen zwei oder drei Sporne von der Oberseite jedes Arms, die in weiten Abständen nahe am Kopf beginnen und für die Erneuerung der Arme verwendet werden können. Die Triebe sind nicht gebunden.

„Einer der Hauptfehler der Chautauqua-Arm-Methode ist die Tendenz der am besten ausgereiften und begehrtesten Stöcke, sich am oder in der Nähe des oberen Drahtes zu entwickeln, während die weiter unten liegenden Stöcke oft zu kurz oder so schlecht ausgereift sind, dass sie nicht mehr geeignet sind Fruchtbildungszwecke. Wenn das Holz, das die gut entwickelten oberen Stöcke trägt, als Arme abgesenkt wird, ist ein beträchtlicher Abschnitt des Arms vom Kopf bis zum Punkt, an dem die Stöcke entstehen, ohne Fruchtholz. Unter solchen Bedingungen wird das Wachstum wieder stattfinden bis zu den Extremitäten geworfen. Wenn das Ansporen der Arme geübt wurde, wird dieser unerwünschte Zustand beseitigt. Bei beiden Arten der Erneuerung sollte das Ansporen geübt werden. Die Früchte von Reben, die mit dieser Methode trainiert wurden, erreichen ihre höchste Entwicklung auf oder nahe der Höhe des Der obere Draht, der an den unteren Trieben ist, ist in der Regel ziemlich minderwertig. Dies liegt daran, dass der Saftfluss an diesen oberen Punkten kräftiger ist, was zu mehr und gesünderen Blättern führt, was wiederum die Fruchtbildung beeinflusst desto besser.“

Keuka High Erneuerung.

Mehrere Trainingsmethoden werden unter dem allgemeinen Begriff „High Renewal" geführt, dessen Bedeutung in der Diskussion der Keuka High Renewal-Methode deutlich wird, die heute wahrscheinlich die gebräuchlichste der verschiedenen Arten ist. Bei den meisten dieser Methoden wird das Gitter mit drei Drähten errichtet, gelegentlich werden jedoch auch nur zwei Drähte und noch seltener vier Drähte verwendet. Der unterste Draht des dreiadrigen Gitters befindet sich 18 bis 20 Zoll über dem Boden und weist einen Abstand von 20 Zoll zwischen den Drähten auf. Gladwin, der für die New York Agricultural Experiment Station direkt für die experimentellen Weinbergsarbeiten am Keuka Lake verantwortlich ist, beschreibt die aktuellen Praktiken beim Beschneiden nach dieser Methode wie folgt:

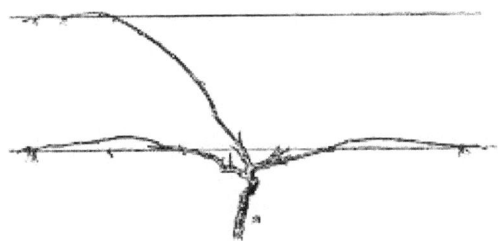

ABB. 17. Keuka-Trainingsmethode.

„Bei jedem Schnitt in den ersten zwei Jahren werden die Reben bis auf zwei Knospen zurückgeschnitten. Bei stark wachsenden Sorten wie Concord, Niagara und Isabella und unter guten Bodenbedingungen kann sich der Stamm jedoch im zweiten Jahr bilden. Bei mäßigen Bei wachsenden Sorten und unter durchschnittlichen Bedingungen wird die Bildung des Stängels bis zum dritten Jahr belassen. Das geradeste und am besten ausgereifte Rohr wird zu diesem Zweck übrig gelassen. Dieses wird zum unteren Draht getragen und dort fest mit Weide festgebunden. Sobald die Wenn die Triebe ausreichend gewachsen sind, sind sie locker an den Drähten befestigt, damit sie von den Bodenbearbeitungsgeräten ferngehalten werden können. Im vierten Jahr bildet sich der Kopf der Rebe. Dieser sollte einige Zentimeter unter dem unteren Draht stehen. Zwei Stöcke wachsen daraus Stängel in der Nähe dieser Position werden ausgewählt, wobei einer nach rechts und der andere nach links entlang des unteren Drahts gebunden wird. Im Keuka Lake District werden die Stöcke mit Weiden zusammengebunden. Darüber hinaus bleiben mindestens zwei Sporen mit jeweils zwei Knospen erhalten In der Nähe des Kopfes. Bei Concord können die Stöcke jeweils etwa zehn Knospen tragen, aber bei Catawba, wie sie an den Hängen der Central Lakes Region von New York angebaut wird, sollten die Stöcke jeweils nicht mehr als sechs Knospen tragen. Während sich die Triebe aus den horizontalen Stäben entwickeln, werden sie mit Roggenstroh an den mittleren und oberen

Drähten festgebunden. In diesem Sommer erfolgt das Anbinden nahezu kontinuierlich, nachdem die Triebe lang genug sind, um den Mitteldraht zu erreichen.

„Im darauffolgenden Jahr wird das gesamte Holz abgeschnitten, mit Ausnahme von zwei oder drei Stöcken, die sich aus den Basalknospen der im Vorjahr aufgestellten Stöcke entwickelt haben oder die aus den Sporen gewachsen sind. Im Falle, dass ein dritter Stock erhalten bleibt, gilt dieser wird am mittleren Draht festgebunden. Die Sporen werden zur Erneuerung wieder nahe am Kopf gehalten. Die anderen beiden Stöcke werden wie zuvor am unteren Draht festgebunden. Wenn die gleichen Sporen einige Jahre lang verwendet werden, werden sie so lang, dass die Stöcke aufstehen von ihnen reichen über den Draht hinaus und können in der „Weide" nicht gut verwaltet werden. Es ist wünschenswert, jedes Jahr neue Triebe anzulegen und dabei diejenigen Triebe auszuwählen, die aus dem Kopf der Rebe oder in deren Nähe wachsen. Durch sorgfältiges Beschneiden ist es möglich, das alte Holz so weit wegzuschneiden, dass nach jedem Beschneiden praktisch nur noch das alte Holz übrig bleibt Stängel. Auf diese Weise wird die Rebe fast bis zum Boden erneuert. Wenn der Stängel das Ende seiner Nützlichkeit erreicht, lässt man einen Spross aus dem Boden wachsen und der alte wird abgeschnitten. Abbildung 17 zeigt eine Rebe, die nach der Keuka-Methode beschnitten wurde .

„Diese Trainingsmethode eignet sich besonders gut für langsam wachsende Sorten oder solche, die auf kargen Böden wachsen, wo nur wenig Holz wächst. Sie ist ideal für den Anbau von Catawba an den Hängen des Keuka-Sees geeignet. Sie ist gut angepasst Spätreifende Sorten werden außerhalb ihrer Zone gepflanzt. Concord, der unter durchschnittlichen Bedingungen wächst, ist zu kräftig, um mit dieser Methode erzogen zu werden. Es führt zu einem enormen Holzwachstum, das in keinem Verhältnis zur Fruchtmenge steht, die dazu neigt, sehr zu sein minderwertig. Der Haupteinwand gegen diese Methode ist der Umfang des Sommerbindens, der zu einem Zeitpunkt erfolgt, an dem der Bodenbearbeitung Aufmerksamkeit geschenkt werden sollte. Sie könnte sich beim Anbau von Dessertsorten, die wegen mangelnder Wuchskraft verworfen wurden, als profitabel erweisen. Auf dünn Auf Hangböden erfordert Catawba ein Training nach dem Vorbild dieser Methode, aber auf den schwereren Hochlandböden mit kürzerem Schnitt kann es nach dem Chautauqua-Arm-Plan angebaut werden. Delaware, Iona, Dutchess , Campbell, Eumelan , Jessica, Vergennes und Regal sind, als Regel, die besser zur Geltung kommt, wenn sie mit der Methode der hohen Erneuerung trainiert wird."

Fan-Training.

Die einzige andere derzeit verwendete Methode, bei der die Triebe aufrecht erzogen werden können, ist die, bei der die Stöcke fächerförmig entsorgt werden. Diese Methode wurde vor einer Generation häufig verwendet, verliert jedoch zunehmend an Bedeutung. Bei der Fächererziehung erfolgt die Erneuerung jährlich an bodennahen Trieben, wobei die Fruchtstände schräg nach oben getragen werden und so einen Fächer bilden. Der große Vorteil der Fächererziehung besteht darin, dass nahezu auf einen Stamm verzichtet werden kann, was das Ablegen der Rebe im Winter dort, wo Winterschutz benötigt wird, erheblich erleichtert. In kommerziellen Plantagen gibt es mehrere Einwände gegen diese Methode. Der Hauptgrund ist, dass die Sporen lang, krumm und fast unhandlich werden, so dass häufig Erneuerungen von der Wurzel aus vorgenommen werden müssen. Ein weiterer Grund ist, dass die Früchte nahe am Boden getragen werden und bei heftigen Regenfällen mit Schlamm verschmutzt werden. Die Ranken haben außerdem eine ungünstige Form zum Binden. Es gibt zwei oder drei Modifikationen des Fan-Trainings, die als Mischmethoden zwischen dieser und der High-Renewal- und der Horizontal-Arm-Methode bezeichnet werden können, von denen jedoch keine derzeit allgemein beliebt ist.

II. Triebe hängen herab

Ganz zufällig entdeckte William Kniffin , ein Steinmetz aus Clintondale , New York, in der Weinbauregion Hudson River, dass große und gut aussehende Weintrauben an Weinstöcken gezüchtet werden konnten, deren Stöcke horizontal ausgerichtet waren und die Triebe herabhingen. Er setzte seine Entdeckung in die Praxis um und daraus entstanden die verschiedenen Methoden zur Traubenerziehung, die seinen Namen tragen. Kniffins Entdeckung wurde um 1850 gemacht und die Vorzüge seiner Methoden verbreiteten sich so schnell in Ostamerika, dass die verschiedenen Kniffin-Methoden am Ende des Jahrhunderts allgemeiner als alle anderen angewendet wurden. Weinbauern sind sich mittlerweile einig, dass stark wachsende Reben wie Concord, Niagara und Clinton am besten nach der einen oder anderen Kniffin- Methode erzogen werden können. Es gibt mehrere Modifikationen der Kniffin- Methode, von denen drei heute allgemein verwendet werden. Die beliebteste ist die Kniffin-Methode mit einem Stiel und vier Stöcken .

Das Gitter für die drei Methoden trägt zwei Drähte, wobei der untere in einer Höhe von drei bis dreieinhalb Fuß und der obere in einer Höhe von zwei bis zweieinhalb Fuß darüber angebracht ist. Um diese Höhe der Drähte zu ermöglichen, müssen die Pfosten eine Länge von 2,40 bis 2,5 Meter haben und fest angebracht sein, wobei die Endpfosten gut abgestützt sein müssen.

Einstämmiger, vierrohriger Kniffin .

Wie an der New York Agricultural Experiment Station praktiziert, werden die Reben wie folgt erzogen:

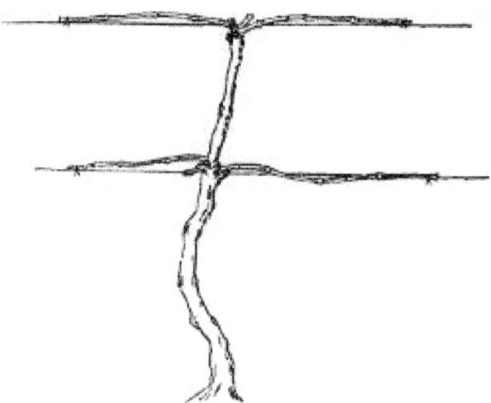

ABB. 18. Kniffin- Training mit einem Stiel und vier Stöcken .

Ein Stamm wird im dritten Jahr nach der Pflanzung zum oberen Draht getragen, oder wenn der Wuchs zu diesem Zeitpunkt noch nicht lang genug ist, wird er zum unteren Draht getragen und dort festgebunden. In diesem Fall wird im Folgejahr ein Stock bis zum Oberdraht verlängert. Dieser Stamm ist dauerhaft. Wenn der Stamm im dritten Jahr den oberen Draht erreicht, brechen die Züchter viele der sich entwickelnden Triebe aus und lassen nur die stärksten wachsen, wobei sie diejenigen auswählen, die in der Nähe der Drähte wachsen. Der Stiel sollte am oberen Draht fest und am unteren etwas locker befestigt werden. Wenn oben ein Gürtel entsteht, ist dies nicht zu beanstanden, da der Kopf der Rebe eher unterhalb als oberhalb des Drahtes liegen sollte. Wenn die Triebe ausreichend ausgehärtet sind, sollten diejenigen, die in der Nähe der Drähte wachsen, locker zusammengebunden werden, um Verletzungen während der Kultivierung zu vermeiden. Zu Beginn des vierten Jahres sollte die Rebe, wie in Abb. 18 dargestellt , aus einem Stamm bestehen, der vom Boden bis zu einem Punkt unterhalb des obersten Drahtes reicht. Davon wurden alle bis auf zwei Stöcke und zwei Sporen mit je zwei Knospen unterhalb jeder Drahtebene abgeschnitten. Da das Wachstum an der Spitze des Stängels am kräftigsten ist, verbleiben an den oberen Stängeln vier bis sechs mehr Knospen als an den unteren Stängeln. Eine Rebe, deren Stamm im dritten Jahr den oberen Draht erreicht, sollte die Stöcke der nächsten Saison tragen und zweiundzwanzig Knospen mit acht zusätzlichen Knospen an den Sporen sammeln. Bei schwachem Wachstum sollte nur noch die Hälfte übrig bleiben.

Das Binden besteht zu diesem Zeitpunkt darin, den Stiel locker mit gewöhnlichem Weintraubengarn am unteren Draht zu befestigen und mit dem gleichen Material die Stöcke entlang der beiden Drähte rechts und links vom Stiel zu binden. Die Stöcke sollten fest am Stamm festgebunden werden, damit sie nicht aus der Schnur herausrutschen können. Normalerweise reicht das Binden zu diesem Zeitpunkt für das Jahr aus, aber wenn die Wachstumsbedingungen ungünstig sind, kann die Schnur verfaulen, bevor die Ranken die Drähte greifen, und ein teilweises zweites Binden kann erforderlich sein.

Nach der vierten Saison hat der Gartenschneider eine größere Auswahl an Fruchtholz für das folgende Jahr. Es kann aus den Wurzelstöcken des Vorjahresholzes ausgewählt werden oder es können die aus den Sporen entstehenden Stöcke verwendet werden. Die Wahl sollte von der Zugänglichkeit und Reife des Holzes abhängen. Bei jedem Schnitt müssen die Möglichkeiten zur Gewinnung von Fruchtholz für das Folgejahr berücksichtigt werden. Es ist möglich, die gleichen Sporen zwei oder drei Jahre lang zu verwenden, danach sollten sie jedoch abgeschnitten und durch neue ersetzt werden. Nach dem ersten Spornen sollten Sporne aus Holz ausgewählt werden, das älter als zwei Jahre ist. Die Triebe aus solchem Holz tragen nur wenig Früchte und bilden daher gute Fruchtstände für das nächste Jahr.

Regenschirm Kniffin .

ABB. 19. Umbrella-Trainingsmethode.

Da die meisten Früchte von Rebstöcken, die nach der Vier-Rohr- Kniffin-Methode erzogen wurden, von den beiden oberen Stöcken getragen werden, verzichten einige Erzeuger im Hudson River Valley auf die unteren Stöcke und schneiden die oberen lange genug ab, um die Ernte zu tragen. Bei dieser Methode wird der Rumpf an den Oberdraht herangeführt und der Kopf wie beim Vierstock- Kniffin geformt . Wenn die Rebstöcke am Ende des dritten Jahres beschnitten werden, bleiben am Kopf der Rebe zwei lange Stöcke mit zwei Erneuerungssporen zurück. Diese langen Stöcke hängen über dem oberen Draht schräg nach unten zum unteren Draht, an dem sie knapp über der letzten Knospe festgebunden sind, und bilden eine schirmförmige Spitze, wie in Abb. 19 gezeigt . Die Erneuerungen erfolgen wie beim Vierstock-Kniffin . Durch diese Methode wird die Blattoberfläche auf ein Minimum reduziert, so dass auf ein gesundes Blattwachstum geachtet werden muss. Auch die Menge des eingesetzten Fruchtholzes wird auf ein Minimum reduziert, so dass der Ertrag gering ist, sofern nicht für eine gute Bewirtschaftung gesorgt ist. In diesem Fall liegt der Ertrag bei manchen Sorten und auf manchen Böden im Durchschnitt und die Ernte auch Erstklassig hinsichtlich Trauben- und Beerengröße, Traubendichte und Reife.

Der zweistämmige Kniffin .

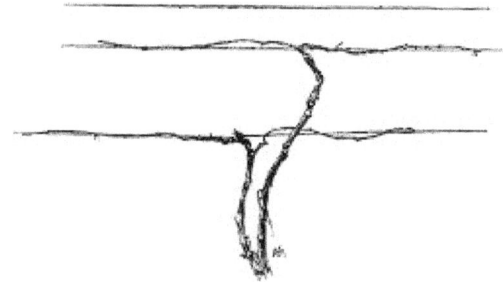

ABB. 20. Kniffin -Training mit zwei Stämmen .

Abb. 20 dargestellte Zweistämmige Kniffin ist eine weitere Modifikation mit dem Ziel, eine größere Fruchtbarkeit zu gewährleisten. Diese Methode sorgt auch dafür, dass auf beiden Drähten die gleiche Anzahl Knospen vorhanden ist. Zwei Stämme werden von der Wurzel hergeführt, einer zum oberen, der andere zum unteren Draht. Die Fruchtstände werden abgenommen und wie beim Vierrohr- Kniffin entsorgt . Die Stämme werden normalerweise zusammengebunden, um sie an Ort und Stelle zu halten. Diese Methode wird im Hudson River Valley nur eingeschränkt angewendet, wo sie unter dem hier angegebenen Namen und als „Double Kniffin " und „Improved Kniffin " bekannt ist. Bei Experimenten zum Training von Trauben in Fredonia, New York, unter der Leitung der New York Experiment Station erwies sich diese Methode als eine der schlechtesten beim Anbau von Concords. Die Trauben haben eine zu geringe Trauben- und Beerengröße und reifen nicht so gut wie bei den anderen hängenden Erziehungsmethoden.

Der Y-Koffer Kniffin .

Eine weitere Modifikation der Kniffin- Methode besteht darin, dass in der Mitte zwischen dem Boden und dem unteren Draht ein Schritt oder ein Y in den Rumpf eingebracht wird. Die Theorie, auf der diese Methode basiert, ist, dass die unteren Stöcke besser mit Saft versorgt werden als in einem geraden oder durchgehenden Stamm und dass die unteren Stöcke dadurch genauso produktiv werden wie die am oberen Draht. Die Theorie ist wahrscheinlich falsch, wird aber trotzdem von vielen akzeptiert. Die Methoden zum Beschneiden, Erneuern des Fruchtholzes und zum Binden sind die gleichen wie beim Einstämmigen Kniffin , außer natürlich, dass jeder Stamm zwei Stöcke und zwei Sporen trägt. Diese Methode war vor einigen Jahren in Teilen West-New Yorks weit verbreitet, verschwindet aber mittlerweile.

Die Munson-Methode.

Eine geniale Modifikation des Kniffin- Prinzips wurde von Elbert Wakeman , Oyster Bay, Long Island, entwickelt und später vom verstorbenen TV Munson aus Denison, Texas, verbessert und bekannt gemacht; Es wird heute häufig in südlichen Weinbergen verwendet. Die Methode wird von Munson wie folgt beschrieben: [14]

„Die Pfosten sollten aus haltbarem, starkem Holz wie Bois sein d'Arc (Osage), Zeder, Kernholz von Catalpa, Robinie oder Weißeiche. Die Endpfosten jeder Reihe sollten groß und stark sein und 90 bis 120 cm tief in den Boden gesteckt und gut festgestampft werden. Die Zwischenpfosten, die möglicherweise viel leichter sind als die Endpfosten, sollten sechseinhalb oder sieben Fuß lang sein und zwei bis zweieinhalb Fuß im Boden verankert sein, mit einem Abstand von vierundzwanzig Fuß zwischen den Pfosten Nehmen Sie drei Weinstöcke mit einem Abstand von acht Fuß oder zwei Weinstöcke mit einem Abstand von zwölf Fuß. Nachdem die Pfosten gesetzt wurden, sollte durch jeden Pfosten ein 8 cm großes Loch in der Richtung gebohrt werden, in der die Reihe verläuft, und zwar 1,20 m über der Bodenoberfläche, so dass mindestens 15 cm Pfosten über dem Loch verbleiben. Diese Löcher dienen der Aufnahme des mittleren, unteren Drahtes des Gitters.

„Für jeden Endpfosten bereiten Sie für den Querarm ein Stück zwei mal vier hartes Kiefern- oder Eichenholz vor, zwei Fuß lang und einen Zoll von jedem Ende und einen Zoll von der Oberseite entfernt, mit einer Bohrung von drei Achtel Zoll Machen Sie ein Bohrloch oder sägen Sie einen halben Zoll in die Oberseite, was weniger Zeit in Anspruch nimmt und auch funktioniert, um die seitlichen Drähte hindurchzuführen, und sägen Sie in der Mitte der Unterseite eine Kerbe von einem halben Zoll Tiefe. Für jeden Bereiten Sie für den Zwischenpfosten ein Brett aus ähnlichem Holz vor, zwei Fuß lang, einen Zoll dick und vier Zoll breit , und bohren oder kerben Sie es ebenfalls ein.

„Durch die Löcher in den Pfosten führen Sie einen verzinkten Draht Nr. 11, befestigen Sie ihn an einem Ende, ziehen Sie ihn am anderen Ende mit einem Drahtspanner fest und befestigen Sie ihn. Dies ist der mittlere und untere

Draht des Gitters und alles, was benötigt wird." Im ersten Jahr werden die jungen Reben an einer Schnur hochgezogen, die von der Rebe (wenn sie gesetzt ist) an den Draht und entlang desselben gebunden wird. Die Arme und die beiden seitlichen Drähte, die sie tragen, müssen erst dann auf das Gitter gesteckt werden nachdem die Reben beschnitten und im nächsten Winter festgebunden wurden. Zum Anbringen der Querarme keine Bolzen oder Nägel verwenden, sondern nur verzinkten Draht Nr. 11.

„Jeder Endquerarm wird im Inneren des Pfostens und dagegen auf der Oberseite des Drahtes platziert, bereits durch die Pfosten, mit der Kerbe nach unten, und spreizt den Draht, um ihn am Verrutschen zu hindern. Nehmen Sie dann ein Stück Draht der gleichen Größe, Führen Sie ein etwa sieben Fuß langes Ende durch das Bohrloch oder die Sägekerbe in einem Ende des Arms und befestigen Sie es, indem Sie das Ende etwa 15 cm umschlingen und wieder auf sich selbst drehen, während dann eine Person den Querarm festhält An der richtigen Stelle führt der Bediener den Draht um den Pfosten herum, sobald er sich in Bodennähe befindet, tackert ihn auf jeder Seite und führt das andere Ende zum gegenüberliegenden Ende des Arms, führt ihn durch das Bohrloch oder die Sägekerbe und zieht ihn fest Halten Sie den Arm gerade und befestigen Sie das Ende des Drahtes wie zuvor. Für diese Arbeit benötigen Sie eine Drahtschere und eine Zange. Nehmen Sie dann ein weiteres etwa 60 cm langes Stück Draht und legen Sie es zweimal um den Querarm und den Pfosten, an dem sie zusammenkommen, über dem mittleren Draht, und sie fest zusammenbinden, wobei sie den Draht kreuzen, während er herumläuft. Dies hält den Arm an Ort und Stelle und schwächt oder spaltet den Arm nicht, wie es bei Nägeln und Bolzen der Fall ist. Außerdem ist es langlebiger, schneller und billiger und elastischer, so dass es beim Aufprall auf die Hames oder den Kragen in der Kultivierung einen Schlag gibt wenig, keinen Schaden erlitten.

„Platzieren Sie die Querarme ebenfalls auf den Zwischenpfosten und lassen Sie die Enden des Drahtes nach der Befestigung etwa 15 cm überstehen, zu einem Zweck, der gleich erwähnt wird. Ziehen Sie dann die beiden seitlichen Drähte durch die Bohrlöcher in den Enden der Arme oder in die Sägekerben (falls vorhanden) in der gesamten Reihe fallen lassen, mit dem Drahtspanner festziehen und befestigen. Dann entlang jedes seitlichen Drahtes zurückgehen und die Drahtenden an den Enden der Arme sehr eng und fest um den Durchgang wickeln - verlaufende seitliche Drähte, da Telegrafen- und Telefondrähte beim Spleißen umwickelt werden. Dies ist schnell mit der richtigen Zange erledigt und verhindert, dass die Arme aus der richtigen Position rutschen. Jetzt ist das Gitter fertig und erfordert nur noch wenige oder gar keine Reparaturen sieht sehr ordentlich aus, besonders wenn es lackiert ist.

„Das Beschneiden und Trainieren am Munson-Gitter ist sehr einfach und leicht, mit ein paar Minuten Anleitung, zum Beispiel mit ein oder zwei beschnittenen Weinreben. Die Rebe darf in der ersten Saison mit einer Schnur um den Mitteldraht wachsen Es wird von Hand aufgerollt, indem man ein- oder zweimal über den Weinberg geht, bis sich der ausgewählte Trieb jeder Rebe auf dem Draht befindet. Anschließend kann man es frei über die Drähte wandern lassen. Im ersten Jahr, indem man auf das Spalier steigt, einen Starker Trieb, der kein anderes Wachstum zulässt, kann im zweiten Jahr eine Teilernte ohne Schaden an allen Trieben mit Ausnahme schwacher Züchter wie Delaware erzielen, die erst im dritten Jahr Früchte tragen dürfen. Beim ersten regelmäßigen Beschneiden (Alle Schnitte sollten im November oder Dezember nach dem Laubfall erfolgen und niemals so spät, dass die Reben ausbluten. Bei schwach wachsenden Reben sollte die Rebe bis auf zwei oder drei Knospen zurückgeschnitten werden, die den mittleren Draht erreicht haben kräftig, mit starkem Wachstum, jeweils sechs oder acht Knospen, zu zwei Armen, von denen jeweils einer entlang des unteren Drahtes verläuft, von wo aus die aufsteigende Rebe den Draht zuerst berührt. Nachdem die Reben auf diese Weise beschnitten wurden, wird das äußere Ende jedes Arms fest an den unteren Draht gebunden und entlang dieses vorsichtig aufgerollt. Diese beiden Bänder halten die Rebe fest an Ort und Stelle. Die Knospen an den Armen drängen und steigen auf, bewegen sich über die seitlichen Drähte, klammern sich mit ihren Ranken daran fest und hängen wie ein wunderschöner grüner Vorhang darüber, der die Frucht und den Körper der Rebe entsprechend ihrer natürlichen Wuchsform beschattet.

TAFEL XI. — Eintracht ($\times 2 / 3$).

„Auf dem Blätterdachspalier besteht der gesamte Sommerschnitt darin, zur Blütezeit oder ein paar Tage vor der Blüte durch den Weinberg zu gehen und mit einem leicht scharfen Fleischermesser die Spitzen aller fortgeschrittenen Triebe abzuschneiden, damit sie zum Tragen übrig bleiben Zwei oder drei Blätter jenseits des äußeren Blütenbüschels. Pflücken Sie die Blütenbüschel von den Trieben in der Nähe des Zweiges, die im nächsten Jahr als Arme ausgewählt werden sollen, und entfernen oder reiben Sie alle Triebe und Knospen ab, die am Stamm der Rebe unterhalb des Zweiges beginnen. Dies Letzteres ist sehr wichtig, da solche Triebe, wenn sie übrig bleiben, die Nährstoffe des Bodens auffressen, ohne dass es etwas dafür gibt, sondern dass beim Beschneiden zusätzliche Arbeit geleistet wird.

„Es stellt sich heraus, dass die Triebe an den Enden der Arme normalerweise zuerst und am stärksten beginnen, und wenn sie nicht zurückgeschnitten werden, können die Knospen nicht gut zum Schritt zurückgehen, aber wenn sie abgeschnitten werden, drängen dann alle anderen wünschenswerten Knospen."

„Etwa sechs bis zehn Tage nach dem ersten Schnitt ist in der Regel ein zweiter Schnitt erforderlich, insbesondere wenn das Wetter feucht und warm und das Land fruchtbar ist. Die ersten geschnittenen Triebe sowie diejenigen, die beim ersten Mal nicht geschnitten wurden, werden benötigt Diesmal wird der Schnitt zurückgesetzt, da die Endknospen des ersten Schnitts kräftig gedrückt haben.

„Beim Beschneiden im zweiten und folgenden Jahr werden die alten Zweige mit allen tragenden Trieben bis auf die neuen Zweige abgeschnitten und die neuen Zweige auf eine Länge zurückgeschnitten, die sie mit Früchten füllen und gut reifen lassen können. Dies ist eine kritische Beurteilung und Kenntnisse über die Fähigkeiten verschiedener Sorten sind beim Gartenscheren mehr gefragt als bei jeder anderen Ausbildungsarbeit. Einige Sorten, wie zum Beispiel die Delaware, können nicht mehr als drei bis vier Arme mit einer Länge von zwei Fuß tragen, während Herbemont vier Arme leichter tragen kann Die Zweige sind jeweils acht Fuß lang, daher sollten Sorten wie Delaware höchstens acht Fuß voneinander entfernt gepflanzt werden, während Herbemont und die meisten Post-Oak- Traubenhybriden einen Abstand von zwölf bis sechzehn Fuß haben sollten. Mit anderen Worten, jede Sorte sollte in diesem Abstand gepflanzt werden Abgesehen davon füllt es das Spalier von Ende zu Ende mit Früchten und lässt es gut reifen, um so den Platz besser zu sparen.

„Im dritten Jahr sollte die Rebe ihre volle Tragfähigkeit erreicht haben und mit vier tragenden Armen beschnitten werden, wobei zwei in jede Richtung entlang des unteren Drahts des Spaliers verlaufen und sich sanft um den Draht winden, ein Arm in die eine Richtung, der andere in die entgegengesetzte Richtung Die Ausrichtung sollte ungefähr gleich lang sein, so dass eine feste Bindung mit Jutegarn in der Nähe der Enden ausreicht, um die Ranken zu binden – das heißt, zwei Bindungen an jeder Ranke – die geringste Menge, die bei einem Spaliersystem erforderlich ist. Auch der Schnitt ist am einfachsten und das Ergebnis in jeder Hinsicht das Beste.

„Einige der Vorteile dieses Spaliers sind seine Billigkeit, seine Einfachheit, die Möglichkeit, die Arbeit auf Brusthöhe durchzuführen, so dass das Beschneiden, Binden, Ernten und Besprühen in aufrechter Position durchgeführt werden kann, was den Rücken schont; perfekte Verteilung von Licht und Wärme." und Luft für Laub und Früchte; Schutz vor Sonnenbrand und Vögeln; freie Belüftung und leichter Durchgang des Windes durch den

Weinberg, ohne das Gitter oder die zarten Triebe von den Weinstöcken abzublasen, und so ein leichter Durchgang von Reihe zu Reihe, ohne umzugehen Größere und bessere Ernten bei geringeren Kosten zu erzielen, die Lebensdauer des Weinbergs zu verlängern und die Freude an der Pflege zu steigern.

Diese Methode scheint nicht an die Bedürfnisse der Trauben in nördlichen Weinbergen angepasst zu sein, und im Süden gedeihen so schwach wachsende Sorten wie Delaware nicht, wenn sie so trainiert werden. In den Südstaaten werden mehrere „modifizierte Munson-Methoden" verwendet, aber die am häufigsten verwendeten weichen nicht wesentlich von der hier beschriebenen Methode ab.

III. Schießt horizontal

Hudson horizontal.

Mittlerweile gibt es nur noch eine Methode, horizontale Schüsse zu trainieren. Bei dieser Methode wird das Spalier hergestellt, indem Pfosten in einem Abstand von 2,4 bis 3,5 m aufgestellt und durch zwei Latten verbunden werden, eine an der Spitze der Pfosten, die andere etwa 25 cm über dem Boden. Drahtstränge werden in Abständen von zehn oder zwölf Zoll senkrecht zwischen den Lamellen gespannt. Ein Stock wird aus einem Stamm von einem bis zwei Fuß Höhe auf dem Spalier gezogen; Es erhebt sich senkrecht vom Boden und ist an der oberen Latte befestigt. Die Triebe ragen nach rechts und links heraus und werden horizontal an jeden Draht gebunden, wenn sie ihn erreichen. Normalerweise darf der Stock auf jeder Seite etwa sechs Triebe tragen. Die Weintrauben sitzen am Fuß der Triebe, so dass die Trauben übereinander hängen und einen schönen Anblick bieten. Diese Methode ist für einen kommerziellen Weinberg zu teuer, wird aber häufig in Gärten und für Zierpflanzungen eingesetzt. Für diese Methode sind nur schwachwüchsige Sorten wie Delaware, Iona oder Diana geeignet. Delaware schneidet beim horizontalen Training bemerkenswert gut ab. Die Verwendung von Latten und Drähten beim Horizontaltraining erfolgt häufig vertauscht. Die Alternative zu der gerade beschriebenen Methode besteht darin, Pfosten im Abstand von 16 bis 18 Fuß aufzustellen, an denen wie bei einem gewöhnlichen Gitter zwei Drähte befestigt sind. An diesen Drähten werden dann senkrechte Latten befestigt, an denen die Triebe festgebunden werden. Auf jeder Seite eines Fruchtstocks sind zwei Latten im Abstand von fünfzehn Zoll vorgesehen, die zusammen mit der Latte zur Stützung des Stocks einer Rebe fünf Latten ergeben. Oder die Rebe kann durch einen in den Boden getriebenen Pfahl gestützt werden.

Bei beiden Methoden muss in jeder Saison ein Trieb vom Kopf der Rebe entfernt werden, um das Fruchtholz der nächsten Saison zu bilden. Dieser Spross wird an den zentralen Draht oder die Latte gebunden und darf nun

Früchte tragen. Daher beginnt die Rebe jeden Frühling mit einem einzigen Stock. Trauben werden mit diesen horizontalen Methoden hauptsächlich, wenn nicht nur, im Hudson River Valley angebaut, und selbst hier werden sie nicht mehr verwendet.

SCHULUNG AN LAUBEN, PERGOLEN UND ALS ZIERPFLANZEN

Die Traube wird häufig zur Abdeckung von Lauben, Pergolen und Gitterwerken sowie zur Abschirmung von Gebäudewänden verwendet. Nur wenige Kletterpflanzen sind dekorativer. Blätter, Früchte und Weinreben waren beliebte Reproduktionsmotive von Zierpflanzen aller Altersgruppen. Bislang sieht man ihn jedoch nur selten in Kulturlandschaften, außer um Schatten und Abgeschiedenheit zu spenden.

ästhetischen Gründen angebaut , bringt die Traube selten Früchte, da die Reben nur selten kultiviert oder ihres üppigen Wachstums beraubt werden können wie im Weinberg. Dennoch können als Zierpflanzen angebaute Weintrauben so erzogen werden, dass sie den doppelten Zweck einer Zier- und Fruchtpflanze erfüllen. Wenn man die Traube an den Seiten eines Gebäudes anbaut, kann man oft große Mengen erlesener, feiner Früchte hervorbringen . Die Alten hatten das gelernt, denn der Psalmist sagt: „Deine Frau wird sein wie der fruchtbare Weinstock an den Seiten deines Hauses."

Bei allen Zierpflanzungen auf Lauben oder Pergolen wird, wenn Obst in Betracht gezogen werden soll, der bleibende Stamm bis zur Spitze der Struktur getragen. Entlang dieses Stammes sind in Abständen von 18 Zoll Ausläufer zurückgelassen, an denen sich das Holz von Jahr zu Jahr erneuern kann. Die Rebstöcke sollten je nach Sorte einen Abstand von 1,8 bis 2,5 Meter haben und nach dem Beschneiden bleibt auf jedem Trieb ein 9 bis 12 Meter langer Stock übrig. Aus diesen entspringende Triebe bedecken kurz nach Beginn des Wachstums Zwischenräume. Natürlich muss jede Saison für einen neuen Stock gesorgt werden, und dies geschieht, indem man zum Zeitpunkt des Beschneidens einen aus dem Sporn oder Stamm entspringenden Trieb aufhebt.

Die gleiche Trainingsmethode, mit je nach Fall angepassten Modifikationen, kann an Gebäudewänden, Mauern, Zäunen und Gittern angewendet werden. Wenn das zu bedeckende Objekt jedoch niedrig ist und insbesondere, wenn sowohl Früchte als auch eine Abdeckung gewünscht werden, ist es möglicherweise besser, die Pflanze jedes Jahr von einem niedrigen Stamm oder sogar bis zur Wurzel zu erneuern. Bei dieser niedrigen Erneuerung sollte in jeder Saison ein neuer Stock oder, falls gewünscht, zwei oder drei, herausgebracht werden, um der Rebe eine größere Vitalität zu verleihen, aber insbesondere bei hohen Mauern die Bildung eines Laubschirms erheblich zu verzögern .

BESCHNEIDEN UND TRAINIEREN VON MUSCADINE-TRAUBEN

Die Muscadine-Trauben des Südens zeichnen sich durch so unterschiedliche Wachstums- und Fruchtmerkmale aus, dass ihre Anforderungen an Schnitt und Erziehung sich deutlich von den bisher beschriebenen Methoden unterscheiden. Bis vor einigen Jahren, als diese Trauben kommerzielle Bedeutung erlangten, glaubten Weinbauern im Süden, dass die Muscadines nur wenig oder gar keinen Schnitt benötigten, und einige waren der Ansicht, dass der Schnitt die Reben schädige. Jetzt hat man herausgefunden, dass Muscadines genauso gut auf Schnitt und Erziehung reagieren wie andere Rebsorten. Husmann und Dearing [15] geben folgende Anweisungen zum Beschneiden von Muscadines:

„Bei Muscadine-Trauben werden zwei Erziehungssysteme angewendet: (1) das horizontale oder Überkopfsystem, bei dem der Wuchs als Überdachung etwa 7 Fuß über dem Boden ausgebreitet und von Pfosten getragen wird; und (2) das aufrechte oder vertikale System , bei dem der Bewuchs über ein Spalier verteilt ist.

„Beim Überkopfsystem wird ein einzelner Stamm entlang eines festen Pfostens aus dem Boden empor wachsen gelassen. Wenn die Rebe die Spitze des Pfostens erreicht hat, wird sie eingeklemmt oder zurückgeschnitten, damit sie Triebe zum Wachsen ausstößt vom Kopf der Rebe aus ausgebreitet, während die Speichen eines Rades strahlenförmig von der Nabe ausgehen. (Die Überkopf-Ausbildung der Muscadines ist in Abb. 21 dargestellt ; die aufrechte Ausbildung in Abb. 22.)

ABB. 21. Rotundifolia-Reben, die nach der Überkopfmethode erzogen wurden.

„Bei den aufrechten Systemen gehen die Fruchtarme entweder strahlenförmig von einem niedrigen Weinstock aus, wie die Rippen eines Fächers, oder sie sind als horizontale Arme von einem zentralen vertikalen Stamm abgenommen.

„Wenn dem Weinberg keine große persönliche Aufmerksamkeit gewidmet wird und das Beschneiden und andere Weinbergspraktiken vernachlässigt werden, werden die besten Ergebnisse mit dem Überkopfspalier erzielt. Darüber hinaus ermöglicht ein solches Spalier das Kreuzpflügen und die Kultivierung und eignet sich besser zum Weiden von Schweinen, Schafen, oder Rinder auf im Weinberg angebauten Zwischenfrüchten. Andererseits kann der sorgfältige Winzer die besten und frühesten Ergebnisse von Rebstöcken auf den aufrechten oder vertikalen Stützen erwarten. Das aufrechte Gitter erleichtert das Beschneiden, Ernten, Besprühen und Zwischenfruchtanbauen während der gesamten Lebensdauer B. im Weinberg; es ist auch einfacher zu reparieren und kann zwischen 10 und 20 US-Dollar pro Hektar billiger errichtet werden als das Überkopfspalier. Die Verwendung sowohl des aufrechten Systems als auch des Überkopfspaliers hat den Erzeugern profitable Erträge beschert. Jedes hat seine Vor- und Nachteile. Der angehende Züchter muss, wenn er seine eigenen Bedingungen kennt, entscheiden, welches Trainingssystem für seine Bedingungen am besten geeignet ist.

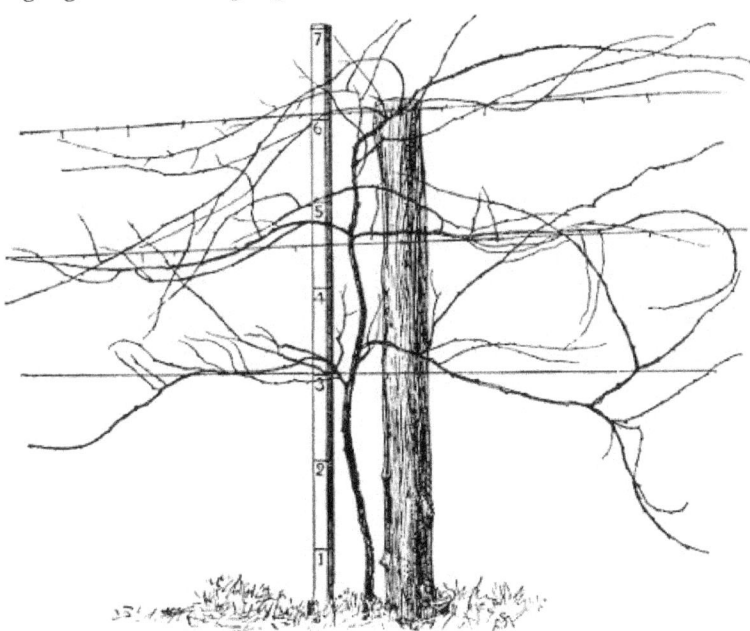

ABB. 22. Eine Rotundifolia-Rebe, die mit der 6-armigen Erneuerungsmethode erzogen wurde.

„Im ersten Jahr nach der Pflanzung reicht ein starker Pfahl, der 4 Fuß über dem Boden an jeder Rebe reicht, als ausreichender Halt aus. In der zweiten Saison sollte ein Spalier errichtet werden, obwohl die oberen Drähte eines aufrechten Spaliers und die sekundären Drähte eines Deckenspaliers möglicherweise verwendet werden." später hinzugefügt werden, wenn die Reben sie benötigen. Bei der Errichtung eines aufrechten Spaliers sollten die Pfosten in der Mitte zwischen den Reben angebracht werden, wobei die Abstände voneinander mit dem Abstand zwischen den Pflanzen variieren sollten. Die Endpfosten der Reihen sollten fest verspannt sein. Drei Drähte sind vorhanden Im Allgemeinen verwendet, 24, 42 und 56 bis 60 Zoll über dem Boden platziert.

„Bei der Errichtung eines Überkopfspaliers besteht die übliche Methode darin, an jeder der Dauerranken einen kräftigen, haltbaren Pfosten zu platzieren, der 7 Fuß über dem Boden reicht. Reihen extra schwerer, gut versteifter Pfosten, die parallel zu und auch an den Enden verlaufen Die Weinrebenreihen werden an den Grenzen des Weinbergs angebracht. Es gibt verschiedene Möglichkeiten, die Drähte anzuordnen. Normalerweise werden verzinkte Drähte Nr. 10 sicher an den Spitzen der Begrenzungspfosten an den vier Seiten eines Weinbergs befestigt Dann werden sie als Begrenzerdrähte entlang geführt und an den Oberseiten des Innenpfostens entlang jeder Reihe in beide Richtungen sicher befestigt. Nach Bedarf werden Drähte Nr. 14 im Abstand von 2 Fuß parallel zu den Begrenzerdrähten verlegt, bis auf diese Weise der gesamte Bereich abgedeckt ist bedeckt.

„Ein billigeres, aber weniger haltbares Überkopfgitter wird hergestellt, indem die Reglerdrähte Nr. 9 nur in eine Richtung und die Sekundärdrähte nur im rechten Winkel zu den Reglerdrähten verlegt werden, wobei die Sekundärdrähte an den Reglerdrähten befestigt werden, wo immer sie sich kreuzen.

„Einige Züchter bauen Lauben komplett aus Holz und verwenden Latten oder Stangen anstelle von Drähten.

„Das Beschneiden der Muscadine-Trauben in den ersten drei Jahren dient hauptsächlich dem Zweck, die bleibenden Teile der Rebe zu etablieren und die anderen Teile der Rebe an das gewünschte Erziehungssystem anzupassen, damit sie künftig nützlich sein können. Danach geht es beim Beschneiden hauptsächlich um die Erneuerung des Lagerbestands." Oberfläche und hält die Reben gesund, kräftig und produktiv.

„Während der ersten Saison sollte der Stamm der Rebe etabliert werden. Von dort aus werden in der zweiten Saison die Hauptfruchtzweige gebildet. Diese werden unter günstigen Umständen in der dritten Saison eine kleine Fruchternte tragen. Danach sollte der Zweck des Beschneidens erfüllt sein." Dabei geht es darum, das Wachstum zu erneuern, die Tragfläche zu vergrößern oder zu verkleinern und die Form der Rebe beizubehalten.

„Ein starker Rückschnitt entfernt in der Regel den größten Teil des fruchttragenden Holzes und versetzt die Rebe in ein kräftiges Holzwachstum. Kein Rückschnitt hingegen führt zu einem Wachstum, das zu stark verteilt, schwach und nicht in der Lage ist, gute Erträge zu bringen. Daher ist die Der Weinbauer sollte die Reben ausreichend studieren, um jedes Jahr beurteilen zu können, wie stark der Schnitt sein sollte, um die besten Ergebnisse zu erzielen. Dies hängt von der Sorte, dem Alter der Reben, der Fruchtbarkeit des Bodens usw. ab. Muscadine-Trauben tragen ihre Früchte in kleinen Büscheln. Es ist daher notwendig, eine große Fruchtoberfläche aufrechtzuerhalten, um eine angemessene Menge an Früchten sicherzustellen. Dies wird durch die Entwicklung einer Reihe von Fruchtarmen erreicht, die entlang dieser angespornt und verlängert werden, wenn die Reben stärker werden. Solche Fruchtbildung Arme können mehrere Jahre lang erhalten bleiben, aber nach einiger Zeit ist es wünschenswert, sie zu erneuern. Dies geschieht, indem man den Arm herausschneidet und einen neuen aus einem zuvor für solche Zwecke gezüchteten Stock anfertigt. Dies ist vorzuziehen Jedes Jahr systematisch nur einen oder höchstens zwei Arme eines Weinstocks erneuern. Diese allmähliche Erneuerung stört die Vitalität der Rebe nicht, sondern hält sie produktiv, gesund und stark. Der Schnitt kann schnell und einfach durchgeführt werden, wenn er vom Beginn der Reben an systematisch durchgeführt wird."

ALTE REBEN VERJÜNGEN

Wenn das Beschneiden und die Erziehung vernachlässigt werden, wird ein Weinberg schnell zu einer traurigen Gesellschaft stillstehender und verstümmelter Reben. Diese vernachlässigten Reben können selten umgestaltet und in ihre ursprüngliche Kraft zurückversetzt werden. Wenn die alten Reben in der Lage zu sein scheinen, ein starkes neues Wachstum hervorzubringen, ist es fast immer besser, eine neue Spitze wachsen zu lassen, indem man die Stöcke aus den Wurzeln entfernt und sie so verjüngt. Die Energie und Aktivität der Natur kommen selten besser zur Geltung als in diesen neuen Wipfeln, wenn die alten Wipfel stark zurückgeschnitten werden und der Weinberg gut gepflegt wird. Die neuen Stöcke wachsen mit der Kraft des biblischen Lorbeerbaums, was es oft schwierig macht, sie in Grenzen zu halten.

Normalerweise kann diese neue Spitze im Wesentlichen so behandelt werden, als wäre sie eine neue Rebe. Nicht selten wächst das Rohr ausreichend und reift so gut, dass es am Ende der ersten Saison als dauerhafter Stamm übrig bleiben kann. Wenn das Holz jedoch kurz, schwach und weich ist, sollte es im Herbst auf zwei bis drei Knospen zurückgeschnitten werden, aus denen in der nächsten Saison ein dauerhafter Stamm erzogen werden kann, aus dem in einer anderen Saison eine gute Krone geformt werden kann . Die alte Spitze wird entsorgt, sobald der neue Stamm am Spalier befestigt wird. Alte Weinberge werden auf diese Weise oft verjüngt, um ihren Besitzern über Jahre hinweg Gewinne zu verschaffen; Wenn der Boden jedoch schlecht und die Reben schwach sind, lohnen sich Versuche, die Spitzen zu erneuern, selten.

Gelegentlich lohnt es sich, alte Reben durch einen Rückschnitt zu verjüngen . Wenn ein solcher Versuch unternommen wird, ist es am besten, beim Winterschnitt einen starken Rückschnitt vorzunehmen und je nach Erziehungsmethode zwei, drei oder vier Zweige mit sechs, acht oder zehn Knospen übrig zu lassen. Die verbleibende Holzmenge muss von der Wuchskraft der Pflanze und der Sorte abhängen. Der Erfolg einer solchen Verjüngung hängt in hohem Maße von der Auswahl geeigneter Stellen an der alten Rebe ab, an denen das tragende Holz erneuert werden soll. Es erfordert gutes Urteilsvermögen, beträchtliches Geschick und viel Erfahrung, um einen alten Weinberg erfolgreich zu verjüngen, indem man die vorhandene Oberfläche umgestaltet, und wenn die Reben aufgrund von Vernachlässigung schon längst verschwunden sind, lohnt es sich selten .

Manchmal lassen sich alte Reben oder sogar ein ganzer Weinberg am einfachsten durch Pfropfen verjüngen. Dies gilt insbesondere dann, wenn die Reben nicht der gewünschten Art entsprechen und wenn im Weinberg hin und wieder eine verirrte Rebe der Sorte steht, mit der sie angepflanzt wurden. Anweisungen zur Veredelung finden Sie auf <u>den Seiten 45 bis 50</u> . Die veredelte Rebe lässt sich mit einer der verschiedenen Erziehungsmethoden leicht in Form bringen, indem man sie wie eine junge Rebe behandelt.

TAFEL XII. — Diana ($\times$ ^{3}/$_5$).

KAPITEL IX

Weinschnitt am Pazifischen Hang

Die in den letzten beiden Kapiteln besprochenen Methoden zum Beschneiden und Trainieren einheimischer Trauben gelten nicht für die Vinifera-Trauben, die in den bevorzugten Tälern der Rocky Mountains und am Pazifikhang angebaut werden. Wie wir bereits gesehen haben, unterscheidet sich die Vinifera- oder Altwelt -Traube in ihren Wuchsgewohnheiten deutlich von der amerikanischen Art, so dass nicht zu erwarten ist, dass der Schnitt, der für die eine Art gilt, auch für die anderen Arten gilt. Die Grundlagen sind zwar weitgehend die gleichen und die verschiedenen Traubenarten sind der Schere des Gartenschneiders in etwa gleichermaßen unterworfen, aber während das Beschneiden zur Regulierung der Fruchtbildung bei Weintrauben der Alten und Neuen Welt viele Ähnlichkeiten aufweist, ist die Ausbildung der Reben ist radikal anders.

Die europäischen Praktiken beim Beschneiden und Erziehen von Vinifera-Trauben sind so zahlreich und vielfältig, dass die ersten Erzeuger dieser Frucht in Amerika nicht wussten, wie sie ihre Reben beschneiden sollten. Doch aus einem halben Jahrhundert Erfahrung haben sich die amerikanischen Weinbauern aus der Alten Welt an die europäischen Praktiken angepasst und Methoden entwickelt, um den neuen Bedingungen gerecht zu werden – Methoden, die in der neuen Heimat dieser alten Traube sehr gute Dienste leisten. Da der Anbau der Altwelt- Traube ihren Schwerpunkt in Kalifornien hat und fast auf diesen Staat beschränkt ist, kann die kalifornische Praxis als Muster für das Beschneiden und die Erziehung der Reben dieser Art angesehen werden.

REBSCHNITT IN KALIFORNIEN [16]

Die in Kalifornien verwendeten Schnittsysteme können je nach Anordnung der Arme am Stamm der Rebe in zwei Klassen eingeteilt werden. Bei den gebräuchlichsten Systemen gibt es einen bestimmten Kopf zum Rumpf, aus dem alle Arme symmetrisch auf nahezu gleicher Höhe hervorgehen. Die Reben dieser Systeme können als „Kopfreben" bezeichnet werden. Bei den anderen Systemen ist der Rumpf 1,2 bis 2,5 Meter lang und die Arme sind regelmäßig über die gesamte Länge oder einen größeren Teil seiner Länge verteilt. Die Ranken dieser Systeme werden aufgrund der seilartigen Form der Stämme „Cordons" genannt.

Die Ranken mit Kopf sind entsprechend der Länge des vertikalen Stammes in hohe 2–3 Fuß, mittlere 1–1 1/2 Fuß und niedrige 0–6 Zoll unterteilt. Die Kordons können vertikal oder horizontal sein, je nach Richtung des

Stammes, der zwischen vier und acht Fuß lang ist. Die horizontalen Kordons können einzeln (einseitig) oder aus zwei in entgegengesetzte Richtungen verlaufenden Zweigen (bilateral) bestehen. Es kommen doppelte und sogar mehrfache vertikale Kordons vor, die jedoch sehr abzuraten sind und keine Vorteile bringen.

Die Anordnung der Arme einer Weinrebe kann in allen Richtungen symmetrisch in einem Winkel von etwa 45 Grad sein. Eine solche Rebe soll „vasenförmig " sein, obwohl die hohle Mitte, die dieser Begriff impliziert, nicht wesentlich ist. Dies ist die Form, die in den meisten unserer Weinberge verwendet wird, sei es als Wein-, Rosinen- oder Versandtrauben. Es eignet sich für das „quadratische" Pflanzsystem und den Kreuzanbau. Bei der Pflanzung von Rebstöcken im Alleesystem, insbesondere im Spalierbetrieb und dort, wo eine Kreuzkultivierung nicht möglich ist, erhalten die Arme eine „fächerförmige" Anordnung in einer vertikalen Ebene. Diese Anordnung gilt als wesentlich für die wirtschaftliche und einfache Bearbeitung von Spalierreben.

Auf dem vertikalen oder aufrechten Kordon sind die Arme in möglichst regelmäßigen Abständen auf allen Seiten des Rumpfes von der Oberseite bis auf zwölf bis fünfzehn Zoll unter der Unterseite angeordnet. Am horizontalen Kordon sind die Arme ähnlich angeordnet, jedoch möglichst nur auf der Oberseite des Rumpfes.

Jedes dieser Systeme kann wiederum in zwei Teilsysteme unterteilt werden, entsprechend der Bewirtschaftung des Jahreswachstums oder der Stöcke. In einem Fall bleiben Ausläufer von einem, zwei oder drei Augen für die Fruchtbildung übrig. Dieses System wird Kurz- oder Spornschnitt genannt. Im anderen Fall bleiben lange Stöcke für den Obstanbau übrig. Dies wird als Lang- oder Rohrschnitt bezeichnet. In seltenen Fällen wird eine Zwischenform angenommen, bei der lange Sporen oder kurze Stöcke mit fünf oder sechs Augen übrig bleiben. Beim Zuckerrohrschnitt wird jeder Fruchtstock von einem oder zwei kurzen Erneuerungsspornen begleitet. Diese müssen auch mit dem halblangen Rückschnitt einhergehen. Beschneidungssysteme, bei denen nur lange Stöcke ohne Erneuerungssporn übrig bleiben, werden in Kalifornien nicht verwendet. In allen Systemen bleiben Ersatzspuren dort, wo und wann immer sie benötigt werden.

Weitere Änderungen ergeben sich aus der Art und Weise der Entsorgung der Obststöcke. Diese können vertikal an einem Pfahl befestigt werden, der am Fuß jedes Weinstocks befestigt wird, oder in einem Kreis gebogen und an denselben Pfahl gebunden werden, oder sie können seitlich an Drähten befestigt werden, die sich horizontal, aufsteigend oder absteigend entlang der Reihen erstrecken.

Die verschiedenen Systeme unterscheiden sich daher in: (1) der Form, Länge und Richtung des Rumpfes; (2) die Anordnung der Arme; (3) die Verwendung von Fruchtspornen oder Fruchtstöcken mit Erneuerungsspornen; (4) die Entsorgung der Obststöcke.

Die prinzipiellen Möglichkeiten des Beschnitts sind in der folgenden Tabelle dargestellt:

A. KOPFSCHNITT: VASENFÖRMIG

				(*a*) Fruchttriebe oder
1. Hoher Stamm:				(*b*) Halblange Triebe und Erneuerungstriebe oder
2. Mittlerer Stamm:		mit		
3. Niedriger Stamm:				(*c*) Fruchttriebe und Erneuerungstriebe; Stöcke vertikal oder gebogen.

B. KOPFSCHNITT: FÄCHERFÖRMIG; GITTERFÖRMIG

• 1. Hochstamm: Fruchtstände und Erneuerungstriebe; Stöcke herabsteigend.

• 2. Mittlerer Stamm: Fruchtstöcke und Erneuerungstriebe; Stöcke horizontal oder aufsteigend.

C. KORDONSCHNITT

• 1. Vertikal: Sporn; halblang; Stock.

• 2. Horizontal-einseitig: Sporn; halblang; Stock.

• 3. Horizontal-bilateral: Sporn; halblang; Stock.

Alle in dieser Tabelle angegebenen möglichen Kombinationen stellen 24 Variationen dar. Einige dieser Kombinationen werden jedoch nicht verwendet und andere sind selten. Die häufigsten sind in den Abbildungen dargestellt. 23 , 24 , 25 , 26 und 27 .

Abbildung 23 B stellt einen köpfigen, vasenförmigen Weinstock mit mittlerem Stamm und kurzen Fruchtsporen dar. Dies ist das in allen Teilen Kaliforniens am häufigsten verwendete System und eignet sich für alle kleinwüchsigen Reben, die die unteren Knospen tragen, für die meisten Weintrauben und für Muskateller. Die Schnitteinheit ist in diesem Fall ein

Fruchtsporn mit 1, 2 oder 3 Internodien, je nach Wuchskraft der Sorte und der einzelnen Rute.

Abbildung 23 A unterscheidet sich von 23 B nur durch den höheren Rumpf und die längeren Arme. Es wird häufig für Tokay- und andere großwüchsige Sorten verwendet, insbesondere wenn sie auf nährstoffreichen Böden wachsen und weit voneinander entfernt gepflanzt werden.

ABB. 23. Formen des Kopfschnitts: *A*, Spornschnitt mit hohem Stamm; *B*, Spornschnitt mit mittlerem Stamm; *C*, halblang mit mittlerem Rumpf.

Abbildung 23 C hat die gleiche Körperform wie A und B, außer dass die Arme etwas weniger zahlreich sind. Die Schnitteinheit besteht aus einem kurzen Fruchtstock mit vier bis fünf Internodien, begleitet von einem Erneuerungssporn aus einem Internodium. Sie eignet sich für starkwüchsige Tafeltrauben, die sich auf kurzen Trieben nicht gut vertragen. Es wird vor allem für den Cornichon und Malaga auf nährstoffreichen Böden verwendet. Es ist schwierig, dieses System in gutem Zustand zu halten, da die Tendenz besteht, dass die gesamte Kraft dem Wachstum an den Enden der Fruchtstöcke zufällt. Es ist schwierig, kräftige Stöcke auf den Erneuerungssporen zu bekommen. Gelegentlich ist ein kurzer Rückschnitt erforderlich, um die Reben in der richtigen Form zu halten.

Abbildung 24 A ähnelt in der Form 23 C, die Anzahl der Arme ist jedoch noch weiter auf 2, 3 oder höchstens 4 reduziert. Die Schnitteinheit ist ein Fruchtstock von 2 1/2 bis 3 1/2 Fuß Länge sein Erneuerungssporn. Aufgrund der Länge der Fruchtstangen benötigen sie eine Stütze und werden an einen hohen Pfahl gebunden.

Diese Methode wird in einer Vielzahl von Weinbergen mit Sultanina, Sultana und bestimmten Weintrauben, insbesondere Semillon und Cabernet, angewendet. Es ist auf keinen Fall zu empfehlen, da es mehrere sehr gravierende Mängel aufweist.

Die Schwierigkeit, aus den Erneuerungstrieben neues Holz zu gewinnen, ist sogar noch größer als bei dem in Abb. 23 C gezeigten System. Die Länge und die vertikale Position der Fruchtstöcke führen dazu, dass das Hauptwachstum und die Kraft der Rebe auf die höchsten Triebe aufgewendet werden. Die Erneuerungstriebe sind dadurch so beschattet, dass die Triebe trotz beginnender Knospenbildung nur schwach wachsen. Die Folge ist, dass sich beim folgenden Schnitt das gesamte gute neue Holz an der Spitze der Fruchtstände des Vorjahres befindet und nicht verwertet werden kann. Der Baumschneider muss sich dann entscheiden, ob er wieder zum Spornschneiden übergeht und keine Ernte einbringt oder ob er das schwache Wachstum der Erneuerungstriebe für Fruchtstöcke nutzt. In diesem Fall erhält er möglicherweise Blüten, aber nur wenige oder gar keine Früchte von irgendeinem Wert.

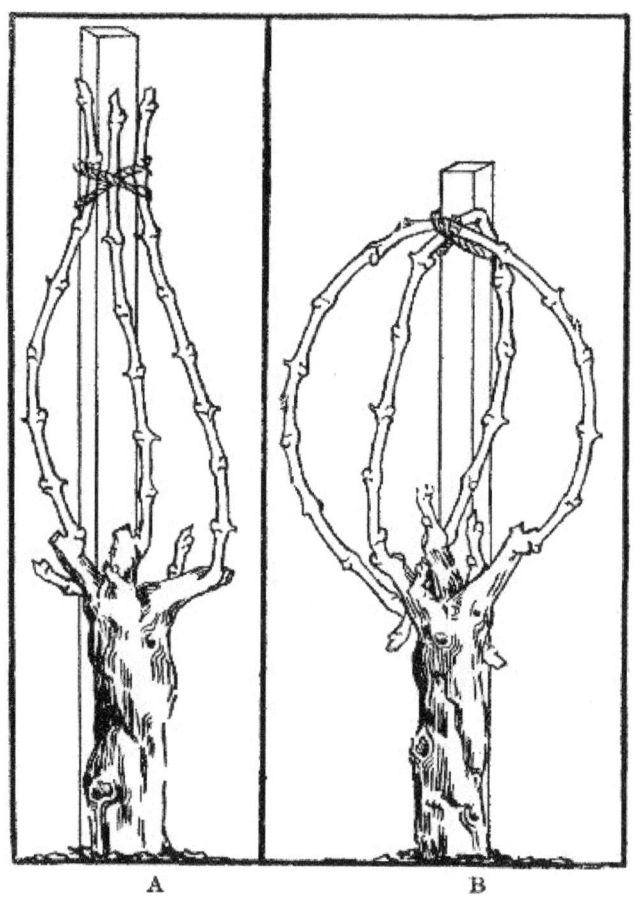

A   B

ABB. 24. Formen des Kopfschnitts: *A*, vertikale Fruchtstöcke und Erneuerungssporne; *B*, gebogene Fruchtstöcke und Erneuerungssporen.

Ein weiterer Nachteil dieser Methode besteht darin, dass die fruchttragenden Triebe übermäßig kräftig sind und daher oft dazu neigen, ihre Blüten fallen zu lassen, ohne zu binden, und dass die Früchte bei der Produktion zusammengeballt sind, so dass sie ungleichmäßig reifen und schwierig zu ernten sind. Außerdem ist ein hoher und teurer Pfahl erforderlich.

Abbildung 24 B stellt eine Verbesserung gegenüber dem letzten System dar. Es unterscheidet sich nur in der Art der Behandlung der Fruchtstöcke. Diese werden in Form eines Kreises gebogen und mit ihrem Mittelteil an einen Pfahl gebunden, der kleiner und niedriger sein kann als der, der für die vertikalen Stöcke benötigt wird.

Dieses Biegen der Stöcke hat mehrere nützliche Auswirkungen. Die Richtungsänderung mildert die Tendenz der Rebe, sich nur auf die Endtriebe zu konzentrieren. Daher bilden sich an den Fruchtstöcken mehr Triebe, und da ihre Vitalität etwas abnimmt, sind sie tendenziell fruchtbarer. Die leichte mechanische Schädigung durch die Biegung wirkt in die gleiche Richtung.

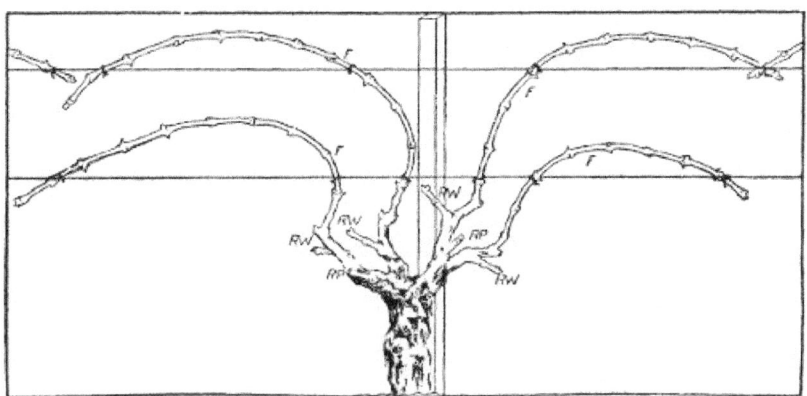

ABB. 25. Kopfschnitt: fächerförmiger Kopf; Obststöcke, die an ein horizontales Gitter gebunden sind.

Der dadurch von den Fruchttrieben abgeleitete Überschuss an Lebenskraft führt dazu, dass die Erneuerungstriebe kräftige Triebe bilden, die bald über den Fruchttrieben wachsen und das Licht und die Luft erhalten, die sie für ihre ordnungsgemäße Entwicklung benötigen. Diese Methode wird bei bestimmten Weintrauben wie Riesling, Cabernet und Semillon erfolgreich eingesetzt. Es eignet sich nicht für große, kräftige Sorten oder für Rebstöcke auf nährstoffreichen Böden, die weit voneinander entfernt gepflanzt werden. In diesen Fällen reichen meist zwei Fruchtstöcke nicht aus und wenn mehr verwendet werden, verklumpen die Trauben und Blätter so stark, dass sie anfällig für Schimmel sind und nicht gleichmäßig oder gut reifen. Das Biegen und Binden der Stöcke erfordert von den Arbeitern viel Geschick und Sorgfalt.

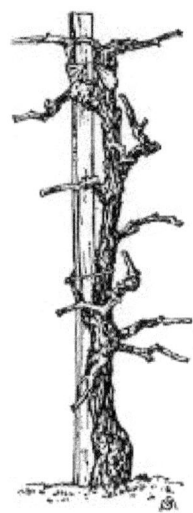

ABB. 26. Einzelner vertikaler Kordon mit Fruchtsporen.

Der Körper, die Arme und der jährliche Schnitt des in Abb. 25 gezeigten Systems ähneln denen von Abb. 24 , mit der Ausnahme, dass die Arme fächerförmig in einer Ebene angeordnet sind. Der Unterschied besteht in der Entsorgung der Obststöcke, die von einem Spalier getragen werden, das sich entlang der Reihe von Rebe zu Rebe erstreckt.

Sultanina (Thompson's Seedless) verwendet und ist das beste System für kräftige Reben, die einen langen Schnitt erfordern, sofern auf eine Kreuzkultivierung verzichtet werden kann. Es eignet sich auch für alle Sorten mit langem Schnitt, wenn sie auf sehr fruchtbarem Boden wachsen.

Abbildung 26 ist ein Foto einer vier Jahre alten Kaiserrebe, das das vertikale Kordonsystem veranschaulicht. Es besteht aus einem aufrechten Stamm von 4 1/2 Fuß Höhe mit kurzen Armen und Fruchtsporen, die gleichmäßig und symmetrisch von der Spitze bis auf 15 Zoll unter der Unterseite verteilt sind. Dieses System wird in vielen Emperor-Weinbergen im San Joaquin Valley verwendet.

Seine Vorteile bestehen darin, dass es die große Entwicklung des Weinstocks und die große Anzahl von Sporen ermöglicht, die die Kraft des Kaisers erfordert, ohne dass einerseits die Früchte durch die Nähe der Sporen gedrängt oder andererseits ausgebreitet werden die Rebe so sehr, dass der Anbau beeinträchtigt wird. Es ermöglicht auch den Kreuzanbau.

Einer ihrer Mängel besteht darin, dass die Früchte an verschiedenen Stellen der Rebe unterschiedlichen Temperaturen und Schattierungen ausgesetzt sind und die Reifung und Färbung oft ungleichmäßig sind. Ein schwerwiegenderer Mangel besteht darin, dass es nicht dauerhaft aufrechterhalten werden kann. Die Arme und Sporen oben am Stamm neigen dazu, die Energien der Rebe zu absorbieren, und die unteren Arme und Sporen werden jedes Jahr schwächer, bis schließlich unten überhaupt kein Wachstum mehr zu verzeichnen ist. Nach einigen Jahren verlieren die meisten Reben daher ihren Kordoncharakter und werden zu einfachen Kopfreben mit ungewöhnlich langen Stämmen.

Der Kordon kann in diesem Fall wiederhergestellt werden , indem man in einem Jahr die Entwicklung eines kräftigen Ausläufers ermöglicht, aus dem im nächsten Jahr ein neuer Stamm entsteht. Im folgenden Jahr wird der alte Stamm vollständig entfernt. Ein Einwand gegen diese Methode besteht darin, dass sie im wichtigsten Teil der Rebe – der Basis des Stammes – sehr große Wunden verursacht.

Abbildung 27 ist ein Foto einer vier Jahre alten Colombar- Rebe, das das einseitige, horizontale Kordonsystem veranschaulicht. Es besteht aus einem etwa sieben Fuß langen Stamm, der horizontal von einem Draht zwei Fuß über dem Boden getragen wird. Arme und Sporen sind entlang des gesamten horizontalen Teils des Rumpfes angeordnet.

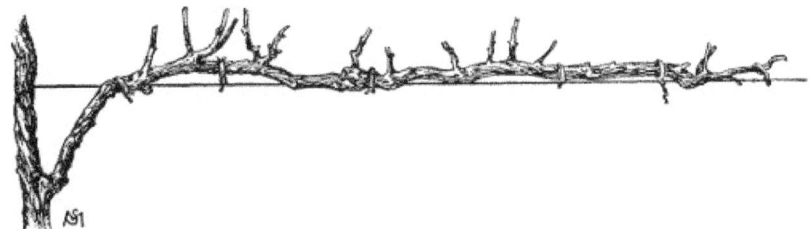

ABB. 27. Einseitiger horizontaler Kordon mit Fruchtsporen.

Dieses System erfüllt die gleichen Ziele wie die vertikale Absperrung. Es ermöglicht eine große Entwicklung der Rebe und zahlreiche Fruchtausläufer ohne Gedränge. Es ist dem vertikalen Kordon in der Verteilung der Früchte überlegen, die aufgrund des gleichmäßigen Abstands der Fruchtsporen vom Boden alle annähernd gleichen Bedingungen ausgesetzt sind. Alle Teile des Stammes, die ein jährliches Wachstum von Holz und Früchten hervorbringen, sind gleichermaßen dem Licht ausgesetzt, und der Tendenz des Wachstums, hauptsächlich an dem Teil des Stammes zu erfolgen, der am weitesten von der Wurzel entfernt ist, wird durch die horizontale Position entgegengewirkt. Es ist daher nicht so schwierig, diese Rebform dauerhaft zu erhalten wie beim vertikalen Kordon.

Dieses System sollte nicht für kleine schwache Rebstöcke verwendet werden, unabhängig davon, ob die Schwäche sortentypisch oder auf die Beschaffenheit des Bodens zurückzuführen ist. Sie eignet sich nur für sehr kräftige Sorten wie Kaiser-, Almeria- und Perser-Trauben, wenn sie weit voneinander entfernt auf reichhaltigen, feuchten Böden wachsen.

Entwicklungsperioden.

Das erste Jahr im Leben einer Rebe ist der Entwicklung eines kräftigen Wurzelsystems gewidmet; Die nächsten zwei bis drei Jahre dauerte es, um einen wohlgeformten Rumpf und Kopf aufzubauen, und eine ähnliche Zeitspanne, um die vollständige Armbesatzung zu bilden. Am Ende von fünf bis neun Jahren ist das Gerüst der Rebe vollständig und sollte außer einer allmählichen Verdickung von Stamm und Armen keine besondere Formveränderung erfahren.

Daher gibt es im Leben des Weinstocks mehrere Phasen mit unterschiedlichen Zwecken, und die Schnittmethoden müssen entsprechend variieren. Diese Zeiträume entsprechen nicht genau Zeiträumen, daher kann es irreführend sein, vom Beschneiden einer zweijährigen oder einer dreijährigen Rebe zu sprechen. Eine Rebe erreicht unter bestimmten Bedingungen in zwei Jahren den gleichen Entwicklungsstand, den eine andere unter anderen Bedingungen erst in drei oder vier Jahren erreicht. Der zeitliche Bereich dieser Zeiträume ist etwa wie folgt:

Erste Periode – Bildung eines starken Wurzelsystems	1 Zu 2 Jahre
Zweite Periode – Bildung von Stamm oder Stamm	1 Jahr
Dritte Periode – Kopfbildung	2 Zu 3 Jahre
Vierte Periode – Vollständige Entwicklung der Arme	2 Zu 3 Jahre
Gesamtzeit der Gerüstbildung	6 Zu 9 Jahre

Unter außergewöhnlich günstigen Bedingungen können die erste und die zweite Periode bereits im ersten Jahr durchgeführt werden und in fünf Jahren kann eine vollständig ausgebildete Rebe erhalten werden.

Vor dem Pflanzen.

Zum Pflanzen werden Stecklinge, einjährige Wurzelreben oder Banktransplantate verwendet. In jedem Fall benötigen sie etwas Aufmerksamkeit vom Gartenschneider.

Die übliche Methode zum Beschneiden einer gut bewurzelten Rebe von durchschnittlicher Größe mit einem einzelnen Stock an der Spitze und mehreren guten Wurzeln an der Unterseite besteht darin, den Stock je nach Größe auf ein oder zwei Knospen und die Wurzeln auf zwei bis vier Zoll zu kürzen. Durch das Kürzen des Stocks wird die Gefahr des Austrocknens der Rebe vor dem Bewurzeln verringert und das Wachstum wird von den unteren Knospen aus gefördert, die kräftigere Triebe hervorbringen. Die Wurzeln sind gekürzt, so dass beim Pflanzen keine Gefahr besteht, dass die Enden nach oben gestülpt werden. Wenn sie in ein großes Loch gepflanzt werden sollen, können sie bis zu fünf bis sechs Zoll lang bleiben; Wenn sie mit einem Brecheisen oder Dibble gepflanzt werden sollen, müssen sie auf einen halben Zoll zurückgeschnitten werden.

Wenn die bewurzelte Rebe mehrere Stöcke hat, sollten alle bis auf einen vollständig entfernt und dieser auf ein oder zwei Augen gekürzt werden. Übrig bleibt diejenige, die am stärksten ist, die besten Knospen hat und am besten platziert ist. Wenn ein horizontaler Stock übrig bleibt, sollte dieser bis zur Basisknospe zurückgeschnitten werden. Andernfalls könnte das Hauptwachstum an einer höheren Knospe stattfinden und die Rebe würde eine Krümmung haben, was zu einem schlecht geformten Stamm führen würde.

Wenn Stöcke aus verschiedenen Gelenken wachsen, ist es in der Regel am besten, den unteren Stock zu belassen, wenn sie gleich kräftig sind. Dadurch rücken die Knospen, aus denen das Wachstum entsteht, näher an die Wurzeln heran und es bleibt weniger vom ursprünglichen Steckling übrig, was ein Vorteil ist. Darüber hinaus ist die obere Verbindung zwischen den Stöcken oft mehr oder weniger verfault oder unvollständig.

Erste Vegetationsperiode.

Die Behandlung im ersten Frühling und Sommer hängt davon ab, welches Wachstum die Reben erwarten und ob die Reben im ersten Jahr abgesteckt werden.

Bei Stecklingen und sowohl bei bewurzelten Reben als auch bei Pfropfen, bei denen das Wachstum mäßig ist, ist das Abstecken im ersten Jahr unnötig, hat aber einige leichte Vorteile. In diesen Fällen ist, außer bei Bankveredelungen, bis zum Winter nach der Pflanzung keinerlei Schnitt notwendig. Im letzten Fall beschränkt sich der Schnitt auf das Entfernen der Triebe vom Stamm und der Wurzeln vom Zweig. Wenn die Bestände vom Gärtner gut entknospet wurden, entwickeln sich nur wenige Ausläufer. In feuchten Böden können sich die Kionwurzeln kräftig entwickeln und müssen entfernt werden, bevor sie zu groß werden. Andernfalls können sie die ordnungsgemäße Entwicklung der resistenten Wurzeln verhindern.

Das Entfernen der Wurzeln sollte in der Regel irgendwann im Juli erfolgen. Zu diesem Zweck wird der Erdhügel von der Verbindungsstelle abgekratzt und nach Entfernung der Stecklingswurzeln und -ausläufer ersetzt. Bei dieser zweiten Anhäufung sollte die Verbindung gerade noch bedeckt sein, so dass der Boden rund um die Verbindung trocken und ungünstig für ein zweites Wurzelwachstum ist. Später in der Saison, etwa im September, sollte die Erde rund um die Verbindung vollständig entfernt und alle neuen Wurzeln, die sich möglicherweise gebildet haben, entfernt werden. Anschließend wird die Verbindung freigelegt, damit sie aushärtet und reift, sodass sie den Winter ohne Verletzungen übersteht.

Erster Winterschnitt.

Am Ende der ersten Vegetationsperiode hat ein durchschnittlich guter Weinstock drei bis fünf Stöcke hervorgebracht, von denen der längste 60 bis 90 cm lang sein wird.

Bald nach dem Laubfall im Dezember oder Anfang Januar sollten die Reben beschnitten werden. Die Methode ähnelt genau der Methode, die bei bewurzelten Reben vor dem Pflanzen angewendet wird, mit dem Unterschied, dass die Hauptwurzeln nicht berührt werden. Bis auf einen werden alle Stöcke vollständig entfernt. Dieser sollte zumindest an der Basis gut ausgereift sein und wohlgeformte Augen haben. Es ist auf zwei Augen verkürzt. Es empfiehlt sich auch, alle flachen Wurzeln innerhalb von 7 bis 10 cm unter der Oberfläche abzuschneiden. Dies ist bei veredelten Reben erforderlich, wenn diese dem sommerlichen Wurzelschnitt entgangen sind.

Einige der Rebstöcke haben möglicherweise einen außergewöhnlich großen Wuchs verzeichnet. Solche Reben können manchmal einen Stock besitzen, der groß genug ist, um den Stamm auf die später beschriebene Weise für den zweiten Winterschnitt zu bilden.

Abstecken.

Wenn die Reben noch nicht gepflockt wurden, sollten die Pfähle kurz nach dem Beschneiden und vor dem Austreiben der Knospen eingetrieben werden.

Um die Ausrichtung des Weinbergs zu erhalten, sollten die Pfähle auf der gleichen Seite jedes Rebstocks in gleichmäßigem Abstand eingerammt werden. Der beste Abstand beträgt etwa fünf Zentimeter. Wenn sie näher herangetrieben werden, können sie große Wurzeln oder sogar den unterirdischen Hauptstamm verletzen, wenn die Reben nicht sorgfältig vertikal oder schräg zu der Seite gepflanzt wurden, auf der der Pfahl platziert werden soll.

Die Seite, auf der der Pfahl platziert werden sollte, hängt von der Richtung der vorherrschenden Winde während der Vegetationsperiode ab. Diese Seite ist die Leeseite. Das heißt, der Pfahl sollte so platziert werden, dass der Wind den Weinstock zum Pfahl hin drückt und nicht von ihm weg. Dies wird die Arbeit, die Rebe aufrecht zu halten und am Pfahl zu befestigen, erheblich erleichtern. Befindet sich die Rebe auf der anderen Seite, wird die Schnur durch den Druck des Windes fest gedehnt, und durch das Schwanken der Rebe wird die Schnur nach und nach abgenutzt, bis sie reißt, was ein erneutes Binden erforderlich macht. Bei sorgfältiger Beachtung dieser Regel müssen nur sehr wenige Reben neu gebunden werden, selbst wenn schwaches Material wie Bindegarn verwendet wird.

Zweiter Sommerschnitt.

Vor der Knospenbildung, im Frühjahr nach der Pflanzung, sehen die meisten Reben ungefähr so aus wie bei der Pflanzung. Es gibt jedoch einen sehr bemerkenswerten Unterschied: Sie verfügen über gut entwickelte Wurzelsysteme im Boden, in dem sie entstanden sind. Das Ergebnis ist, dass sie viel schneller und früher starten und ein viel größeres Wachstum erzielen werden als in der ersten Saison. Aus diesem Grund erfordern sie im Frühjahr und Sommer der zweiten Saison eine sehr sorgfältige Pflege durch den Gartenschneider. Zu diesem Zeitpunkt in dieser Hinsicht vernachlässigte Reben können zwar einen ebenso großen Wuchs hervorbringen, aber ein großer Teil davon wird verschwendet, die Reben werden deformiert sein und es wird ein bis zwei Jahre länger dauern, ein geeignetes Gerüst zu entwickeln und zu bringen sie in Kauf zu nehmen, auch wenn sie in den Folgejahren ordnungsgemäß gehandhabt werden. Je kräftiger die Reben sind, desto notwendiger ist es, sie in dieser Zeit richtig zu behandeln.

Das Hauptziel dieser zweiten Vegetationsperiode besteht darin, einen einzigen, starken, kräftigen und gut ausgereiften Stock zu entwickeln, aus dem der dauerhafte Stamm der Rebe entsteht.

Dies geschieht durch die Konzentration aller Energien der Rebe auf das Wachstum eines einzelnen Triebes. Sobald die Knospen beginnen oder wenn die Frühreife einen Trieb von einigen Zentimetern Länge entwickelt hat, sollten die Reben entfernt werden. Dabei werden alle Knospen und Triebe mit der Hand abgerieben, mit Ausnahme der beiden größten und am besten platzierten. Die niedrigsten, aufrechten Triebe sind meist die besten. Lassen Sie nur diejenigen übrig, die eine gerade Rebe ergeben. Es ist besser, weniger entwickelte Knospen zu belassen als einen Trieb, der beim Wachsen eine unangenehme Krümmung mit dem unterirdischen Stängel bildet.

Nach diesem Austrieb werden die beiden verbleibenden Triebe schnell wachsen, da sie alle Energien des Wurzelsystems empfangen. Wenn die längsten Exemplare zwischen zehn und fünfzehn Zoll gewachsen sind, sollten sie an den Pfahl gebunden werden. Andernfalls besteht die Gefahr, dass sie aufgrund ihrer weichen, saftigen Textur bei starkem Wind abbrechen. Nur die am besten platzierten und kräftigsten der beiden Triebe sollten angebunden werden. Wenn dieser Trieb aufrecht und in der Nähe des Pfahls wächst, ist dies ohne Verletzungsgefahr möglich. In diesem Fall sollte der zweite Trieb entfernt werden. Wenn der Trieb beim Anbinden am Pfahl gebogen werden muss, kann es zu Verletzungen kommen. In einem solchen Fall sollte man den zweiten Trieb so lange wachsen lassen, bis man weiß, ob der erste verletzt wurde. Im Falle einer Verletzung kann beim nächsten Rebenbesuch der zweite Trieb abgebunden und der verletzte Trieb entfernt werden.

Beim Abbinden der reservierten Triebe sollten alle neuen Triebe, die seit dem ersten Austrieb entstanden sind, entfernt werden. Die Triebe sollten locker angebunden werden, da sie weich sind und leicht verletzt werden können, und vorsichtig auf die Luvseite des Pfahls gebracht werden.

Die Triebe müssen erneut zusammengebunden werden, wenn sie weitere 30 cm oder 40 cm gewachsen sind. Dann gibt es zwei Bindungen, eine etwa zwei bis drei Zoll von der Spitze des Pfahls entfernt und die andere etwa in der Mitte. Wenn die Rebstöcke einen hohen Pfahl haben und sehr hoch angesetzt werden sollen, kann später eine erneute Anbindung weiter oben nötig sein.

Da die Reben nur mäßig wachsen, ist bis zum Winter kein weiterer Schnitt erforderlich. Außergewöhnlich kräftige Reben können jedoch einen Stock von acht, zehn oder mehr Fuß Länge bilden. Ein solcher Stock ist schwer und kann die Seile, mit denen er am Pflock befestigt ist, sehr leicht zerreißen. In diesem Fall kann es sein, dass es am Boden abbricht oder zumindest im Laufe der Reife eine ungünstige Krumme in Bodennähe bildet. In beiden Fällen ist es schwierig, im folgenden Jahr einen guten Stamm zu bilden. Auch wenn die Bindungen nicht reißen, eignet sich der Stock nicht gut für den Stammanfang, da die Verbindungen so lang sind, dass beim Winterschnitt nicht genügend gut platzierte Knospen zurückbleiben können.

Beide Schwierigkeiten werden durch rechtzeitiges Topping vermieden. Wenn solch kräftig wachsende Stöcke zwölf bis achtzehn Zoll über die Spitze des Pfahls gewachsen sind, werden sie etwa auf Höhe des Pfahls zurückgeschnitten. Dies geschieht am bequemsten mit einem Messer mit langer Klinge oder einem Stück gespaltenem Bambus. Nach dem Beschneiden hört der Stock auf, in die Länge zu wachsen, und an den meisten Gelenken beginnen die Seitenteile. Es ist weniger dem Einfluss des Windes ausgesetzt und die Seitentriebe liefern die Knospen, die für die Bildung der Rebe beim Winterschnitt erforderlich sind.

TAFEL XIII. — Holländerin ($\times$ ^{2} / $_3$).

Das Ergebnis des Wachstums der zweiten Saison war also die Produktion eines einzigen kräftigen Rohrstocks mit oder ohne Seitenteile. Dies ist der Stock, der sich zum endgültigen und dauerhaften Stamm der Rebe entwickeln soll. Es muss nicht nur groß und kräftig sein, sondern auch richtig ausgereift sein. Wenn die Rebe zu spät in der Saison wachsen darf, kann ein früher Frost das unreife Zuckerrohr zerstören und ein Großteil der Wachstumsergebnisse des Jahres wird verschwendet. Ein solcher Frost kann tatsächlich den gesamten Weinstock töten. Veredelte Reben sind durch diese Ursache besonders anfällig für Schäden, denn wenn sie bis auf die Verbindung abgetötet werden, sind sie völlig ruiniert. Ungepfropfte Reben, die bis auf den Boden abgetötet wurden, können nächstes Jahr aus einem

Austrieb erneuert werden. Dieser Trieb wächst jedoch wahrscheinlich so kräftig, dass er durch Herbstfrost noch anfälliger für Verletzungen ist als der ursprüngliche Trieb.

Dieses späte Wachstum tritt bei jungen Reben viel häufiger auf als bei alten. Die alten Reben hören früher auf zu wachsen, weil ihre Energie in die Pflanze geleitet wird. Da sie mehr Laub produzieren, greifen sie stärker auf die Feuchtigkeit des Bodens zurück, der daher früher austrocknet.

Spätes Wachstum der jungen Reben muss verhindert werden und das Holz möglichst vor dem Frost ausreifen. Dies geschieht durch Maßnahmen, die die Austrocknung des Bodens im Herbst fördern. Späte Bewässerungen sollten vermieden werden. Der Anbau sollte in der Regel im Hochsommer eingestellt werden. Bei sehr feuchten, nährstoffreichen Böden ist es oft von Vorteil, zwischen den Rebzeilen Mais, Sonnenblumen oder ähnliches anzubauen, um die überschüssige Feuchtigkeit abzutransportieren. In manchen Fällen empfiehlt es sich, das Sommerunkraut aus demselben Grund wachsen zu lassen.

Zweiter Winterschnitt.

Bei Rebstöcken, die wie beschrieben behandelt wurden und denen kein Unfall passiert ist, ist der zweite Winterschnitt sehr einfach. Es besteht einfach darin, den einzelnen Stock, der gewachsen ist, auf die Höhe zurückzuschneiden, auf der der Weinstock wachsen soll.

Der so beschnittene Weinstock besteht aus einem einzigen Stock, der mit dem älteren Holz an der Basis fast bis zur Spitze des Pfahls reicht, also fünfzehn Zoll. Bei richtiger Behandlung entwickelt sich daraus eine Rebe mit einem Stamm von etwa zwölf Zoll, wobei diese Länge leicht verändert werden kann, wie später erklärt wird.

Dieses Rohr besteht aus etwa sieben oder acht Gelenken oder Internodien mit einer gleichen Anzahl wohlgeformter Augen und einer unbestimmten Anzahl ruhender Knospen, hauptsächlich in der Nähe der Basis des Rohrs oder der Verbindung des ein- und zweijährigen Holzes. Nur die Knospen in der oberen Hälfte dieses Rohrs dürfen wachsen. Aus diesen etwa vier Knospen sollten sechs bis acht Weintrauben und vier, sechs oder acht Triebe entstehen, aus denen beim folgenden Winterschnitt die Triebe entstehen.

Bei einer Rebe, die zurückgeschnitten wurde, um einen hohen Kopf zu bilden, ist der Stock etwa 24 Zoll lang und kann zur Bildung eines 18 Zoll hohen Stammes verwendet werden, obwohl diese Höhe wie im letzten Fall geändert werden kann. Wie beim kürzeren Rohr dürfen nur die Knospen in der oberen Hälfte Triebe bilden. Diese – etwa sechs – sollten zehn bis zwölf Trauben und die für die Bildung von Spornen notwendigen Triebe ergeben.

In allen Fällen ist über der oberen Knospe ein vollständiges Internodium verblieben. Dies geschieht durch Durchschneiden der ersten Knospe oberhalb der höchsten Knospe, die wachsen soll . Dieser Schnitt wird so durchgeführt, dass die Knospe zerstört wird, das Zwerchfell und ein Teil der Schwellung des Knotens jedoch intakt bleiben. Dieses obere Internodium bleibt teilweise zum Schutz der oberen Knospe übrig, vor allem aber, um das Binden zu erleichtern. Durch einen halben Schlag um dieses Internodium wird die Rebe sehr fest gehalten. Wenn die Schwellung am Knoten der zerstörten Knospe nicht bestehen bleibt, werden viele Reben aus dem Stau gezogen, wenn sie im Frühjahr schwer mit Blättern werden und durch den Saftfluss geschmeidig werden.

Beim Binden der Reben dürfen an keinem Teil außer diesem oberen Internodium Drehungen oder Haken vorgenommen werden. Ein Haken unterhalb der oberen Knospe führt zu einer krummhalsigen Rebe, da sich die Spitze im Sommer unter dem Gewicht des Laubs nach unten beugt. Noch schädlicher ist eine Anhängung weiter unten, da sie den Weinstock umschnürt und erwürgt.

Um den Stock gerade auszurichten, ist immer eine zweite Bindung etwa auf halber Höhe vom oberen Ende bis zum Boden erforderlich. Selbst wenn der Stock beim Beschneiden gerade ist, ist ein zweites Band erforderlich, um zu verhindern, dass er sich unter dem Druck von Blättern und Wind im Frühjahr verbiegt. Bei hochgewachsenen Reben sind in der Regel drei Bindungen erforderlich.

Für die obere Bindung eignet sich besonders Draht. Es hält besser als Bindfaden und nutzt sich nicht ab. Auch wenn es nicht entfernt wird, schadet es nicht, da der Teil, um den es gewickelt ist, nicht wächst. Die unteren Kabelbinder sollten aus weicherem Material sein, da der Draht dazu neigt, in das Holz einzuschneiden. Sie sollten so platziert werden, dass sich der Stock beim Wachsen ausdehnen kann. Bei dünnen und insbesondere bei runden Stäben bedeutet dies, dass die Bindung locker sein muss. Bei großen, quadratischen Pfählen ist in der Regel ausreichend Platz zum Ausdehnen vorhanden, auch wenn die Schnur fest gebunden ist.

Dritter Sommerschnitt.

Während der dritten Saison bringen durchschnittlich gut gewachsene Reben ihre erste nennenswerte Ernte ein und entwickeln die Stöcke, aus denen die ersten Arme geformt werden.

Eine solche Rebe wird kurz nach dem Austrieb der Knospen im Frühjahr einen kräftigen, etwa sieben Zentimeter langen Trieb haben, der aus dem alten Holz wächst, und fünf Fruchtknospen, die oben am Stock wachsen. Alle Knospen und Triebe unterhalb der Rohrmitte sollten entfernt werden.

Dadurch bleiben die vier oder fünf Fruchtknospen übrig und die Rebe hat die Möglichkeit, acht oder zehn Weintrauben zu produzieren. Aus diesen Knospen entstehen auch mindestens vier oder fünf Triebe. Wenn die Rebe sehr kräftig ist und die Jahreszeit günstig ist, können sie acht, zehn oder mehr produzieren.

Wenn die fünf Triebe wachsen, wird die Höhe des Kopfes beim nächsten Winterschnitt dadurch bestimmt, welche der entsprechenden Stöcke als Sporen übrig bleiben. Wenn die beiden höchsten Stöcke auf Sporen zurückgeschnitten und alle anderen entfernt werden, wird der Weinstock so hoch wie möglich angebaut, da diese beiden Sporen die beiden ersten Arme bilden, die die Länge des Stammes bestimmen. Wenn die untersten zwei Stöcke ausgewählt und die gesamte darüber liegende Rebe entfernt wird, wird der Stamm so niedrig wie möglich gemacht. Mittlere Höhen können erreicht werden, indem man zwei andere benachbarte Stöcke verwendet und den Rest entfernt. Es ist oft ratsam, einige zusätzliche Triebe tiefer zu belassen, als es für den Rebstock erwünscht ist, und diese unteren Triebe im folgenden Winter zu entfernen, nachdem sie eine Ernte getragen haben. Beispielsweise könnten die drei oder vier oberen Stöcke übrig bleiben, wenn die Rebe kräftig genug ist, und die untersten ein oder zwei davon beim nächsten Schnitt entfernt werden. Dies ist jedoch bei sachgemäß behandelten Weinreben nicht oft notwendig und ist störend, da dadurch große Wunden im Stamm entstehen.

Dritter Winterschnitt.

Am Ende der dritten Wachstumssaison sollte die Rebe einen geraden, gut entwickelten Stamm mit einer Reihe kräftiger Stöcke an der Spitze haben, aus denen die Arme geformt werden.

Abbildung 28 zeigt eine gut gewachsene Rebe zu diesem Zeitpunkt. Im unteren Teil des Stammes durften keine Triebe wachsen und die fünf Knospen, die darüber wachsen durften, haben neun kräftige Stöcke hervorgebracht. Die Gartenschere sollte genügend Triebe hinterlassen, um alle Fruchtknospen zu versorgen, die die Rebe nutzen kann. Die Anzahl, Größe und Dicke der Stöcke zeigen, dass die Rebe sehr kräftig ist und eine große Ernte tragen kann. Es hängt etwas von der Sorte ab, wie viele Knospen übrig bleiben sollten. Bei einer Sorte, deren Trauben durchschnittlich ein Pfund wiegen und die bis zum Trieb zwei Trauben hervorbringt, sollten zwölf Fruchtknospen etwa vierundzwanzig Pfund oder etwa sieben Tonnen pro Acre ergeben, wenn die Reben wie bisher in einer Größe von 12 mal 6 Fuß gepflanzt werden. Die Anzahl der Sporen hängt von ihrer Länge ab. Sechs Triebe mit jeweils zwei Knospen ergeben die erforderliche Anzahl. Da einige dieser Stöcke jedoch außergewöhnlich kräftig sind , sollten sie etwas länger stehen bleiben. In diesem Fall reicht eine geringere Anzahl Triebe aus.

ABB. 28. Drei Jahre alte Rebe bereit zum Beschneiden.

Wenn Anzahl und Länge der Sporen festgelegt werden, sollten die Stöcke ausgewählt werden, die diese Sporen in der für die Armformung am besten geeigneten Position belassen. Diese Position hängt davon ab, ob wir eine Vasen- oder Fächerrebe wünschen. Im ersten Fall wählen wir diejenigen aus, die die Sporen am gleichmäßigsten und symmetrischsten auf allen Seiten verteilen , und vermeiden solche, die sich kreuzen oder nach unten zeigen.

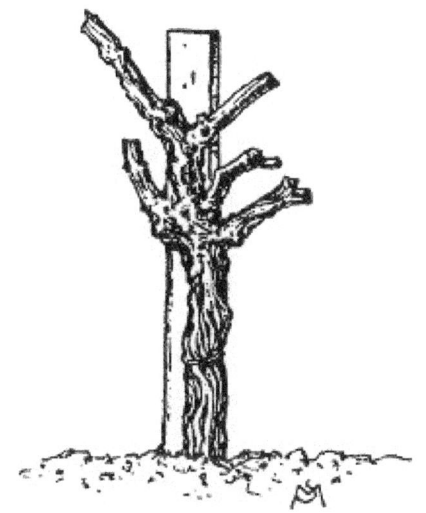

ABB. 29. Rebe aus Abb. 28 nach dem Beschneiden für einen vasenförmigen Kopf.

Im zweiten Fall wählen wir nur die Stöcke, die in Richtung des Spaliers verlaufen, und vermeiden Stöcke, die zwischen den Reihen hervorstehen. In diesem Fall können nach unten gerichtete Stöcke verwendet werden.

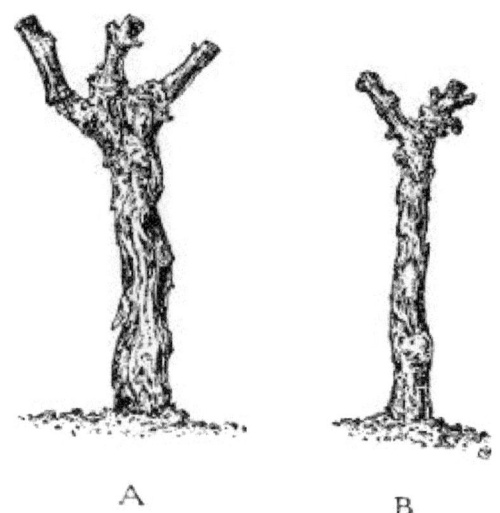

A   B

ABB. 30. Drei Jahre alte Reben: *A* , beschnitten für einen
vasenförmigen Kopf, und *B* , für einen fächerförmigen Kopf.

Abbildung 29 zeigt die Rebe nach dem Beschneiden für einen vasenförmigen
Kopf. Der Gartenschere hat zwei der stärksten Stöcke verwendet, um zwei
Sporen mit drei Knospen zu formen, und drei Stöcke mittlerer Stärke, um
drei Sporen mit zwei Knospen zu formen. Der Kopf hat eine gute Form,
allerdings sind einige Sporen etwas zu niedrig. Ein, zwei oder drei davon
können beim folgenden Winterschnitt entfernt werden und die bleibenden
Arme und der Kopf der Rebe werden aus Stöcken gebildet, die sich auf den
beiden höchsten Ausläufern entwickeln. Wenn die Rebe zu hoch wäre,
könnte man im nächsten Jahr den Kopf aus den drei untersten Trieben
entwickeln und den oberen Teil entfernen.

Abbildung 30 zeigt gleichaltrige Reben von praktisch perfekter Form. Es sind
weniger Triebe übriggeblieben, weil die Reben weniger kräftig waren. Es ist
einfacher, Reben richtig zu formen, die in den ersten drei Saisons nur ein
mäßiges Wachstum verzeichnen. Andererseits können sehr kräftige Reben
endlich in eine nahezu perfekte Form gebracht werden und die dafür
notwendigen etwas größeren und zahlreicheren Wunden werden durch eine
kräftige Rebe leichter geheilt.

Beschneiden nach dem dritten Winter.

Für den Gartenschneider, der sich mit dem Beschneiden junger Reben
auskennt und sie ungefähr auf die in den Abbildungen dargestellte Form
gebracht hat. 29 und 30 ist der anschließende Winterschnitt sehr einfach. Es
beinhaltet jedoch eine neue Idee – die Unterscheidung zwischen Frucht und
unfruchtbarem Holz.

Bis zum dritten Winterschnitt ist diese Unterscheidung nicht erforderlich; Erstens, weil praktisch das gesamte Holz Fruchtholz ist, und zweitens, weil die Notwendigkeit, den Weinstock zu formen, die Wahl des Holzes bestimmt. Ab diesem Zeitpunkt muss diese Unterscheidung jedoch sorgfältig vorgenommen werden. Bei jedem Winterschnitt müssen einige Fruchtholztriebe übrig bleiben, um den Ertrag zu erzielen, der aufgrund der Größe und Wuchskraft der Rebe zu erwarten ist. Außer diesen Fruchttrieben kann es notwendig sein, Triebe aus sterilem Holz zu belassen, um die Anzahl der Fruchttriebe im folgenden Jahr zu erhöhen.

ABB. 31. Vier Jahre alte Rebe, beschnitten für einen vasenförmigen Kopf.

Dies wird durch den Vergleich der Abbildungen deutlich. 30 A und 31 . Abbildung 30 A zeigt einen Weinstock beim dritten Winterschnitt mit zwei Fruchttrieben mit jeweils zwei Knospen und einem Fruchttrieb mit einer Knospe – insgesamt also fünf Fruchtknospen.

Wenn diese fünf Fruchtknospen im darauffolgenden Sommer alle kräftige Triebe hervorbringen, liefern sie fünf Stängel Fruchtholz, aus denen beim darauffolgenden Winterschnitt fünf Fruchttriebe gebildet werden können, was etwa dem normalen notwendigen Zuwachs entspricht. Einige dieser Fruchtknospen können jedoch schwache oder so schlecht platzierte Triebe hervorbringen, dass sie bei Verwendung als Sporen die Form des Kopfes beeinträchtigen würden. Andere Triebe werden jedoch aus Basis-, Sekundär- und Adventivknospen entstehen, die zwar weniger fruchtbar sind, aber zur Bildung von Ausläufern für den Beginn neuer Arme verwendet werden können.

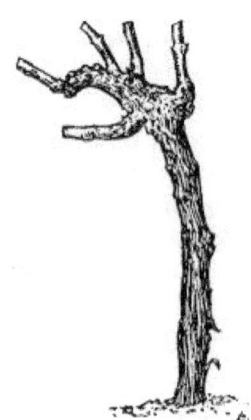

ABB. 32. Vier Jahre alte Rebe, beschnitten für einen hohen, vasenförmigen Kopf.

Abbildung 31 zeigt eine Rebe nach dem vierten Winterschnitt, die sich aus einer Rebe ähnlich der in Abb. 30 A gezeigten Rebe entwickelt hatte. Aus den drei Fruchttrieben des Vorjahres wurden vier Stöcke für die Fruchttriebe dieses Jahres ausgewählt. Der alte Sporn auf der linken Seite hat zwei neue Sporne und die beiden alten Sporne auf der rechten Seite jeweils einen neuen Sporn erhalten. Der Rebenschneider ist der Meinung, dass die Rebe kräftig genug ist, um mehr Holz zu tragen, und hat aus Wassersprossen zwei Triebe geformt, die zwar in der ersten Saison wahrscheinlich nicht viele Früchte tragen, aber Fruchtholz für das folgende Jahr liefern werden. Das Ergebnis ist eine sehr wohlgeformte Rebe mit sechs nahezu perfekt ausbalancierten Sporen. Diese Sporen entwickeln sich zu dauerhaften Armen, von denen einige schließlich zwei oder drei bilden.

Abbildung 32 zeigt eine gleichaltrige hochköpfige Rebe. Es hat fünf Sporen, davon vier Fruchtsporen und einer ein Sporen aus sterilem Holz, das übrig geblieben ist, um die Rebe zu formen. Die beiden mehr oder weniger horizontalen Triebe auf der rechten Seite tragen im folgenden Herbst Früchte und werden beim folgenden Winterschnitt vollständig entfernt, da sie schlecht platziert sind. Aus den drei aufrechten Sporen, die hervorragend platziert sind, entwickeln sich dann die Arme des Weinstocks.

Danach muss jedes Jahr derselbe Prozess durchgeführt werden. Zunächst müssen genügend und möglichst gut platzierte Fruchttriebe übrig bleiben, um den Ertrag zu ermöglichen. Zweitens müssen an den meisten Reben zusätzliche Ausläufer aus sterilem Holz übrig bleiben, um dort, wo sie benötigt werden, mehr Arme bereitzustellen, und schließlich, wenn sich die vollständige Anzahl an Armen entwickelt hat, um neue Arme bereitzustellen, um diejenigen zu ersetzen, die zu lang geworden sind oder anderweitig defekt sind .

Fächerförmige Ranken.

Bei Kopfreben ist die Behandlung bis zum dritten Winter bis auf die Unterschiede in der Kopfhöhe gleich. Beim dritten Winterschnitt beginnt jedoch die Bildung des Kopfes, und der Baumschneider bestimmt, ob er vasenförmig oder fächerförmig sein soll. Die Herstellung eines vasenförmigen Kopfes wurde bereits beschrieben.

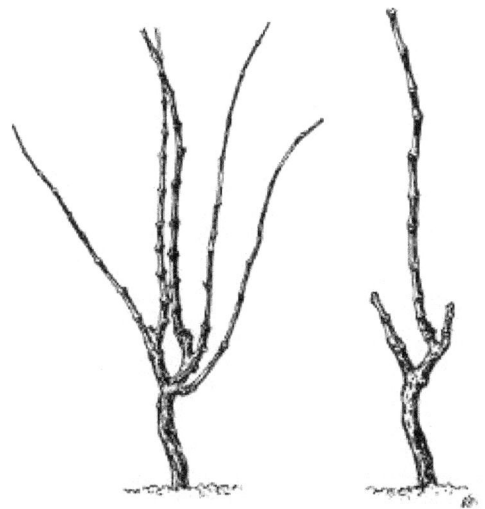

ABB. 33. *A*, vor dem Beschneiden; *B*, nach dem Beschneiden.

Beim dritten Winterschnitt sollte die Rebe auf zwei Triebe zurückgeschnitten werden, wie in Abb. 30 B dargestellt. Kräftigere Reben sollten *nicht* mit mehr Trieben versehen werden, wie in Abb. 30 B dargestellt. 29 und 30 A, aber die Sporen sollten länger gemacht werden, in manchen Fällen mit vier, fünf oder sogar sechs Augen. Dies geschieht, um einige Früchte zu erhalten, die bei Sorten mit langem Schnitt durch das Zurücklassen vieler Triebe möglicherweise nicht erzielt werden könnten. Bei extrem kräftigen Reben kann bei diesem Schnitt ein Fruchtstock übrig bleiben. Die Drähte des Spaliers sollten noch in diesem Jahr angebracht werden, sofern dies nicht bereits geschehen ist.

Abb. 33 A und 33 B verdeutlichen den zweiten Schritt bei der Herstellung eines fächerförmigen Kopfes. Diese Kopfform wird nur bei Spalierreben und lang beschnittenen Sorten verwendet. Die Bildung des Kopfes und die Bewirtschaftung der Fruchtstände werden daher bequem gemeinsam besprochen.

Durch den Vergleich der beschnittenen Rebe, Abb. 33 B, mit der unbeschnittenen Rebe, Abb. 33 A, wird die Schnittmethode deutlich. Der unbeschnittene Weinstock zeigt zwei Arme, die Sporen des Vorjahres, von denen aus einem drei kräftige und aus den anderen beiden etwas weniger kräftige Triebe gewachsen sind. Der beschnittene Weinstock zeigt eine vollständige Einheit, also einen Fruchtstock mit zugehörigem Erneuerungssporn auf der kräftigen Seite und einem Sporn zur Fruchtholzproduktion für das Folgejahr auf der anderen Seite. Wenn die Rebe kräftiger gewesen wäre, wären zwei vollständige Einheiten und ein oder zwei zusätzliche Triebe übrig geblieben.

Da die Form der Rebe durch die Erneuerungssporen bestimmt wird, sollte auf deren Position besonderes Augenmerk gelegt werden. In diesem Fall wurde der Mittelstock an einem Arm und der Unterstock am anderen Arm als Erneuerungssporne verwendet. Dies bringt beide auf die gleiche Höhe über dem Boden und bestimmt die Position der permanenten Arme. Im nächsten Jahr wird jeder dieser Sporen einen Fruchtstock und ein oder zwei Erneuerungssporen liefern. Die Arme werden daher in zwei oder drei Jahren auf vier, bei sehr großen Reben auf sechs, erhöht. Diese Ausläufer sollten möglichst genau in der Spalierebene gewählt werden, also nicht seitlich überstehen. Abbildung 25 zeigt Reben dieser Art in voller Größe und in voller Tragfähigkeit.

Auch die Fruchtstangen sollten so nah wie möglich in Richtung des Spaliers liegen, obwohl dies nicht so wichtig ist, da sie beim Anbinden an den Draht gebogen werden können und auf jeden Fall im nächsten Jahr entfernt werden.

Doppelköpfige Reben.

Einige Landwirte versuchen, die Arme ihrer Reben in zwei Stufen übereinander anzuordnen, sodass doppelköpfige oder zweikronige Reben entstehen. Die Methode wird sowohl auf Vasen- als auch auf Spalierreben angewendet. Es gibt die gleichen Kritikpunkte wie die vertikale Absperrung, deren Hauptkritik darin besteht, dass sie nicht dauerhaft aufrechterhalten werden kann. Der untere Kopf oder Armring wird schließlich schwach und kann kein Holz mehr produzieren.

Es ist in Spalierweingärten einfacher zu pflegen und hat einige Vorteile. Der Hauptvorteil besteht darin, dass es einfacher ist, die Rebe in einer Ebene zu halten und zu verhindern, dass die Rebstöcke in die Zwischenreihen gelangen. Der doppelte Stamm ist nicht notwendig und stellt sogar einen Nachteil dar, da ein Stamm dazu neigt, auf Kosten des anderen zu wachsen.

Vertikale und gebogene Stöcke.

Abbildung 24 A zeigt einen lang beschnittenen Weinstock, dessen Fruchtstöcke vertikal an einen hohen Pfahl gebunden sind. Dies ist eine Methode, die in vielen Weinbergen häufig angewendet wird. Die

Schnitteinheit ist die gleiche wie bei der gerade beschriebenen Methode, bestehend aus einem Fruchtstock und einem Erneuerungssporn. Das Gerüst der Rebe besteht aus einem mittelhohen Stamm mit einem vasenförmigen Kopf, der aus drei oder vier Armen besteht. Auf die Mängel dieses Systems wurde auf Seite 155 hingewiesen .

Es wird mit ziemlichem Erfolg bei kernlosen Sultaninen und bei einigen Weintrauben wie Colombar , Semillon, Cabernet und Riesling in den Händen erfahrener Weinbauern eingesetzt. Die Ergebnisse mit Sultanina sind sehr unbefriedigend.

Bei dieser Methode beginnen die Fruchtstöcke bei den meisten Rebstöcken weit oben in der Mitte des Pfahls und sind daher für die besten Ergebnisse zu kurz. Die von unten beginnenden Stöcke sind in den meisten Fällen Ausläufer und daher für die Fruchtbildung von geringem Wert.

Abbildung 24 B zeigt einen Weinstock mit gebogenen Stöcken. Die Schnittmethode ist genau die gleiche wie bei der gerade beschriebenen Methode. Das Biegen der Stöcke überwindet jedoch einige der Mängel dieser Methode. Es wird regelmäßig in vielen Weingärten der kühleren Regionen verwendet. Für sehr kräftige Reben auf nährstoffreichen Böden ist sie ungeeignet.

Vertikale Kordons.

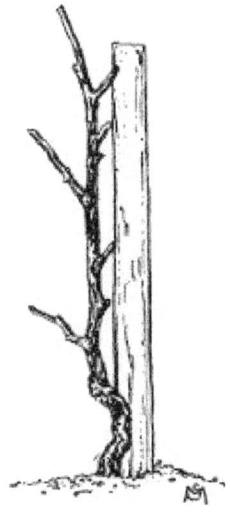

ABB. 34. Vertikaler Kordon, junge Rebe beschnitten.

Beim Kopfschnitt ist die Behandlung junger Reben bis zum zweiten oder dritten Winterschnitt bei allen Systemen identisch. Auch beim Kordonschnitt ist die Behandlung für den ersten und zweiten Schnitt gleich.

Das heißt, die Rebe wird bis auf zwei Knospen in Bodennähe zurückgeschnitten, bis ein Stock entsteht, der lang genug ist, um zur Bildung des Stammes zu dienen.

Im vertikalen Kordon ist der Stamm drei bis vier Fuß lang, statt ein bis zwei, wie beim Kopfschnitt. Dies macht es notwendig, zunächst einen längeren und kräftigeren Stock zu haben . Es kann ein Jahr länger dauern, dies zu erreichen. Das heißt, am Ende der zweiten Wachstumssaison wird bei vielen Weinreben kein einziger Stock ausreichend entwickelt sein, um die nötigen dreieinhalb Fuß gut gereiften Holzes und richtig entwickelten Knospen zu ergeben. Beim zweiten Winterschnitt ist es daher oft notwendig, die Rebe wie beim ersten Winterschnitt bis auf zwei Knospen zurückzuschneiden.

Schließlich wird ein Stock in der erforderlichen Länge erhalten. Die Rebe wird dann wie bereits beim zweiten Winterschnitt von Kopfreben beschrieben geformt, nur dass der Stock länger belassen wird. Wenn eine solche Rebe beschnitten wird, bleiben in Abständen entlang des Stammes Ausläufer zurück, wie in Abb. 34 dargestellt . Jeder dieser Sporen ist ein Fruchtsporn und zugleich der Anfang eines Armes. Die zukünftige Behandlung dieser Arme ist die gleiche wie die der Arme beim Kopfschnitt.

Horizontale Absperrungen.

In den ersten zwei bis drei Jahren werden Reben, die die Form horizontaler Kordons erhalten sollen, genau wie vertikale Kordons behandelt, d der Sommer.

Sobald ein gut ausgereifter Stock der erforderlichen Länge vorliegt, wird er an einen Draht gebunden, der horizontal entlang der Reihe in einer Höhe von 15 bis 24 Zoll über dem Boden gespannt ist.

Bei diesem Schnittsystem sollten die Reihen einen Abstand von zwölf bis vierzehn Fuß haben und die Rebstöcke in den Reihen einen Abstand von sechs, sieben oder acht Fuß. Da der Kordon oder Stamm jeder Rebe bis zur nächsten Rebe reichen soll, muss er 1,80 bis 2,40 Meter lang sein. Die beste Form erhält man, wenn der Stamm innerhalb eines Jahres aus einem einzigen Stock geformt wird. Es ist jedoch manchmal notwendig, dass die Stammbildung zwei Jahre in Anspruch nimmt. In jedem Fall sollte der zuerst festgebundene Stock mindestens bis zur Hälfte der nächsten Rebe reichen. Im folgenden Jahr sollte ein neuer Stock von dessen Ende verwendet werden, um die gesamte Länge des Stammes zu vervollständigen.

Beim Befestigen des Stocks am Draht muss dieser in einer sanften Kurve gebogen werden und darauf geachtet werden, dass er nicht bricht oder verletzt wird. Die richtige Form der Biegung ist in den Abbildungen dargestellt. 27 und 35 . Scharfe Kurven sollten vermieden werden.

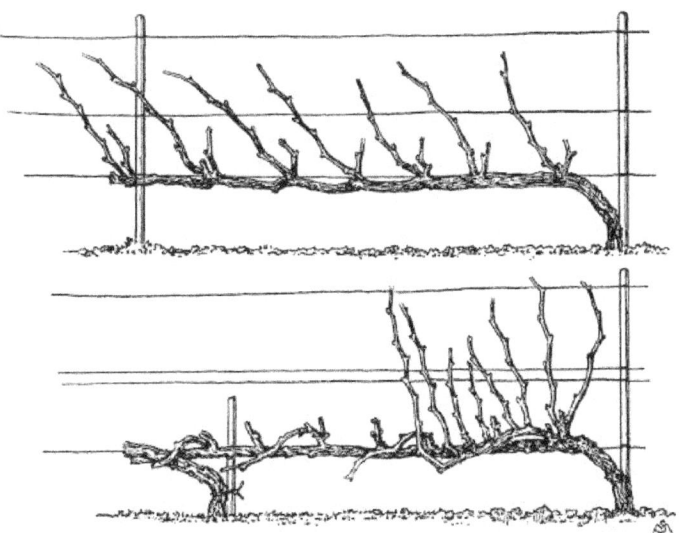

ABB. 35. Einseitiger horizontaler Kordon mit halblangem Schnitt.

Der Stock sollte auf den Draht gelegt, aber nicht darum herum gedreht werden. Das Ende sollte fest gebunden sein und der Rest des Stocks sollte durch lose zusammengebundene Schnüre gestützt werden, um ein Gürteln zu vermeiden, wenn der Stock wächst.

Im darauffolgenden Frühjahr beginnen die meisten Knospen an einem guten Stock auszutreiben. Wenn der Stock kurze Gelenke hat, sollten einige der Triebe entfernt werden und nur die Triebe wachsen gelassen werden, die günstig für dauerhafte Arme geeignet sind. Wenn die Reben kurz beschnitten werden sollen, sollten die Arme alle 20 bis 30 Zentimeter von einigen Zentimetern hinter der Biegung bis zum äußersten Ende entwickelt werden. Für lange Schnitte sollten die Arme einen größeren Abstand haben, nämlich 30 bis 50 Zentimeter. Bevorzugt werden Triebe, die von der Spitze des Rohres ausgehen und senkrecht nach oben wachsen.

Während sich die Triebe entwickeln, sollten die stärksten bei Bedarf immer wieder abgeklemmt werden. Dies wird dazu neigen, das Wachstum der schwächeren Triebe zu forcieren und die Kraft aller Triebe auszugleichen. Am Ende der Saison sollten auf jedem Kordon in voller Länge fünf bis zehn Stöcke wachsen. Diese Stöcke werden dann auf zwei oder drei Knospen zurückgeschnitten, bei lang geschnittenen Sorten auch etwas länger.

Im folgenden Frühjahr und Sommer sollten die Reben sorgfältig ausgesaugt und unnötige Wassersprossen entfernt werden. Von der Unterseite des Kordons ausgehende Triebe sollten frühzeitig entfernt werden, um das Wachstum der Triebe auf der Oberseite zu stärken. Solche Reben neigen dazu, auf der Oberseite auszutrocknen oder zu faulen. Am Ende dieses

Jahres, spätestens im vierten oder fünften Jahr nach der Pflanzung, ist der Kordon vollständig ausgebildet und der endgültige Schnitt kann durchgeführt werden. Eine kurz geschnittene Kordonrebe ist in Abb. 27 dargestellt . Die Arme und Sporen sind etwas zu zahlreich und zu eng beieinander. Wenn diese Rebe die gezeigte Anzahl an Knospen benötigt, wäre es besser gewesen, die Fruchtsporne länger und weniger und kürzere Holzspornen gelassen zu haben.

Die obere Rebe von Abb. 35 zeigt einen halblang beschnittenen Kordon. Dies ist ein ausgezeichnetes System für Malaga, Emperor und Cornichon, wenn sie auf sehr fruchtbarem Boden wachsen. Sie liefert die halblangen Fruchtstände, die diese Sorten für eine gute Ernte benötigen. Die Fruchtstangen können an einem Draht befestigt werden, der zwölf bis fünfzehn Zoll über der Kordon liegt, oder nach unten gebogen und an der Kordon selbst festgebunden werden, wie in der unteren Ranke der Figur. Die erste Methode ist die bequemere, die zweite ist jedoch erforderlich, wenn es schwierig ist, ein zufriedenstellendes Wachstum der Erneuerungssporen zu erzielen. Wenn die Fruchtstöcke festgebunden sind, wie dies bei der unteren Rebe der Fall ist, sind Erneuerungssporen möglicherweise nicht erforderlich, da aus den unteren Knospen der Fruchtstöcke normalerweise kräftige Triebe entstehen.

Wahl eines Systems.

Bei der Auswahl eines Systems müssen wir die Eigenschaften der jeweiligen Sorte, die wir anbauen, sorgfältig berücksichtigen. Eine Sorte, die nur die oberen Knospen trägt, muss „lang" beschnitten werden, das heißt, sie muss mit Fruchtständen versehen werden. Es ist zu beachten, dass viele Sorten, wie z. B. Petite Sirah , die einen kurzen Rückschnitt vertragen, wenn sie auf resistente Wurzeln gepfropft werden, Fruchtstangen benötigen, wenn sie auf ihren eigenen Wurzeln wachsen. Im Allgemeinen erfordern veredelte Reben einen kürzeren Schnitt als ungepfropfte . Bei gleichbleibendem Schnitt können die veredelten Reben übertrieben werden und sich schnell erschöpfen. Dies scheint der Hauptgrund für das häufige Versagen von auf resistenten Rebstöcken veredelten Muskatreben zu sein. Auch die kulturellen Bedingungen wirken sich in dieser Hinsicht auf die Rebe aus. Reben, die durch nährstoffreichen Boden, reichlich Feuchtigkeit und gründliche Bearbeitung kräftig werden, erfordern einen längeren Schnitt als schwächere Reben derselben Sorte.

Auch die normale Größe der Traube ist von Bedeutung. Diese Größe variiert zwischen einem Viertel Pfund und 2 oder 3 Pfund. Es ist schwierig, eine vollwertige Ernte einer Sorte zu erzielen, deren Trauben ohne den Einsatz von Obststöcken sehr klein sind. Sporen liefern nicht genügend Fruchtknospen, ohne dass sie unbequem überfüllt werden. Andererseits können einige Versandtrauben bei langem Schnitt zwar größere Erträge bringen, die Trauben und Beeren sind jedoch möglicherweise zu klein für die beste Qualität.

Die Entwicklungsmöglichkeiten sind je nach Sorte sehr unterschiedlich. Ein Missions- oder Flammen-Tokay kann so angelegt werden, dass er einen Viertel Acre bedeckt und einen Stamm mit einem Umfang von vier bis fünf Fuß entwickelt. Eine Zinfandel-Rebe würde unter den gleichen Bedingungen in der gleichen Zeit kein Zehntel dieser Größe erreichen. Auf einem nährstoffreichen Talboden wachsen die Reben viel größer als auf einem armen Hang. Größe und Form des Stammes müssen entsprechend angepasst und an den verfügbaren Platz bzw. die Anzahl der Rebstöcke auf der Fläche angepasst werden.

Die Form der Rebe muss so sein, dass sie bestmöglich vor verschiedenen ungünstigen Bedingungen geschützt ist. Eine für Oïdium anfällige Sorte wie die Carignane muss beschnitten werden, damit sich Früchte und Blätter nicht übermäßig verdichten. Freier Licht- und Lufteinfall sind in dieser Hinsicht ein großer Schutz. Dasselbe gilt auch für Sorten wie den Muscat, die bei zu feuchten oder schattigen Blüten zum Verfärben neigen. An frostigen Standorten bietet ein hoher Stamm Schutz, da die Luft in Bodennähe immer kälter ist.

Die von der Ernte geforderten Qualitäten beeinflussen auch unsere Wahl eines Schnittsystems. Bei Keltertrauben ist eine gleichmäßige, perfekte Reifung und volles Aroma erwünscht. Diese werden am besten dadurch erreicht, dass die Trauben eine gleichmäßige Höhe über dem Boden und so nah wie möglich am Boden haben. Die gleichen Eigenschaften sind bei Rosinentrauben wünschenswert, allerdings mit der Hinzufügung einer großen Beerengröße. Beim Versand von Weintrauben sind Größe und Perfektion der Beeren und Trauben die wichtigsten Merkmale. Die Rebe sollte daher so geformt sein, dass jede Traube frei hängt, frei von schädlichem Kontakt mit Stöcken oder Erde und gleichermaßen Licht und Luft ausgesetzt ist.

Der maximale Ernteertrag hängt von der frühen Entwicklung junger Reben, der Regelmäßigkeit der Entwicklung reifer Reben und der Langlebigkeit des Weinbergs ab. Diese werden durch die sorgfältige Beachtung aller Schnittdetails gewährleistet, sind jedoch nur möglich, wenn den Reben eine geeignete Form gegeben wird.

Die laufenden Kosten eines Weinbergs hängen in hohem Maße von der Art des Rebschnitts ab. Geeignete Weinreben werden einfach und kostengünstig angebaut, beschnitten und geerntet. Dies hängt sowohl von der gewählten Rebform als auch von der Sorgfalt im Detail ab.

Es ist daher unmöglich, für eine bestimmte Sorte oder einen bestimmten Standort anzugeben, welcher Schnittstil am besten geeignet ist. Alles, was getan werden kann, ist, die allgemeinen Merkmale der Sorte anzugeben und anzugeben, wie diese durch Veredelung, Boden, klimatische oder andere Bedingungen verändert werden können.

Das wichtigste Merkmal der Sorte bei der Auswahl eines Schnittsystems ist, ob normalerweise oder in der Regel ein kurzer, halblanger oder langer Schnitt erforderlich ist. Mit dieser Idee wurden die wichtigsten in Kalifornien angebauten Trauben zusammen mit allen an der Experimentierstation angebauten Trauben, zu denen Daten vorliegen, in der folgenden Liste in fünf Gruppen eingeteilt:

- 1. *Sorten, die unter allen Bedingungen einen langen Schnitt erfordern*. — Clairette blanche, Corinth weiß und schwarz, kernlose Sultana, Sultanina weiß (Thompson's Seedless) und Rose.

- 2. *Sorten, die normalerweise einen langen Schnitt erfordern*. — Bastardo, Boal de Madeira, Chardonay , Chauché gris und noir, Colombar , Crabbe's Black Burgundy, Durif, Gamais , Kleinberger , Luglienga , Marsanne, Marzemino , Merlot, Meunier, Muscadelle de Bordelais, Nebbiolo, Pagadebito , Peverella , Pinots, Rieslinge, Robin Noir, Ruländer , Sauvignon Blanc , Semillon, Serine, Petite Sirah , Slancamenca , Steinschiller , Tinta Cao, Tinta Madeira, Trousseau, Verdelho, Petit Verdot, Wälcherisling .

- 3. *Sorten, die normalerweise einen kurzen Rückschnitt erfordern*. — Aleatico , Aligoté, Aspiran , Bakator , Bouschets , Blaue Elbe, Beba , Bonarda , Barbarossa, Catarattu , Charbono , Chasselas , Freisa , Frontignan , Furmint, Grand Noir, Grosseblaue , Green Ungar, Malmsey, Mantuo , Monica, Mission, Moscatello Fino , Mourisco Branco , Mourisco preto , Negro amaro, Palomino, Pedro Zumbon , Perruno , Pizzutello di Roma, Black Prince, West's White Prolific, Quagliano , Rodites , Rozaki , Tinta Amarella , Vernaccia Bianca , Vernaccia Sarda.

- 4. *Sorten, die unter allen Bedingungen einen kurzen Rückschnitt erfordern*. — Aramon , Burger, Chardonay , Chauché gris und noir, Colombar , Crabbe's Black Burgundy, Durif, Black Morocco, Mourastel , Muscat of Alexander, Napoleon, Picpoule Blanc und Noir, Flame Tokay, Ugni Blanc , Verdal , Zinfandel.

- 5. *Tafeltraubensorten, die normalerweise einen halblangen oder Kordonschnitt erfordern* . — Almeria (Ohanez), Bellino , Bermestia Bianca und Violacea , Cipro Nero , Dattier de Beirut, Cornichon, Kaiser,

Black Ferrara, Malaga, Olivette de Cadenet , Pis -de-Chevre Blanc , Schiradzouli , Zabalkanski .

Diese Listen dürfen nicht so verstanden werden, dass sie absolut für alle Fälle angeben, wie diese Sorten zu beschneiden sind. Sie zeigen einfach ihre natürlichen Neigungen an. Bestimmte Methoden und Bedingungen führen dazu, dass Reben fruchtbarer werden. Wenn diese auftreten, kann ein kürzerer Schnitt als angegeben ratsam sein. Andererseits neigen andere Methoden und Bedingungen dazu, die Reben auf Kosten der Fruchtbarkeit kräftig zu machen. Wo diese auftreten, kann ein längerer Schnitt ratsam sein.

Die üblicheren Faktoren, die zur *Fruchtbarkeit führen* , sind:

- Pfropfen auf resistente Reben, insbesondere auf bestimmte Sorten wie Riparia und Berlandieri ;

- Alter der Reben;

- Mechanische oder andere Verletzungen an irgendeinem Teil der Rebe;

- Große Entwicklung des Rumpfes, wie bei den Kordonsystemen.

Die üblicheren Faktoren, die zu Lasten der Fruchtbarkeit tendieren, *sind* :

- Reichhaltiger Boden, besonders viel Humus und Stickstoff;

- Jugend der Reben;

- Übermäßige Bewässerung oder Niederschläge (innerhalb bestimmter Grenzen).

Bei der Entscheidung, welches Schnittsystem angewendet werden soll, müssen alle diese Faktoren zusammen mit der Beschaffenheit der Rebe und der Verwendung der Früchte berücksichtigt werden. Am besten ist es, wenn der Weinberg begonnen hat, sich für einen kurzen Schnitt zu entscheiden. Während dies die ersten ein oder zwei Ernten leicht beeinträchtigen kann, werden die Reben an Kraft gewinnen und der Verlust wird in den nachfolgenden Ernten ausgeglichen. Wenn die gewählte Schnittart zu einer übermäßigen Wuchskraft der Reben führt, sollte sie schrittweise in Richtung eines längeren Schnitts geändert werden, mit dem Ziel, diese Wuchskraft für die Ernte zu nutzen.

Diese Umstellung sollte schrittweise erfolgen, sonst besteht die Gefahr, dass die Vitalität der Reben durch ein oder zwei zu starke Ernten beeinträchtigt wird. Schließlich sollte der Zustand der einzelnen Rebe jedes Jahr über die Art des Schnittes entscheiden. Wenn die Rebe aus irgendeinem Grund schwach erscheint, sollte sie kürzer beschnitten werden oder weniger Sporen oder Fruchtstöcke als im Vorjahr erhalten. Im Gegenteil, wenn es unnötig wüchsig erscheint, sollten mehr oder längere Sporen oder Fruchtruten übrig bleiben. Jeder Weinstock sollte für sich beurteilt werden. Es ist nicht möglich, mehr als allgemeine Anweisungen für den Schnitt des gesamten Weinbergs zu geben. Es kann nicht gut beschnitten werden, wenn die Männer, die den eigentlichen Rebschnitt durchführen, nicht in der Lage sind, mit ausreichendem Urteilsvermögen ihre Methoden für jede einzelne Rebe richtig anzupassen.

TAFEL XIV. — Eaton ($\times$ ^{4} / $_5$).

KAPITEL X

EUROPÄISCHE TRAUBEN IN OSTAMERIKA

Wie wir gesehen haben, gab es in den ersten zwei Jahrhunderten nach der Besiedlung des Landes viele Versuche, europäische Trauben in Amerika anzubauen. Die verschiedenen Versuche, an denen einige Einzelpersonen, andere Unternehmen und in der Anfangszeit sogar Kolonien beteiligt waren, bilden die lehrreichsten und dramatischsten Episoden in der Geschichte der amerikanischen Landwirtschaft. Man wird sich erinnern, dass alle Bemühungen gescheitert waren und so düster und erbärmlich abgeschlossen waren, dass wir die zweihundert Jahre von den ersten Siedlungen in Amerika bis zur Einführung der Isabella, einer einheimischen Traube, als Zeitverschwendung in vergeblicher Kultur betrachten einer fremden Frucht. Die frühen Bemühungen waren jedoch keineswegs umsonst, denn aus den Schwierigkeiten von zwei Jahrhunderten des Weinanbaus ging die Domestizierung unserer einheimischen Trauben hervor, eine der bemerkenswertesten Errungenschaften der Landwirtschaft.

Das Aufkommen von Isabella und Catawba veränderte die Gedanken der Winzer völlig von den Trauben der Alten Welt zu den Trauben der Neuen Welt. Tatsächlich waren die Weinbauern so vollständig von den tausend und mehr einheimischen Trauben überzeugt, dass im folgenden Jahrhundert niemand Weintrauben aus der Alten Welt östlich der Rocky Mountains gepflanzt hat, während Weinberge mit einheimischen Arten nördlich und südlich vom Atlantik bis zum Atlantik zu finden sind Pazifik.

Mittlerweile sind viele neue Erkenntnisse in die Landwirtschaft gelangt, alte Irrtümer haben viele harte Schläge erlitten und Traditionsketten, in denen die Pflanzenkultur gebunden war, wurden durchbrochen. In keinem Bereich der Landwirtschaft erhielten die Arbeiter eine größere Unterstützung durch die Wissenschaft als im Weinbau. Dies gilt insbesondere für die Krankheiten des Weinstocks. Die Berichte der alten Experimentatoren waren ähnlich: „Eine Krankheit befällt die Reben und sie sterben." Was die Krankheit war und ob es Vorbeugungs- oder Heilmittel gab, wusste vor hundert Jahren niemand. Aber im letzten halben Jahrhundert haben wir viel über die Krankheiten der Weintrauben gelernt und kennen nun Vorbeugungsmaßnahmen oder Heilmittel für die meisten von ihnen. Wir wissen auch, dass die frühen Weinbauern scheiterten, zumindest teilweise, weil sie empirischen europäischen Praktiken folgten. Ist es nicht möglich, dass wir mit den neuen Erkenntnissen nun auch in Ostamerika europäische Trauben anbauen können? Die New York Agricultural Experiment Station hat diese Frage auf den Prüfstand gestellt. Die Ergebnisse deuten darauf hin, dass europäische Trauben inzwischen möglicherweise erfolgreich in Ostamerika angebaut werden. Das Folgende ist ein Bericht über die Arbeit mit dieser Frucht am New Yorker Bahnhof.

EUROPÄISCHE TRAUBEN AN DER NEW YORK EXPERIMENT STATION
[17]

Im Frühjahr 1911 erhielt die Station Stecklinge von 101 europäischen Rebsorten vom US-Landwirtschaftsministerium und der University of California. Die erhaltenen Stecklinge wurden auf die Wurzeln einer heterogenen Sammlung fünfjähriger Setzlinge aufgepfropft, die ein halbes Dutzend Vitis-Arten repräsentieren. Diese Bestände hatten wenig zu empfehlen, außer dass sie alle kräftig und gut etabliert waren und alle immun gegen Reblaus waren als die Sorten der Alten Welt . Von jeder der hundert Sorten wurden vier bis sechs Pfropfungen vorgenommen und es entstand ein Bestand von 380 Rebstöcken, wobei der Verlustanteil äußerst gering war. Der Erfolg der Pfropfung war wahrscheinlich auf die angewandte Methode zurückzuführen, deren Wert sich bei früheren Arbeiten auf dem Bahnhofsgelände bewährt hatte. Die Veredelungsmethode und die Einzelheiten der Pflege sind wie folgt:

Einzelheiten zur Pflege.

Beim Pfropfen wurde die Erde bis zu einer Tiefe von zwei bis drei Zoll von den Pflanzen entfernt. Die Reben wurden direkt unter der Erdoberfläche abgesägt. Der Stamm wurde dann für ein Spalttransplantat gespalten. Zwei Zäpfchen, hergestellt wie auf Seite 46 beschrieben , wurden in jede Spalte eingeführt und mit Wachsschnur festgebunden. Auf Wachs wurde verzichtet, da es aufgrund des Ausblutens des Weinstocks nicht in den veredelten Trauben haften bleibt. Nach dem Abbinden des Sprossens wurde die Erde ersetzt und ausreichend davon verwendet, um den Stock und den Sprossen zu bedecken und eine Verdunstung zu verhindern. Diese Pfropfmethode steht denjenigen zur Verfügung, die alte Weinberge besitzen. Es ist so einfach, dass selbst der anspruchsvollste Anfänger auf diese Weise Trauben veredeln kann. Würden junge Pflanzen oder Stecklinge als Vorräte verwendet, würde man natürlich auf eine Methode der Bankveredelung zurückgreifen.

Der Anbau und die Besprühung erfolgten genau wie bei einheimischen Trauben. Es gab keine Verhätschelung der Reben. Die Pilzkrankheiten , die zur Zerstörung der Weinberge beitrugen und die Seelen der alten Experimentatoren quälten, wurden durch zwei Sprühungen mit Bordeaux-Mischung in Schach gehalten; Die erste Anwendung erfolgte direkt nach dem Fruchtansatz, die zweite, als die Trauben zu zwei Dritteln ausgewachsen waren. In manchen Jahren wurde eine dritte Besprühung mit einer

Tabakmischung durchgeführt, um Thripse in Schach zu halten. Im Weinberg gab es Reblaus, aber keine der Sorten schien unter diesem Schädling zu leiden. Die verwendeten Rebstöcke waren weder für die darauf veredelten Rebstöcke noch für die Resistenz gegen Reblaus am besten geeignet. Zweifellos würden einige der in Frankreich und Kalifornien verwendeten Standardsorten von *Vitis rupestris* oder *Vitis vulpina* oder Hybriden dieser Arten bessere Ergebnisse liefern. Aus theoretischer Sicht scheint es, dass die *Vitis vulpina*- Bestände am besten für die Bedürfnisse Ostamerikas geeignet sind.

Die alten Experimentatoren glaubten, dass europäische Trauben in New York aufgrund ungünstiger klimatischer Bedingungen scheiterten. Es hieß, die Winter seien zu kalt und die Sommer zu heiß und trocken für diese Traube. Im Laufe der Jahre, in denen der Station-Weinberg von Viniferas existiert, gab es Belastungen aller Art, denen das wechselhafte Klima von New York ausgesetzt ist. Zwei Winter waren außerordentlich kalt und führten zum Absterben von Pfirsich- und Birnbäumen; Ein Sommer brachte das heißeste Wetter und den heißesten Tag seit 25 Jahren; Die Reben haben zwei schwere Sommerdürreperioden und drei kalte, nasse Sommer überstanden. Diese Testsaisonen haben bewiesen, dass europäische Trauben dem Klima von New York genauso gut standhalten wie die einheimischen Sorten, außer bei Kälte; sie müssen über einen Winterschutz verfügen.

Für die Erzeuger amerikanischer Weintrauben scheint die zusätzliche Arbeit des Winterschutzes ein unüberwindbares Hindernis zu sein. Die Erfahrung mehrerer Saisons in New York zeigt, dass Winterschutz eine kostengünstige und einfache Angelegenheit ist. Es wurden zwei Methoden verwendet; Weinreben wurden mit Erde bedeckt und andere mit Stroh umwickelt. Die Erdbedeckung ist kostengünstiger und effizienter. Die Reben werden beschnitten, in voller Länge auf den Boden gelegt und mit einigen Zentimetern Erde bedeckt. Die Kosten für den Winterschutz belaufen sich auf zwei bis drei Cent pro Rebe. Da europäische Reben viel produktiver sind als amerikanische Reben, werden die zusätzlichen Kosten für den Winterschutz durch den höheren Traubenertrag mehr als ausgeglichen. Außerdem ist das Spalieren für die europäischen Trauben einfacher und kostengünstiger, was dazu beiträgt, die Kosten für den Winterschutz weiter auszugleichen.

Beschneidung.

Es ist sofort ersichtlich, dass europäische Trauben eine besondere Behandlung beim Beschneiden benötigen, wenn sie jährlich auf den Boden gelegt werden sollen. Im Osten können verschiedene Modifikationen europäischer und kalifornischer Praktiken angewendet werden, um die Pflanzen für die Winterlagerung vorzubereiten. Dies muss allen

Schnittmethoden gemeinsam sein; Um das Biegen der Pflanze zu ermöglichen, muss jedes Jahr neues Holz aus der Basis der Pflanze geholt werden. Dies kann dadurch erreicht werden, dass ein Ersatzsporn an der Basis des Stammes belassen wird. Wenn beim Pfropfen der Pflanzen und beim Wachsen beider Knospen zweiäugige Stecklinge verwendet werden, kann der Spross der oberen Knospe zur Bildung des Hauptstamms verwendet werden, während der Spross der unteren Knospe den Ersatzsporn liefert. Jedes Jahr werden bis auf einen alle Stöcke, die von diesem Sporn kommen, entfernt und der verbleibende wird auf ein oder zwei Knospen zurückgeschnitten, bis der Hauptstamm zu steif wird, um sich leicht nach unten zu biegen. Dann bleibt ein Stöcker vom Sporn übrig neuer Stamm und ein anderer wird für einen neuen Erneuerungssporn beschnitten.

Der Hauptstamm wird nur bis zum unteren Draht des Spaliers getragen. Beim Winterschnitt werden zwei einjährige Stöcke ausgewählt, die entlang dieses Drahtes gebunden werden, einer auf jeder Seite, und die beiden Erneuerungstriebe werden zum Anbinden ausgewählt und neue Erneuerungstriebe bleiben übrig. Für eine optimale Produktion erfordern verschiedene Sorten unterschiedliche Längen der Fruchtstangen, aber die Arbeiten in Genf sind noch nicht weit genug fortgeschritten, als dass Empfehlungen für bestimmte Sorten abgegeben werden könnten. Es hat sich jedoch als am besten erwiesen, schwache Reben kräftig und kräftige Reben leicht zu beschneiden. Unter normalen Bedingungen verbleiben an jedem Stock vier bis acht Knospen, abhängig von der Wuchskraft der Rebe. Bei einigen der älteren Sämlinge, die 1911 für Bestände verwendet wurden und die so groß waren, dass zwei Zweige verwendet wurden, und bei vielen von denen, bei denen die Wurzeln ausreichend Kraft zu haben schienen, um die größere Spitze zu tragen, wurden zwei Stämme gebildet, einer aus jedem Transplantat. Durch die V-förmige Verteilung und die Verkürzung der inneren Arme konnten sehr zufriedenstellende Ergebnisse erzielt werden.

Die Art des Wachstums unterscheidet sich bei Vinifera von der einheimischer Rebsorte. Die jungen Triebe, die den einjährigen Stöcken entspringen, wachsen aufrecht, anstatt bis zum Boden zu reichen oder an den Spalierdrähten entlangzulaufen. Dies muss bei dem im Osten eingeführten Beschneidungssystem ausgenutzt werden. Die oben beschriebenen Stöcke und Erneuerungssporen werden entlang des unteren Drahtes festgebunden; dann wachsen die jungen Triebe, die daraus hervorgehen, bis zum zweiten Draht. Wenn sich die Triebe 10 bis 15 cm über diesem Draht befinden, werden sie direkt über dem Draht abgeklemmt und diejenigen, die sich noch nicht festgesetzt haben, festgebunden, um zu verhindern, dass der Wind sie abreißt. Gleichzeitig werden, wenn eine der Axialknospen an den Trieben begonnen hat, Sekundärtriebe zu bilden, diese abgerieben, beginnend mit dem Knoten, der direkt über der oberen Traube liegt und bis zum alten Trieb hinuntergeht. Dadurch erhält das Cluster mehr Platz und besseres Licht. Bald nach dem ersten Zurückweichen beginnen die oberen Knospen des jungen Triebes seitlich zu wachsen. Die Nebenzweige wachsen meist aufrecht und sind, wenn sie mehrere Zentimeter hoch sind , mit einer Sichel gekrönt. Diese Rückführung führt zu stämmigeren und reiferen Stöcken für das folgende Jahr und trägt bei richtiger Durchführung zur Fruchtbarkeit der Rebe bei und die Früchte reifen besser.

Allgemeine Überlegungen.

Der Erzeuger europäischer, auf amerikanische Reben gepfropfter Trauben kann sich auf Überraschungen über das Wachstum der Reben gefasst machen. Am Ende der ersten Saison erreichen die Pflänzchen die Größe von Weinreben in voller Größe; In der zweiten Saison beginnen sie, mehr oder weniger reichlich Früchte zu tragen, und im dritten Jahr produzieren sie ungefähr die gleiche Anzahl an Trauben wie eine Concord- oder Niagara-Rebe. und da die Trauben der meisten Sorten größer sind als die der amerikanischen Trauben, ist der Ertrag daher größer. Auch die europäischen Sorten dürften enger angesetzt sein als die amerikanischen Sorten, da sie selten so stark wachsen.

Es ist noch zu früh, aus diesem kurzen Experiment den Schluss zu ziehen, dass wir im Osten übliche Sorten europäischer Trauben anbauen sollen, aber das Verhalten der diskutierten Reben scheint darauf hinzudeuten, dass wir dies tun können. Auf der New York Station sind die europäischen Sorten ebenso kräftig und sparsam wie amerikanische Reben und ebenso leicht zu pflegen. Warum dürfen wir diese Trauben nicht anbauen, wenn wir sie vor Reblaus, Pilzen und Kälte schützen? In Europa gibt es in der südlichen Hälfte des Kontinents Rebsorten für nahezu jeden Boden und jede Bedingung. In Osteuropa und Westasien müssen die Reben genauso geschützt werden, wie sie hier geschützt werden müssen. Es scheint fast sicher, dass wir unter den vielen Sorten, die ausgewählt wurden, um den verschiedenen Bedingungen Europas gerecht zu werden, Arten finden werden, die den verschiedenen Böden und Klimazonen dieses Kontinents gerecht werden. Und hier haben wir einen der Hauptgründe für den Wunsch, diese Trauben anzubauen, dass der amerikanische Weinanbau möglicherweise nicht so lokalisiert ist wie derzeit. Wahrscheinlich werden wir feststellen, dass europäische Trauben unter vielfältigeren Bedingungen angebaut werden können als einheimische Sorten.

Der Anbau europäischer Weintrauben im Osten verleiht dieser Region im Wesentlichen eine neue Frucht. Wenn ihre Kultur einen nennenswerten Erfolg hat, wird die Weinherstellung in Ostamerika revolutioniert, denn die europäischen Trauben sind den einheimischen Sorten für diesen Zweck weit überlegen. Sorten dieser Trauben haben einen höheren Zucker- und

Feststoffgehalt als die amerikanischen Sorten und sind daher in der Regel länger haltbar. Wir können daher erwarten, dass durch diese Trauben die Saison für diese Frucht verlängert wird. Die europäischen Sorten haben einen besseren Geschmack, einen feineren und reichhaltigeren Weingeschmack, ein angenehmeres Aroma und weisen nicht die Säure und den unangenehmen Fuchsgeschmack vieler amerikanischer Trauben auf. Obst wird vielen Verbrauchern besser schmecken und die Nachfrage nach Weintrauben wird dadurch steigen.

Das Aufkommen der europäischen Traube in den Weinbergen Ostamerikas sollte die Produktion von Hybriden zwischen dieser Art und den amerikanischen Rebsorten erheblich steigern. Wie wir gesehen haben, gibt es viele solcher Hybriden, aber seltsamerweise wurden bei der Kreuzung kaum mehr als ein halbes Dutzend europäischer Rebsorten verwendet. Bei den meisten davon handelte es sich um Gewächshaustrauben und nicht um solche, von denen man erwarten konnte, dass sie die besten Ergebnisse für den Weinanbau liefern. Wenn wir die Sorten kennenlernen, die am besten an die amerikanischen Bedingungen angepasst sind, sollten wir in der Lage sein, europäische Eltern zu einem besseren Vorteil als in der Vergangenheit auszuwählen und durch deren Verwendung bessere Hybridsorten zu produzieren.

Sorten.

Von den 85 Sorten europäischer Trauben, die heute auf dem Gelände der New York Agricultural Experiment Station wachsen, werden im Osten als Tafeltraubensorten genannt, die es wert sind, probiert zu werden: Actoni , Bakator , Chasselas Golden, Chasselas Rose, Feher Szagos , Gray Pinot, Lignan Blanc, Malvasia, Muscat Hamburg, Palomino und Rosaki . Diese und andere europäische Trauben werden in Kapitel XVIII beschrieben ; Chasselas Golden und Malvasia sind in Tafel V abgebildet .

TAFEL XV. — Sonnenfinsternis ($\times\ ^2/_3$).

KAPITEL XI

TRAUBEN UNTER GLAS

Der Weinanbau unter Glas ist in Amerika rückläufig. Vor vierzig oder fünfzig Jahren war die Branche ein beträchtlicher Wirtschaftszweig, Weintrauben wurden in der Nähe aller Großstädte häufig für den Markt angebaut, und fast jedes große Anwesen, das über ein Glassortiment verfügte, verfügte über eine Weinkellerei. Aber Trauben werden in Europa besser und billiger angebaut als in Amerika, und die Einführung schneller Transportmöglichkeiten ermöglicht es englischen, französischen und belgischen Weinbauern, ihre Waren billiger auf amerikanische Märkte zu schicken, als sie zu Hause angebaut werden könnten. Der Weltkrieg hat vorerst den Import von Luxusgütern aus Europa gestoppt, und amerikanische Gärtner sollten den Anbau von Weintrauben unter Glas gewinnbringend finden; Aufgrund der Zerstörung belgischer Häuser und des kriegsbedingten Mangels an Arbeitskräften in Europa können sie auch damit rechnen, die Märkte noch viele Jahre lang halten zu können.

Hobbygärtner sollten niemals zulassen, dass die Kultur der Weintrauben unter Glas nachlässt, denn die Gewächshaustraube ist die Vollendung des Könnens des Gärtners. Sicherlich bringt das Treiben keiner anderen Frucht so großzügige Belohnungen. Unter Glas angebaute Trauben sehen schöner aus und sind von besserer Qualität als solche, die im Freien angebaut werden. Die Trauben erreichen oft eine enorme Größe, wobei ein Gewicht von 20 bis 30 Pfund keine Seltenheit ist. Es herrscht der Eindruck vor, dass man teure Häuser haben muss, um Weintrauben unter Glas anzubauen; Dies ist nicht notwendig, und „Trauben im Treibhaus" ist eine Fehlbezeichnung, da die Früchte tatsächlich in kalten oder relativ kühlen Häusern angebaut werden, was nicht unbedingt teuer sein muss. Der Weinanbau unter Glas gelingt mit größerer Leichtigkeit und Sicherheit, als es sich diejenigen vorstellen können, die die Früchte zu hohen Preisen in Feinkostläden kaufen. Eine Weinkellerei muss kein kostspieliger Luxus sein, und die Weintraubenkultur unter Glas kann Personen mit mäßigen Mitteln, die ein gärtnerisches Hobby suchen, empfohlen werden.

DIE TRAUBE

Nahezu jede der verschiedenen Modifikationen von Gewächshäusern kann an den Weinanbau angepasst werden. Firmen, die Gewächshäuser bauen, haben in der Regel Erfahrung im Bau von Weingärten, und in der Regel lohnt es sich, das Haus von diesen professionellen Bauleuten errichten zu lassen. Wenn die eigentlichen Arbeiten nicht von einem Bauunternehmer ausgeführt werden, besteht die Möglichkeit, Pläne und Kostenvoranschläge zu erwerben, anhand derer, sofern sie ausreichend detailliert sind, lokale

Bauunternehmer arbeiten können. Auf kleinen Grundstücken sind Anbauhäuser zweifellos am besten geeignet, da sie kostengünstig sind und Schutz vor den vorherrschenden Winden bieten. Diese Unterstände sollten nach Süden ausgerichtet sein und können an den Stall, die Garage oder ein anderes Gebäude gebaut werden; oder besser: Es kann eine Ziegel- oder Steinmauer im Norden errichtet werden. Es ist möglich, eine kleine Weinkellerei als Anbau aus einem Treibhausflügel zu bauen.

In Gewerbebetrieben und auf großen Weingütern, wo die Weintrauben mehr oder weniger dekorativ sein müssen, ist ein Haus mit Spanndach besser für die Weinkellerei geeignet als ein Anbau, insbesondere wenn das Haus nicht für die Weinproduktion genutzt werden soll früh in der Saison. Aufgrund der allseitigen Freilegung des Satteldachhauses ist beim Weinanbau hier allerdings etwas mehr Geschick erforderlich als in der besser geschützten Weinbau-Anbauanlage. Was auch immer das Haus sein mag, es muss so gebaut sein, dass es viel Licht spendet, eine Voraussetzung, bei der man viel gewinnt, wenn man große Gläser für die Verglasung hat. Das Glas muss von bester Qualität sein, sonst kann es zu Blasenbildung an Laub und Früchten kommen, weil die Sonnenstrahlen durch fehlerhafte Stellen gebündelt werden.

In der Weinkellerei sind Licht, Wärme, Feuchtigkeit und gute Belüftung erforderlich. Ziegel oder Stein sind Holzarbeiten vorzuziehen, da Hitze und Feuchtigkeit im Weingarten die Holzfundamente schnell zerstören. Wenn Holz verwendet wird, sollten beim Bau des Hauses nur die haltbarsten Holzarten zum Einsatz kommen. Die Unterkonstruktion aus Mauerwerk oder Holz sollte niedrig sein, nicht höher als 18 Zoll oder 2 Fuß, bevor die Überkonstruktion aus Glas beginnt. Die Weinkellerei muss gut belüftet sein. Es müssen große Ventilatoren an der Spitze des Hauses und kleine direkt über den Grundmauern oder in den Grundmauern selbst vorhanden sein. Die Belüftung sollte so erfolgen, dass das Haus frei von Zugluft oder plötzlichen Temperaturschwankungen bleibt, da die Traube unter Glas eine empfindliche Pflanze ist und anfällig für Mehltau ist. Viel Luft ist daher für die Trauben, insbesondere während der Reifung der Früchte, ein absolutes Muss. Die unteren Ventilatoren in Weinkellereien werden nur selten stark genutzt, bis die Trauben sich zu färben beginnen. Zu diesem Zeitpunkt werden die neuen Triebe, Blätter und Früchte verhärtet. Von diesem Zeitpunkt an müssen die oberen und unteren Ventilatoren jedoch so manipuliert werden, dass die Häuser stets großzügig belüftet werden.

Die Weintrauben können in Kühlhäusern ohne künstliche Hitze ausgepresst werden, und früher waren diese kalten Weintrauben sehr beliebt; Aber in den modernen Häusern, in denen diese Früchte angebaut werden, wird künstliche Wärme heute als eine Notwendigkeit angesehen, auch wenn die Heizgeräte selten in Gebrauch sind. Für ein fein verarbeitetes Produkt kann zu einem kritischen Zeitpunkt ein wenig Wärme zum Erwärmen des Raums und zum Trocknen der Atmosphäre unbedingt erforderlich sein, wodurch oft ein Weinhaus gerettet wird. Über Heizgeräte muss wenig gesagt werden. Heutzutage sind Standardkessel zum Heizen von Gewächshäusern mit Dampf oder Heißwasser in vielen Ausführungen für nahezu jeden Hausstil und Zustand erhältlich. Da die Traube selten große Hitze benötigt, ist heißes Wasser dem Dämpfen vorzuziehen, obwohl gegen Dampf nichts einzuwenden ist, insbesondere wenn die Traube Teil eines großen Glassortiments ist.

Die Grenze.

Das Beet, in das die Reben gepflanzt werden sollen, ist der wichtigste Teil des Weingartens. Alle nachfolgenden Bemühungen scheitern, wenn es der Grenze an zwei Erfordernissen mangelt : einer guten Entwässerung und einem nährstoffreichen, aber nicht zu nährstoffreichen Boden. Die Weinkellerei muss auf gut entwässertem Land errichtet oder über dem Boden erhöht werden, um den Bau einer ordnungsgemäß entwässerten Grenze zu ermöglichen. „Grenze" im Sinne eines Streifens oder eines schmalen Beetes direkt innerhalb des Hauses ist heute eine Fehlbezeichnung, obwohl der Name zweifellos von der Tatsache herrührt, dass schmale Beete im Inneren des Hauses einst zum Pflanzen von Weinreben genutzt wurden . Die Grenze in einer modernen Weinkellerei nimmt jetzt die gesamte Bodenfläche innerhalb des Hauses ein und kann sich mehrere Fuß über das Haus hinaus erstrecken.

Der Bau der Grenze erfordert viel Geschick. Eine gute Formel lautet: Sechs Teile lehmiger Rasen von einer alten Weide; ein Teil gut verrotteter Kuhmist; ein Teil alter Gips und ein Teil gemahlener Knochen. Diese Zutaten werden kompostiert und decken bei guter Arbeit den Boden- und Nahrungsbedarf der Traube sehr gut. Diese Formel kann je nach Bodenbeschaffenheit und etwas je nach gepflanzter Sorte variiert werden. Sofern die natürliche Entwässerung nicht nahezu perfekt ist, muss der Rand mit Fliesen unterdrainiert werden. In jedem Fall ist eine Schicht aus alten Ziegeln oder Steinen erforderlich, um sicherzustellen, dass die Entwässerung perfekt ist. Mindestens zwei Fuß, besser drei Fuß, des Randkomposts sollten über dem Drainagematerial platziert werden. In einem Beet, das wie beschrieben hergestellt wurde, findet die Traube ausreichend Wurzelwachstum, aber nicht zu viel, da sich in überraschend kurzer Zeit in allen Teilen dieses ausgedehnten Beetes Wurzeln finden.

Die Pflege der Grenze ist eine Angelegenheit von erheblicher Bedeutung und variiert natürlich je nach Verantwortlichem. Das übliche Verfahren besteht darin, die Außengrenze vor dem Winter zu spaten, wenn sie nach draußen reicht, und sie anschließend mit einer Schicht aus gut verrottetem Mist zu bedecken, ohne dass besondere Anstrengungen unternommen wurden, um den Frost in einer bestimmten Menge fernzuhalten Das Einfrieren außerhalb des Hauses wird als vorteilhaft angesehen. Der Innenrand muss kurz vor dem Anpflanzen der Reben im Frühjahr gespatet werden, nachdem er zuvor mit gut verfaultem Mist bedeckt wurde. Der Zeitpunkt, zu dem die Reben mit dem Wachstum beginnen sollen, hängt davon ab, ob eine frühe oder eine späte Weinernte gewünscht wird. Für eine frühe Ernte müssen die Reben früh im Februar gepflanzt werden; Bei einer späten Ernte reicht ein Monat oder sogar zwei Monate später aus. So beginnt die erste Traubenernte im Juni oder Juli, die späteren Weintrauben folgen im August oder September.

Es wird berichtet, dass Napoleon I., um sich Salpeter für die Herstellung von Schießpulver zu sichern, „Dreck, tote Tiere, Urin und Abfall mit abwechselnden Schichten Torf und Kalkmörtel" kompostierte und behauptete, dass „ein Salpeterbeet das eigentliche Muster einer Weinrebe ist". Grenze" und dass „wenn die Materialien ein oder zwei Jahre lang immer wieder gewendet wurden, sie genau in dem richtigen Zustand sind, um entweder Schießpulver oder Weintrauben zu ergeben." Napoleons Salpeterbeet wird heute nicht als gutes Modell für eine Weinbeeteinfassung angesehen, da die Früchte, die auf einem so nährstoffreichen Boden hervorgebracht werden, zwar reichlich vorhanden, aber grob und geschmacklos sind und die Reben durch Überbeanspruchung ihre eigene Zerstörung vollenden. Gärtner sind der Meinung, dass ein Weinbeet zu reich an pflanzlicher Nahrung, insbesondere zu reich an Stickstoff, sein könnte.

SORTEN

Von den 2000 oder mehr Vinifera-Trauben werden wahrscheinlich nicht mehr als ein Dutzend unter Glas angebaut, und von diesen werden normalerweise nur ein halbes Dutzend angebaut. Schwarze Sorten werden bevorzugt im Innenbereich angebaut, insbesondere wenn sie für den Markt angebaut werden, wo sie die höchsten Preise erzielen. Außerdem sind sie im Innenbereich in der Regel leichter zu handhaben als die weißen Sorten. Wie wir jedoch sehen werden, sind ein oder zwei weiße Arten in einem Haus von beträchtlicher Größe unverzichtbar.

Unter den schwarzen Trauben trägt Black Hamburg die Palme des Verdienstes, weil sie am einfachsten anzubauen ist, Vernachlässigung am besten standhält, ein hoher Ertrag ist, ihre Früchte gut ansetzt und die Trauben früh reifen; und insbesondere erfüllt sie die Anforderungen des ungeübten Gärtners besser als jede andere Traube. Die Trauben sind nicht so groß und der Geschmack nicht so gut wie bei einigen anderen Sorten.

Muscat of Alexandria ist die beste weiße Sorte. Es handelt sich jedoch um eine schwer zu handhabende Traube, da sie eine hohe Temperatur benötigt, um perfekt zu werden, die Fruchtbildung etwas zögerlich ist und die Trauben nicht sehr sicher reifen; es erfordert auch eine lange Saison. Eine gute Qualität ist, dass es lange nach dem Schneiden haltbar ist, viel länger als Black Hamburg.

Für eine frühere weiße Traube hat Buckland Sweetwater viel zu bieten; Es reift zwei bis drei Wochen früher als Muscat of Alexandria und lässt sich viel einfacher anbauen. Die Qualität ist gut, aber nicht hochwertig. Buckland Sweetwater lässt sich gut im Haus mit Black Hamburg anbauen, wohingegen es fast unmöglich ist, Muscat of Alexandria im selben Haus mit Black Hamburg anzubauen.

Muscat Hamburg ist eine Kreuzung zwischen Black Hamburg und Muscat of Alexandria und liegt in den meisten Fruchtmerkmalen zwischen diesen beiden Standardsorten. Sie wird jedoch nicht allgemein angebaut, obwohl sie aufgrund ihrer großen, schönen, sich verjüngenden Rispen aus schwarzen Trauben von bester Qualität dies durchaus verdient.

Grizzly Frontignan verleiht der Liste der Indoor-Trauben Neuheit und Luxus. Die Früchte haben eine gesprenkelte rosa Farbe, die sich manchmal zu einem dunklen Rosaton vertieft, und werden in langen, schlanken Trauben getragen. Die Trauben reifen früh und sind von unübertroffener Qualität, insgesamt jedoch eher schwierig anzubauen.

Barbarossa und Gros Colman sind die beiden besten Spätschwarztrauben, insbesondere für diejenigen, die große Trauben mit großen Beeren anbauen möchten. Beide sind qualitativ sehr gut. Keines der beiden ist besonders einfach anzubauen, da die Reifung lange dauert; Um dies auszugleichen, sind beide nach der Reifung länger haltbar als alle anderen Sorten. Aufgrund der Größe der Beeren muss die Ausdünnung früh beginnen und etwas stärker ausfallen als bei anderen Rebsorten. Diese Sorte wird heute größtenteils in England angebaut und im zeitigen Frühjahr in dieses Land exportiert.

White Nice und Syrian sind zwei weiße Sorten, die in Büscheln ihre größte Größe erreichen, wobei Exemplare mit einem Gewicht von 30 Pfund keine Seltenheit sind, aber grob und von schlechter Qualität sind und sich daher kaum für den Anbau lohnen.

Alicante ist eine schwarze Sorte, die oft aus Gründen der Abwechslung angebaut wird, da sie sich im Geschmack deutlich von der Vinifera-Sorte unterscheidet. Die Trauben haben eine sehr dicke Schale und können länger gelagert werden als die Trauben jeder anderen Sorte.

Lady Downs ist eine weitere spät haltbare schwarze Traube von höchster Qualität, die jedoch schwierig anzubauen ist. Die Trauben und Beeren sind im Vergleich zu anderen Standardsorten klein, Merkmale, die die Sorte den meisten Gärtnern nicht empfehlen.

Vielleicht könnten noch ein Dutzend weitere Sorten genannt werden, die es wert sind, in amerikanischen Weinkellereien ausprobiert zu werden, aber die angegebene Liste deckt den Bedarf kommerzieller Betriebe ab und wird den Wünschen der meisten Hobbyzüchter gerecht.

PFLANZEN UND TRAINING

Am häufigsten werden zwei Jahre alte Reben gepflanzt. Die Weinreben werden im Inneren des Hauses in einem Abstand von mindestens 30 cm von den Wänden und einem Abstand von 1,20 m angebracht. Die Weinkellerei muss auf Pfeilern mit einem Abstand von mindestens 60 cm dazwischen errichtet werden, und die Weinreben müssen gegenüber diesen Öffnungen im Fundament platziert werden. Beim Pflanzen werden die Reben bis auf zwei oder drei Knospen zurückgeschnitten, und wenn diese beginnen, werden die stärksten für die Ausbildung ausgewählt, während die anderen abgerubbelt werden. Die Weintrauben müssen mit Drähten bespannt werden, die etwa 15 Zoll vom Glas entfernt entlang des Hauses verlaufen. Händler für Gewächshauszubehör bieten zu einem günstigen Preis gusseiserne Halterungen an, die an den Sparren befestigt werden und diese Drähte halten. Wenn die wachsenden Ranken einen Draht nach dem anderen erreichen, werden sie mit Bast festgebunden, um sie an Ort und Stelle zu halten. Normalerweise erreichen junge Reben im Hochsommer den Höhepunkt des Hauses, und sobald dieses Ziel erreicht ist, müssen sie abgeklemmt werden, damit der Stock dicker wird und in den Seitenknospen Nahrung für die kommende Saison speichert. Wenn das Holz gut ausgereift ist, wird die Rebe je nach Sorte auf die Hälfte oder ein Drittel ihrer Länge zurückgeschnitten, auf den Boden gelegt und für den Winter abgedeckt. Ein nicht unerheblicher Punkt bei der Winterpflege ist die Abwehr von Mäusen, da dieser Schädling Weinknospen besonders gern mag und sobald die Knospen zerstört sind, sind die Reben für die kommende Saison ruiniert.

Die Arbeit des zweiten Jahres ist größtenteils eine Wiederholung der Arbeit des ersten Jahres. Den Rebstöcken wird gestattet, bis zur Spitze des Hauses vorzudringen, und sie werden durch Kneifen wieder gestoppt. Auf jeder Seite der Hauptrebe wächst eine beträchtliche Anzahl von Seitentrieben, die bei ihrer Entwicklung ausgedünnt werden müssen, damit sie im gleichen Abstand zu den Drähten stehen, an denen sie befestigt sind. Dies setzt voraus, dass der Gärtner die Spornmethode des Beschneidens gewählt hat, die in Amerika allgemein verwendete Methode und diejenige, die alles in allem die besten Ergebnisse liefert. Die Auswahl der Seitentriebe im zweiten Jahr ist daher von großer Bedeutung, da aus ihnen Sporen entwickelt werden sollen. Es sollte darauf geachtet werden, dass diese Sporen regelmäßig über die Länge der Rebe verteilt sind. In diesem zweiten Jahr dürfen sich die Trauben nicht an den Endtrieben entwickeln, es können jedoch einige Büschel von den Seitentrieben entnommen werden. In diesem Fall werden die Seitentriebe zwei Knospen hinter der Traube abgeklemmt, wobei das Abklemmen die ganze Saison über anhält, wenn die Seitentriebe bestehen bleiben brechen, was in den meisten Fällen der Fall sein wird. Am Ende der Saison wird das Endstück um mindestens die Hälfte gekürzt und die Seitentriebe bis zu einer Knospe so nah wie möglich am Hauptstamm zurückgeklemmt. Anschließend werden die Reben wie am Ende der ersten Saison für den Winter niedergelegt.

Die Arbeit der dritten Jahreszeit ist eine Wiederholung der Arbeit der zweiten, mit der Ausnahme, dass der Weinstock über seine gesamte Länge Früchte tragen darf, obwohl nicht mehr als ein Pfund Früchte pro Fuß des Hauptweinstocks erlaubt sind. Die Pflanzen sind jetzt etabliert und der einzige Schnitt in diesem und den folgenden Jahren besteht darin, die Seitentriebe am Ende jeder Saison nahe am Hauptstamm abzuschneiden, wodurch starke, gesunde Knospen zurückbleiben, von denen mindestens eine, normalerweise mehrere, in der Nähe des Hauptstamms zu finden sind Stengel. Wenn mehr als eine Knospe beginnt, wird nur die stärkste ausgewählt, obwohl oft eine zusätzliche Knospe benötigt wird, um eine Lücke auf der gegenüberliegenden Seite zu füllen. Nach der dritten oder vierten Saison können je nach Sorte zwei Pfund Früchte oder mehr bis zum Fuß des Hauptstamms zugelassen werden. Der Neuling lässt jedoch zu, dass seine Reben zu stark wachsen, was zur Folge hat, dass die Ernte ausfällt, die Beeren klappern oder die Früchte vor der Reife sauer werden. Vom Beginn bis zum Ende der Saison ist bei dieser Schnittmethode ein starkes Einklemmen der Seitentriebe erforderlich. Es gibt keine feste Regel für dieses Kneifen, aber grob gesagt sollte alles neue Wachstum jenseits des zweiten Gelenks aus dem Cluster so schnell herausgeklemmt werden, wie es sichtbar ist. Bei den meisten Sorten bedeutet dies, dass der Seitentrieb etwa 18 Zoll vom Hauptstamm entfernt ist. Nach einigen Jahren bilden sich an der Basis der ursprünglichen Seitentriebe gut entwickelte Sporen, aus denen Jahr für Jahr das neue Holz entsteht.

Eine alternative Schnittmethode besteht darin, die neuen Stöcke jede Saison aus einer Knospe in Bodennähe wachsen zu lassen. Wenn die Rebe gut etabliert ist, trägt dieser neue Stock auf seiner gesamten Länge Früchte, wobei die Seitentriebe wie bei der Spornmethode beschrieben abgeklemmt werden. Diese Schnittmethode ist als „Long-Cane-Methode" bekannt. Gärtner meinen, dass sie damit bessere Früchte anbauen können als mit der Spornmethode, aber die Schwierigkeiten sind größer und die Ernte ist nicht so groß.

PFLEGE DER REBEN

Beim Anbau aller Sorten im Innenbereich bilden sich mehr Trauben, als die Reben tragen können. Das bedeutet, dass ein Teil der Trauben entfernt werden muss, ein Vorgang, der von der Sorte abhängt und Erfahrung und Urteilsvermögen des Gärtners erfordert. Grob gesagt wird die Hälfte der Trauben genommen und die andere Hälfte so gleichmäßig wie möglich auf beiden Seiten der Rebe verteilt. Der Zeitpunkt für die Ernte dieser Trauben ist ebenfalls eine heikle Angelegenheit, da einige Sorten ansatzscheu sind und die Trauben erst entnommen werden dürfen, wenn sich die Beeren gebildet haben und man sehen kann, wie groß die Ernte sein wird. In der Regel kann jedoch mit der Ausdünnung der Cluster begonnen werden, sobald die Clusterform erkennbar ist.

Besonders bei allen Sorten mit großen Beeren ist es außerdem sehr wichtig, dass die Trauben in der Traube ausgedünnt werden. Die Zeit zum Ausdünnen der Traube variiert je nach Sorte. Sorten, die frei Früchte tragen, können früher ausgedünnt werden als solche, die ansatzscheu sind. Einerseits darf die Ausdünnung nicht zu früh erfolgen, da dies erst dann festgestellt werden kann, wenn die Beeren eine angemessene Größe erreicht haben, bei denen es sich um Samenbildung handelt und bei anderen nicht. Wenn das Ausdünnen jedoch zu lange vernachlässigt wird, werden die Beeren überfüllt und die Aufgabe wird schwierig. Das Ausdünnen erfolgt mit einer dünnen Schere, die Trauben dürfen nicht mit der Hand berührt werden, da Berührungen die Blüte beeinträchtigen und die Früchte verunstalten. Die Trauben werden gedreht und durch ein kleines Stück bleistiftförmiges Holz stabilisiert. Das Ausdünnen wird nicht nur durchgeführt, damit die Beeren ihre volle Größe erreichen, sondern auch, damit die Trauben eine möglichst große Größe erreichen. Bei zu starker Ausdünnung flacht die Traube nach der Reife ab. Dies ist insbesondere dann der Fall, wenn zu viele Beeren aus der Mitte der Traube entnommen werden. Eine große Weintraube besteht aus mehreren kleinen Trauben, weshalb es notwendig ist, die oberen Trauben oder Schultern der Traube zusammenzubinden, damit die Beeren quellen können, ohne zu stark ausgedünnt zu werden. Trauben, die für eine lange Lagerung bestimmt sind, müssen stärker ausgedünnt werden als diejenigen, die sofort nach der Ernte verwendet werden sollen, da die Beeren während der Lagerung schimmeln oder in der Mitte der Traube austrocknen, wenn diese zu kompakt ist.

Die Reben im Weinkeller müssen mit größter Sorgfalt bewässert werden. Die zu verwendende Wassermenge hängt von der Beschaffenheit der Beete und der Wachstumssaison ab. Wenn die Grenze locker und gut entwässert ist, muss der Wasservorrat groß sein; wenn dicht und zurückhaltend, aber eine kleine Menge Feuchtigkeit ist erforderlich. Während der Blütezeit darf nicht gegossen werden, da für eine ordnungsgemäße Bestäubung trockene Luft erforderlich ist. Sobald die Trauben Farbe zu zeigen beginnen, werden die

Reben stark bewässert und anschließend nur noch wenig oder gar kein Wasser ausgebracht. Einige Gärtner mulchen die Weinreben mit Heu, um die Feuchtigkeit im Haus zu halten und die Atmosphäre trocken zu halten.

Die Belüftung der Trauben ist ein weiteres wichtiges Detail der Saisonarbeit. In den frühen Frühlingsmonaten ist es schwierig, für eine ausreichende Belüftung zu sorgen, da die trockene Sonne einerseits und die kalte Luft andererseits es schwierig machen, Zugluft zu vermeiden und die Temperatur zu regulieren. Ein weiterer problematischer Zeitpunkt ist, wenn sich die Trauben zu färben beginnen, da die Weinkellerei dann nachts Luft haben muss; Wenn jedoch zu viel Luft eindringt, besteht Schimmelgefahr. Gegen Ende der Saison werden alle Pflanzenteile härter und die Trauben können dann großzügiger belüftet werden. Nach dem Schneiden der Früchte werden die Ställe vollständig belüftet, damit das Holz richtig reifen kann.

SCHÄDLINGE

Mehrere Schädlinge belästigen den Gärtner beim Weinanbau in Innenräumen. Von diesen sind Wollläuse, Rote Spinne, Thripse und Mehltau die größten Probleme. In einer gut geführten Weinkellerei gibt es nie eine Unterbrechung im Kampf gegen diese Schädlinge.

Wollläuse sind normalerweise ein Zeichen für Trägheit seitens des Gärtners. In einer Weinkellerei, die ausschließlich dem Weinanbau gewidmet ist, sollte man ihn nie sehen, aber da Gärtner in der Weinkellerei oft andere Pflanzen anbauen müssen, tritt der Wollläuse früher oder später auf und ist oft schwer zu entfernen. Zur Abwehr eignet sich am besten das Entfernen der losen Rinde an den Stämmen, die den Schädling beherbergen, und anschließendes Waschen mit Kerosinemulsion. Wenn dies erforderlich ist, sollten nicht nur die Weinreben, sondern auch die Sparren und alle Teile des Hauses mit der Emulsion besprüht werden.

Die Rote Spinne ist ein weiterer Schädling, der normalerweise in Weingärten vorkommt, aber sie gedeiht nur in trockener Atmosphäre und lässt sich leicht durch Spritzen beseitigen. Sobald die Rote Spinne in einem Haus auftaucht, erkennt man ihr Aussehen meist an der rötlichen Färbung des Laubs; Das Spritzen sollte so lange fortgesetzt werden, bis der Schädling beseitigt ist, damit das Haus überall feucht bleibt, außer bei trübem Wetter. Das Spritzen erfolgt nur, wenn ausreichend Luft zugeführt werden kann und anschließend Sonnenlicht vorhanden ist, damit das Wasser so kurz wie möglich auf den Rebstöcken verbleibt.

Thripse, ein weiteres kleines Insekt, sind manchmal lästig, aber nicht oft, und können jetzt leicht durch die Anwendung von Nikotin bekämpft werden. Bei der Anwendung von Nikotin am Ende der Saison muss sehr vorsichtig vorgegangen werden, da sonst die Früchte geschädigt werden.

Die einzige im Gewächshaus störende Pilzkrankheit der Traube ist der Mehltau. Schimmel entsteht meist durch einen plötzlichen Temperaturwechsel oder durch Zugluft im Weinkeller. Gärtner sind der Meinung, dass vor allem Ostwinde ungünstige Bedingungen für Mehltau bieten und öffnen die Ventilatoren lieber nach Westen. Wenn der Mehltau rechtzeitig eingenommen wird, lässt er sich leicht in Schach halten, indem man die ihn begünstigenden Bedingungen verhindert und die Reben bei trockenem Sonnenschein mit Schwefel bestäubt.

TAFEL XVI. — Elvira ($\times$ 2 / 3).

KAPITEL XII

TRAUBENSCHÄDLINGE UND IHRE BEKÄMPFUNG

Wie andere angebaute Früchte sind auch Weintrauben zahlreichen Insekten- und Pilzschädlingen ausgeliefert, sofern der Mensch nicht mit einer Abhilfe- oder Vorbeugungsbehandlung eingreift. Zum Glück für den Weinbau hat sich das Wissen über die Schädlinge der Rebe in den letzten Jahren so weit entwickelt, dass praktisch alle Schädlinge mittlerweile durch Abhilfe- oder Vorbeugungsmaßnahmen bekämpft werden können. Möglicherweise hatte kein Bereich der Landwirtschaft einen größeren Bedarf oder erhielt größere wissenschaftliche Unterstützung bei der Erforschung und Bekämpfung von Insekten und Krankheiten als der Weinanbau. Um die pathologischen Probleme der Traube vollständig zu behandeln, wäre eine gesonderte Abhandlung erforderlich; Hier können nur solche Einzelheiten der Lebensgeschichte der verschiedenen zu besprechenden Schädlinge angegeben werden, die für ein angemessenes Verständnis der Bekämpfung der Parasiten unerlässlich sind.

INSEKTEN PEST

Es gibt zahlreiche Insekten, die den Weintrauben zu schaffen machen. Mindestens 200 davon wurden in Amerika beschrieben, und die meisten von ihnen haben ihren Lebensraum in den wilden Prototypen der kultivierten Weinreben dieses Kontinents. Aus diesem Grund sind die Schadinsekten der Weintraube in Amerika bis auf wenige Ausnahmen weit verbreitet, reichlich vorhanden und daher oft sehr zerstörerisch für Weinberge, wenn sie nicht energisch bekämpft werden. Die Bedeutung der zahlreichen Schädlingsarten ist je nach Standort, Witterung und Sorte sehr unterschiedlich. Reblaus ist jedoch landesweit am häufigsten und verdient erste Aufmerksamkeit.

Reblaus.

Dieses winzige saugende Insekt (*Phylloxera mostatrix*) verletzt die Traube, indem es sich an ihren Wurzeln ernährt. Der Verfall erfolgt in der Regel an den Wurzeln und ist häufig schädlicher als der direkt durch den Parasiten verursachte Schaden. Dieser Verfall ist bei europäischen Reben immer viel schwerwiegender als bei unseren einheimischen Arten. Die Reblaus stammt aus den Vereinigten Staaten östlich der Rocky Mountains und wurde von dort nach Frankreich und von Frankreich nach Kalifornien eingeschleppt, wo sie viel größere Schäden anrichtet als anderswo in den Vereinigten Staaten. Überall dort, wo der Schädling auftritt, ist er in schweren Böden schädlicher als in sandigen Böden. Tatsächlich sind die Reben auf sehr sandigen Böden oft so widerstandsfähig, dass sie praktisch immun sind.

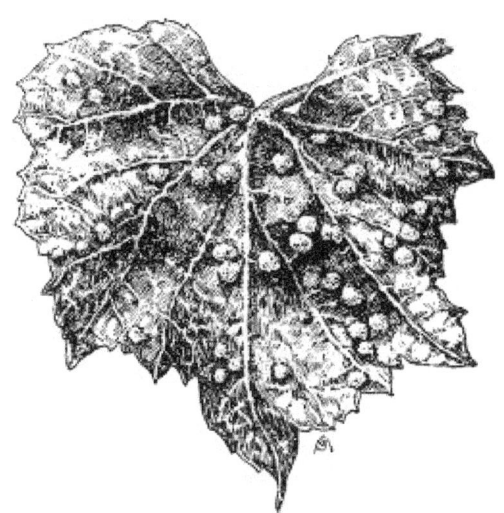

ABB. 36. Blattgallen der Reblaus.

Die Lebensgeschichte der Reblaus ist sehr komplex, wobei die verschiedenen Formen des Insekts auftreten und hier nicht im Detail dargestellt werden müssen. Östlich der Rocky Mountains ist der offensichtlichste Hinweis auf das Vorhandensein des Schädlings die große Anzahl von Blattgallen auf der Unterseite der Weinblätter, wie in Abb. 36 dargestellt. Diese Gallen sind jedoch in Kalifornien selten zu sehen und kommen bei Concords und einigen anderen Sorten im Osten nicht vor. Das Winterei kann als Beginn des Lebenszyklus der Reblaus angesehen werden. Aus einem einzigen Winterei kann eine Kolonie entstehen, wobei das erste Insekt nach dem Schlüpfen zu den Blättern gelangt, wo es zum Gallenbildner wird und eine neue Generation eierlegender Wurzelfresser hervorbringt. Bei Sorten und in Regionen, in denen die Gallenform nicht vorkommt, wandert das Insekt wahrscheinlich direkt vom Winterei zu den Wurzeln. Sobald sich der Schädling an den Wurzeln etabliert hat, folgt eine Generation nach der anderen während der gesamten Wachstumsperiode der Reben, wobei in einer Saison bis zu sieben oder acht Schädlinge vorkommen.

Vom Hochsommer bis zum Ende der Vegetationsperiode entwickeln sich einige der von den Wurzelfressern abgelegten Eier zu Nymphen, die Flügel bekommen und aus dem Boden auftauchen, um aus Eiern, die auf der Unterseite des Blattes abgelegt werden, neue Kolonien zu bilden. Ein einzelnes Insekt legt drei bis sechs Eier in zwei Größen ab, von denen aus dem größeren die Weibchen hervorgehen. Diese wandern nach der Befruchtung zur rauen Rinde der Rebe und legen das Winterei zur Erneuerung des Zyklus ab.

In Europa und Kalifornien wurden verschiedene Bekämpfungsmethoden eingesetzt, beispielsweise die Behandlung durch in den Boden injiziertes Schwefelkohlenstoff; Überschwemmungen in Weinbergen, die bewässert werden können; Beschränkung der Reben auf sandige Böden; und, was am wichtigsten ist, das Pflanzen von Reben, die auf resistente Rebstöcke gepfropft sind, da es große Unterschiede in der Immunität amerikanischer Traubenarten gegen Reblaus gibt. Das Thema der gegen diesen Schädling resistenten Bestände wurde in Kapitel IV behandelt und muss nicht noch einmal aufgegriffen werden. Östlich der Rocky Mountains ist eine Behandlung mit amerikanischen Trauben nicht erforderlich.

Der Traubenwurzelwurm.

ABB. 37. Der Traubenwurzelwurm.

Der Traubenwurzelbohrer ist der schädlichste Insektenschädling für Trauben im Traubengürtel entlang der Ufer des Eriesees in Ohio, Pennsylvania und New York. Dieser Wurzelwurm (Abb. 37) ist die Larve eines graubraunen Käfers (*Fidia viticida*), der in Abb. 38 dargestellt ist . Die Würmer ernähren sich zunächst von den Wurzeln und später von der Rinde der größeren Wurzeln der Weinreben, so dass die verletzten Pflanzen Wurzeln aufweisen, die frei von Wurzeln und vom Schädling zerrissener Rinde sind. Die Arbeit des Wurzelwurms ist so offensichtlich, dass der Züchter nie über die Ursache der durch diesen Schädling geschädigten Reben im Unklaren sein muss . Die Würmer fressen im letzten Teil der Vegetationsperiode und erreichen zu diesem Zeitpunkt ihr volles Wachstum. Im nächsten Juni verwandeln sie sich in Puppen und schlüpfen Ende Juni oder Anfang Juli als erwachsene Käfer.

ABB. 38. Wurzelwurmkäfer.

Das Vorhandensein der erwachsenen Käfer lässt sich leichter am Blattwerk erkennen als das der Larven an den Wurzeln, denn die fressenden Käfer verschlingen gierig die Oberseiten der Blätter und hinterlassen dabei kettenartige Markierungen, die in Abb. 39 dargestellt sind , um ihre Zerstörungskraft darzustellen Einige Tage nach ihrem ersten Auftreten nehmen sie etwas ab. Vierzehn Tage, nachdem die Käfer mit dem Angriff auf das Blattwerk begonnen haben , beginnt das Weibchen mit der Ablage von bis zu 200 Eiern und legt sie unter die raue Rinde von Stamm und Rohr. Diese schlüpfen Ende Juli oder August und die jungen Maden suchen sofort nach den Wurzeln.

ABB. 39. Verletzungen durch Käfer des Traubenwurzelbohrers.

Zur Bekämpfung wurden zwei Methoden entwickelt: Vernichtung der Käfer, bevor sie ihre Eier legen; und Zerstörung der Puppen im Boden. Wenn die Käfer in großer Zahl vorhanden sind, können viele von ihnen durch Besprühen mit einer Mischung aus billiger Melasse und Bleiarsenat abgetötet werden, wobei Melasse in einer Menge von zwei bis hundert Gallonen Wasser und Bleiarsenat in einer Menge verwendet werden von sechs Pfund. Darauf sollte eine Woche später ein zweites Sprühen mit einer Bordeaux-Mischung (4–4–50) und drei Pfund Bleiarsenat folgen. Dieser zweite Sprühstoß dient der Abwehr wandernder Käfer von den Reben. Das Melassespray ist wirkungslos, es sei denn, auf das Sprühen folgen mehrere Tage schönes Wetter, da der Regen das Material vom Laub wäscht. Bordeaux-Mischung wird durch Regen nicht so leicht angegriffen. In mäßig befallenen Weinbergen werden Bordeaux- Mischung und Arsenat anstelle von Melasse und Bleiarsenat verwendet, gefolgt von einer zweiten Anwendung des gleichen Materials nach etwa zehn Tagen.

Eine wirksame Methode zur Reduzierung der Käferzahl ist die Vernichtung der Käferpuppen . Dies gelingt am besten dadurch, dass man bei der letzten saisonalen Bearbeitung einen niedrigen Erdwall unter den Reben belässt, der so lange stehen bleibt, bis sich die meisten Larven verpuppt haben, und der dann mit einer Hufhacke und später mit einer Egge eingeebnet wird. Die Hufhacke und die Egge zerquetschen viele der Puppen und brechen die Zellen anderer auf, was zur großen Zerstörung des Schädlings führt. Diese letztgenannte Kontrollmethode ist an sich nicht ausreichend und bei starkem Befall sollten beide eingesetzt werden. Wenn der Befall nur mäßig ist, ist diese letztere Methode aufgrund der späten Zeit des Pferdehackens nicht zu empfehlen. Es ist eine gute Praxis im Gartenbau, Ende Mai oder Anfang Juni mit der Hufhacke zu arbeiten. Das Warten auf das Puppenstadium des Wurzelwurms verzögert die Arbeit, bis zahlreiche kleine Wurzeln entstehen, die durch die Hufhacke zerstört würden. Durch Sprühen lässt sich ein mäßiger Befall bekämpfen.

Der Weinrebenerdkäfer.

ABB. 40. Eier des Weinerdflohkäfers.

An den warmen Tagen im Mai und Juni, wenn die Knospen der Weintrauben anschwellen, findet man in den Weinbergen Ostamerikas oft einen leuchtend stahlblauen Käfer, der sich von den zarten Knospen der Weintraube ernährt. Aufgrund seiner Farbe wird das Insekt oft als Stahlkäfer bezeichnet, und aufgrund seiner Aktivität und Sprunggewohnheit wird es als Flohkäfer (*Haltica) bezeichnet chalybea*). Die Rebe wird durch diesen Schädling selten ernsthaft geschädigt, aber viele Knospen werden zerstört, was zum Verlust der Früchte führt, die sich aus den Knospen hätten entwickeln sollen. Zwar entwickeln sich nach der Verletzung oft neue Knospen, diese bilden jedoch in der Regel nur Laub aus.

Die Lebensgeschichte des Flohkäfers ist so gestaltet, dass der Schädling nicht schwer zu bekämpfen ist. Die Hauptschritte in seiner Entwicklung sind folgende: Die Käfer legen kleine orangefarbene Eier von zylindrischer Form ab, wie in Abb. 40 dargestellt Knospen und in Ritzen der Rinde der Stöcke im Mai oder Juni. Die meisten dieser Eier schlüpfen bis Mitte Juni. Die Larven ernähren sich bis etwa Juli von den Blättern und kriechen dann zum Boden, wo sie Zellen bilden und sich verpuppen. In der zweiten Julihälfte schlüpfen die erwachsenen Tiere auf die Suche nach wilden Weinreben, von denen sie sich ernähren, und gehen ziemlich früh im Herbst in den Winterschlaf. Die Käfer überwintern unter Blättern, im Müll und im Schutz der Rinde von Bäumen und Weinreben, tauchen jedoch in den warmen Tagen des folgenden Frühlings auf, um Weinberge aufzusuchen.

Es wurden zwei Bekämpfungsmethoden entwickelt, um diesen Schädling unter Kontrolle zu halten. Die Reben sollten mit drei Pfund Bleiarsenat in fünfzig Gallonen Wasser besprüht werden, wenn die Larven sich vom Laub ernähren; oder die Käfer können beim Fressen in eine Pfanne geworfen werden, die eine flache Kerosinschicht enthält. Ersteres ist die billigere und wirksamere Methode, vorausgesetzt, der Winzer hat die Weitsicht, die Larven zu entdecken , da die Larven dieses Sommers die Käfer hervorbringen, die im nächsten Frühjahr die Knospen zerstören werden . Wenn die erwachsenen Pflanzen von wilden Reben abwandern oder die Larven im Weinberg nicht zerstört wurden, ist das Einsammeln der erwachsenen Pflanzen die einzig praktikable Methode. Die Zerstörung wilder Weinreben in der Nähe eines Weinbergs trägt zur Immunität gegen diesen Schädling bei.

Der Rosenkäfer.

Der Rosenkäfer (*Macrodactylus subspinosus*), ein langbeiniger Käfer von gelblich-brauner Farbe mit einer Länge von etwa einem Drittel Zoll, erscheint häufig in großen Schwärmen in Weinbergen gegen Mitte Juni in den nördlichen Bundesstaaten und etwa zwei Wochen früher in den südlichen Bundesstaaten östlich davon Rocky Mountains. Oft überfallen sie Gärten, Obstgärten, Weinberge und Baumschulen, und normalerweise verschwinden die Käfer genauso plötzlich, wie sie gekommen sind, nachdem sie im Monat ihrer verheerenden Präsenz großen Schaden angerichtet haben. Weinberge auf oder in der Nähe von sandigen Böden sind am häufigsten befallen, da die Larven des Käfers offenbar nur auf diesen leichten Böden in beträchtlicher Zahl zu leben scheinen. Der größte Schaden an der Traube entsteht an der Blüte; Tatsächlich wandern die Insekten, nachdem sie sich während der Blütezeit von den Blüten gefressen haben, normalerweise zu den Blüten eines von mehreren Sträuchern. Die Larven ernähren sich von den Wurzeln von Gräsern und mögen besonders die Wurzeln von Fuchsschwanz, Wiesen-Lieschgras und Blaugras.

Für eine wirksame Bekämpfung sind gewisse Kenntnisse über die Lebensgeschichte dieser Käfer unerlässlich. Die Käfer schlüpfen im Juni als Erwachsene und beginnen nach einer kurzen Fütterungszeit mit der Paarung, obwohl die Eiablage erst stattfindet, wenn die Insekten zwei Wochen oder länger draußen waren. Die Weibchen graben sich in den Boden ein und legen ihre Eier ab, selten mehr als 25 an der Zahl, die nach etwa zehn Tagen zu schlüpfen beginnen. Die jungen Larven ernähren sich den Rest des Sommers von Gräserwurzeln. Während der Nahrungsaufnahme findet man sie selten tiefer als 15 cm, aber wenn es kalt wird , graben sie sich tiefer, um plötzliche Temperaturschwankungen zu vermeiden. Im folgenden Frühjahr nähern sie sich wieder der Oberfläche, um zu fressen. Die Larven bilden Zellen, aus denen , wie wir gesehen haben, etwa Mitte Juni die Puppen schlüpfen, wobei ihr Erscheinen sehr zeitlich auf die Blüte der Concord-Trauben abgestimmt ist.

Es gibt drei Bekämpfungsmethoden, nämlich: Vernichtung der Larven ; Kultivierung, um die Puppen zu töten ; und Sprühen, um die Käfer abzutöten. Da sich die Larven von den Wurzeln von Gräsern in sandigen Böden ernähren, ist es leicht, den Nährboden des Schädlings zu lokalisieren und ihn in Kulturpflanzen anzupflanzen, die die Gräser und damit die Larven zerstören . Die zweite Vernichtungsmethode ist ähnlich und besteht aus der Kultivierung, um die Puppen zu töten . Dies wird durch gründliche Kultivierung während der Verpuppungsphase erreicht, um die Zellen aufzubrechen und die Puppen zu zerdrücken und so das Auftauchen der Käfer zu verhindern. Die dritte Methode ist jedoch die wirksamste und besteht darin, den Weinberg mit einem gesüßten Arsenspray zu besprühen. Das Besprühen sollte erfolgen, sobald die Käfer auftauchen, und zwar mit 6 Pfund Bleiarsenat, 1 Gallone Melasse und 100 Gallonen Wasser. Oft ist es notwendig, eine Woche später einen zweiten Antrag zu stellen. Wenn innerhalb von 36 Stunden nach dem Sprühen Regen auftritt, sollte die Anwendung wiederholt werden, sobald das Wetter klarer wird.

Der Traubenzikade.

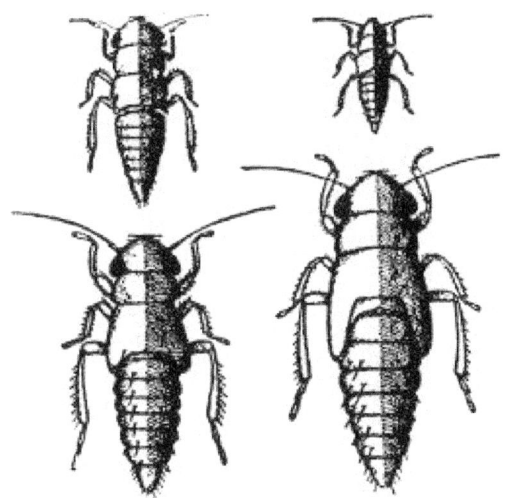

ABB. 41. Die ersten vier Stadien der Traubenzikade. (Vergrößert.)

wird , befällt die kleine Zikade (*Typhlocyba*) die Traube in mehr oder weniger großer Zahl und ernährt sich von der Unterseite des Blattes. Weinbauern nennen diese Insekten üblicherweise „Thripse", ein Name, der jedoch eigentlich zu einer ganz anderen Insektenklasse gehört. Der Schaden, den dieser Schädling anrichtet, variiert stark je nach Jahreszeit und Standort. In einigen Regionen ist er vergleichsweise harmlos und in anderen Jahreszeiten, in denen er in großen Mengen vorkommt, äußerst zerstörerisch. Auch in den einzelnen Weinbergen gibt es große Unterschiede: Die Weinberge in der Nähe günstiger Winterschlafplätze und Nahrungspflanzen im Frühjahr werden oft Saison für Saison schwer geschädigt. Diese Zikaden erhalten ihre Nahrung, indem sie die Epidermis an der Unterseite der Blattoberfläche durchbohren und den Saft aufsaugen. Sie verursachen weitere Verletzungen, indem sie ihre Eier unter die Blatthaut einführen. Durch die Einstiche wird die stärkeproduzierende Fläche des Blattes stark verkleinert, was zur Folge hat, dass die Vitalität der Pflanze abnimmt und die Qualität der Früchte abnimmt.

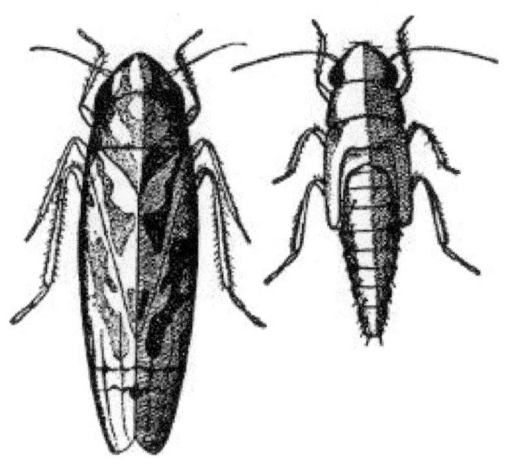

ABB. 42. Das fünfte und reife Stadium der Traubenzikade. (Vergrößert.)

Die Lebensgeschichte der Zikaden ist sehr gut bekannt. Die Eier werden im Juni oder Anfang Juli abgelegt und schlüpfen vom 15. Juni bis 10. Juli in New York, wobei die Saison früher oder später ist, je weiter man nach Süden oder Norden geht. Die jungen Zikaden sind im Nymphenstadium flügellos, erreichen jedoch Ende Juli und August das Erwachsenenstadium. Zu diesem Zeitpunkt paaren sich viele von ihnen und es werden Eier gelegt, aus denen sich eine zweite Brut entwickeln kann, in der Regel jedoch nur eine vollständige Brut in einer Saison in den nördlichen Bundesstaaten produziert. Die Abbildungen 41 und 42 zeigen die verschiedenen Lebensstadien der Zikade. Insekten, die in der zweiten Julihälfte ausgewachsen sind, ernähren sich bis zum Herbst vom Laub und suchen dann ein Winterquartier auf, wobei sie den Winter im Erwachsenenstadium unter abgefallenen Blättern, in totem Gras oder in ähnlichem Schutz verbringen. Der Überwinterungsplatz muss trocken sein und aus diesem Grund sind sandige Hügel für die Insekten am beliebtesten. Die Falter schlüpfen in den warmen Frühlingstagen und suchen dann zunächst an der Erdbeere nach Nahrung, um dann zu roten und schwarzen Himbeeren oder Brombeeren zu wandern, wenn keine Himbeeren vorhanden sind. Sie bleiben auf diesen Wirten, bis sich die Weinblätter ausdehnen, und wandern dann dorthin, um sich zu ernähren, ihre Eier zu legen und zu sterben.

Um die Verwüstung durch die Zikaden zu verhindern, werden drei Bekämpfungsmethoden eingesetzt: Vermeiden des Pflanzens von Himbeeren in der Nähe von Weintrauben; Besprühen mit Kontaktinsektiziden; und die Zerstörung von Winterschlafplätzen. Da sich die Zikaden vor allem von der Himbeere ernähren, bevor sich die Blätter der Traube im Frühjahr ausgebreitet haben, ist es eine sehr wirksame

Bekämpfungsmethode, diese beiden Pflanzen nicht nebeneinander zu pflanzen. Das Kontaktspray muss den Körper des Insekts berühren und muss daher aufgetragen werden, bevor die Nymphen Flügel entwickeln. Das beste Spray ist ein halbes Pint Black Leaf mit 40 bis 100 Gallonen Wasser oder eine Bordeaux- Mischung. Es wird mit einem Schleppschlauch oder mit einem von FZ Hartzell entwickelten und im Bulletin 344 der New York Experiment Station beschriebenen automatischen Weinlaubtrichter-Spray auf die Unterseite des Blattwerks aufgetragen. Die Zerstörung von Winterschlafplätzen ist eine fast ebenso wirksame Bekämpfungsmethode wie das Besprühen. Alle Unkräuter und starkstieligen Gräser, die im Herbst absterben, sowie aller Unrat im Weinberg sollen vernichtet werden. Es lohnt sich auch, im Herbst oder frühen Winter Laub und Müll in Zaunreihen und Brachflächen in der Nähe befallener Weinberge zu verbrennen. Zwischenfrüchte, die im Winter grün bleiben, bieten den Zikaden keinen Unterschlupf.

Der Traubenwickler.

Dieser Schädling ist weit verbreitet und befällt die Weintraube überall dort, wo sie in Nordamerika angebaut wird. Das Insekt ernährt sich von allen Sorten, ist jedoch besonders schädlich für Trauben mit zarter Schale und solche, die in kompakten Trauben wachsen. Seine Wirkung wird meist in kompakten Trauben entdeckt, wo mehrere Beeren durch einen „Wurm" verletzt werden. Der „Wurm" ist eine dunkel gefärbte Raupe, die Larve des Traubenwicklers (*Polychrosis). viteana* .) Es gibt zwei Bruten dieser Raupe, von denen sich die erste von den Stängeln und äußeren Teilen der jungen Beeren ernährt, während die zweite die Beeren befällt. Der Verlust für den Obstbauer ist zweierlei Art: der Verlust der Früchte und die Beschädigung der Trauben, was die Kosten für das Auspflücken wertloser Beeren mit sich bringt. Abbildung 43 zeigt die Arbeit des Traubenwicklers. Der Schaden ist normalerweise in der Nähe von Wäldern am größten, da die Bäume dazu führen, dass sich in den angrenzenden Weinbergen mehr Schnee ablagert. Dieser Schutz ermöglicht das Überleben eines größeren Prozentsatzes von Welpen .

ABB. 43. Eine vom Traubenwickler geplünderte Weintraube.

Die Motte überwintert im Puppenstadium auf den Blättern unter der Rebe und schlüpft etwa zur Zeit der Traubenblüte. Dann paaren sich die Geschlechter und die Eier werden auf die Stängel, Blütenbüschel und frisch angesetzten Früchte gelegt. Nachdem die Raupen ihr volles Wachstum erreicht haben, schneiden sie einen Teil des Blattes heraus, aus dem sie mit Seidenfäden eine Puppenhülle formen, und verpuppen sich hier für die zweite Brut, die Ende Juli und August schlüpft. Es werden sofort Eier gelegt und daraus entstehen die Raupen, die vollständig in der Beere leben. Ungefähr zum Zeitpunkt der Fruchtreife verlassen die Larven die Beeren, bilden Kokons auf den Blättern und überwintern. Die Motten sind klein, braun gefärbt, grau gesprenkelt und haben so sehr die Farbe des Weinrebens, dass sie kaum zu erkennen sind, wenn sie auf dem Holz ruhen.

Der Traubenwickler ist schwer zu bekämpfen, aber es kann viel getan werden, um seine verheerenden Auswirkungen einzudämmen. Das Besprühen nach dem Abbinden der Früchte ist die wirksamste Vorbeugung. Es sollte eine Bordeaux-Mischung (4–4–50) verwendet werden, der eineinhalb Pfund Harz-Fischöl-Seife und drei Pfund Bleiarsenat zugesetzt wurden. Eine zweite Anwendung desselben Sprays empfiehlt sich Anfang August. In einem kleinen Weinberg oder bei leichtem Befall lohnt es sich oft, die von der Frühjahrsbrut befallenen Beeren zu pflücken und zu vernichten. Das Pflügen befallener Weinberge im Spätherbst oder frühen Frühling, um alle Blätter zu begraben, verhindert das Auftauchen vieler Motten. Um wirksam zu sein, muss diese Praxis die Blätter tief direkt unter den Reben bedecken und diese Erde muss bis nach der Zeit, in der die Erwachsenen schlüpfen, verbleiben. Das Unterpflügen von Laub ist auf sandigen Böden nicht so effektiv wie auf schweren Böden, da sandige Böden nicht ausreichend kompakt werden, um den Mottenaustritt zu verhindern.

Insektenschädlinge von untergeordneter Bedeutung.

Von den 200 Insektenarten, die sich mehr oder weniger von der Traube ernähren, erwähnen Entomologen mehrere andere als die beschriebenen, die in gelegentlichen Jahren oder an bestimmten Orten häufig auftreten und schwere Verletzungen verursachen. So gibt es mehrere Arten von Schnittwürmern, die sich manchmal von den wachsenden Knospen der jungen Blätter von Weintrauben ernähren. Der Schaden dieser Schnittwürmer an der Traube ist in Kalifornien größer als in anderen Teilen der Vereinigten Staaten, dennoch ernähren sie sich gelegentlich von den Reben in östlichen Regionen und schaden damit der Ernte. Die wirksamste Bekämpfungsmaßnahme für Schnittwürmer ist die Anwendung eines vergifteten Köders, der am Fuß der Reben auf den Boden gelegt wird.

In Kalifornien gibt es einen Traubenwurzelwurm (*Adoxus obscurus*), der sich deutlich vom Traubenwurzelwurm Ostamerikas unterscheidet und sowohl die Wurzeln als auch die oberirdischen Teile der Rebe verletzt. Wie bei den östlichen Arten sind die schmalen, kettenartigen Streifen, die aus den Blättern gefressen werden, der beste Beweis für einen Befall mit diesem Schädling, obwohl das Insekt auch einen Teil der Blattstiele, Stiele, Beeren und Triebe aushöhlt und unter der Erde arbeitet und diese frisst Wurzeln und Rinde der größeren Wurzeln. Befallene Rebstöcke weisen einen verkümmerten Zustand auf, die Stöcke erreichen kein normales Wachstum und oft sterben die Rebstöcke vollständig ab. Wie bei den östlichen Arten handelt es sich bei diesem Wurzelwurm um die Larve eines Käfers, wobei sich die Lebensgeschichte des Insekts nicht wesentlich von der des östlichen Käfers unterscheidet. Zwei Bekämpfungsmethoden sind ziemlich effektiv: Die erwachsenen Käfer können aus der Rebe gerissen und auf einem Bildschirm gefangen werden, wenn der Befall auf kleine Gebiete beschränkt ist; oder die Käfer können mit dem für die östlichen Arten empfohlenen Arsenspray vergiftet werden. Sowohl das Rütteln als auch das Besprühen müssen oft wiederholt werden, wenn neuer Befall auftritt.

Der Weinblatt-Ordner (*Desmia Funeralis*) ist ein weiterer Insektenschädling in Weinbergen in Kalifornien und gelegentlich auch im Osten, der jedoch nur an begrenzten Orten und in gelegentlichen Jahren auftritt. In Kalifornien werden die Insekten in einem Weinberg durch das charakteristische Rollen der Blätter erkannt, in dem sich eine Röhre bildet, die etwas kleiner als der Durchmesser eines Bleistifts ist und den Larven ein Zuhause bietet . Die Larven fressen am freien Blattrand im Inneren der Rolle und werden so durch die äußeren Schichten geschützt. Im Osten faltet die Raupe lediglich die Blattränder zusammen. Dieser Blattfalter überwintert als Puppe und kommt im zeitigen Frühjahr zum Vorschein, um kurz nach dem Erscheinen des Laubs Eier auf die Rebe zu legen. In Kalifornien und den nördlichen Bundesstaaten gibt es zwei Bruten und in den südlichen Bundesstaaten drei Bruten. Der Blattfalter kann einfach durch Besprühen mit einem Arsenspray beseitigt werden, unmittelbar nachdem die Eier geschlüpft sind und bevor die Larve durch ihre Blattrolle geschützt wird.

Ein weiterer Schädling, der überall in den Vereinigten Staaten vorkommt und in Kalifornien besonders zerstörerisch ist, ist der Schwärmer (*Pholus achemon*), dessen Larven gelegentlich schwere Schäden an kleinen Rebflächen anrichten. Diese Larven sind den großen, allen bekannten Würmern, die Tomaten und Tabak befallen, sehr ähnlich. Das Insekt überwintert im Puppenstadium im Boden, wo es als großes zylindrisches Objekt von dunkelbrauner Farbe erkennbar ist. Die Falter schlüpfen etwa Mitte Mai und legen ihre Eier auf den Blättern der Weintraube ab, von denen die Larven nach dem Schlüpfen sofort zu fressen beginnen. Es gibt mehrere Arten dieser Schwärmer, die alle im Wesentlichen die gleiche Lebensgeschichte haben. Es ist kein schwer zu bekämpfender Schädling, da die Larven leicht mit Arsensprays abgetötet werden können; oder wenn es nur vereinzelte Exemplare gibt, können sie von Hand gepflückt werden. Es gibt mehrere Arten des Schwärmers, die die Traube befallen, aber diese ist die häufigste.

In den östlichen Weinanbaugebieten gibt es zwei weitere zerstörerische Weininsekten, die weit verbreitet sind, aber jeweils nur in der Appalachenregion von West Virginia und den angrenzenden Staaten als Schädlinge von Bedeutung sind. Einer davon ist der Trauben-Curculio (*Craponius) . inæqualis*), unterscheidet sich nicht wesentlich vom bekannten Curculio der Pflaume und Kirsche. Dieser Rüsselkäfer ernährt sich frei von der Oberseite der Blätter und der Rinde von Fruchtstielen, und das Weibchen verschlingt beim Eierlegen das Gewebe der Weintrauben, indem es seine Eikammer ausgräbt. Durch Besprühen mit einem Arsenspray im Frühjahr, wenn die Käfer auf den Reben erscheinen und bevor die Eiablage beginnt, wird der Trauben-Curculio wirksam zerstört.

Ein weiterer Insektenschädling dieser Region ist der Weinrebenwurzelbohrer (*Memythrus) . polistiformis*), eng verwandt mit dem Pfirsichbohrer, den alle Obstbauern kennen, und dem Kürbisbohrer, der den Gemüsebauern bekannt ist. Dieser Bohrer ist die Larve einer Motte und eine weißliche Larve mit braunem Kopf, die im ausgewachsenen Zustand etwa 3,5 cm lang ist. Der Körper ist schlank, deutlich segmentiert und hat eine spärliche Bedeckung mit kurzen, steifen Haaren. Diese Larven graben sich in die Traubenwurzel ein, beschränken sich zunächst auf die weicheren Teile der Rinde und umschließen die Wurzel oft mehrmals, bohren sich aber später mit der Maserung des Holzes und zerstören am Ende der Saison die Wurzeln so sehr, dass sie zerstört werden Lassen Sie nur die dünne Membran der äußeren Rinde intakt. Dieser Schädling ist schwer zu bekämpfen. Die Bohrer können nicht wie beim Pfirsich durch „Entwurmen" entfernt werden, und die Wurzeln können auch nicht durch Spritzen oder Waschen geschützt werden. Keine Rebsorte scheint immuner zu sein als eine andere. Eine gründliche Kultivierung in den Monaten Juni und Juli, um die Insekten in ihren Kokons an der Bodenoberfläche zu vernichten, scheint die einzige Methode zu sein, ihre Verwüstungen zu stoppen, und dies ist nicht immer wirksam.

PILZKRANKHEITEN DER TRAUBE

Die Traube wird in Amerika von vier oder fünf Pilzkrankheiten heimgesucht, es sei denn, man übt äußerste Wachsamkeit aus, um die Parasiten in Schach zu halten. Zum Glück für den kommerziellen Weinbau gibt es Regionen, wie wir in der Beschreibung der Weinbauregionen in Kapitel I gesehen haben, die so glücklich sind, dass sie frei von Pilzkrankheiten sind, so dass beim Weinanbau kaum Unsicherheit besteht und die Kosten für die Bekämpfung von Krankheiten gering sind. Auch die moderne Wissenschaft hat die Lebensgeschichte aller wichtigen Krankheiten entdeckt und ziemlich wirksame Mittel zu ihrer Bekämpfung entwickelt.

Alle Pilzparasiten der Traube in Amerika sind einheimisch und haben lange Zeit auf wilden Reben gelebt. Sie sind daher alle weit verbreitet, und da durch den Anbau eine große Anzahl von Weinpflanzen auf zusammenhängenden Gebieten entstanden ist, haben die Krankheiten schnell an Intensität zugenommen und sind zeitweise wie ein Lauffeuer durch die Weinbauregionen gefegt und haben große Weinbaugebiete verwüstet und völlig ruiniert . Mittlerweile stehen jedoch Mittel zur Abhilfe und Vorbeugung zur Verfügung, die zwar aus Kostengründen nicht in allen Teilen Amerikas einen gewinnbringenden Anbau der Trauben gestatten, wohl aber in praktisch allen landwirtschaftlich genutzten Gebieten des Landes den Anbau zu Hause ermöglichen .

TAFEL XVII. – Empire State ($\times$ ^{2} / $_3$).

Schwarzfäule.

Dies ist die am weitesten verbreitete und zerstörerischste Pilzkrankheit der Traube in der Region östlich der Rocky Mountains. Glücklicherweise ist es an der Pazifikküste unbekannt. Die Krankheit wird durch einen parasitären Pilz (*Guignardia) verursacht Bidwellii*), der durch winzige Sporen, die hauptsächlich durch Wind und Regen verbreitet werden, in die Weinpflanze gelangt. Die Schwarzfäule überwintert in mumifizierten Weintrauben, an abgestorbenen Ranken oder auf kleinen, abgestorbenen Stellen an den Stöcken. Im Frühjahr breitet sich der Pilz von diesen Flecken auf die Blätter aus und bildet braune Blattflecken mit einem Durchmesser von etwa einem

Viertel Zoll oder längliche, schwarze Flecken auf den Trieben, Blättern, Blattstielen und Ranken. Später breitet sich die Krankheit auf die Früchte aus und fällt meist erst dann auf, wenn die Beeren mindestens zur Hälfte ausgewachsen sind. Kurz nachdem die Verwüstung des Pilzes an den Beeren sichtbar wird, werden die Früchte schwarz, schrumpfen und sind mit winzigen schwarzen Pusteln bedeckt, die die Sommersporen enthalten. Abbildung 44 zeigt die Arbeit von Schwarzfäule. Im Winter und Frühling bildet sich auf diesen alten, verschrumpelten, mumierten Beeren eine andere Form namens Winter- oder Ruhespore, die die Krankheit von einer Jahreszeit zur anderen überträgt.

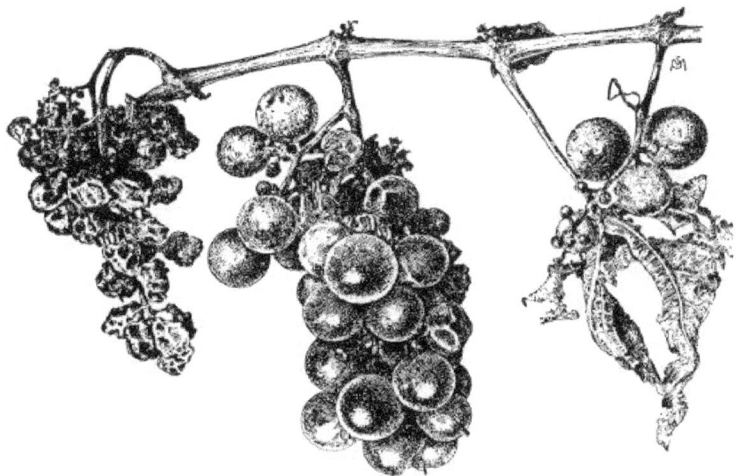

ABB. 44. Arbeit der Schwarzfäule der Traube.

Da die Krankheit in mumifizierten Früchten und erkranktem Holz den ganzen Winter über übertragen wird, liegt es auf der Hand, diese mumifizierten Weintrauben sowie die Blätter und Zweige infizierter Reben so schnell wie möglich zu vernichten. Diese Behandlung reicht jedoch nicht aus und die Krankheit kann nur durch gründliches Besprühen mit der Bordeaux- Mischung (4–4–50) wirksam bekämpft werden. Die erste Anwendung sollte kurz vor der Traubenblüte erfolgen; der zweite, kurz nach der Blüte. Die Menge des aufgetragenen Materials ist weniger wichtig als die Gleichmäßigkeit der Verteilung und die Feinheit des aufgetragenen Sprays. In der Regenzeit sollte vielleicht eine dritte oder vierte Anwendung in Regionen erfolgen, in denen die Krankheit schwerwiegend ist. der dritte wird hergestellt, wenn die Beeren die Größe einer Erbse haben; der vierte, wenn die Beeren groß genug werden, um sich zu berühren.

Falscher Mehltau.

Falscher Mehltau (*Plasmopara Viticola*) konkurriert mit der Schwarzfäule um den ersten Platz unter den Pilzkrankheiten der Traube. Es kommt in allen

Weinanbaugebieten östlich der Rocky Mountains vor, verursacht jedoch in nördlichen Gebieten den größten Schaden. Wie die Schwarzfäule befällt auch der Falsche Mehltau alle empfindlichen, wachsenden Teile der Rebe, befällt aber hauptsächlich das Laub und ist in der Regel weniger zerstörerisch als die Schwarzfäule. Wie man zunächst an den Blättern erkennen kann, zeigt sich die Wirkung des Pilzes in Form grünlich-gelber, unregelmäßiger Flecken auf der Blattoberseite, die später rotbraun werden. Gleichzeitig bildet sich auf der Blattunterseite ein dünner, weißer Flaumwucher. Die Sporen des Pilzes werden auf diesem flaumigen Wachstum produziert und unter günstigen Bedingungen durch Wind und Wasser an alle empfindlichen Teile der Rebe verteilt, wo sie keimen und ihr Zerstörungswerk beginnen. Die Frucht wird befallen, wenn sie teilweise ausgewachsen ist, wie in Abb. 45 gezeigt, und wird mit dem grauen Flaum des Pilzes, der „Graufäule" des Weinbauers, bedeckt. Wenn die Beeren der Krankheit bis zur Hälfte entkommen, verursacht der Pilz einen bräunlich-violetten Fleck, der bald die ganze Traube bedeckt und der Krankheit in diesem Stadium den Namen „Braunfäule" gibt. Neben den Sommersporen wird im Winter eine weitere Form von Fortpflanzungskörpern produziert, die den Pilz während der Ruhephase transportieren.

ABB. 45. Von Falschem Mehltau befallene Trauben.

Falscher Mehltau breitet sich wie Schwarzfäule am schnellsten aus und verursacht die meisten Schäden bei heißem, nassem Wetter. Wie bei praktisch allen Krankheiten der Traube lässt sich die Krankheit durch die Zerstörung befallener Blätter, Triebe und Beeren, die die Wintersporen enthalten, erheblich bekämpfen. Diese Hygienemaßnahmen sind jedoch nicht wirksam genug und die Weinberge müssen wie empfohlen besprüht werden gegen Schwarzfäule, mit der Ausnahme, dass die erste Anwendung erfolgen sollte, bevor die Blütenknospen erscheinen.

Echter Mehltau.

Im Osten weniger störend als der Falsche Mehltau, der Echte Mehltau (*Uncinula). necator* ist, sofern nicht kontrolliert, in der Lage, die gesamte Ernte europäischer Weintrauben am pazifischen Hang zu vernichten. Im Osten verursacht es manchmal große Verluste bei den verschiedenen Sorten, die als „ Rogers- Hybriden" bekannt sind, und ist seltsamerweise oft eine ziemlich ernste Krankheit der Concord. Die Krankheit wird durch einen oberflächlichen Pilz verursacht, der auf abgefallenen Blättern und auch auf den Stöcken überwintert. Die Sporen beginnen einige Wochen nach der Blüte der Weintrauben zu keimen, doch die Krankheit tritt häufig erst dann auf, wenn die Weintrauben fast zur Hälfte ausgewachsen sind. Die feinen weißen Filamente des Pilzes, die den vegetativen Teil des Parasiten bilden, greifen dann die Blätter, Triebe und Früchte an und lassen kurze, unregelmäßige Zweige entstehen, auf denen sich eine große Anzahl von Sporen befindet. Diese verleihen der Blattoberseite ein graues, pudriges Aussehen, daher der Name. Mit der Zeit werden die erkrankten Blätter hellbraun und fallen bei schwerer Krankheit bald ab. Infizierte Beeren nehmen ein graues, schorfiges Aussehen an, sind braun gesprenkelt, werden im Wachstum gehemmt und platzen oft auf einer Seite, wodurch die Samen freigelegt werden. Allerdings werden die Beeren nicht weich und schrumpfen wie bei einem Befall mit Falschem Mehltau. Die Krankheit überwintert in ruhenden Sporen, die spät in der Vegetationsperiode entstehen. Mehltau unterscheidet sich von anderen Pilzkrankheiten der Traube dadurch, dass er in heißen, trockenen Jahreszeiten häufiger auftritt als in kalten, nassen.

In Ostamerika wird Mehltau durch die für Schwarzfäule empfohlene Behandlung bekämpft. Wenn Schwarzfäule nicht vorherrscht, werden zwei Sprühstöße mit einer Bordeaux- Mischung empfohlen; der erste Anfang Juli und der zweite etwa zwei Wochen später. An der Küste des Pazifiks lässt sich der Echte Mehltau oder „ Oïdium ", wie er dort oft genannt wird, der aus Europa stammende Name stammt, jedoch billiger und erfolgreicher durch Bestäuben mit Schwefelblüten bekämpfen. Das Abstauben erfolgt oft von Hand oder mit perforierten Dosen, aber das ist verschwenderisch und unsicher, und es kann eines von mehreren Schwefelsprühgeräten verwendet werden, das die Arbeit besser erledigt.

Anthracnose.

Eine weitere Volkskrankheit ist die Anthraknose (*Sphazelom) . ampelinum*), wegen der besonderen Fleckenbildung auf den befallenen Früchten auch

„Vogelaugenfäule" genannt, die Blätter, Triebe und Früchte der Rebe befällt. Auf den Blättern erscheint es zunächst in kleinen, unregelmäßigen, dunkelbraunen, eingesunkenen Flecken mit dunklem Rand. Später tritt die Krankheit an den Früchten auf und sieht weitgehend gleich aus, die Flecken sind jedoch meist größer und tiefer eingesunken. Am charakteristischsten ist die Krankheit jedoch an den Früchten. Häufig vereinigen sich zwei oder mehr Flecken und bedecken so den größten Teil der Beere. Die Früchte werden hart, mehr oder weniger faltig, und der erkrankte Bereich reißt oft auf, wodurch der Samen freigelegt wird, ähnlich wie beim Echten Mehltau. Die Sporen des Pilzes werden während der Vegetationsperiode in großer Zahl auf erkrankten Flächen produziert und werden von fadenförmigen Filamenten getragen, die den ganzen Winter über im Gewebe der Rebe leben und im Frühjahr für neues Wachstum bereit sind. Wintersporen wurden noch nicht entdeckt.

Anthracnose ist in Ostamerika weit verbreitet, verursacht jedoch selten große oder allgemeine Verluste, da die meisten kommerziellen Trauben relativ immun gegen die Krankheit sind. Einige Sorten, die eher in heimischen Weinbergen angebaut werden, wie Diamond, Brighton und Agawam, leiden am stärksten unter Anthracnose. Das Besprühen mit Bordeaux- Mischung, wie es bei Schwarzfäule empfohlen wird, reicht in der Regel aus, um die Krankheit in Schach zu halten.

Krankheit des toten Arms.

Eine lästige Krankheit, die erst kürzlich aufgetreten ist, verursacht jetzt erhebliche Schäden im Chautauqua-Traubengürtel an den Ufern des Eriesees und kommt am Concord am häufigsten vor. Aufgrund der Tatsache, dass sie meist an einem Arm der Rebe auftritt, spricht man von der „Totarmkrankheit" (*Cryptosporella) . Viticola* .) Die Krankheit wird durch einen Pilz verursacht, der in kleinen, schwarzen Fruchtkörpern in den abgestorbenen Teilen der Rebe überwintert. Zu Beginn des Frühlings breitet sich der Pilz mittels Sporen auf die jungen Triebe aus und befällt später in der Saison reife Beeren, wodurch kleine, schwarze, längliche Flecken von Schwarzfäule entstehen. Wenn der erkrankte Trieb nicht abgeschnitten wird, breitet sich der Pilz früher oder später auf die Arme oder den Stamm der Rebe aus und erzeugt eine langsame Trockenfäule, die schließlich den betroffenen Teil abtötet. Glücklicherweise lässt sich das Vorhandensein der Krankheit schnell an den kleinen gelblichen Blättern erkennen, die am Rand stark gekräuselt sind.

Der Pilz kann leicht bekämpft werden, indem man die erkrankten Arme markiert, wenn die ersten Symptome auftreten, und diese beim Beschneiden abschneidet. Wenn die Rebe durch einen solchen Rückschnitt stark verstümmelt ist, können normalerweise Ausläufer aus der Erdoberfläche hervorgeholt werden, um die Rebe zu erneuern. Die bei Schwarzfäule empfohlenen Anwendungen der Bordeaux- Mischung sind wertvoll bei der Vorbeugung der Sterbekrankheit. Durch die Erneuerung des alten Holzes der Rebe, sobald der Stamm ein knorriges Aussehen zeigt, wird der Krankheit weitgehend vorgebeugt.

Beschuss.

In Ostamerika, insbesondere im Chautauqua-Traubengürtel, verlieren Weinbauern nicht selten einen großen Teil ihrer Ernte, weil die Trauben vorzeitig von den Stielen fallen. Das Problem ist uralt und wird als „Beschuss" oder „Klappern" bezeichnet. Dieses vorzeitige Abfallen beginnt normalerweise am Ende eines Clusters und Cluster, die am weitesten vom Stamm entfernt sind, sind am frühesten betroffen. Wenn Weinberge stark unter diesem Beschuss leiden, sehen die Reben oft kränklich aus, das Laub verliert seine Farbe und die äußeren Blattränder trocknen mehr oder weniger aus. Die heruntergefallenen Früchte haben einen faden Geschmack und sind natürlich wertlos, selbst wenn sie geerntet werden könnten.

Die Ursache der Störung ist nicht bekannt. Trauben können auf Hochland oder Tiefland, auf schlechtem oder nährstoffreichem Boden, auf schwerem oder leichtem Boden „rasseln". Ein Weinberg kann in einem Jahr betroffen sein und im nächsten nicht. Weinbauern führen das Problem meist auf eine fehlerhafte Ernährung zurück, doch der Einsatz von Düngemitteln hat sich nicht als vorbeugende Maßnahme erwiesen. Alte und etablierte Weinberge scheinen freier von den Problemen zu sein als neue und schlecht etablierte Pflanzungen. Die vernünftigste Theorie zur Ursache des Schälens ist, dass er auf eine fehlerhafte Ernährung der Rebe zurückzuführen ist, die Bedingungen, die sich auf die Ernährung auswirken, sind jedoch noch nicht zufriedenstellend geklärt.

Krankheiten von untergeordneter Bedeutung.

Reifefäule oder Bitterfäule (*Glomerella rufomaculans*) ist eine Krankheit, die durch denselben Pilz verursacht wird, der die Bitterfäule des Apfels verursacht. Wie der Name schon sagt, tritt die Krankheit normalerweise zur Reifezeit an den Früchten auf und setzt sich unter günstigen Bedingungen auch nach der Weinlese fort. Es kann auch die Blätter und Stängel befallen. Der erste Hinweis auf den Pilz ist das Auftreten rotbrauner Flecken, die sich ausbreiten und schließlich die gesamte Frucht bedecken. Die Beeren schrumpfen nicht, aber die verfaulte Oberfläche ist mit Pusteln übersät, in denen sich die Sporen befinden. Es ist schwer zu sagen, wie viel Schaden diese Krankheit anrichtet, aber normalerweise ist sie nicht groß und die späte Anwendung einer Bordeaux- Mischung gegen Schwarzfäule oder Echten Mehltau ist sehr wirksam bei der Bekämpfung.

Die Kronengalle, eine heute als bakterielle Krankheit bekannte Krankheit, die Knoten oder Gallen an den Wurzeln verschiedener Wild- und Kulturpflanzen verursacht, befällt manchmal Weinwurzeln oder sogar die oberirdischen Weinreben. Gelegentlich verläuft die Krankheit recht schwerwiegend, in den Weinanbaugebieten Amerikas ist jedoch nicht oft mit ihr zu rechnen. Fungizide sind bei der Bekämpfung der Krankheit nutzlos und alles, was getan werden kann, ist, bei der Anpflanzung infizierter Bestände große Sorgfalt walten zu lassen. Es ist zweifelhaft, ob die Wurzelhalsgalle jemals ernsthafte Schäden an den Reben in nördlichen Regionen hervorruft, obwohl dies im Süden gelegentlich der Fall sein kann.

In Kalifornien gibt es eine etwas mysteriöse Krankheit, die als „Anaheim-Krankheit" bekannt ist, weil sie erstmals in der Nähe von Anaheim auftrat. Soweit man weiß, trat die Krankheit erstmals im Jahr 1884 auf und breitete sich dann rasch von 40 bis 50 Meilen von dem Punkt aus aus, an dem sie ihre Verwüstungen begann, was zu direkten und indirekten Verlusten in Höhe von vielen Millionen Dollar führte und zur Aufgabe von Weinbaubetrieben führte. wächst in einigen Teilen Südkaliforniens. Glücklicherweise ist die Anaheim-Krankheit in den letzten Jahren weniger aggressiv, richtet aber immer noch mehr oder weniger Schäden an. Die Natur und die Behandlung dieser Krankheit sind noch nicht vollständig geklärt, obwohl mehrere Experimentatoren das Problem untersuchen. Kalifornier, deren Weinberge unter dieser Krankheit leiden, sollten sich an die Versuchsstation in Berkeley wenden, um die neuesten Informationen darüber zu erhalten.

Coulure ist ein weiteres Weinproblem in Kalifornien, über das bisher wenig bekannt ist, weder über die Ursache noch über die Behandlung. Der Begriff bedeutet, dass die Frucht nicht fest wird oder nicht auf den Trauben verbleibt. Das Problem tritt in unterschiedlichem Ausmaß auf, vom Verlust einiger Beeren bis hin zum vollständigen Ablösen der Frucht vom Stiel. An einigen Orten ist es schlimmer als an anderen und an einigen Sorten als an anderen. Der Erkrankung werden verschiedene Ursachen zugeschrieben, vor allem und am wahrscheinlichsten sind ungünstige klimatische Bedingungen.

BEKÄMPFUNG VON INSEKTEN UND KRANKHEITEN

Aus der Anzahl der Insekten und Krankheiten, die auf der Traube gefunden werden, scheint es, dass in den Weinbergen des Landes buchstäblich „die Pest in der Dunkelheit wandelt und die Zerstörung am Mittag verwüstet ". Aber nicht viele der Krankheiten, die das Traubenfleisch hervorruft, kommen in einer Region vor, und der Weinberg wird selten in einer einzigen Saison von vielen Krankheiten oder Insekten befallen. Wie bereits erwähnt, gab es eine Zeit, in der die Weinbauern so stark von Schädlingen heimgesucht wurden, die sie nicht bekämpfen konnten, dass der Weinbau einer der unsichersten Bereiche der Landwirtschaft war. Aber eine brillante

Entdeckung nach der anderen hat die Schädlinge der Weintraube in die Hände des Menschen gebracht, bis es nur noch wenige gibt, die große Kosten bei der Behandlung verursachen oder sich Sorgen über das Ergebnis machen müssen.

Pflanzen können nicht von Krankheiten befallen werden, es sei denn, eine Infektion ist zulässig. Daraus folgt, dass durch ordnungsgemäße Hygiene die meisten Insektenschädlinge der Rebe vom Weinberg ferngehalten werden können.

Hygiene im Weinberg.

Durch Veränderung oder Modifizierung der Umgebung kann die Immunität gegen viele Schädlinge der Traube sichergestellt und der Schaden bei den meisten, wenn nicht allen, verringert werden. Der Anbau ist, wie bei mehreren Insektenschädlingen und einer oder zwei Traubenkrankheiten festgestellt wurde, eine wirksame Methode zur Beseitigung von Traubenschädlingen. Im Falle von Insekten werden die Insekten selbst und auch die Überwinterungsplätze zerstört. Der Weinberg sollte nie mit Grasnarben bepflanzt, sondern stets gründlich und häufig bearbeitet werden. Die Hygiene im Weinberg wird erheblich verbessert, auch wenn nach der letzten Bearbeitung Deckfrüchte gepflanzt werden, die im Winter grün bleiben. Der Kultivierung sollte in der Regel im Herbst oder Frühjahr ein tiefes Pflügen vorausgehen, um abgefallenes Laub und Unkraut oder Gras zu durchbrechen, in dem überwinternde Insekten den Winter verbringen können.

Die Umgebung des Weinbergs sollte gepflegt werden. Zaunreihen und Brachflächen, die nicht bewirtschaftet werden können, werden oft niedergebrannt, um die Überwinterungsplätze der Traubeninsekten zu zerstören. In der Regel ist es unklug, die Brombeerbeeren oder gar Erdbeeren in Weinbergen oder angrenzenden Weinbergen anzupflanzen, da diese Pflanzen einigen Traubeninsekten, insbesondere der zerstörerischen Zikade, Überwinterungs- und Nahrungspflanzen bieten. Schließlich sollte eine Vorsichtsmaßnahme getroffen werden, indem alle wilden Weinreben in der Nähe von Weinbergen zerstört werden, da diese häufig Insekten und Krankheiten beherbergen und der Flohkäfer die wilde Weinrebe fast als eine Notwendigkeit für seine Existenz ansieht.

Sprühen.

Für das Besprühen landesweiter Weinberge können keine eindeutigen Regeln festgelegt werden. Die Literatur zu diesem Thema ist in jedem Staat, in dem Weintrauben weitgehend angebaut werden, reichlich vorhanden, für den Weinbauern zugänglich und nicht schwer zu verstehen, wenn man sie erst einmal zur Hand hat. Jeder Winzer sollte sich die Veröffentlichungen der

Landesversuchsanstalten über die Bekämpfung von Insekten und Krankheiten sichern und studieren.

Die Anzahl der Anwendungen und die zu verwendenden Sprays variieren stark in den verschiedenen Teilen Amerikas. Am pazifischen Hang besteht die einzige jährliche Anwendung, die in den meisten Weinbergregionen erforderlich ist, darin, Schwefelblüten gegen Echten Mehltau zu bestäuben. Mehrere andere Schädlinge können jedoch von Jahr zu Jahr oder an der einen oder anderen Stelle eine besondere Behandlung erfordern. In den Weinregionen von New York sprühen viele Weinbauern überhaupt nicht, aber das sind meist Slowenen oder Zauderer, deren Gewinne gering und ungewiss sind. In den Weinregionen der nordöstlichen Bundesstaaten besprühen ordentliche Winzer mindestens einmal eine Bordeaux- Mischung (4–4–50), in die drei Pfund Bleiarsenat gegeben werden, egal wie wenig Insekten und Pilze vorhanden sind. Diese Behandlung wird kurz nach dem Blütenfall durchgeführt. In südlicheren Regionen kann es erforderlich sein, eine ähnliche Behandlung kurz nach dem Erscheinen der ersten Blätter, noch einmal nach dem Fall der Blüten und danach alle zwei Wochen durchzuführen, bis sich die Trauben zu verfärben beginnen, wobei vier, fünf oder sogar sechs Anwendungen erforderlich sind insgesamt. Zu diesen regelmäßigen Anwendungen von Bordeaux- Mischung und Bleiarsenat müssen möglicherweise Kontaktinsektizide, wie einige der Nikotinpräparate, hinzugefügt werden; oder für besondere Zwecke, wie bei der Erörterung der verschiedenen Schädlinge angegeben, wird billige Melasse hinzugefügt. Es ist jedoch zweifelhaft, ob die Traube dort mit kommerziellem Erfolg angebaut werden kann, wo Insekten und Pilze vorherrschen und so schädlich sind, dass jährlich mehr als zwei oder drei Anwendungen von Sprühmischungen erforderlich sind.

TAFEL XVIII. — Herbert ($\times \, ^2/_3$).

KAPITEL XIII

VERMARKTUNG DER PFLANZEN UND WEINBERGE-ERTRÄGE

Der Weinbau besteht, wie alle Bereiche der Landwirtschaft, aus zwei völlig unterschiedlichen Tätigkeitsphasen: dem Anbau der Ernte und der Vermarktung der Ernte. Die in diesem und dem nächsten Kapitel behandelten Themen beziehen sich eher auf das Marketing als auf kulturelle Aktivitäten. Wenn diese Vorgänge im Detail behandelt werden, stellen sie ausreichend Stoff für eine gesonderte Abhandlung dar, und in einem Text wie diesem, der sich der Kultur der Frucht widmet, findet sich nur ein Überblick über die gegenwärtigen Praktiken. Die verschiedenen zu besprechenden Vorgänge sind Kommissionierung, Verpackung, Lagerung, Versand und Vermarktung.

ERNTE IM OSTEN UND NORDEN

Als Abschluss der Pflege des Weinstocks wird die Ernte in allen europäischen Ländern mit Jubel, Gesang, Tanz und Fröhlichkeit gefeiert. In Amerika ist die Weinlese weniger ein Ereignis als in Europa, aber sie ist malerischer und unterhaltsamer als die Ernte der meisten anderen Feldfrüchte. Es handelt sich um eine Arbeit, an der Jugendliche und ältere Menschen sowie beide Geschlechter in der Blüte ihres Lebens teilnehmen können, und die als äußerst gesundheitsfördernde Beschäftigung gilt. Aus diesen Gründen hat die Weinlese in Amerika, wie auch in Europa, gewissermaßen den Charakter eines Feiertags, so dass für die verschiedenen Erntevorgänge in der Regel leicht Arbeitskräfte gefunden werden. Sobald die Trauben zu reifen beginnen, kommen Arbeitskräfte aus nahegelegenen Städten und vom benachbarten Land in so großer Zahl, dass die Pflege der Ernte schnell erledigt werden kann.

Pflücker.

In der Regel werden Pflücker stückweise und nicht tageweise eingestellt, da die Erfahrung gezeigt hat, dass sie bei einer solchen Bezahlung mehr und bessere Arbeit leisten. Die Rasse, das Alter und der Lebenszustand der Pflücker sind in der Regel sehr unterschiedlich, so dass eine harmonische und effiziente Arbeit ohne einen kompetenten Vorarbeiter, der häufig von einem Untervorarbeiter unterstützt werden muss, kaum möglich ist. Durch eine effiziente Aufsicht verdoppelt sich die Pflückerkapazität einer Gruppe von Arbeitern und sie ist darüber hinaus notwendig, um sicherzustellen, dass die Früchte mit der richtigen Sorgfalt gepflückt und verpackt werden. Bei der Anstellung von Pflückern wird in der Regel festgelegt, dass ein Teil des

Lohns bis zum Ende der Saison reserviert werden soll; andernfalls sind diejenigen bereit, Urlaub zu machen, wenn das Wetter ungemütlich wird, oder suchen sich grünere Weiden auf, wenn die Trauben knapp werden.

Zeit zum Auswählen.

Im Gegensatz zu manchen Früchten dürfen Weintrauben erst dann gepflückt werden, wenn sie vollreif sind, da unreife Trauben nach der Ernte nicht reifen. Nicht gereiften Trauben fehlt der nötige Anteil an Zucker und Feststoffen, um gut haltbar zu sein, und sie haben nicht ihr volles Aroma entwickelt. Viele Erzeuger machen den Fehler, die Trauben vor der vollständigen Reife auf den Markt zu schicken. Dieser Fehler kann bei manchen Sorten leicht gemacht werden, da sie vor der vollständigen Reife ihre volle Farbe annehmen. Daher ist die Farbe kein guter Anhaltspunkt für den Zeitpunkt der Auswahl. In den nördlichen und östlichen Bundesstaaten dürfen späte Traubensorten nach der Reife noch einige Zeit an den Reben hängen, da die Spätherbstsonnen ihnen ein höheres Maß an Süße und Perfektion verleihen. Einige Erzeuger riskieren leichte Fröste, um die Reifung fortzusetzen und sich den zusätzlichen Vorteil der Entfernung vieler Blätter von den Reben zu sichern. Die Reife wird durch eine Kombination von Zeichen angezeigt, die schwer zu beschreiben, aber durch Erfahrung leicht zu erlernen sind. Diese Zeichen sind: erstens eine charakteristische Farbe; zweitens die volle Entfaltung von Geschmack und Aroma; drittens eine weichere Textur des Fruchtfleisches und eine leichte Verdickung des Saftes, so dass er mehr oder weniger klebrig ist; viertens verfärben sich die Enden der Stängel von grün nach braun; fünftens lassen sich die Beeren leichter von ihren Stielen lösen; Sechstens sind die Samen frei oder fast frei vom Fruchtfleisch und verfärben sich normalerweise von grün nach braun.

Kommissioniergeräte.

Für die Traubenernte werden jedoch nur wenige Geräte benötigt. Scheren sind eine Notwendigkeit. Diese sind Sonderanfertigungen und können bei Händlern für Gartenbaubedarf zum Preis von 75 Cent bis 1 US-Dollar gekauft werden. Einige Landwirte verpacken die Früchte nach der Ernte auf dem Feld in die Behälter, in denen sie auf den Markt kommen sollen. Die meisten Früchte werden jedoch in Schalen gepflückt, die zum Packhaus gebracht werden und dort stehen bleiben, bis die Früchte welk sind, bevor sie für den Versand verpackt werden. Tabletts können unterschiedliche Größen und Formen haben, sind aber meist flache, flache Tabletts mit einem Fassungsvermögen von 25 bis 35 Pfund. Die gepflückten Früchte werden in einem Wagen mit flexiblen Federn vom Weinberg zum Packschuppen transportiert, um Erschütterungen und Stöße zu vermeiden. Große Züchter verfügen in der Regel über speziell gebaute Einspänner-Plattformwagen, deren Vorderräder unter der Plattform hindurchfahren.

Konten auswählen.

Es ist keine Kleinigkeit, bei Pflückern ein Kommissionierkonto zu führen. Unternehmerisch tätige Züchter verwenden bei der Buchführung eine von mehreren Arten von Tickets oder Tags. Die wahrscheinlich gebräuchlichste Methode besteht darin, dem Pflücker bei der Lieferung des Behälters mit Trauben ein Ticket zu geben, wobei der Winzer entweder die Hälfte des Originals oder ein Duplikat davon behält. Einwände gegen Ticketsysteme bestehen darin, dass die Kommissionierer die Tickets häufig verlieren, sie unregelmäßig zurückgeben oder sie mit anderen Kommissionierern austauschen. Um die Nachteile von Tickets zu umgehen, verwenden einige Erzeuger Schilder, die den Namen des Pflückers tragen und an seiner Person befestigt sind. Diese Etiketten haben Randnummern oder -unterteilungen, die durch einen Stempel gelöscht werden, wenn die Pflücker die Trauben anliefern. Eine weitere Methode besteht darin, mit jedem Pflücker Buchkonten zu führen. In diesem Fall erfolgt die Zahlung pro Pfund, wobei jeder Behälter so auf die Waage gestellt wird, wie er vom Feld gebracht wurde, und die Anzahl der Pfund gutgeschrieben wird. Es ist die Pflicht der Verantwortlichen, dafür zu sorgen, dass jeder Pflücker die Reihe oder den ihm zugewiesenen Teil der Reihe fertigstellt und nicht auf der Suche nach der besten Ernte durch den Weinberg wandert.

Packhäuser und ihre Geräte.

Der gewerbliche Weinbauer muss über ein Haus zum Verpacken und Lagern verfügen. Die Häuser unterscheiden sich in Design und Ausstattung für fast jeden Weinberg. Manchmal ist das Haus eine Kombination aus Packen und Lagern. Oftmals befindet sich das Packhaus auf halber Strecke zwischen dem Weinberg und der Versandstation. In diesem Fall handelt es sich um einen offenen Schuppen oder ein leicht gebautes Gebäude. In diesen Feldpackhäusern gibt es normalerweise keine Lagermöglichkeiten. Die besseren Typen von kombinierten Häusern verfügen über einen Keller zur Lagerung der Trauben, der erste Stock dient zum Einpacken und der Dachboden bietet Platz für die Lagerung von Körben und Kisten. In allen solchen Häusern muss für eine gute Belüftung gesorgt werden, insbesondere im Lagerkeller, wenn die Trauben längere Zeit gelagert werden sollen. Bei richtiger Belüftung kann die Temperatur im Weinkeller im September und Oktober auf bis zu 15 °C gehalten werden. Der Kellerboden in diesen Häusern besteht meist aus Erde, um den Feuchtigkeitsgehalt des Raumes besser regulieren zu können. Häufig ist die erste Etage in zwei Räume unterteilt, von denen einer zum Verpacken und der andere als Versandraum dient. Eine gute Kombination aus Verpackungs- und Lagerhaus dieser Art kann für 1.000 bis 2.000 US-Dollar gebaut werden. Da nun in den meisten Weinanbaugebieten Kühllagermöglichkeiten gesichert werden können und die Lagerraten günstiger werden, besteht weniger Bedarf an Lagerhäusern.

ABB. 46. Trauben auf einem Packtisch verpacken.

Packhäuser sind so einfach aufgebaut und können so unterschiedlich im Design sein, dass es weder möglich noch nötig ist, sie im Detail zu beschreiben. Ein Gebäude, das die Arbeiter vor Witterungseinflüssen schützt und Komfort beim Packen bietet, erfüllt diesen Zweck. Ein solches Packhaus, das sich oft im Weinberg befindet, sollte gut beleuchtet sein, mit dem Lagerraum für Körbe verbunden sein und Vorteile für die Anlieferung der Pakete vom Lagerraum zum Packraum und von dort haben vom Packraum zum Versandraum. Seine Größe hängt von der Menge der zu verpackenden Trauben ab. Das Haus muss so gebaut sein, dass es sauber und angenehm bleibt.

Jedes Packhaus, unabhängig von der Bauart, muss mit Tischen ausgestattet sein, auf denen die Tabletts abgestellt werden können, während das Obst verpackt wird. Normalerweise sind diese Tische so konstruiert, dass die Kommissioniertabletts auf einem geneigten Tisch vor den Packern aufgestellt werden. Der Packer überführt die Trauben von den Kisten in die Körbe, in denen die Früchte verkauft werden sollen. Die Kisten mit den Trauben, die vom Feld kommen, werden vor den Arbeiter gestellt, der dann die Früchte von links in den Korb packt. Wenn die Körbe gefüllt sind, werden sie auf eine flache Kante oder ein Regal vor dem Packer gestellt und dann von einem Mitarbeiter abgeholt. Leere Körbe werden normalerweise in einem höher gelegenen Regal aufbewahrt, das für den Packer geeignet ist, und von Zeit zu Zeit vom Personal aufgefüllt. Abbildung 46 zeigt einen Packtisch der gerade beschriebenen Art. Manchmal ist der Packtisch kreisförmig und dreht sich, wobei die Packer um den Tisch herum sitzen. Die Körbe werden auf dem Schoß gehalten und der Packer nimmt die

Trauben vom Tisch, der gedreht wird, wenn frisches Obst hereingebracht wird. Dieser runde Tisch wird nicht allgemein verwendet; Sein einziger Vorteil besteht darin, dass der Verpacker dadurch aus einer größeren Menge Obst auswählen kann.

Sortierung der Trauben.

Trauben lassen sich leichter klassifizieren als die meisten anderen Früchte; Denn normalerweise gibt es nur zwei Grade: Erster und Auserwählter. Es ist schwierig, genau anzugeben, was Erstlinge sind, da eine Reihe von Faktoren berücksichtigt werden müssen, die das Urteil des Bewerters beeinflussen. Die ersten Trauben müssen mindestens die folgenden Eigenschaften aufweisen: Die Trauben müssen annähernd gleichmäßig groß sein; An den Stielen dürfen nur wenige oder gar keine Beeren fehlen. Die Trauben müssen vollreif sein, einen einheitlichen Reifegrad aufweisen und gleichmäßig gefärbt sein. und die Früchte müssen frei von Insekten- und Pilzschäden sein. Es ist einfacher, Spezifikationen für die Auslese anzugeben, da alle Trauben, nicht die ersten, ausgelesen werden.

In großen Weinbergen sind nur gute oder beste Früchte einer Sortierung wert. Es ist ratsamer, schlechte Früchte tonnenweise mit geringer oder keiner Sortierung zu verkaufen. Daraus folgt auch: Je höher der Preis, je spezieller der Markt und je sorgfältiger die Ernte gepflückt wird, desto rentabler ist die Sortierung. Die Sortierung erfolgt in der Verpackungshalle, wenn das Obst von den Kisten in die Verkaufsbehälter überführt wird. Mit einer speziell für diesen Zweck hergestellten schlanken Schere , die im Gartenbaufachhandel erhältlich ist, werden kranke und zerdrückte Beeren herausgeschnitten. Die Früchte müssen einige Stunden, einen halben Tag oder über Nacht welken, bevor sie optimal sortiert werden können. Bei dieser Sortierarbeit sollte größte Sorgfalt darauf verwendet werden, die Früchte sauber und frisch zu halten, zerbrochene Trauben auszusortieren und die Blüte zu erhalten. Je weniger Handhabung, desto feiner ist das Produkt.

Traubenpakete in östlichen Traubenregionen.

ABB. 47. Climax-Körbe in zwei Größen.

Die Verpackungen für Weintrauben sind weniger vielfältig als für andere Früchte, da die Verkaufsbehälter in den Bundesstaaten östlich der Rocky Mountains für alle Regionen weitgehend gleich sind. Desserttrauben werden im Allgemeinen in Geschenkverpackungen verpackt – das heißt in Verpackungen, die beim Verkauf der Früchte verschenkt werden – und sorgen so für eine saubere, ansprechende Verpackung. Es scheint zwingend erforderlich, dass landesweit ein einheitlicher Verpackungsstil für den allgemeinen Markt verwendet wird, aber bis zu diesem Zeitpunkt konnte die Einheitlichkeit nicht sichergestellt werden, obwohl sowohl nationale als auch staatliche Gesetze verabschiedet wurden. Es bedarf eines nationalen Gesetzes zur Festlegung standardisierter Handelsverpackungen, damit der Erzeuger sicher von einem Staat in einen anderen versenden kann, ohne gegen das Gesetz zu verstoßen. Ein solches Paket sollte auf dem Kubikmaß basieren und nicht auf dem Gewicht, wie oft befürwortet wird; denn Trauben können nicht ohne Verluste durch die Probenahme während des Transports versandt werden; außerdem kommt es zu Gewichtsverlusten durch Verdunstung, so dass der Erzeuger, obwohl er versucht, das Gesetz einzuhalten, technisch gesehen zum Gesetzesbrecher werden kann, wenn der Standard auf dem Gewicht basiert.

Die beliebteste Verpackung für die Traube in den östlichen Weinregionen ist der Climax-Korb, der in verschiedenen Stilen und Größen hergestellt wird. Diese sind günstig, einfach zu verpacken und zu handhaben, lassen sich gut transportieren und sind langlebig. Am häufigsten werden drei Größen verwendet: der 5-Pfund-, der 10-Pfund- und der 20-Pfund-Korb. Der Fünf-

Pfund-Korb fasst normalerweise nur etwas mehr als vier Pfund; das Zehn-Pfund-Gewicht etwa acht Pfund; und die zwanzig Pfund eher weniger als zwanzig Pfund. Zwei Größen von Climax-Körben sind in Abb. 47 dargestellt . Es ist jedoch allgemein bekannt, dass die Packungen ein geringes Gewicht haben, und da die Trauben im Korb und nicht in Pfund verkauft werden, täuscht das geringe Gewicht nicht wirklich.

Diese Körbe bestehen aus dünnem Holzfurnier mit einer hellen Holzeinfassung oben und unten. Der Deckel besteht aus Holz und wird meist mit Klammern befestigt. Der Griff ist entweder aus Holz oder aus Draht. Bei guter Verarbeitung sind die Körbe fest und symmetrisch, ohne Splitter und sind sauber und weiß. Pakete, die von Jahr zu Jahr transportiert werden, bekommen eine trübe Farbe, aber das Holz kann durch Begasung im Lagerraum mit Schwefel weiß werden. Auch wenn die Körbe in der Sonne liegen, vergilben und verfärben sie sich und müssen daher in saubere, dunklen und trockenen Räumen gelagert werden.

Wenn Trauben nach Gewicht an Hersteller von Wein oder Traubensaft verkauft werden, werden sie normalerweise in den Pflückschalen geliefert, die, wenn der Markt in der Nähe ist, immer zurückgegeben werden. Wenn sie weit verschifft werden sollen, kommen sie in 20-Pfund-Körben oder Scheffelkörben auf den Markt, obwohl letztere bei den Verbrauchern keine große Beachtung finden.

Verpackung.

In Innenräumen verpackte Trauben dürfen, wie bereits erwähnt, einige bis vierundzwanzig Stunden nach der Ernte stehen, damit sie welken. Wenn sie so verwelkt sind, lassen sie sich viel leichter verpacken und schrumpfen beim Transport nicht, so dass der Korb normalerweise gut gefüllt mit Früchten auf den Markt kommt. Jede Weintraube wird einzeln in den Korb gelegt, nachdem alle unverkäuflichen Beeren entfernt wurden. Die Trauben sind in konzentrischen Reihen angeordnet, wobei die oberste Schicht besonders sorgfältig platziert wird. Wenn der Korb gefüllt ist, ragen die Trauben ein wenig über das Korbniveau hinaus. Dabei ist darauf zu achten, dass die Früchte nicht zu weit herausragen, damit die Trauben beim Aufsetzen des Deckels zerdrückt werden. Bei all diesen Arbeiten wird möglichst wenig mit den Beeren hantiert, um die Blütenpracht nicht zu zerstören. Außerdem wird darauf geachtet, dass die Früchte frei von Spritzmitteln sind und ansonsten sauber und frisch sind. Wenn die Trauben in Kisten verpackt werden, um sie nach Gewicht zu verkaufen, muss man sich viel weniger Mühe geben, aber auch hier muss beim Füllen der Kisten auf Methode geachtet werden, da es sonst viele offene Räume und Ecken zwischen den Trauben gibt.

Mittlerweile verwenden praktisch alle kommerziellen Weinbauern Etiketten auf ihren Verpackungen. Diese erhöhen nicht nur die Attraktivität der

Verpackungen, sondern sind auch eine Garantie für den Inhalt, sowohl hinsichtlich des Sortennamens als auch der Qualität der Früchte. Diese Etiketten sind auch ein Zeichen zur Unterscheidung der Früchte eines Erzeugers und daher ein wertvolles Werbemittel. Einige Erzeuger haben ihre Etiketten beim US-Patentamt registriert, um zu verhindern, dass andere sie verwenden. Offensichtlich ist es weder wünschenswert noch sinnvoll, eine schlechte Traubenqualität zu kennzeichnen.

Weintrauben lagern.

Der gewerbliche Weinbauern lagert seine Trauben mittlerweile in Kühlhäusern, wenn er sie noch längere Zeit nach der Ernte aufbewahrt. Es steht außer Frage, dass die Aufbewahrung eines Teils der Ernte in künstlich gekühlten Ställen für den Weinbauern von großem Vorteil ist, da sich dadurch die Verkaufssaison um etwa drei bis vier Monate verlängert. Früher konnten einheimische Trauben auf allgemeinen Märkten nur bis etwa zur Thanksgiving-Zeit gesichert werden, aber jetzt werden amerikanische Trauben ganz allgemein im Januar und Februar zum Verkauf angeboten, während die europäischen Trauben aus Kalifornien fast das ganze Jahr über auf dem Markt sind. Der Weinbauer muss sein Produkt nur wenig oder gar nicht vorbereiten, um es kühl zu lagern, außer um sicherzustellen, dass das Produkt in jeder Hinsicht erstklassig ist. Es wäre eine Verschwendung von Geld und Mühe, zu versuchen, andere als saubere, gesunde, gut gereifte und gut verpackte Trauben zu lagern. Der Weinbauer muss sich jedoch selten um die Lagerung kümmern, da die Ernte normalerweise von den Käufern gelagert wird.

Nur wenige Kleinbauern scheinen die Kunst erlernt zu haben, Trauben gemeinsam zu lagern. Es gibt nur wenige Schwierigkeiten, europäische Trauben nach der Ernte mehrere Monate lang aufzubewahren, wenn sie unter günstigen Bedingungen gelagert werden. Nicht alle, aber einige der einheimischen Trauben können bei entsprechenden Vorsichtsmaßnahmen auch praktisch den ganzen Winter über aufbewahrt werden. Unter diesen Sorten ist Catawba die Standard-Wintersorte, aber Diana, Iona, Isabella, Rogers-Hybriden und Vergennes, die alle recht häufig angebaut werden, können vom Kleinbauern behalten werden.

Um die Haltbarkeit zu gewährleisten, müssen diese einheimischen Trauben äußerst sorgfältig behandelt werden. Die Früchte werden einige Tage bevor sie totreif sind gepflückt und die Trauben in Kisten mit einem Fassungsvermögen von 20 bis 20 kg gelegt. Es ist wichtig, dass die Temperatur schrittweise gesenkt wird, damit es nicht zu plötzlichen Veränderungen kommt. Wenn die Nächte kühl sind, ist es eine wertvolle Hilfe, die Trauben am Abend nach der Ernte in Kisten im Freien zu lassen und sie am nächsten Morgen früh in ein kühles Gebäude oder einen trockenen Keller zu stellen. Der Keller oder Lagerraum sollte gut belüftet sein und so sein, dass die Temperatur nicht schwankt, wobei darauf zu achten ist, dass die Luft in jedem Teil des Lagerraums ausgetauscht wird. Zugluft sollte jedoch vermieden werden, da sonst Stängel und Beeren schrumpfen. Wenn eine Temperatur von 40° bis 50° eingehalten werden kann, sind die genannten Sorten bis März oder April haltbar. Ein teurer Lagerraum ist nicht erforderlich und Eis zur Kühlung des Raumes ist nicht nur unnötig, sondern auch unerwünscht.

Ist der Lagerraum zu trocken, welken die Trauben und verlieren an Geschmack; Ist die Atmosphäre hingegen zu feucht, schimmeln die Trauben. Daher ist es wichtig, einen Mittelweg zwischen einer zu trockenen und einer zu feuchten Atmosphäre zu finden. Es ist möglich, dass eine leichte Begasung mit Schwefel oder Formaldehyd dazu beitragen könnte, Schimmel in diesen üblichen Weinkellereien einzudämmen, aber für den Wert der Begasung scheint es keine experimentellen Beweise zu geben.

Auf Lehmböden angebaute Trauben sollen fester sein und sich besser halten als solche, die auf Kies oder leichteren Böden angebaut werden. Vor einigen Jahren gab es in Ohio eine Vereinigung namens The Clay-Growers Association, die sich ausschließlich mit Weintrauben befasste, die auf Lehmböden angebaut wurden. Die Mitglieder dieser Vereinigung glaubten, dass ihre Trauben für die Lagerung viel wünschenswerter seien als Trauben aus Regionen mit leichteren Böden.

ERNTE UND HANDHABUNG VON MUSCADINE-TRAUBEN

Die Muscadine-Trauben des Südatlantiks und der Golfstaaten sind einzigartig in Rebe und Frucht, werden für andere Zwecke verwendet und auf anderen Märkten verkauft als die Trauben des Nordens, sodass sie fast als eigenständige Frucht betrachtet werden können. Wie wir gesehen haben, sind für diese Frucht nicht nur besondere kulturelle Anforderungen zu beachten, sondern auch die Methoden der Ernte und Vermarktung sind recht unterschiedlich. Diese werden von Husmann und Dearing [18] wie folgt gut dargelegt :

„Rotundifolia-Reben wurden in der Vergangenheit fast ausschließlich auf Lauben angebaut, wobei die Früchte zu Wein verarbeitet wurden, und unter solchen Bedingungen ist das allgemeine Verfahren, die Trauben aus den Rebstöcken zu holen, vielleicht die praktischste Erntemethode. Wenn die Reben erzogen sind." an aufrechte Spaliere oder wenn die Früchte für den Versand oder den Tischgebrauch bestimmt sind, sollten die Trauben von Hand gepflückt werden, um gesund und sauber zu sein. Aufgrund des Vorhandenseins von Blättern, Zweigen usw., die mit den von den Weinstöcken geernteten Trauben vermischt sind Wein- und Traubensafthersteller zahlen 5 bis 15 Cent pro Scheffel mehr für handgepflückte Trauben. Die Winzer, die die Handpflückung praktizieren, behaupten , dass die Arbeit praktisch mit keinem größeren Aufwand erledigt werden kann, als zum Abschütten und Abschütteln erforderlich ist Wenn Sie eine Ernte säubern, wird der höhere Preis für die Früchte die Differenz mehr als ausgleichen.

„Eine Beschreibung der Ernte der Rotundifolia-Trauben nach der Jarring-Methode wird für diejenigen interessant sein, die damit nicht vertraut sind. Stangen sind an 6 x 12 Fuß großen Leinwandblättern befestigt und haben Ledergriffe. An jedem Ende wird ein Mann platziert Blätter und vier Männer mit zwei Blättern arbeiten zusammen. Die breiten Seiten der beiden Blätter werden unter jedem Weinstock eng zusammengebracht, mit dem Stamm des Weinstocks in der Mitte. Die Weinreben werden dann in Gläser gegossen, wobei die Beeren in die Blätter fallen. Die nicht Die Blätter werden von Hand gepflückt oder von Hand gepflückt, wenn sie beim Ernten der Früchte der angrenzenden Weinreben beim Rütteln des Spaliers usw. auf den Boden gefallen sind und in der Regel von bester Qualität sind. Die Autoren werden darüber informiert Die Ernte der Früchte auf dem Boden kostet etwa 15 Cent pro Scheffel und die Ernte der Früchte, die auf die Blätter fallen, 12 Cent.

„Die Früchte werden in Kisten oder Fässer gefüllt, und wenn die Menge nicht groß ist, werden die Blätter, Stäbchen usw., die sich mit den Früchten vermischen, von Hand entfernt. Wenn es eine beträchtliche Menge Früchte gibt, können mechanische Mittel wie z Zur Reinigung werden gewöhnliche Getreide-Gebläsemühlen verwendet. Nach der Reinigung wird das Obst zum Weingut transportiert oder verschifft. In Weingütern mit moderner Ausrüstung gibt es Gebläse, die das Obst gründlich reinigen. Diese befinden sich am Ende der Elevatoren, die das Obst befördern Obst zum Zerkleinerer.

„Eine übliche und sehr anstößige Praxis bei der Ernte von Rotundifolia-Trauben, insbesondere bei der Einmachmethode, besteht darin, die Früchte auf einmal zu pflücken, wobei es mindestens drei Ernteperioden geben sollte. Bei einer Ernte auf einmal ist die beste Qualität der Früchte gegeben." reift, fällt zu Boden und geht verloren, bevor mit der Ernte begonnen wird und der letzte Teil der Ernte in halbreifem Zustand zusammen mit den reifen Früchten von den Reben gefegt wird. Auf diese Weise entsteht nicht nur die erste und beste Frucht völlig verloren, aber die geernteten Früchte sind von minderer Qualität, was zwangsläufig dazu führt, dass der Gesamtertrag ein schlechtes Produkt ergibt."

Wird aus Muscadine-Trauben gewonnen.

„Bei den Erträgen von Rotundifolia-Reben treten große Schwankungen auf. Manchmal gibt es rekordverdächtige Erträge, und wiederum werden geringe Erträge gemeldet, die auf Schwarzfäule, Verfärbung, nasses Wetter, Selbststerilität, mangelnde Kultivierung usw. zurückzuführen sind. Düngung, fehlender Schnitt, Alter der Rebstöcke und verschiedene andere Ursachen. Trotzdem gelten Rotundifolia-Reben als die sichersten und ertragreichsten fruchttragenden Pflanzen. In einem der größten Rotundifolia-Weinberge gab es dagegen nur solche Während in den letzten drei Jahren aus verschiedenen Gründen eine Teilernte eingetreten ist, meldet ein anderer Erzeuger einen Ertrag von 177 Scheffeln Weintrauben von 4 Jahre alten James-Reben, zusätzlich zu einem Ballen Baumwolle pro Hektar. Ein Erzeuger aus Florida schätzte seine Ernte von weißen Rotundifolia- und Thomas-Trauben für die Saison 1911 bei 280 Scheffeln pro Hektar. Ein durchschnittlicher Ertrag von 27 Scheffeln pro Hektar von 4 Jahre alten Reben, 100 Scheffeln von 5 Jahre alten Reben und 150 Scheffeln pro Hektar wenn die Reben in voller Tragfähigkeit sind, sollte erreicht werden.

„Die für Rotundifolia-Trauben gezahlten Preise hängen von der Jahreszeit, der Qualität der Früchte und dem Markt ab. In Jahren mit geringer Ernte werden normalerweise bessere Preise gezahlt als bei starker Ernte. Abgesehen von den verkauften und an Weingüter verschifften Trauben." In den Städten und größeren Ortschaften werden Trauben in der Regel teurer verkauft als in kleineren Orten, wobei die Nachfrage vor Ort einigermaßen proportional zur Bevölkerung ist. In solchen Gegenden erzielen Früchte von guter Qualität einen viel besseren Preis als minderwertige Früchte. Von Hand gepflückt Obst in halben Scheffel-Pfirsichkörben oder in Beerenkisten bringt normalerweise 1 bis 2 Dollar pro Scheffel. Trauben, die im Einmachglas geerntet werden, werden normalerweise an die Weingüter geschickt und bringen durchschnittlich 75 Cent pro Scheffel von 60 Pfund. Der höchste Preis, der für diese Qualität gezahlt wird Die Obstmenge wurde 1910 erreicht, als für weiße Rotundifolien 2,25 US-Dollar pro Scheffel (fob-Versandstelle) gezahlt wurden.

„An vielen Orten haben sich bestimmte Erzeuger einen guten Ruf mit erlesenen, handverlesenen Früchten erworben, die sie an spezielle Kunden auf entfernten Märkten versenden. Zu diesem Zweck wird normalerweise die Sorte James angebaut, weil die Beeren gut haften und von guter Qualität sind. " Größe und Geschmack. Mehrere Erzeuger versenden bis nach New York und Boston und erhalten dabei zwischen 2,00 und 2,50 US-Dollar brutto pro Scheffelkiste. Beim Versand werden drei Arten von Transportmitteln verwendet: die Erdbeerkiste mit 24 Kisten, die Pfirsichkiste mit 6 Körben, und der 8-Pfund-Korb. Diese Phase der Branche sollte mehr Aufmerksamkeit gewidmet werden. Die für den Versand am besten geeigneten Sorten sind James, Memory, Flowers und Mish.

„Im Herbst 1910 wurden Lieferungen der Sorten James, Thomas und Eden vom Versuchsweinberg Rotundifolia in Willard, North Carolina, nach Washington D.C. verschickt, ein Teil der Lieferung in Erdbeerkisten und der Rest in Scheffelkörben. Kein wichtiger Unterschied konnte in den beiden Partien bei ihrer Ankunft in Washington festgestellt werden. Die James-Sorte kam in beiden Paketen in einwandfreiem Zustand an; von der Eden-Sorte waren 30 Prozent und von der Thomas-Sorte 35 Prozent geschält. Umfangreichere Experimente in dieser Richtung werden in Betracht gezogen.

UMGANG MIT DER TRAUBE IN KALIFORNIEN

In Kalifornien werden Trauben für drei Zwecke angebaut: Wein, Rosinen und den Tisch. Der Umgang mit der Ernte für Rosinen und Wein lässt sich am besten in einer Diskussion dieser Produkte im Kapitel über Nebenprodukte der Traube behandeln , sodass an dieser Stelle nur Tafeltrauben besprochen werden.

Die Tafeltraubenindustrie am Pazifikhang ist für einen gewinnbringenden Verkauf der Ernte auf die weite Verbreitung des Produkts auf den östlichen Märkten angewiesen, da die Produktion so groß ist, dass nur ein kleiner Teil der Ernte auf den Märkten im Pazifik verbraucht wird Neigung. Die Erzeuger in dieser Region haben daher besondere Probleme, vor allem die erfolgreiche Verschiffung über große Entfernungen. Kalifornien versendet jährlich etwa 10.000 Wagenladungen Tafeltrauben, die alle innerhalb eines Zeitraums von etwa zwei Monaten abgefertigt werden müssen. Mit zunehmender Konkurrenz wird es immer notwendiger, die Fläche, auf der die Früchte verkauft werden sollen, auszudehnen; die Vermarktungssaison durch Kühllagerung zu verlängern; und für beide Zwecke, neue Methoden zur Handhabung der Früchte zu entwickeln oder bestehende zu verbessern. Die beiden Voraussetzungen für den erfolgreichen Versand dieser großen Traubenmenge sind: Die Früchte müssen in einwandfreiem Zustand auf den Märkten ankommen; und es muss über eine ausreichende Marktqualität verfügen, um über einen beträchtlichen Zeitraum nach seiner Markteinführung solide zu bleiben. Die Erfahrung hat den Weinbauern in Kalifornien deutlich gezeigt, dass der Verfall der Weintrauben weitgehend von Verletzungen an den Traubenbeeren, den Stielen oder den Stielen der Trauben abhängt. Der Umgang mit den Trauben und die Art der verwendeten Verpackung müssen daher so erfolgen, dass das Produkt möglichst wenig geschädigt wird.

Sorgfältiger Umgang.

Bei der Verschiffung europäischer Trauben aus Kalifornien hat sich herausgestellt, dass es sich lohnt, sich bei der Handhabung der Ernte viel mehr Mühe zu geben. Die Trauben werden sorgfältig gepflückt, um

Druckstellen oder Quetschungen der Beeren zu vermeiden, und möglichst nur an den Hauptstielen angehoben. Anschließend werden sie vorsichtig in die Pflückschalen gelegt, die nur eine Schicht tief gefüllt sind. Beim Transport der Tabletts zum Verpackungshaus wird sorgfältig mit ihnen umgegangen, da die Tabletts nur auf Wagen mit Federn bewegt werden. Beim Sortieren wird besonders darauf geachtet, alle verletzten und kranken Beeren zu entfernen und andere in der Traube nicht zu verletzen, wobei auch hier die Trauben an den Stielen angefasst werden. Beim Verpacken werden die Trauben fest in die Körbe gelegt, wobei darauf zu achten ist, dass die Stiele nicht gequetscht oder gequetscht werden und die Stiele der Beeren nicht beschädigt werden. Eine leichte Verletzung der Beere oder des Stiels ermöglicht es den Sporen des Pilzes, der Fäulnis verursacht, in die Frucht einzudringen.

Versandpakete.

Die in Kalifornien am häufigsten verwendete Verpackung für Tafeltrauben ist ein quadratischer Korb mit einem Fassungsvermögen von etwa fünf Pfund. Diese Körbe werden zu viert in Kisten für den Versand bereitgestellt. Die Trauben einiger Sorten sind möglicherweise zu groß für diese kleinen Körbe, und diese besonders großen Trauben werden in länglichen Körben verpackt, die etwa acht Pfund fassen, wobei zwei Körbe eine Kiste füllen. Es scheint, dass in Kalifornien noch kein guter Füller zum Verpacken von Trauben entwickelt wurde. Der Korkstaub, in dem Trauben aus dem Mittelmeerraum anfallen, ist nicht verfügbar und ein guter Ersatz wurde noch nicht gefunden. Manchmal wird Sägemehl verwendet, aber es hat sich als nicht zufriedenstellend erwiesen, den Verfall zurückzuhalten, und die Frucht nimmt unangenehme Aromen aus dem Holz auf. Gelegentlich werden jedoch Trauben aus Kalifornien in trockenem Redwood-Sägemehl verpackt auf östliche Märkte geschickt, und diese scheinen in gutem Zustand anzukommen und keinen unangenehmen Geschmack angenommen zu haben. Berichten zufolge erweist sich dieses speziell ausgewählte Redwood-Sägemehl als viel besser als das gewöhnliche Sägemehl, mit dem vor einigen Jahren experimentiert wurde.

Versand.

Das US-Landwirtschaftsministerium hat erhebliche Anstrengungen unternommen, um herauszufinden, wie Tafeltrauben am besten aus dem äußersten Westen verschifft werden können und in gutem Zustand auf den östlichen Märkten ankommen. Die Ernte wird natürlich in Kühlwagen transportiert und vieles hängt von der Kühlung dieser Wagen und insbesondere von der Temperatur ab, auf der die Trauben während des Transports gehalten werden. Um die 3000 Meilen durch Berge und Wüste,

Hitze und Kälte weit überstehen zu können, muss der beste Kühlwagentyp verwendet werden. Es scheint nicht, dass die für Zitrusfrüchte und andere Baumfrüchte so vorteilhafte Vorkühlung bei Tafeltrauben die Mühe und die Kosten wert ist, da sie den Verfall nicht zu verhindern scheint. Das Kühlen kann die sorgfältige Handhabung nicht ersetzen, was bei der Vorbereitung dieser Trauben für den Ostversand noch immer die wichtigste Vorsichtsmaßnahme zu sein scheint.

MARKETING

Tafeltrauben aus den östlichen und westlichen Weinregionen werden mittlerweile fast ausschließlich in Wagenladungen verschifft. Da nur wenige Weinbauern bereit sind, schnell ein Auto mit Trauben zu beladen, ist eine Zusammenarbeit erforderlich , oder die Ernte muss von großen Abnehmern abgewickelt werden. Genossenschaftliche Methoden erfreuen sich immer größerer Beliebtheit, obwohl ein großer Teil der Weinernte, sowohl im Osten als auch im Westen, inzwischen von Käufern abgewickelt wird.

genossenschaftliche Organisation bietet mehrere wichtige Vorteile . Beim genossenschaftlichen Verkauf werden die Trauben daher nach einem Standard sortiert und verpackt; günstigere Transporttarife können durch einen Genossenschaftsverbund gesichert werden ; Und was am wichtigsten ist: Die Produktion kann ohne die katastrophale Konkurrenz, die mit der individuellen Vermarktung einhergeht, auf die Traubenmärkte des Landes verteilt werden. In einigen dieser Organisationen werden auch die vom Weinbauern für die Produktion einer Ernte benötigten Vorräte wirtschaftlicher eingekauft als von Einzelpersonen; Insbesondere können Traubenpakete von einer Organisation besser gekauft werden als von einer Einzelperson.

Da die Traubenindustrie und der Wettbewerb in den verschiedenen Regionen des Landes wachsen, wird die Notwendigkeit der Bildung von Marketingorganisationen immer größer. Solche Organisationen müssen auf den Grundsätzen basieren, von denen viele Experimente gezeigt haben, dass sie Obstvermarktungsverbände am besten leiten. Es ist nicht möglich, diese Prinzipien ausführlich zu diskutieren, aber die folgenden Grundlagen genügen:

Eine ideale Genossenschaft ist eine Genossenschaft, in der es weder Gewinne noch Dividenden gibt. Jedes Mitglied des gesamten organisierten Vereins ist Produzent. Das gesamte von einem Mitglied angebaute Produkt wird über den Verein verkauft. Der Verein ist demokratisch, alle Mitglieder haben die gleiche Stimme bei der Leitung und alle sind gleichermaßen an seinen Erfolgen und Misserfolgen beteiligt. Wenn sich aus Notwendigkeit Gewinne ergeben, werden diese an die Mitglieder des Vereins im Verhältnis zum jeweils getätigten Geschäftsvolumen verteilt. Die Arbeit der

Organisation wird so kostennah wie möglich durchgeführt und Gewinne werden erst nach Abzug von Ausgaben, Abschreibungen und Kapitalzinsen für zukünftige Operationen ausgewiesen. Daraus ergibt sich, dass der Plan der Organisation darin besteht, jedem Mitglied möglichst genau den Preis zu geben, den seine Früchte auf den Märkten erzielt haben.

WEINBERGRÜCKGABEN

Der Weinanbau als Gewerbe ist in Amerika ein vergleichsweise neuer Wirtschaftszweig. Es ist wahr, dass die ersten Versuche, diese Frucht anzubauen, unternommen wurden, um eine Industrie zu gründen, aber diese waren völlige und klägliche Misserfolge, und der Beginn des Weinanbaus in Amerika wurde schließlich zu einem erfreulichen Hobby. Bei der Entwicklung von einem Hobby zur Weinbaukultur im großen Stil hinkte die geschäftliche Seite der Branche lange hinterher. Gegenwärtig wird das Interesse an Kulturbetrieben, mit denen sich die Pioniere der Branche hauptsächlich beschäftigten, angesichts zunehmender Konkurrenz, vielfältiger Unsicherheiten in den Weinbergbedingungen und viel unwirtschaftlicher Verwaltung durch die Vorstellung in den Schatten gestellt, dass der Weinanbau ein hochentwickeltes kommerzielles Unternehmen sei, das dies erfordert Erfolg sorgfältige Unternehmensführung.

Bedauerlicherweise gibt es nirgendwo eine umfassende Datensammlung, anhand derer sich die Erzeuger eine angemessene Vorstellung davon machen könnten, wie hoch die Erträge und das Einkommen durchschnittlicher Weinberge in den Weinregionen sind. Der Wert solcher Daten für Anleger oder diejenigen, die sich bemühen, den Überblick über die Finanzen ihres Unternehmens zu behalten, liegt auf der Hand, und hier wird versucht, den Leser mit Zahlen vertraut zu machen, die hilfreich sein sollten. Die bereitgestellten Daten sind zwar spärlich und fragmentarisch, zeigen aber ziemlich genau die Kosten für die Traubenproduktion, die Verkaufspreise und die Gewinne im Anbau dieser Frucht in einer der großen Weinbauregionen.

Die New York Agricultural Experiment Station führt Experimente durch, um die Einnahmen und Einnahmen aus Weinbergen im Chautauqua-Traubengürtel zu bestimmen. Die Arbeiten sind noch nicht abgeschlossen und die Ergebnisse konnten auch nicht im Detail veröffentlicht werden, bevor sie von der Station verschickt wurden, aber FE Gladwin, der für die Arbeiten verantwortlich ist, hat zugestimmt, Zusammenfassungen der Kosten und Erträge aus den Weinbergen in Fredonia zu erstellen wird mindestens als Leitfaden für Weinbauern in dieser Region dienen:

Erstes Jahr	

Zinsen auf den Grundstückswert von 200 USD pro Acre		12,00 $
Vorbereitung des Landes		8.00
Kosten für Reben pro Hektar		12.00
Pflanzen		4.00
Kultivieren		6.00
Gesamtausgaben für das erste Jahr		42,00 $
Zweites Jahr		
Zinsen auf den Wert des Weinbergs bei 225 $ pro Acre		13,50 $
Bodenbearbeitung, Handhacken usw.		9.25
Beschneidung		1,00
Gesamtausgaben für das zweite Jahr		23,75 $
Drittes Jahr		
Zinsen auf den Wert des Weinbergs bei 250 $ pro Acre		15,00 $
Beschneidung		2,50
Beiträge (Kosten) @ .10 240		24.00
Einstellen und Fahren		6,50
Draht und Leitungen, Heftklammern usw.		11.65
Binden und Zwirn		1,45
Kultivieren, Pflügen, Eggen		9.25
Sprühen		4.00
Anzahl verkaufter Körbe zu 0,16 pro Korb 500	80,00 $	
Kosten für Körbe: 20 $ pro Tausend		10.00
Kommissionierung für 0,01 pro Korb		5.00

Verpackung: 0,01 pro Korb		5.00
Schleppen von .003		1,50
Outgo für das dritte Jahr		95,85 $
Einkommen	80,00 $	
Viertes Jahr		
Zinsen auf den Wert des Weinbergs bei 300 $ pro Acre		18,00 $
Beschneidung		2,50
Binden		2,90
Spritzen und Materialien		4.00
Kultivieren, Pflügen, Eggen, Handhacken und das Zurückpflügen einer Furche		9.25
Wartung des Spaliers, Eintreiben von Pfosten, Spannen von Drähten usw.		2,50
Bürste herausziehen und herausziehen		1,69
Anzahl verkaufter Körbe zu 0,16 pro Korb 1000	160,00 $	
Kosten für Körbe: 20 $ pro Tausend		20.00
Kommissionierung für 0,01 pro Korb		10.00
Verpackung: 0,01 pro Korb		10.00
Schleppen von .003		3,00
Outgo für das vierte Jahr		83,84 $
Einkommen	160,00 $	
Outgo für vier Jahre	245,44 $	
Einkommen für vier Jahre	240,00	

Schätzungen für die Folgejahre		
Bruttoeinkommen	125– 200 $	
Ausgehen	75 – 85	

TAFEL XIX. — Iona ($\times \, ^3/_5$).

KAPITEL XIV

TRAUBENPRODUKTE

Überproduktion mit den damit einhergehenden Verlusten durch überfüllte Märkte ist ein Faktor, der dem Weinbauern ebenso wie Frost und Frost stets im Gedächtnis haften bleibt. Es vergeht keine Saison, ohne dass einige Weinregionen des Landes unter Überproduktion leiden. Nicht selten geht es der Traubenindustrie einer Region in einer Saison mit geringer Ernte und hohen Preisen besser als in einer Saison mit großer Ernte und niedrigen Preisen. In allen Teilen des Landes, in denen Weintrauben angebaut werden, wirkte sich die Überproduktion stark abschreckend auf den Weinbau aus; Und das, obwohl die Weinbauern die Möglichkeit genutzt haben, Produkte aus dieser Frucht herzustellen. So werden in Kalifornien Wein und Rosinen aus der Traube hergestellt, und ein großer Teil der Ernte im Osten geht in Wein, Champagner und Traubensaft. Aber die zunehmende Prohibition bedroht nun die Wein- und Champagnerindustrie des Landes, ja man könnte sogar sagen, dass sie sie an den Rand der Krise getrieben hat, was den Bedarf an neuen Absatzmärkten für Industrieprodukte umso notwendiger macht.

Unter diesen Bedingungen müssen die Weinbauern auf jede erdenkliche Weise danach streben, den Verkauf der Ernte an die Fabrikanten auszuweiten, in der Hoffnung, dass auf diese Weise zusammen mit einer vollkommeneren Verteilung seiner Waren die durch die Prohibition verursachten Eingriffe in die Industrie ausgeglichen und überwunden werden können -Die Produktion von Tafeltrauben soll besser verhindert werden. Mit dieser kurzen Betonung der Bedeutung verarbeiteter Produkte aus der Traube nähern wir uns der Diskussion der verschiedenen möglichen Gründe für eine Überproduktion dieser Frucht.

WEIN

Wie bereits angedeutet, wird die Herstellung und Verwendung von Wein in Amerika wahrscheinlich durch ein Verbot eingestellt. Daher ist alles, was man über dieses Produkt der Traube sagen mag, für die Weinbauern immer weniger von Interesse. Der Weinherstellung in Amerika bleiben jedoch wahrscheinlich noch ein paar Jahre Gnade, und da die Weinherstellung neben den Tafeltrauben noch immer den größten Absatzmarkt für die Weinernte bietet, muss Wein als ein Faktor in der Traubenindustrie betrachtet werden.

Da die Nachfrage und der Preis für Trauben sehr stark von der Art des herzustellenden Weins abhängen, ist es notwendig, die in Amerika hergestellten Weine zu charakterisieren. Man sollte sagen, dass Wein das Produkt der alkoholischen Gärung der Traube ist. Alkoholische Gärungen aus anderen Früchten sind streng genommen keine Weine. Naturweine werden in drei große Gruppen eingeteilt; trockene, süße und schaumige Weine. Trockene Weine sind solche, bei denen der Zucker durch Gärung entfernt wurde; süße Weine, bei denen noch genügend Zucker vorhanden ist, um einen süßen Geschmack zu verleihen; und Schaumweine sind solche, die ausreichend Kohlensäuregas enthalten, um in der Flasche einen Druck von mehreren Atmosphären zu erzeugen. Das Kohlensäuregas entsteht in Schaumweinen durch Gärung in der Flasche eines trockenen Weins.

Die Farbe dieser drei Weinklassen kann rot oder weiß sein, je nachdem, ob die Farbe den Schalen während der Gärung entzogen wird oder nicht. Um Rotwein herzustellen, müssen die zu vergärenden Trauben natürlich einen roten Farbstoff in der Schale oder im Saft oder in beidem enthalten. Jede dieser Weingruppen umfasst eine sehr große Anzahl von Sorten, die sich durch den Namen der Region, des Ortes oder des Weinbergs, in dem ein Wein hergestellt wird, unterscheiden. Die Weine werden noch weiter nach dem Jahrgang unterschieden.

Wein machen.

Nach dem Anbau der Trauben gibt es bei der Weinherstellung vier verschiedene Phasen. Die erste besteht darin, die Trauben zu ernten, wenn sie den richtigen Reifegrad erreicht haben, der als „Weinbereitungsreife" bezeichnet wird. Dieser Reifegrad wird mittels Mostwaage oder Saccharometer bestimmt. Der Winzer presst den Saft aus mehreren Weintrauben in ein Gefäß, in das er die Mostwaage fallen lässt, woraufhin auf der Waage der Zuckergehalt des Saftes angezeigt wird und so festgestellt wird, ob der richtige Reifegrad erreicht ist . Nachdem geeignete Traubensorten angebaut wurden, ist es notwendig, dass sie am Rebstock hängen bleiben, bis sich der richtige Reifegrad entwickelt hat. Anschließend werden sie so frei wie möglich von Beschädigungen oder Verfall im Weingut angeliefert.

Der zweite Schritt ist die Vorbereitung der Trauben für die Gärung. Die Trauben werden bei der Ankunft im Weingut gewogen und dann entweder von Hand oder häufiger mit einem mechanischen Förderband zum Trichter oder Brecher befördert. Die alte Methode des Kelterns, die in einigen Teilen Europas noch immer vorherrscht, bestand darin, die Trauben barfuß oder mit Holzschuhen zu zertrampeln. Das Stampfen wurde durch mechanische Zerkleinerer ersetzt, die die Schale aufbrechen, die Samen jedoch nicht zerkleinern. Die besten mechanischen Brecher bestehen aus rotierenden Zylindern mit zwei Rillen. Während die Trauben durch den Brecher laufen, fallen sie in den Stielpresse, eine Maschine, die die Stiele abreißt und sie an einem Ende ausgibt, während die Kerne, Schalen, das Fruchtfleisch und der

Saft durch den Boden zu den Pressen gelangen, die sich normalerweise auf dem Boden darunter befinden. Es gibt verschiedene Arten von Weinpressen, bei denen es sich jedoch alle um Modifikationen mit Schnecken-, Hydraulik- oder Kniehebelantrieb handelt. In großen Weinkellereien hat die hydraulische Presse die beiden anderen Antriebsformen fast verdrängt, und wenn große Traubenmengen verarbeitet werden müssen, sind in der Regel mehrere hydraulische Pressen im Einsatz. Der Traubentrester wird mithilfe unterschiedlich angeordneter Tücher und Gestelle zu einem „Käse" verarbeitet. Anschließend wird der „Käse" stark unter Druck gesetzt, wodurch der Saft bzw. „Most" schnell extrahiert wird.

Die dritte Stufe ist die Fermentation. Der „Most" wird von der Presse in offene Tanks oder Bottiche transportiert, die 500 bis 5000 Gallonen oder sogar mehr fassen. Die Hefezellen, die die Gärung bewirken, können auf natürliche Weise in die Schalen der Trauben eingebracht werden; oder in vielen modernen Weingütern wird der „Most" sterilisiert, um ihn von unerwünschten Mikroorganismen zu befreien, und ein „Starter" aus „Weinhefe" wird hinzugefügt, um die Gärung zu starten. Hefeorganismen greifen den Zucker an und spalten ihn in Alkohol und Kohlensäuregas auf, wobei letzteres bei seiner Bildung freigesetzt wird. Wenn die aktive Gärung aufhört, wird der neue Wein aus dem Trester entnommen und in geschlossene Fässer oder Tanks gefüllt, wo er einer Nachgärung unterzogen wird, wobei sich viel Sediment am Boden des Fasses absetzt. Um den neuen Wein von diesem Sediment zu befreien, muss er in saubere Fässer abgefüllt werden, ein Vorgang, der „Abstich" genannt wird. Der erste Abstich erfolgt in der Regel innerhalb eines Monats oder sechs Wochen. Ein zweiter Abstich ist am Ende des Winters erforderlich und ein dritter Abstich ist im Sommer oder Herbst wünschenswert.

Die vierte Stufe ist die Reifung des Weins. Vor Beginn der Reifung muss der Wein jedoch in der Regel durch „Schönung" vollkommen klar und strahlend werden. Die zur Schönung verwendeten Materialien sind Hausenblase, Eiweiß oder Gelatine . Diese werden in den Wein eingebracht und führen zur Ausfällung ungelöster Stoffe. Der Wein ist nun zum Abfüllen oder Verzehr bereit. Die meisten Weine erhalten durch „Alterung", eine langsame Oxidation in der Flasche, einen begehrenswerteren Geschmack.

Sekt.

Wenn Champagnerweine ihre erste Gärung durchlaufen haben, werden sie in Fässer abgefüllt, wo sie reifen, bis ihre Qualität festgestellt werden kann. Anschließend wird ein Verschnitt aus mehreren verschiedenen Weinen hergestellt. Diese Mischung wird „Cuvée" genannt. Die Cuvée wird in Flaschen abgefüllt und eine zweite Gärung beginnt. Die Flaschen werden nun in kühlen Kellern gelagert und in horizontalen Schichten mit dünnen

Holzstreifen zwischen den einzelnen Flaschenschichten befestigt. Der Champagner befindet sich in dieser Phase angeblich im „Müdigkeitszustand". Das bei dieser zweiten Gärung entstehende Kohlensäuregas wird in den Flaschen eingeschlossen und vom Wein absorbiert. Wenn die Flasche entkorkt wird, versucht das Gas zu entweichen und erzeugt den bei Schaumweinen erwünschten Schaumeffekt. Nachdem der Wein ein bis zwei Jahre lang gelagert wurde, werden die Flaschen in A-förmige Gestelle gestellt, wobei der Flaschenhals nach unten zeigt, so dass der bei der Gärung gebildete Bodensatz auf den Korken tropft. Um das Absetzen des Sediments zu fördern, wenden oder schütteln Arbeiter jede Flasche über einen Zeitraum von ein bis drei Monaten täglich. Anschließend werden die Flaschen in den Veredelungsraum gebracht, verkorkt und der Wein „degorgiert". Beim Degorgieren wird eine kleine Menge Wein im Flaschenhals mit dem Bodensatz eingefroren. Anschließend wird der Korken und mit ihm der gefrorene Bodensatz entfernt. Die Flasche wird wieder aufgefüllt, neu verkorkt, verkabelt, verschlossen und der Champagner ist versandbereit.

Der Jahrgang.

Die Weinbausaison wird auf der ganzen Welt als „Jahrgang" bezeichnet. Der Zeitpunkt, zu dem die Weinlese beginnt, hängt natürlich von der Region, der Rebsorte, der Vegetationsperiode und der Lage des Weinbergs ab. Auch seine Dauer hängt von denselben Faktoren ab. Die Saison wird in der Regel dadurch verlängert, dass die Winzer für ihre Zwecke mehrere Traubensorten benötigen, die zu unterschiedlichen Zeitpunkten reifen. Vor oder während der Weinlese schließen Vertreter von Weinkellern in der Regel Verträge über die Anzahl der benötigten Tonnen Trauben zu einem bestimmten Preis pro Tonne ab.

Es herrscht die Meinung vor, dass Trauben für Wein und Traubensaft nicht erstklassig sein müssen. Das ist weit von der Wahrheit entfernt. Um guten Wein herzustellen, müssen die Trauben sorgfältig geerntet, möglichst verletzungsfrei transportiert und vor Schmutz, Schimmel und Gärung geschützt werden, bevor sie im Weingut ankommen. Europäische Winzer behaupten, dass Trauben, die bei Sonnenaufgang gepflückt werden, die leichtesten und fleischigsten Weine hervorbringen und mehr Saft ergeben. Sie sagen auch, dass die Trauben nicht in der Hitze des Tages geerntet werden sollten, da die Gärung sofort einsetzt. Diese Feinheiten werden in Amerika nicht beachtet.

Für Weintrauben gezahlte Preise.

Angebot und Nachfrage regeln den Preis für Weintrauben. Es besteht immer eine Nachfrage nach guten Weintrauben, obwohl ein schlechtes Produkt oft um den Markt bettelt. Im Osten werden die höchsten Preise für die Trauben gezahlt, aus denen Champagner hergestellt wird. Die Champagnerregion im Osten beschränkt sich auf einige Orte entlang des Eriesees und auf den Westen New Yorks rund um den Keuka Lake, wo die Industrie am stärksten entwickelt ist. Die bei der Champagnerherstellung im Osten verwendeten Sorten sind Delaware, Catawba, Elvira, Dutchess , Iona, Diamond und einige andere Sorten. Die Preise variieren je nach den vielen Bedingungen, die sich auf die Trauben- und Champagnerindustrie auswirken. Der Durchschnittspreis für Catawba, die Traube, die in dieser Region hauptsächlich zur Herstellung von Champagner verwendet wird, liegt möglicherweise zwischen 40 und 50 US-Dollar pro Tonne. Auserlesenere Trauben wie Delaware, Iona und Dutchess werden oft für 75 bis 100 US-Dollar pro Tonne verkauft. In den östlichen Bundesstaaten werden manchmal Concords zur Herstellung trockener Weine verwendet, wobei der Durchschnittspreis 30 oder 40 US-Dollar pro Tonne beträgt. Ives und Norton werden häufig für Rotweine genutzt und zu Spitzenpreisen verkauft.

Winzer im Osten sind bei der Herstellung anderer Weine als Champagner im Nachteil, da der Preis, der am pazifischen Hang für Weintrauben gezahlt wird, viel niedriger ist; Trauben für Süßwein werden in Kalifornien oft für nur 6 bis 7 US-Dollar pro Tonne verkauft, der Durchschnittspreis liegt bei 10 bis 12 US-Dollar. Trauben für trockene Weine wie Zinfandel und Burger bringen an der Pazifikküste 10 bis 12 US-Dollar pro Tonne ein. Erlesene Rebsorten dieser Region wie Cabernet, Sauvignon, Petite Sirah und Riesling bringen zwischen 22 und 24 US-Dollar ein. Die östlichen Winzer haben jedoch den Vorteil, dass sie in der Nähe der größten und besten Märkte des Landes liegen. Im Osten hergestellte Weine unterscheiden sich stark von denen in Kalifornien und bedienen einen anderen Markt.

Vor einigen Jahren wurden die meisten im Süden angebauten Muscadine-Trauben für die Weinherstellung verwendet. Aus diesen Trauben wird seit der Kolonialzeit Wein hergestellt, und seit einem Jahrhundert gibt es im Süden einige große Weinberge mit Muscadine-Trauben, aus denen auf kommerzielle Weise Wein hergestellt wurde. Da sich Muscadine-Trauben auf den Märkten im Wettbewerb mit den Trauben des nördlichen oder pazifischen Hangs nicht gut verkaufen lassen, war die Muscadine-Traubenindustrie von der Weinindustrie des Abschnitts abhängig, in dem die Früchte produziert werden. Die zunehmende Prohibition im Süden hat jedoch die Weinindustrie nach Norden und Westen verlagert, und im Süden wird nur noch wenig Wein aus Muscadine-Trauben hergestellt, obwohl einige Trauben zur Weinherstellung nach Norden verschifft werden. Der aus diesen Trauben hergestellte Wein hat einen sehr ausgeprägten Geschmack und aus diesem Grund wurde ein spezieller Handel für ihn entwickelt. Es ist möglich, dass dieser Sonderhandel die Nachfrage nach Muscadine-Wein aufrechterhalten wird, so dass ein Teil der Ernte in weinproduzierende Staaten verschifft werden kann, um diese Nachfrage zu decken.

TRAUBENSAFT

Bei richtiger Herstellung ist Traubensaft der unverdünnte, ungesüßte, nicht vergorene Saft der Traube und enthält keine Konservierungsstoffe; die Gärung wird durch Sterilisation mit Hitze verhindert. Das Produkt ist so alt wie der Wein und damit auch der Weinanbau, denn alle Weinbauvölker verwendeten Wein oder Traubensaft als Getränk. Seit Jahrhunderten verschreiben Ärzte in Weinanbauländern bei bestimmten Krankheiten Traubensaft, wie er aus der Weinpresse stammt. Die Behandlung ist ein wesentlicher Bestandteil der Traubenheilmittel in europäischen Ländern. Der Prozess der Herstellung eines unvergorenen Traubensafts, der von Saison zu Saison als Handelsartikel haltbar ist, ist jedoch eine moderne Erfindung und das Ergebnis der Entdeckungen des letzten halben Jahrhunderts hinsichtlich der Kontrolle der Gärungsfaktoren.

Die Herstellung von kommerziellem Traubensaft in Amerika, auf das die Industrie beschränkt ist, begann als Heimpraxis und folgte den grundlegenden Prozessen der Obstkonservierung. Gegen Ende des letzten Jahrhunderts entdeckten mehrere erfinderische Köpfe Methoden zur Herstellung eines kommerziellen Produkts und begannen, Märkte für ihre Waren zu entwickeln. Zu Beginn dieses Jahrhunderts war die neue Industrie in vollem Gange, und seitdem ist ihr Wachstum wirklich erstaunlich. Im Jahr 1900 war die Menge an Traubensaft, die in den Vereinigten Staaten hergestellt wurde, so gering, dass sie im Volkszählungsbericht dieses Jahres vernachlässigbar war. Bis 1910 betrug die Jahresproduktion für das ganze Land über 1.500.000 Gallonen, und heute, im Jahr 1918, liegt sie weit über 3.500.000 Gallonen pro Jahr. Die Herstellung von Traubensaft ist kein Heimgewerbe mehr, sondern ein großes Handelsunternehmen. Es handelt sich jedoch um einen Wirtschaftszweig, der eng mit dem Weinanbau verbunden ist und daher hier nähere Betrachtung erfordert.

Traubensaftregionen.

Die Herstellung von Traubensaft konzentriert sich auf den Chautauqua-Traubengürtel in New York, Pennsylvania und Ohio. Bisher scheint die Nachfrage fast ausschließlich auf Säfte aus einheimischen Trauben zu bestehen, da der Saft europäischer Trauben, die am pazifischen Hang angebaut werden, so süß ist, dass er fade wirkt. Möglicherweise stammen 80 Prozent des heute in Amerika hergestellten Traubensafts von einer einzigen Sorte, der Concord. Es steht jedoch außer Frage, dass früher oder später aus vielen Traubensorten Traubensäfte unterschiedlicher Qualität hergestellt werden, was zu einem breiteren Absatz und einer größeren Vielfalt des Produkts führen wird. Ein sehr guter prickelnder Traubensaft ist jetzt auf dem Markt und seine Rezeption scheint eine große Steigerung der Produktion eines Artikels zu versprechen, der Champagner in Farbe und prickelnder Lebhaftigkeit sehr nahe kommt, aber natürlich nicht im Geschmack, da er keine enthält Alkohol. Die Traubensaftindustrie wurde in mehreren anderen Weinregionen außer dem Chautauqua-Gürtel, der heute ihr Zentrum ist, ins Leben gerufen und floriert. In Sandusky, Ohio, gibt es Fabriken, die Trauben aus dem Bezirk Kelly Island verarbeiten. im Südwesten von Michigan gibt es mehrere Fabriken; und die Industrie existiert noch immer in Vineland, New Jersey, das wahrscheinlich als die ursprüngliche Heimat der Traubensaftherstellung bezeichnet werden sollte. Im Süden wird teilweise Traubensaft aus Muscadine-Trauben hergestellt, aber dieses Produkt scheint auf den Märkten noch nicht gut angekommen zu sein.

Kommerzielle Methoden zur Herstellung von Traubensaft.

Derzeit gibt es in den Traubensaft-Herstellungsbetrieben im ganzen Land eine große Vielfalt an Methoden und Geräten. Da die Branche noch in den Kinderschuhen steckt und versucht wurde, einige der Methoden als Geschäftsgeheimnis zu bewahren, ist die Vielfalt der Methoden und Geräte kein Wunder. Zweifellos wird es mit der Weiterentwicklung der Industrie zu einer größeren Einheitlichkeit der Methoden und Maschinen und damit zu einer höheren Effizienz kommen.

Husmann [19] gibt folgenden Bericht über die Herstellung von Traubensaft in den Oststaaten und in Kalifornien:

„Es werden gesunde, reife, aber nicht überreife Trauben verwendet. Diese werden zunächst zerkleinert oder, falls die Stiele entfernt werden sollen, durch eine kombinierte Entstecher- und Brechanlage geführt. Wenn die Maschine hoch genug positioniert ist, werden die zerkleinerten Früchte erhalten kann durch Rutschen direkt in die Pressen oder Kessel geleitet werden; andernfalls muss es mit einem Trester hineingepumpt werden oder muss in Tresterwagen oder -wannen gepumpt oder transportiert werden.

„Wenn ein weißer oder hell gefärbter Saft gewünscht wird, werden die zerkleinerten Trauben zuerst gepresst, der Saft, der aus der Presse kommt, wird auf etwa 165° F erhitzt, entrahmt und durch einen Pasteurisator bei einer Temperatur zwischen 175° und 200° laufen gelassen F. in gut sterilisierte Behälter füllen und dann einlagern.

„Wenn ein farbiger Saft gewünscht wird, werden die zerkleinerten Trauben sofort erhitzt, normalerweise in Aluminiumkesseln mit doppeltem Boden, die verhindern, dass der Dampf mit dem Inhalt in Kontakt kommt. Diese Kessel enthalten normalerweise rotierende Zylinder, deren Arme die zerkleinerten Trauben halten gründlich gerührt, während sie auf etwa 140° F erhitzt werden. Das gleichzeitige Erhitzen und Rühren trägt dazu bei, die Farbstoffe aus den Schalen zu extrahieren, die Zellen der Beeren zu zerreißen, die gewonnene Saftmenge pro Tonne Obst zu erhöhen und sie in die Beeren zu geben Viele Bestandteile des Rotweins müssen enthalten sein, wobei der Alkohol des Weins durch Traubenzucker ersetzt wurde.

„Die Befüllung und Entleerung der Aluminiumkessel erfolgt rotierend und ermöglicht so eine kontinuierliche Manipulation. Die Pressen sollten sich unterhalb der Kessel befinden, damit der heiße Saft direkt in sie abgelassen werden kann. Der ausgepresste Saft wird dann wieder auf etwa 60 °C erhitzt. , entrahmt und durch den Pasteurisierapparat laufen lassen, auf die gleiche Art und Weise, wie der weiße Saft gehandhabt wird. Der Saft gelangt aus dem Pasteurisierer, während er noch heiß ist (ca. 75 °C) in den Behälter, der sofort verschlossen werden sollte. Je niedriger die Temperatur ist (über dem Gefrierpunkt), bei dem diese Behälter dann gelagert werden, desto geringer ist die Gefahr einer Gärung und desto schneller klärt sich der Saft und setzt seinen Bodensatz ab.

„Die gewöhnlichen Behälter, in denen der Saft aufbewahrt wird, sind 5-Gallonen-Demijohns, 20-Gallonen-Ballonflaschen oder saubere, neue Fässer oder Puncheons, die gut gewaschen und entleert sind. Alle Behälter sollten gründlich sterilisiert werden, bevor sie gefüllt werden, und die Deckel sollten verkorkt werden." Stopfen, Tücher usw., die zum Verschließen verwendet werden, sollten peinlich sauber und sorgfältig sterilisiert sein. Wenn Fässer oder Puncheons als Behälter verwendet werden, werden sie auf Kufen gestellt und fest verkeilt, um Bewegungen zu verhindern. Während der Saft abkühlt, wird mit Gärung beladene Luft freigesetzt Durch die Verringerung des Flüssigkeitsvolumens können Keime in die Fässer gesaugt werden. Um dies zu verhindern, werden manchmal dichte Luftfilterstopfen aus sterilisierter Baumwolle anstelle der gewöhnlichen Stopfen aus massivem Holz verwendet.

„Die Art des Pasteurisators ist in fast jedem Betrieb unterschiedlich. Da die Branche kommerziell vergleichsweise jung entwickelt ist, gibt es nur wenige Modelle auf dem Markt und jeder Hersteller hat das Modell konstruiert, das seinen besonderen Vorstellungen oder Anforderungen am besten entspricht. Es gibt zwei allgemeine Typen: Es gibt jedoch (1) offene Doppelbodenkessel, in denen der Saft auf die erforderliche Temperatur erhitzt und dann abgezogen wird, und (2) kontinuierliche Pasteurisierungsgeräte, in denen der Saft beim Durchlaufen des Wasserbads auf die erforderliche Temperatur erhitzt wird.

„Auch bei den Pressen gibt es in den verschiedenen Betrieben große Unterschiede, entweder hydraulisch, mit Schnecken- oder Hebelkraft, und es gibt einen deutlichen Unterschied zwischen den Arten von Tresterbehältern.

Manchmal werden die zerkleinerten Trauben auf Sackleinen gehäuft, deren Seiten eingeschlagen sind." , und diese Sackleinen werden in der Presse übereinander gelegt; manchmal ersetzen Presskörbe diese Sackleinen.

„Die Hersteller in Kalifornien und in den Weinanbaugebieten der Rocky Mountains scheinen völlig unterschiedliche Methoden im Umgang mit dem Saft nach der ersten Pasteurisierung und Lagerung übernommen zu haben. Die meisten östlichen Säfte sind rot und werden aus den Labrusca-Sorten gewonnen." , im Allgemeinen die Concord. Wenn der Saft aus den Pressen kommt, seihen einige Hersteller ihn ab, um die groben Partikel zu entfernen, und füllen ihn dann direkt in gut sterilisierte Flaschen; andere saugen ihn vom Sediment in den Behältern ab, in denen er nach der ersten gelagert wird pasteurisieren und in pasteurisierte Flaschen abfüllen. In beiden Fällen werden die Flaschen sicher verkorkt und anschließend erneut pasteurisiert . Die kalifornischen Säfte, sowohl rot als auch weiß, werden jedoch ausschließlich aus Vinifera-Sorten hergestellt. Sie dürfen sich in den Originalbehältern absetzen und sind es auch Aus diesen wird abgesaugt und sorgfältig gefiltert, um sie klar und hell zu machen.

„Die Klärung des Saftes wird manchmal durch Schönung oder Zugabe einer kleinen Menge einer Substanz erleichtert, die koaguliert und beim Absetzen die Feststoffe mitreißt, die zu einer Trübung in der Flüssigkeit führen. Solche Schönungen können zum Zeitpunkt der ersten Pasteurisierung oder angewendet werden kurz vor der letzten Filtrierung und Abfüllung. Im letzteren Fall wird der Saft aus den Sedimenten in Behältern abgezogen, die Schönungen werden hinzugefügt und der Saft wird erneut in andere Behälter pasteurisiert. Wenn er klar ist, wird er entweder direkt in Flaschen abgefüllt oder zuerst durch einen geleitet Filtern, in sorgfältig sterilisierte Flaschen abfüllen, sicher verkorken und anschließend erneut pasteurisieren . Es ist darauf zu achten, dass die letzte Sterilisation nicht bei einer höheren Temperatur als die vorherige erfolgt, da sonst Feststoffe ausfallen und der Most erneut trübe werden kann.

„Eine einfache und effiziente Form eines Sterilisators besteht aus einem Holztrog, der mit einem Holzgitter versehen ist, das 5 cm über den Boden hinausragt und auf dem die gefüllten Flaschen in Drahtkörben ruhen. Der Trog enthält genug Wasser, um die Flaschen unterzutauchen, und wird unter Wasser gehalten Eine Temperatur von 185° F. wird mittels einer Dampfschlange unter dem Gitterrost erreicht. Es dauert etwa 15 Minuten, bis der Most am Boden der Flaschen diese Temperatur erreicht; bei Verpackungen anderer Größen ist ein Test mit a erforderlich Thermometer, um festzustellen, wie lange es dauert, bis der gesamte Inhalt 185° erreicht hat.

„Um zu verhindern, dass die Korken während der Sterilisation herausgeschleudert werden, werden sie entweder mit einer starken Schnur oder mit einer Vorrichtung wie dem Korkenhalter festgebunden. Damit können Schimmelkeime nicht durch die Korken in den Most gelangen, insbesondere wenn die Korken von schlechter Qualität sind Wenn Korken verwendet werden, werden die Flaschenhälse vor dem Aufsetzen der Verschlüsse in erhitztes Paraffin getaucht oder die Korken werden mit Siegellack versiegelt. Außerdem ist es ratsam, die Flaschen auf dem Halter zu lassen, um ein Austrocknen der Korken zu verhindern.

Hausgemachte Methoden zur Herstellung von Traubensaft.

Bei der Herstellung von Traubensaft zu Hause gelten die gleichen Grundsätze wie bei der Konservenherstellung . Die Trauben können von Hand oder in Mühlen gepresst werden, die den kleinen Apfelweinmühlen vieler Landwirte ähneln oder identisch sind. Um einen hellen Saft herzustellen, werden die zerdrückten Trauben in einen Stoffbeutel gegeben und zum Abtropfen aufgehängt. Alternativ kann der gefüllte Beutel von zwei Personen gedreht werden, bis der größte Teil des Safts ausgepresst ist. Der Saft wird dann in einem Wasserbad durch Erhitzen auf eine Temperatur von 180 bis 200 °F sterilisiert, wobei darauf geachtet wird, dass das Thermometer nie über 200 °C steigt. Der sterilisierte Saft wird nun in ein Glas- oder Emailgefäß gegossen, wo er 24 Stunden lang stehen bleibt. Anschließend wird er vom Sediment abgelassen und durch mehrere Lagen sauberen Flanells gesiebt. Der Saft wird nun zur Vorbereitung einer zweiten Sterilisation in saubere Flaschen abgefüllt, wobei darauf geachtet wird, dass oben mindestens ein Zoll Platz bleibt, damit sich die Flüssigkeit beim Erhitzen ausdehnen kann. Die zweite Sterilisation kann in einem Waschkessel oder einem ähnlichen Behälter durchgeführt werden. Die gefüllten Flaschen dürfen nicht auf dem Kesselboden aufliegen, sondern sollten durch ein dünnes Brett vom Kessel getrennt werden. Der Boiler wird bis auf einen Zentimeter über den Flaschenrand mit Wasser gefüllt und erhitzt, bis das Wasser zu kochen beginnt. Anschließend sollten die Flaschen sofort herausgenommen und verkorkt werden, wobei nur neue Korken verwendet werden sollten. Nach dem Verkorken werden die Flaschen durch Eintauchen der Korken in geschmolzenes Paraffin weiter verschlossen. Eine billige Verkorkungsmaschine ist bei dieser Arbeit von großem Nutzen, und auf jeden Fall sollten die Korken mindestens eine halbe Stunde in warmem, aber nicht kochendem Wasser eingeweicht werden.

Bei der Herstellung von rotem Traubensaft variiert der Prozess etwas. Die zerkleinerten Trauben werden auf eine Temperatur von 200 °F erhitzt und dann ohne Druck durch einen Tropfbeutel gesiebt. Anschließend wird die Flüssigkeit in Glas- oder Emaillegefäßen aufbewahrt, wo sie sich 24 Stunden lang absetzen kann. Abgesehen von diesem Unterschied in der

Vorbehandlung des Saftes sind die Methoden bei der Herstellung des roten oder hellen Produkts gleich. Für eine ordnungsgemäße Aufbewahrung ist es nicht notwendig, den Saft nach dem Sieben abzusetzen, aber wenn man den Saft absetzen lässt, erhält man ein klareres und helleres Produkt. In beiden Fällen sollte der Traubensaft bei sorgfältiger Arbeit unbegrenzt haltbar sein. Sobald die Flaschen geöffnet werden, beginnt die Gärung unter Bildung von Alkohol.

ROSINEN

Die Traube lässt sich am besten als Rosine konservieren. Das Einmachen dieser Frucht wird selten praktiziert. Eine Rosine ist eine getrocknete Traube. Baumfrüchte werden als Nebenprodukte verdampft, die Rosine ist jedoch ein Primärprodukt. Dies ist ein bemerkenswerter Unterschied; Denn bei den Baumfrüchten geht die Crème de la Crème auf den Frischobstmarkt, während bei der Traube die gesamte Ernte der Rosinensorten in das gepökelte Produkt einfließen kann. Die Rosinenindustrie ist auf ein sonniges und regenfreies Klima angewiesen und daher in Amerika auf die Weinanbaugebiete bestimmter Teile Kaliforniens beschränkt. In diesem Bundesstaat ist die Rosinenherstellung eine reiche Ressource für den Weinbauern. Die jährliche Produktion beträgt heute durchschnittlich weit über 200.000 Pfund, wird auf 120.000 Acres Land angebaut und hat einen Marktwert von 10.000.000 US-Dollar. Fresno County, Kalifornien, produziert fast 60 Prozent der Produktion des Staates und die Stadt Fresno ist das Zentrum der Industrie. Die Rosinenindustrie steht in Kalifornien nicht allein da, da einige Rosinentrauben, insbesondere Muscat of Alexandria, gute Dessertsorten sind und auch häufig für Wein und Brandy verwendet werden. Nur die erste Ernte der genannten Sorte wird für Rosinen verwendet, während praktisch die gesamte zweite Ernte jeder Saison zu Wein und Brandy verarbeitet wird.

Eigentliche Rosinen werden meist aus dem Muscat of Alexandria hergestellt, obwohl manchmal auch andere große, weiße, süße Trauben verwendet werden. Sultaninen, von Natur aus kernlos, werden aus Sultanina und der Sultaninenpflanze hergestellt. Die im Handel erhältlichen getrockneten Johannisbeeren werden aus Trauben hergestellt, und Kalifornien produziert kleine Mengen davon aus White Corinth.

Der folgende Bericht über die Rosinenherstellung stammt von Husmann :
[20]

„In den Rosinengebieten sind die Trauben Mitte August reif, die Saison dauert oft bis in den November hinein. Die durchschnittliche Zeit, die zum Trocknen und Reifen einer Rosinenschale benötigt wird, beträgt je nach Wetterlage etwa drei Wochen, wobei die frühesten gepflückten Trauben zehn

Wochen trocknen." Tage und die späteren dauern oft vier Wochen oder länger.

„Die Methode des Trocknens ist sehr einfach. Die Trauben werden von den Weinreben abgeschnitten und in flache Schalen von 2 Fuß Breite, 3 Fuß Länge und 1 Zoll Höhe gelegt, auf denen die Trauben in der Sonne trocknen können, wobei sie von Zeit zu Zeit gewendet werden." indem man einfach ein leeres Tablett verkehrt herum auf das volle stellt, dann beide umdreht und das obere Tablett abnimmt. Nachdem die Rosinen getrocknet sind , werden sie aufbewahrt, bis sie verpackt und für den Versand vorbereitet werden. Bei einigen größeren Erzeugern in Ordnung Um beim Trocknen aufgrund von Regen kein so großes Risiko einzugehen und um die Ernte schnell genug verarbeiten zu können, gibt es Reifehäuser, in denen die Trocknung abgeschlossen wird, nachdem sie teilweise im Freien durchgeführt wurde.

Rosinen eintauchen und überbrühen.

„Der Vorgang des Eintauchens und Brühens dient dazu, mehrere Zwecke zu erreichen, nämlich die Früchte zu reinigen, ihr Trocknen zu beschleunigen und den getrockneten Früchten eine hellere Farbe zu verleihen. Beim Eintauchen und Trocknen werden die Früchte sofort nach dem Schneiden aus der Frucht geschnitten Weinreben werden entweder in klares Wasser getaucht, um sie zunächst von Staubpartikeln und anderen Fremdkörpern zu befreien, oder sie werden direkt zum Brüher gegeben und in eine kochende, alkalische Mischung namens „ Legia " (Laugen) getaucht, bis die Trauben kaum noch einen sichtbaren Glanz aufweisen Rissbildung in der Haut, wobei der Vorgang etwa eine viertel bis eine halbe Minute in Anspruch nehmen kann. Dieses Eintauchen erfordert Geschick seitens des Bedieners, wobei die Dauer des Eintauchens von der Stärke und Temperatur der Mischung und dem Zustand abhängt Die Austrocknung folgt dem Brühvorgang, der auf Tabletts in der Sonne durchgeführt wird, genau wie ungetauchte Rosinen, die vollständig durch Sonnenwärme gepökelt werden. Aufgrund der Brühe härten sie schnell aus, und die Früchte haben beim Aushärten oft auch eine hellere Farbe .

„Die folgende Formel wurde für Sultana- und Sultanina- Trauben in Fresno verwendet:

„Fünfzehn Pfund „Greenbank's 98-prozentige Lauge" werden in 100 Gallonen Wasser gekocht. Diese Mischung ist für Trauben mit 25 Prozent Zucker gedacht. Sollte ihr Zuckergehalt geringer sein, wird genug Lauge hinzugefügt, um die Blüte zu entfernen und die Trauben zu öffnen Poren der Schale der Trauben. Nach dem Eintauchen werden die Trauben auf Tabletts ausgebreitet und $_1$ bis 1 1/2 Stunden lang geschwefelt · Die Beobachtung wird zeigen, ob es notwendig sein kann, diese Formel ein wenig zu variieren, um sie an die Reifebedingungen und den Einfluss der Trauben anzupassen Temperatur. Die zum Eintauchen erforderliche Zeit wird durch Erfahrung ermittelt und hängt von der Stärke der Lauge, der Hitze der Lösung und der Dicke der Traubenschalen ab.

Rosinen verpacken.

„Die im Verpackungshaus eingegangenen Rosinen werden gewogen und die losen Rosinen sowie diejenigen, die als getrocknete Trauben versendet werden sollen, werden sofort durch einen Entkerner und Sortierer geleitet, der die Rosinen entstielt, reinigt und anschließend in drei oder vier verschiedene Sorten sortiert." Dort werden sie verpackt und in verschiedene Teile des Landes verschifft, teilweise auch exportiert. Diejenigen, die Trauben- oder Schichtrosinen produzieren (sofern sie nicht bereits egalisiert wurden), werden zunächst in den Ausgleichsräumen gelagert. In diesen Räumen werden die Schwitzkästen, gefüllt mit Schichten neuer Rosinen werden gestapelt und normalerweise 10 bis 30 Tage stehen gelassen, oder lange genug, damit die übertrockneten Beeren Feuchtigkeit von den untergetrockneten aufnehmen können. Dieses Schwitzen macht auch die Stängel richtig weich und zäh, was ihr Brechen verhindert und sie ermöglicht um die Beeren besser zu halten. In Kalifornien, wo das Klima so trocken ist, könnte keine erstklassige Packung hergestellt werden, ohne die Rosinen vorher zu egalisieren. Nach dem Egalisieren werden die Rosinen herausgenommen, in die verschiedenen Sorten sortiert und in Schalen gelegt hält jeweils 5 Pfund. Anschließend werden die Schalen der gleichen Qualität gepresst und in Stapeln zum Verpacken gestapelt.

„Die Rosinen so zu pressen, dass sie gut aussehen und keine aufplatzen, ist eine Arbeit, die Erfahrung und gutes Urteilsvermögen erfordert. Um eine 20-Pfund-Box zu füllen, sind vier gepresste Schalen erforderlich ausgeglichen sind auch abgestuft, die größten natürlich, was die erlesenste Packung ergibt."

Klassen von Rosinen.

„Vor der konsolidierten Organisation der Packer waren die drei besten Sorten von Rosinen an den Stielen als ‚Imperial', ‚ Dehesia ' und ‚Fancy Clusters' bekannt. Die California Raisin Growers Association hat ähnliche Klassifizierungen und Sorten festgelegt die spanischen Rosinenverpacker, auf denen auch die französischen Handelsnamen basieren. Die ursprünglichen spanischen sowie englischen Begriffe, mit denen sie korrespondieren, und die verschiedenen Qualitäten in absteigender Reihenfolge der Qualität sind in der folgenden Tabelle aufgeführt:

SPANISCHE BEGRIFFE	FRANZÖSISCHE BEGRIFFE	ENGLISCHE BEGRIFFE	BEDINGUNGEN FÜR KALIFORNIEN
Kaiserliche	Imperiaux Extra	Extra-imperialer Cluster	Sechs-Kronen-Cluster
Kaiserlicher Bajo	Imperiaux	Imperialer Cluster	Fünf-Kronen-Cluster
Royan Bajo	Royaux	Königlicher Cluster	Vier-Kronen-Cluster
Cuarta (4a)	Surchoix Extra	Am besten	Drei-Kronen-Cluster
Quinta (5a)	Wahl Extra	Auswahlcluster	Zwei-Kronen-Cluster

„Die Sortierung erfolgt erfahrungsgemäß optisch, es gibt keinen linearen oder kubischen Maßstandard. Eine schöne Traube mit allen Beeren von großer Größe wäre also eine ‚Sechs-Kronen-Traube‘, bei der es sich um die allerfeinsten Rosinen handelt." der Stamm. „Fünf-Kronen-Cluster" waren früher die „ Dehesia "-Cluster, und „Vier-Kronen-Cluster" waren früher „Fancy-Cluster". Sorten mit weniger als „Four-Crown" an den Stielen („Three-Crown" und „Two-Crown") werden als „Layers" oder „London Layers" bezeichnet. Diese werden in Kisten mit 20 Pfund netto, in halben Kisten mit 10 Pfund, in Viertelkisten mit 5 Pfund und in schicken Kisten mit 2 1/2 Pfund verpackt. Lose Rosinen oder Rosinen vom Stiel werden in Two-Crown eingeteilt , Three-Crown- und Four-Crown-Rosinen, indem man sie durch Siebe laufen lässt, deren Maschen jeweils dreizehn Dreißigsekunden, siebzehn Dreißigsekunden und zweiundzwanzig Dreißigsekunden Zoll groß sind. Die Sultanina (fälschlicherweise genannt Thompson Seedless) und die Sultana sind in 12-Unzen-Kartons zu je 45 Stück verpackt.

Entkernte Rosinen.

„Die Erfindung einer Rosinensämaschine durch George E. Pettit in den frühen siebziger Jahren und ihre Verwendung hatten wunderbare Auswirkungen auf die Branche."

„Gesäte Rosinen wurden erstmals vom verstorbenen Oberst William Forsythe aus Fresno, Kalifornien, auf den Markt gebracht, der es zunächst sehr schwierig fand, 20 Tonnen zu entsorgen. Die Produktion ist in den letzten 15 Jahren von 700 Tonnen auf 50.000 gestiegen Tonnen pro Jahr, und ihre Beliebtheit nimmt ständig zu. Im Jahr 1900 wurden etwa 14.000 Tonnen auf den Markt gebracht, im Jahr 1905 etwa 21.000 Tonnen, im Jahr 1910 etwa 31.000 Tonnen und im Jahr 1913 etwa 49.000 Tonnen. Die heute im Einsatz befindlichen Sämaschinen können ausfallen 300 Tonnen pro Tag. Gekernte Rosinen sind heute der wichtigste Zweig der Rosinenindustrie.

„Ein kurzer Überblick darüber, wie entkernte Rosinen zubereitet werden, wird sich als interessant erweisen. Die Rosinen werden zunächst drei bis fünf Stunden lang einer Trockentemperatur von 140 °F ausgesetzt und anschließend einem Kühlprozess unterzogen, damit sich die Stiele leicht entfernen lassen Anschließend werden sie durch Reinigungsmaschinen gründlich gereinigt, dann mit automatischen Trägern in einen anderen Raum gebracht, auf Tabletts ausgebreitet und einer feuchten Temperatur von 60 °C ausgesetzt, um sie wieder in ihren normalen Zustand zu versetzen. Die Rosinen gelangen zur Sämaschine, wo sie zwischen gummierten Walzen und der Aufspießvorrichtung der Sämaschine transportiert werden, die die Samen auffängt und von den Früchten entfernt, während diese zwischen den Oberflächen der Walzen flachgedrückt werden. Die aufgespießten Samen werden entfernt Die Rosinen werden mit einem Schneebesen von der Walze entfernt und in einem separaten Behälter aufgefangen. Die entkernten Rosinen gelangen über Rutschen zu den Packtischen auf dem Boden darunter.

„Die entkernten oder losen Rosinen werden in 50-Pfund-Kartons, in 1-Pfund-Kartons zu 36 pro Karton, in 12-Unzen-Kartons zu 45 pro Karton und einige lose in 25-Pfund-Kartons verpackt.

„Kürzlich wurden Informationen dahingehend verschickt, dass die California Associated Raisin Co. die Abschaffung der Sorten bei entkernten Rosinen plant, so dass es nur noch eine Sorte geben wird. Diese erwägt die Verwendung der gesamten Three-Crown, der kleinsten die Vier-Krone und das Beste der Zwei-Krone in einer gemischten Sorte.

„Aus den Samen, die früher als Brennstoff dienten, werden heute zahlreiche Nebenprodukte hergestellt.

„Die bei der Aussaat von den Rosinen entfernten Samen und Stiele betragen je nach Zustand und Qualität zwischen 10 und 12 Prozent des ursprünglichen Gewichts der Rosinen.

„Das Sortieren, Säen, Planieren und Verpacken sind zu separaten Zweigen der Industrie geworden, und die Arbeit wird fast ausschließlich von speziell ausgebildeten Frauen erledigt, die zu Experten darin geworden sind. Die Betriebe, in denen diese Arbeit erledigt wird, bieten über 5000 Arbeitsplätze." Personen. Die monatliche Gesamtlohnsumme während der Saison liegt zwischen 200.000 und 350.000 US-Dollar. "

TRAUBENESSIG

Aus Weintrauben kann ein sehr guter Essig hergestellt werden, obwohl diese Möglichkeit der Überproduktion in Amerika noch nicht in großem Umfang genutzt wird. Trauben, die für Rosinen, Dessert, Weinherstellung oder Traubensaft ungeeignet sind, können zur Essigherstellung verwendet werden. Unter den günstigsten Bedingungen kann Traubenessig in seiner Billigkeit nicht mit Essig aus zahlreichen anderen Produkten konkurrieren und muss daher immer zu einem hohen Preis verkauft werden. Tatsächlich ist es zweifelhaft, ob hochwertiger Weinessig zu einem geringeren Preis als guter Wein hergestellt werden kann. Die Herstellung von Traubenessig erfordert ebenso viel Sorgfalt, aber möglicherweise nicht so viel Fachwissen wie die Herstellung von Wein. Im Gegensatz zu letzterem kann der Essig jedoch von jedem, der über Kenntnisse in der Wein- oder Essigherstellung verfügt, in kleinem Maßstab für den häuslichen Gebrauch hergestellt werden.

Traubenessig kann sowohl aus weißen als auch aus roten Trauben hergestellt werden, wobei im Allgemeinen die Verwendung von weißen Trauben bevorzugt wird. Es kann entweder direkt aus Trauben oder aus Wein hergestellt werden, wobei der Acetifizierungsprozess für beide gleich ist. Daher gibt es zwei unterschiedliche Phasen bei der Herstellung dieses Produkts. Zunächst muss eine alkoholische Gärung stattfinden, bei der der Zucker in der Traube unter Freisetzung von Kohlensäuregas in Alkohol umgewandelt wird. Zweitens muss die Essigsäuregärung auf die alkoholische Gärung folgen, bei der der Alkohol in Essigsäure umgewandelt wird.

NEBENPRODUKTE VON GRAPE INDUSTRIES

In der Wein- und Traubensaftindustrie fallen mehrere wertvolle Nebenprodukte an, und selbst bei der Rosinenherstellung entsteht ein Nebenprodukt in den aus den Rosinen gewonnenen Samen. Die Nutzung dieser Abfälle hat sich in Europa als rentabel erwiesen, und es gibt keinen Grund, warum Nebenprodukte in Amerika nicht erhebliche Gewinne einbringen sollten, wie es einige bereits tun. Gute Experten geben an, dass der Wert der Ernte um über 10 Prozent steigen würde, wenn alle Abfälle der Weinernte genutzt werden könnten.

Trester.

Der Trester oder Trester, der Rückstand, der nach der Traubenpressung zurückbleibt, ist das wertvollste Nebenprodukt der Wein- und Traubensafthersteller. Wenn der Trester fermentiert und anschließend destilliert wird, entsteht ein Produkt namens Tresterbrand. Skrupellose Winzer fügen dem Trester oft Wasser und Zucker hinzu, anschließend wird er fermentiert und das resultierende Produkt wird als Wein verkauft. Auch wenn das Wort „Wein" für dieses Produkt eine Fehlbezeichnung ist, ist die Gesamtmenge dieses Weins, die in Amerika hergestellt und konsumiert wird, groß. Piquette ist ein weiteres Produkt, bei dem der Trester in Gärbottiche gegeben, mit Wasser besprüht und die Flüssigkeit nach einiger Zeit abgesaugt wird, wobei der im Trester enthaltene Wein mitgerissen wird. Diese Flüssigkeit wird in anderen Trestern wiederverwendet, bis sie einen ausreichend hohen Alkoholgehalt aufweist und dann zu „Piquette" oder „Wash" destilliert wird.

In Europa soll der Trester von entrappten Weintrauben, leicht gesalzen und in Silos gelagert, ein mehr oder weniger wertvolles Futter für Schafe und Rinder ergeben. Der Trester wird auch oft als Dünger verwendet, wofür er sich aufgrund seines hohen Kali- und Stickstoffgehalts sehr zu empfehlen ist. Essigsäure wird aus Trester hergestellt, indem man ihn in dampfdichten Räumen trocknet. Dabei verdampfen 50 bis 60 Prozent des Trestergewichts und dieser kondensiert erhebliche Mengen Essigsäure.

Sahne von Zahnstein.

Die Weinhefe, das Sediment, das sich in den Fässern absetzt, in denen Jungwein oder Traubensaft gelagert wird, bildet an der Innenseite des Gefäßes eine gräuliche oder rötliche Kruste. Dies ist der Argol- oder Weinstein des Winzers, aus dem Weinstein hergestellt wird, ein Artikel, der in der Medizin, der Kunst und für kulinarische Zwecke häufig verwendet wird. 20 bis 70 Prozent der Hefe bestehen entweder aus Weinstein oder aus Kalziumtartrat, wobei letzteres auch einen kommerziellen Wert hat. Rotweine enthalten wesentlich mehr Argol als Weißweine. Eine Tonne Trauben ergibt ein bis zwei Pfund Argol. Dieses Produkt wird in großen Weingütern und in Traubensaftherstellungsbetrieben zu einer beträchtlichen Gewinnquelle.

Samen.

In Europa werden die Samen vom Trester getrennt und vielfältig genutzt. Auch in Amerika werden sie in geringerem Umfang verwendet, insbesondere getrennt von Rosinen. Die Samen werden als Futter für Pferde, Rinder und Geflügel verwendet, für die ihnen ein erheblicher Wert zugeschrieben wird. Zerkleinert und gemahlen ergeben die Samen ein klares gelbes Öl, das ohne Rauch und Geruch verbrennt und auch als Ersatz für Olivenöl verwendet werden kann. Eine Tonne Weintrauben liefert 40 bis 100 Pfund Samen, aus denen sich 3 bis 16 Pfund Öl herstellen lassen. Dieses Öl wird auch als Ersatz für Leinöl und bei der Seifenherstellung verwendet. Neben Öl liefern die Samen Tannin. Nachdem den Samen Öl und Tannin entzogen wurden, verbleibt ein Schrot, der weiterhin als Vorratsnahrung oder als Dünger verwendet werden kann.

HÄUSLICHE VERWENDUNG VON TRAUBEN

Heutzutage, wo die Lebensmittelkonservierung überall im Vordergrund steht, ist die Erwähnung der Verwendung von Weintrauben im häuslichen Bereich besonders angebracht. Im ganzen Land wird keine Frucht häufiger angebaut als die Traube; Dennoch sind Traubenprodukte für den Heimgebrauch nicht so verbreitet wie Produkte aus anderen Früchten, obwohl viele attraktive und appetitliche Konserven aus Trauben hergestellt werden können, ohne dass große Mengen Zucker, Gewürze oder andere Zutaten verwendet werden müssen. Nur wenige Haushälterinnen sind sich der hohen Qualität und der Billigkeit der Produkte bewusst, die aus der Traube hergestellt werden können. So gehören Traubensaft, Gelee, Marmelade, Marmelade, Traubenbutter, Ketchup, gewürzte Weintrauben, Weintraubenkonserven, Konserven, in denen Weintrauben verwendet werden, Konserven und Hackfleisch zu den begehrten kulinarischen Produkten, die einfach und kostengünstig aus eigenem Anbau zubereitet werden können Trauben oder solche, die auf dem Markt gekauft wurden. Für die Zubereitung dieser Produkte werden lediglich einfache Haushaltsutensilien benötigt.

Traubensirup ist weniger einfach herzustellen, kann aber in jedem Haushalt ohne Zuckerzusatz hergestellt werden. Es ist nicht nur ein guter Tafelsirup, sondern auch ein äußerst nützlicher Zuckerersatz für die Zubereitung anderer kulinarischer Produkte. Die Muscadine-Trauben im Süden, die vor allem im Südosten der USA von fast jedem Haushalt gekauft werden, eignen sich für diese heimischen Produkte. Rezepte für alle diese Produkte finden sich in Kochbüchern, und ein oder zwei Bulletins und Rundschreiben des US-Landwirtschaftsministeriums enthalten Rezepte für die Zubereitung von Weintrauben für den häuslichen Gebrauch. Das Farmers' Bulletin 859 mit dem Titel *„Home Uses for Muscadine Grapes"* ist eine besonders wertvolle Veröffentlichung zu diesem Thema.

Interessant ist, dass mehrere große Hersteller von Traubensaft Traubenkonfitüren, Gelees und Marmeladen auf den Markt bringen. Es scheint, dass diese köstlichen und gesunden Produkte auf den Märkten des Landes leicht verkauft werden würden und dass sich ihre Herstellung für den Hersteller und den Winzer als profitabel erweisen würde. Je mehr Trauben für seine Produkte verwendet werden, desto besser kann der Erzeuger den Auswirkungen ungünstiger Märkte und Überproduktion standhalten.

PLATTE XX. — Isabella ($\times\, ^2/_3$).

Kapitel XV

TRAUBENZUCHT

Der Zufall war schlicht und einfach der größte Faktor bei der Produktion amerikanischer Rebsorten. Unter den Millionen wilder Pflanzen hat eine Traube von herausragender Qualität die Aufmerksamkeit des Winzers auf sich gezogen und wurde in den Weinberg gebracht, um als Stammvater einer neuen Sorte zu dienen. Oder in den Weinbergen, häufiger in nahegelegenen Ödlanden, wird aus der ungeheuren Zahl reiner oder gekreuzter Sämlinge eine wertvolle Pflanze zur Grundlage einer neuen Sorte. Eine interessante Tatsache bei der Domestizierung der vier Hauptarten amerikanischer Weintrauben ist, dass keine angebaut wurde, bis Formen von ihnen gefunden wurden, die einen bemerkenswerten Wert hatten. Catawba, das die Labrusca-Trauben darstellt; die Scuppernong, die Rotundifolias ; Norton, von *Vitis æstivalis* ; Delaware und Herbemont aus den Bourquiniana- Trauben; und Clinton von *Vitis vulpina* , werden nach einem Jahrhundert kaum übertroffen, obwohl es bei jeder Art mittlerweile viele neue Sorten gibt.

Dass unsere besten Trauben zufällig entstanden sind, liegt nicht daran, dass es an menschlicher Anstrengung mangelt, erstklassige Sorten zu produzieren. Von allen Früchten hat die Traube in Amerika von der gerade verstorbenen Generation der Pflanzenzüchter die größte Aufmerksamkeit erhalten. Weinzüchter haben 2000 oder mehr Sorten hervorgebracht, eine Mischung aus den heterogenen Merkmalen von einem Dutzend Arten. Dass so viele von dieser riesigen Zahl wertlos sind, ist eher auf mangelnde Kenntnisse der Pflanzenzüchtung als auf mangelnde Anstrengung zurückzuführen, denn die heute vorherrschende Ordnung und das System der Pflanzenzüchtung, die durch jüngste brillante Entdeckungen offenbart wurden, waren unbekannt Weinzüchter des letzten Jahrhunderts.

TRAUBENHYBRIDEN

Bereits 1822 empfahl Nuttall, ein bekannter Botaniker, damals in Harvard, „Hybriden zwischen der europäischen Rebe und denen der Vereinigten Staaten, die besser auf das variable Klima Nordamerikas reagieren würden". Im Jahr 1830 züchtete William Robert Prince, Abb. 48 , vierter Besitzer der damals berühmten Linnean Botanic Nursery in Flushing, Long Island, 10.000 Setzlinge aus Trauben „aus Beimischung unter allen Umständen". Dies war wahrscheinlich der erste groß angelegte Versuch, die einheimischen Trauben durch Hybridisierung zu verbessern, obwohl offenbar wenig dabei herausgekommen ist. Später züchtete ein Dr. Valk , ebenfalls aus Flushing, Hybriden, aus denen er Ada erhielt, die erstgenannte Hybride, deren

Einführung in allen Teilen des Landes, in denen Trauben angebaut wurden, zum Einsatz von Hybridisierern führte.

ABB. 48. William Robert Prince.

Kurz nachdem Valks Hybride verschickt worden war, begannen ES Rogers, Abb. 49 , Salem, Massachusetts, und JH Ricketts, Newburgh, New York, Weinbauern Hybriden der europäischen Vinifera- und der amerikanischen Art anzubieten, die so vielversprechend waren, dass Begeisterung und Spekulationen aufkamen Der Weinanbau kam in Aufruhr. Nie zuvor und nie danach hat der Weinanbau in Amerika so große Aufmerksamkeit erhalten wie mit der Einführung der Rogers-Hybriden. Es war die Erwartung aller, dass wir in Amerika diese Hybriden anbauen würden, Trauben, die denen Europas, wenn überhaupt, nur wenig nachstehen.

ABB. 49. ES Rogers.

Eine Darstellung des Unterschieds zwischen europäischen und amerikanischen Trauben zeigt, warum amerikanische Winzer so begierig darauf waren, entweder reinrassige Rebsorten aus der ausländischen Traube oder Hybriden damit anzubauen.

Europäische Trauben haben einen höheren Zucker- und Feststoffgehalt als die amerikanischen Sorten; Sie ergeben daher bessere Weine, sind nach der Ernte viel länger haltbar und können zu Rosinen verarbeitet werden. Außerdem haben sie eine größere Vielfalt an Geschmacksrichtungen, die delikater, aber dennoch reichhaltiger sind, mit einem angenehmeren Aroma, selten so säuerlich, und ihnen fehlt immer der unangenehme, ranzige Geruch und Geschmack, die „Fuchsigkeit", der vielen amerikanischen Sorten. Allerdings weisen einige der ausländischen Trauben eine unangenehme Adstringenz auf, und viele Sorten sind geschmacklos. Amerikanische Tafeltrauben hingegen sind erfrischender, der unvergorene Saft ergibt ein angenehmeres Getränk, und da es ihnen an Süße und Reichhaltigkeit mangelt, verstopfen sie den Appetit nicht so schnell. Die Trauben und Beeren der europäischen Weintrauben sind größer, attraktiver und werden in größeren Mengen getragen. Das Fruchtfleisch, die Samen und die Schalen sind bei allen einheimischen Arten etwas störend, bei den Sorten der Alten Welt hingegen kaum . Die Beeren der einheimischen Weintrauben lösen sich so schnell vom Stiel, dass sich die Trauben nicht gut transportieren lassen. Die Reben der Altwelt- Trauben haben einen kompakteren Wuchs und erfordern weniger Schnitt und Erziehung als die der einheimischen Rebsorten; und als Art sind sie, wahrscheinlich durch lange Kultivierung, an mehr Bodenarten und größere Umweltunterschiede angepasst und lassen sich leichter vermehren als die amerikanischen Arten.

ABB. 50. TV Munson.

Aufgrund dieser Überlegenheit der Traube der Alten Welt haben amerikanische Weinzüchter , seit Valk , Allen und Rogers den Weg weisen, versucht , durch Hybridisierung die guten Eigenschaften der Traube der Alten Welt mit denen der amerikanischen zu vereinen. Fast die Hälfte der 2000 in Ostamerika angebauten Trauben enthält mehr oder weniger europäisches Blut. Doch trotz der Bemühungen der Züchter haben nur wenige dieser Hybriden einen kommerziellen Wert. Ob weil sie von Natur aus besser verankert sind oder durch den langen Anbau fester etabliert wurden, die Rebsortenmerkmale von *Vitis vinifera* treten häufiger in Sorten auf, die als primäre Hybriden zwischen dieser und der einheimischen Art entstehen, und die Schwächen der fremden Traube, die sie verhindern Anbau in Amerika, Ausschneiden. Hybriden, bei denen das Vinifera-Blut stärker abgeschwächt ist, als Sekundär- oder Tertiärkreuzungen, liefern bessere Ergebnisse.

Mehrere Sekundärhybriden zählen mittlerweile zu den besten angebauten Rebsorten. Beispiele sind Brighton und Diamond. Die erste ist eine Kreuzung zwischen Diana-Hamburg, einer Hybride aus einer Vinifera und einer Labrusca, gekreuzt wiederum mit Concord, einer Labrusca; Die zweite ist eine Kreuzung zwischen Iona, ebenfalls eine Hybride zwischen einer Vinifera und einer Labrusca, gekreuzt mit Concord. Beide wurden aus Samen gezüchtet, die 1870 von Jacob Moore in Brighton, New York, gepflanzt wurden. Brighton war der erste Sekundärhybrid, der die Aufmerksamkeit der

Weinzüchter auf sich zog, und sein Aufkommen markierte einen wichtigen Schritt in der Traubenzüchtung.

Der durchschlagende Erfolg der Hybridisierer der europäischen Traube mit einheimischen Arten führte schnell zu ähnlichen Verschmelzungen unter amerikanischen Arten. Jacob Rommel aus Morrison, Missouri, begann um 1860 mit der Arbeit und kreuzte Labrusca- und Vulpina- Trauben so erfolgreich, dass noch immer ein Dutzend oder mehr seiner Sorten angebaut werden. Alle zeichnen sich durch große Kraft und Produktivität aus; und obwohl ihnen die Eigenschaften fehlen, die gute Tafeltrauben ausmachen, gehören sie zu den besten für die Weinherstellung. Rommel hatte viele Anhänger bei der Hybridisierung einheimischer Arten, allen voran der verstorbene TV Munson, Abb. 50 , Denison, Texas, der buchstäblich jede Traubenkombination möglich machte, Tausende von Setzlingen züchtete und viele wertvolle Sorten hervorbrachte.

Verbesserung durch Auswahl.

Die über Generationen hinweg fortgesetzte Selektion, die für die Verbesserung der Feld- und Gartenpflanzen so wichtig ist, hat bei der Domestizierung der Traube nur eine geringe Rolle gespielt. Der Zeitraum zwischen der Pflanzung und der Fruchtbildung ist so lang, dass mit dieser Methode tatsächlich nur langsame Fortschritte erzielt würden. Darüber hinaus ist die Selektion als Züchtungsmethode nur möglich, wenn die Pflanzen rein gezüchtet werden, und es ist die Erfahrung der Weinzüchter, dass diese Frucht bei reiner Züchtung an Kraft und Produktivität verliert und dass die Variationen äußerst gering und instabil sind. Auf dem Gelände der New York Agricultural Experiment Station wurden unter den Augen des Autors viele reinrassige Trauben gezüchtet, von denen nur sehr wenige die Eltern übertrafen oder sich als vielversprechend für die Praxis der Selektion erwiesen.

Neue Sorten aus dem Sport.

Hin und wieder kommt es in Weintrauben zu Knospenbildungen oder Mutationen. Aber nicht mehr als zwei oder drei der derzeit 2000 angebauten Sorten stehen im Verdacht, auf diese Weise entstanden zu sein. Es stimmt, dass Mutationen bei Weintrauben offenbar ziemlich häufig vorkommen, aber sie werden leicht mit umweltbedingten Variationen verwechselt und sind meist zu vage, als dass man sie in die Hand nehmen könnte. Bis die Ursachen dieser Mutationen bekannt sind und sie produziert und kontrolliert werden können, ist von der Verbesserung der Trauben durch Mutationen wenig zu erwarten.

HYBRIDISIERUNG DER TRAUBE

Die Hybridisierung war das wichtigste Mittel zur Verbesserung der Traube. Was derzeit von vielen Arbeitern geleistet wird, lässt darauf schließen, dass dies noch lange das beste Mittel zur Verbesserung dieser Frucht sein wird. Da der Weinbauer für seinen Fortschritt auf neue Sorten angewiesen ist, da alte Sorten nicht geändert werden können, sollte es das Ziel der Winzer sein, Sorten zu produzieren, die besser sind als die, die wir jetzt haben. In der Vergangenheit empfanden viele Amateur- und Profi-Weinbauern das Züchten von Weintrauben als ein erfreuliches und gewinnbringendes Hobby, so dass sich viel Wissen über die Manipulation der Pflanzen bei der Hybridisierung und die daraus resultierenden Ergebnisse bei den Nachkommen der Hybridisierung angesammelt hat.

Wie man hybridisiert.

Es wird davon ausgegangen, dass der Leser mit der Botanik der Blumen und den wesentlichen Prinzipien bei der Kreuzung von Pflanzen vertraut ist. Ist dies nicht der Fall, muss er die Struktur der Blüten, insbesondere der Weintraube, sorgfältig studieren, um die verschiedenen Organe unterscheiden zu können und herauszufinden, wann Pollen und Narbe für die Bestäubungsarbeit bereit sind. Er sollte außerdem eines von mehreren aktuellen Büchern über Pflanzenzüchtung lesen.

Die erste Aufgabe beim Kreuzen von Trauben besteht darin, die Staubbeutel zu entfernen, bevor sich die Blüte öffnet. Dieser Vorgang wird als Entmannung bezeichnet. Dies ist notwendig, um eine Selbstbestäubung zu verhindern. Nachdem diese erste Operation durchgeführt wurde , muss die Traubenblütentraube sicher in einem Beutel festgebunden werden, um sie vor fremden Pollen zu schützen, die andernfalls sicher von Insekten zur Narbe getragen würden. Sobald die Narbe bereit ist, den Pollen aufzunehmen, wird der Beutel entfernt und der Pollen des männlichen Elternteils aufgetragen. Anschließend wird der Beutel wieder auf die Blüte gesteckt und bleibt dort, bis die Trauben fest sind. Durch die Untersuchung der Narben in den Blüten unbedeckter Weintrauben kann der Bediener ungefähr feststellen, ob die bedeckte Narbe für die Aufnahme von Pollen bereit ist. Die Zeit, die nach dem Abdecken benötigt wird, hängt natürlich vom Alter der Knospe ab, wenn die Entmannung stattfindet. Übrigens ist es am besten, die Entmannung bis kurz vor dem Öffnen der Blüten zu verzögern, aber man muss sicher sein, dass die Staubbeutel ihren Pollen nicht abgegeben haben, bevor die Blüte entmannt ist.

Die Entmannung ist eine einfache Operation. Die wesentlichen Organe der Traubenblüte sind von einer kleinen Kappe bedeckt; Bei einigen Weintrauben muss dieser entfernt werden, bevor die Staubbeutel erreicht werden können. Bei vielen einheimischen Trauben kann der Bediener jedoch den Hut und die Staubbeutel mit einem Handgriff entfernen. Das beste

Werkzeug hierfür ist eine kleine Pinzette. Bei der Arbeit mit einheimischen Trauben sollte jede Klinge der Pinzette eine scharfe Schneidfläche haben. Bei Vinifera-Sorten, bei denen die Kappe entfernt werden muss, bevor die Staubbeutel erreicht werden können, eignen sich Pinzettenklingen mit einer flachen Oberfläche am besten. Wenn die Knospen gut entwickelt sind, besteht natürlich die Gefahr, dass der Pollen herausgedrückt wird und so die Narbe erreicht oder am Instrument haftet und so zukünftige Kreuzungen kontaminiert. Die erste Gefahr muss durch die Geschicklichkeit des Bedieners sorgfältig vermieden werden, während die zweite leicht durch Sterilisieren der Pinzette in Alkohol überwunden werden kann. Es sollte versucht werden, so viele Blüten wie möglich in der Traube zu düngen, aber der Erfolg ist nicht immer sicher; Im Zweifelsfall sollte die unsichere Blüte aus der Traube entfernt werden.

Die Blüte, von der der Pollen entnommen werden soll, muss vor Wind und Insekten geschützt werden; Andernfalls könnten Pollen einer anderen Blüte darauf zurückbleiben. Zum Schutz sollte man die Blüten noch im Knospenstadium in einen Beutel binden. Es gibt verschiedene Möglichkeiten, Pollen aus reifen Staubbeuteln zu gewinnen und auf die Narbe der zu kreuzenden Blüten aufzutragen. Am einfachsten ist es, die Staubbeutel zu zerdrücken und so den Pollen herauszudrücken. Anschließend kann er mit einer Bürste, einem Skalpell oder einem anderen Instrument auf die Narbe gelegt werden. Eine Bürste verschwendet sehr viel Pollen und wird oft zu einer Kontaminationsquelle für zukünftige Kreuzungen, sodass das Skalpell das bessere Werkzeug von beiden ist. Wenn reichlich Pollen vorhanden sind, wie es normalerweise der Fall ist, wenn ein Mann in seinem eigenen Weinberg mit Weinreben arbeitet, besteht die bei weitem beste Methode darin, die Traube vom männlichen Weinstock zu nehmen und den Pollen direkt auf die Narbe der künftigen Blume aufzutragen gekreuzt und sorgt so für frischen und reichlichen Pollen. Wenn genügend Pollen vorhanden sind, sollte die Narbe mit Pollen bedeckt sein.

Traubenpollen sind nicht gut haltbar und es sollte versucht werden, sie so frisch wie möglich zu halten. Die Bestäubung erfolgt am besten bei hellem, sonnigem Wetter, wenn der Pollen sehr trocken ist. Wie aus den vorstehenden Ausführungen hervorgeht, sind Werkzeuge und Methoden weniger wichtig als die Sorgfalt bei der Ausführung der Arbeit. Das einzige unbedingt erforderliche Werkzeug ist eine Pinzette, obwohl eine Handlinse oft hilfreich ist. Beutel zum Abdecken der Blumen sollten gerade groß genug und nicht größer sein. Ein Beutel zum Bedecken der pollenproduzierenden Blüte kann durchaus ein gewöhnlicher Manila-Beutel sein, der groß genug ist, um die Blütentraube ausreichend zu bedecken. Es ist jedoch hilfreich, einen leicht transparenten, geölten Beutel zu haben, durch den man den Zustand der Staubbeutel sehen kann. Es ist wünschenswert, dass der Beutel für die weibliche Blüte zum Schutz vor Vögeln und Pilzen bis zur Reife der Früchte stehen bleibt. Es muss daher größer sein. Während die Beutel noch flach sind, wird in der Nähe der Öffnung ein Loch gebohrt, durch das eine Schnur geführt wird, die festgebunden werden kann, wenn das obere Ende des Beutels um das Bündel gedrückt wird.

Auswahl der Eltern.

Bei der Hybridisierung von Trauben hängt sehr viel von der unmittelbaren Abstammung ab. Wenn einige Sorten gekreuzt werden, produzieren sie viel mehr durchschnittliche würdige Nachkommen als andere. In dieser Hinsicht gibt es so große Unterschiede zwischen den Rebsorten, dass es die erste Aufgabe des Weinzüchters sein sollte, so begabte Eltern zu finden. Glücklicherweise wurde an mehreren Versuchsstationen beträchtliche Arbeit in der Traubenzüchtung geleistet, und ihr gesammeltes Wissen, zusammen mit dem von Arbeitern wie Rogers, Ricketts, Campbell und Munson, bietet Anfängern gute Ausgangspunkte. Es gibt keine Möglichkeit, herauszufinden, welche Vorfahren die besten sind, außer anhand von Leistungsaufzeichnungen. Sehr oft sind Sorten mit hohem kulturellem Wert in der Züchtung wertlos, weil ihre Eigenschaften scheinbar nicht an ihre Nachkommen weitergegeben werden, und im Gegenteil, eine nichtsnutzige Sorte im Weinberg ist oft in der Züchtung wertvoll.

Nach heutigem Kenntnisstand scheint es nicht so zu sein, dass durch Hybridisierung neue Merkmale in Pflanzen eingeführt werden. Eine durch Hybridisierung entstandene neue Sorte ist nur eine Rekombination der Merkmale der Eltern; Die Kombination ist neu, die Charaktere jedoch nicht. So kann ein Elternteil einer hybridisierten Traube Farbe, Größe, Geschmack und praktisch alle Merkmale der Frucht beisteuern, während der andere Elternteil Kraft, Widerstandsfähigkeit, Krankheitsresistenz und die Merkmale der Rebe beisteuern kann. Oder diese und andere Zeichen in der Zusammensetzung einer neuen Traube können auf jede mögliche mathematische Weise vermischt werden. Der Weinzüchter muss sicherstellen, dass der eine oder andere Elternteil die besonderen Eigenschaften besitzt, die er sich von seiner neuen Traube wünscht.

Mittlerweile weiß man, dass die Eigenschaften der Traube, ebenso wie die anderer Pflanzen, nach bestimmten, von Mendel entdeckten Gesetzen vererbt werden. Die frühen Arbeiter im Weinbau kannten diese Gesetze nicht und konnten bei ihrer Arbeit nicht zielgerichtet vorgehen. Folglich war die Hybridisierung ein Labyrinth, in dem sich diese Züchter oft verloren. Mendels Entdeckungen gewährleisten jedoch eine Regelmäßigkeit der Durchschnittswerte und eine Bestimmtheit und Konstanz des Handelns, die es dem Weinzüchter ermöglichen, mit ziemlicher Sicherheit das zu erreichen, was er will, wenn er geduldig bei seiner Aufgabe bleibt. Der Weinzüchter sollte sich über die Mendelschen Gesetze informieren und über die Arbeit, die zur Vererbung der Merkmale der Traube geleistet wurde. Ein technisches Bulletin, das von der State Experiment Station in Genf, New York, veröffentlicht wurde, und ein weiteres von der North Carolina Station in Raleigh geben viele Informationen über die Vererbung von Merkmalen in bestimmten Trauben, und weitere Informationen können durch einen Antrag beim US-amerikanischen Department of erhalten werden Landwirtschaft in Washington für Literatur zu diesem Thema.

Der Weinzüchter kann nur hoffen, Fortschritte zu machen, wenn er viele Kombinationen verschiedener Sorten anwendet und eine große Anzahl von Setzlingen anbaut. Er sollte seine Arbeit auf alle Sorten ausdehnen, die bei der Züchtung von Trauben für den besonderen Zweck, den er im Sinn hat, vielversprechend sind. Das Saatgut kann aufbewahrt und gemäß den Anweisungen im Kapitel zur Vermehrung gepflanzt werden . Sofern er seine Ergebnisse nicht wissenschaftlich interpretieren möchte, sollten schwache Sämlinge im ersten Jahr verworfen werden, und ein zweiter Verwurf kann erfolgen, bevor die jungen Pflanzen in den Weinberg gelangen. Der Züchter wird schnell feststellen, dass er am Charakter der Sämlinge ziemlich gut erkennen kann, ob sie vielversprechend genug sind, um sie zu halten. Wenn also die Anzahl der Blätter gering ist oder die Blätter selbst klein sind, ist der Wert der Rebe zweifelhaft; wenn die Internodien übermäßig lang sind, sind die Aussichten schlecht; Die Schlankheit des Rohrstocks verspricht, wenn sie betont wird, nichts Gutes; Andererseits sind große Statur und sehr kurze Internodien keine wünschenswerten Anzeichen. Durch diese und andere Zeichen erkennt der Züchter schnell, welche Reben letztendlich in den Weinberg kommen sollen.

ERGEBNISSE DER WEINZUCHT

Mittlerweile gibt es 2000 oder mehr Rebsorten amerikanischen Ursprungs, die alle innerhalb von etwa einem Jahrhundert produziert wurden. Es ist zweifelhaft, ob irgendeine andere Kulturpflanze zu irgendeinem Zeitpunkt in der Weltgeschichte in so kurzer Zeit aus dem wilden Zustand heraus eine solche Bedeutung erlangt hat wie die amerikanische Weintraube. Es scheint, dass nahezu jede erwägenswerte mögliche Kombination zwischen Arten gemacht wurde. Durch die Hybridisierung sind Arten und Sorten so stark vermischt worden, dass der Weinzüchter nicht mehr intelligent mit diesen groben Formen arbeiten kann und mit Merkmalen arbeiten muss, statt mit Arten und Sorten, die nur Kombinationen von Merkmalen sind. Zwar wurden in der Vergangenheit in der Traubenzüchtung in Amerika große Fortschritte erzielt, aber die Arbeit war ausschließlich empirisch und äußerst verschwenderisch. Viele Sorten wurden genannt, aber nur wenige ausgewählt. Mit den neuen Züchtungskenntnissen und der Erfahrung früherer Mitarbeiter dürften Fortschritte mit größerer Sicherheit erzielt werden. Nach dem, was getan wurde und nach den derzeit laufenden Arbeiten, ist es nicht übertrieben zu sagen, dass wir bald überall in Amerika Weintrauben anbauen werden, und zwar so vielfältige Sorten, dass sie nicht nur alle Zwecke erfüllen, für die Trauben jetzt verwendet werden, sondern auch … auch die Nachfrage nach besseren Trauben durch kritischere Verbraucher.

TAFEL XXI. — Jefferson ($\times\ ^3/_5$).

Kapitel XVI

VERSCHIEDENES

Es gibt noch einige Phasen des Weinanbaus, die für den Erfolg unerlässlich sind, von denen keine wirklich ein Kapitel verdient und keine ordnungsgemäß in eines der vorangehenden Kapitel fällt. Die Themen sind nicht eng miteinander verbunden und keineswegs von gleicher Bedeutung, doch alle sind zu wichtig, um in den Limbus eines Anhangs verbannt zu werden, und werden daher in ein Kapitel voller Verschiedenes geworfen.

FREMDBESTÄUBUNG

Das Blühen der Rebe hatte für den Weinbauern kaum eine Bedeutung, da die Blütezeit so spät war, dass die Trauben selten von Frost betroffen waren, bis man entdeckte, dass viele Traubensorten nicht in der Lage sind, sich selbst zu befruchten, und dass die Ernte ausbleibt Diese Sorten waren häufig auf die Selbststerilität der Sorte zurückzuführen. Bis zu dieser Entdeckung war die Unsicherheit, die mit dem Reifeprozess der Traube dieser Sorten einhergeht, eine der Hürden für den Weinanbau. Nach Untersuchungen zur Selbststerilität der Baumfrüchte zeigte eine Untersuchung der Traube, dass die Reben dieser Frucht häufig selbststeril sind. Dieses Wissen hat die Bepflanzung aller Haussammlungen in gewissem Maße verändert und die Bepflanzung kommerzieller Sorten mehr oder weniger beeinflusst.

Amerikanische Rebsorten weisen bemerkenswerte Unterschiede im Grad der Selbstfruchtbarkeit auf. Viele Sorten tragen perfekt Früchte ohne Fremdbestäubung. Andere tragen überhaupt keine Früchte, wenn keine Fremdbestäubung vorgesehen ist. Die meisten Sorten kommen jedoch in Gruppen zwischen den beiden Extremen vor, weder selbstfruchtbar noch selbststeril. Abbildung 51 zeigt staminierte und perfekte Trauben an einer Rebe. Einige Sorten zeigen keine Unterschiede im Grad der Selbststerilität oder Selbstfruchtbarkeit; andere verhalten sich in Bezug auf diese Charaktere in unterschiedlichen Umgebungen anders. Hin und wieder gibt es hinsichtlich der Selbstfruchtbarkeit die größten Variationen einer Sorte.

ABB. 51. Staminate und perfekte Trauben an einer Rebe; *richtig*, staminieren; *links*, perfekt.

Dem Beispiel von Beach an der New York Agricultural Experiment Station folgend, haben mehrere Arbeiter sorgfältige Studien zur Selbstfruchtbarkeit der Traube durchgeführt, und jetzt werden die angebauten Sorten einheimischer Trauben entsprechend dem Grad der Selbstfruchtbarkeit in vier Gruppen eingeteilt . Klasse I umfasst selbstfruchtbare Sorten mit perfekten oder nahezu perfekten Trauben; Klasse II umfasst selbstfruchtbare Sorten mit lockeren, aber marktfähigen Trauben; Klasse III umfasst Sorten, die so unvollständig selbstfruchtbar sind, dass die Trauben im Allgemeinen zu locker sind, um vermarktbar zu sein; Zur Klasse IV gehören selbststerile Sorten. Im Folgenden finden Sie eine Liste häufig angebauter Trauben, klassifiziert nach den gerade angegebenen Unterteilungen:

KLASSIFIZIERUNG DER TRAUBEN NACH SELBSTFRUCHTBARKEIT

KLASSE I. Cluster perfekt oder variierend von perfekt bis etwas locker.

- Berckmans
- Bertha
- Hütte
- Kroton
- Delaware
- Diana
- Etta
- Janesville

- Lady Washington
- Lutie
- Moore früh
- Poughkeepsie
- Pocklington
- Prentiss
- Rochester
- Senasqua
- Winchell

KLASSE II. Cluster marktfähig; mäßig kompakt oder locker.

- Agawam
- Brillant
- Braun
- Catawba
- Champion
- Chautauqua
- Clinton
- Colerain
- Eintracht
- Holländerin
- Früher Victor
- Elvira
- Empire State
- Fern Munson
- Hartford
- Iona
- Isabella
- Isabella-Sämling

- Jefferson
- Jessica
- Dame
- Mühlen
- Missouri-Riesling
- Perkins
- Rommel
- Triumph
- Ulster

KLASSE III. Cluster nicht vermarktbar.

- Brighton
- Kanada
- Dracut Amber
- Eumelan
- Genf
- Hayes
- Lindley
- Noah
- Nördlicher Muscadine
- Vergennes

KLASSE IV. Selbststeril. Auf bedeckten Trauben entwickeln sich keine Früchte.

- Amerika
- Aminia
- Barry
- Schwarzer Adler
- Clevener
- Creveling
- Eldorado

- Glaube (?)

- Gärtner

- Grein Golden

- Herkules

- Juwel

- Massasoit

- Maxatawney (?)

- Merrimac

- Montefiore

- Requa

- Salem

- Wyoming

Die Hauptursache für Unfruchtbarkeit ist, wie auch bei anderen Früchten, die Impotenz des Pollens auf den Stempeln derselben Sorte. Es gibt einige Fälle, in denen scheinbar nicht reichlich Pollen gebildet wird, aber das sind sehr wenige. Es gibt auch einige Fälle, in denen der Stempel erst empfänglich wird, nachdem der Pollen seine Vitalität verloren hat; Dies sind jedoch sehr wenige. In einer größeren Anzahl von Fällen wird festgestellt, dass der Pollen fehlerhaft ist. Abgesehen davon, dass dies alles eine Ausnahme ist, gilt jedoch die Regel, dass die Selbststerilität, wie gesagt, auf die mangelnde Affinität zwischen Pollen und Stempel zurückzuführen ist, die an den Reben einiger Sorten produziert werden.

Die Natur hilft dem Weinbauern dabei, einen Leitfaden für die Selbstfruchtbarkeit zu geben. Die Länge der Staubblätter ist ein ziemlich sicherer Hinweis auf die Selbstfruchtbarkeit. Alle Trauben, die selbstfruchtbar sind, tragen Blüten mit langen Staubgefäßen, wobei letztere kein sicheres Zeichen für Selbstfruchtbarkeit sind, da einige Sorten mit langen Staubgefäßen selbststeril sind. Andererseits gehen kurze oder zurückgebogene Staubblätter immer mit einer vollständigen oder nahezu vollständigen Selbststerilität einher.

Das Mittel gegen Selbststerilität ist die Zwischenpflanzung. Nur die in der vorstehenden Klassifizierung in den Klassen I und II genannten Sorten sollten einzeln gepflanzt werden. Die in den Klassen III und IV genannten Sorten müssen in der Nähe anderer gleichzeitig blühender Sorten gepflanzt werden, damit ihre Blüten kreuzbestäubt werden können.

Es ist offensichtlich, dass der Weinbauer über die relative Blütezeit der Trauben Bescheid wissen muss, wenn er intelligent pflanzen und so eine Fremdbestäubung sicherstellen möchte. Die folgende Tabelle, entnommen aus Bulletin 407 der New York Agricultural Experiment Station, zeigt die Blütezeit der Trauben an dieser Station. Es muss mit standort- und saisonbedingten Schwankungen gerechnet werden, innerhalb der Grenzen der Regionen, in denen diese Trauben angebaut werden, sind die Schwankungen jedoch gering. Wenn diese Tabelle für andere Regionen als New York verwendet wird, muss berücksichtigt werden, dass die Blütezeit umso länger ist, je weiter südlich sie liegen. je weiter nördlich, desto kürzer die Saison.

Blühende Datteln von Trauben.

Aus dreijährigen Aufzeichnungen geht hervor, dass die durchschnittliche Länge der Blütezeit für Weintrauben zwanzig Tage betrug, in den Jahren 1912 und 1914 neunzehn Tage und im Jahr 1913 zweiundzwanzig Tage. Das erste Datum im Durchschnittsjahr 1912 war der 14. Juni, während es im Jahr 1914 der 14. Juni war war der 7. Juni:

TABELLE IV. – ZEIGT DIE BLÜTEZEIT DER TRAUBEN

	SEHR FRÜH	FRÜH	ZWISCHENSAISON	SPÄT	SEHR SPÄT
Agawam			*		
Amerika				*	
August Riese			*		
Bacchus	*				
Barry			*		
Leuchtfeuer				*	
Glocke		*			
Berckmans		*			
Schwarzer Adler			*		
Brighton			*		
Brillant			*		
Braun			*		

	SEHR FRÜH	FRÜH	ZWISCHENSAISON	SPÄT	SEHR SPÄT
Campbell Early			*		
Kanada		*			
Canandaigua			*		
Carman					*
Catawba			*		
Champion		*			
Chautauqua			*		
Clevener	*				
Clinton	*				
Colerain			*		
Kolumbianisc hes Imperial			*		
Eintracht			*		
Hütte		*			
Creveling			*		
Kroton				*	
Delago			*		
Delaware			*		
Diamant			*		
Diana			*		
Downing			*		
Dracut Amber		*			
Holländerin				*	
Früher Victor		*			
Eaton			*		
Finsternis			*		
Eldorado			*		
Elvira		*			
Empire State			*		

	SEHR FRÜH	FRÜH	ZWISCHENSAISON	SPÄT	SEHR SPÄT
Etta			*		
Eumedel			*		
Eumelan				*	
Glaube		*			
Fern Munson				*	
Gärtner			*		
Genf			*		
Goethe			*		
Goldmünze			*		
Grein Golden		*			
Hartford			*		
Scheinwerfer			*		
Helen Keller			*		
Herbert			*		
Herkules			*		
Hicks			*		
Hidalgo			*		
Hosford			*		
Iona				*	
Isabella		*			
Janesville	*				
Jefferson					*
Jessica		*			
Juwel			*		
Kensington		*			
König			*		
Lady Washington				*	
Lindley			*		
Lucile			*		

	SEH R FRÜH	FRÜH	ZWISCHENSAISON	SPÄT	SEH R SPÄT
Lutie			*		
McPike			*		
Manito				*	
Martha			*		
Massasoit			*		
Maxatawney			*		
Merrimac			*		
Mühlen			*		
Missouri-Riesling		*			
Montefiore			*		
Moore früh			*		
Moyer			*		
Nektar			*		
Niagara			*		
Noah		*			
Nördlicher Muscadine		*			
Norton					*
Porto	*				
Ozark				*	
Peabody			*		
Perfektion			*		
Perkins			*		
Pierce			*		
Pocklington			*		
Poughkeepsie				*	
Prentiss			*		
Rebekka			*		
Regal			*		

	SEHR FRÜH	FRÜH	ZWISCHENSAISON	SPÄT	SEHR SPÄT
Requa			*		
Rochester			*		
Rommel			*		
Salem			*		
Sekretär			*		
Senasqua					*
Stark-Stern					*
Triumph					*
Ulster		*			
Vergennes			*		
Winchell			*		
Worden			*		
Wyoming			*		

KLINGENDE WEINREBEN

Das Beringen von Gehölzen ist eine bekannte Gartenbaupraxis. Durch das Beringen können drei Ziele erreicht werden: Unproduktive Pflanzen können durch das Beringen zum Tragen gebracht werden; die Größe der Früchte kann vergrößert und dadurch die Pflanzen produktiver gemacht werden; und die Reife der Frucht kann beschleunigt werden. In europäischen Ländern wird die Ringung schon seit langem bei allen Baumfrüchten und der Weintraube praktiziert, in Amerika wird der Vorgang jedoch nur für den Apfel und die Weintraube empfohlen, und bei beiden Früchten ist die Ringung weit verbreitet. Experimente, die an der New Yorker Agricultural Experiment Station von Paddock durchgeführt wurden, wie im Bulletin 151 dieser Station berichtet, zeigen, dass Weinbauern unter bestimmten Bedingungen durchaus Beringung praktizieren können. Seit Paddocks Experimenten und möglicherweise bis zu einem gewissen Grad schon davor wurde die Traube beringt, um Ausstellungsfrüchte oder ein ausgefallenes Produkt für den Markt hervorzubringen.

Beim Ringen wird vom Weinstock eine Rindenschicht rund um den Weinstock durch die Rinde und den Bast der Pflanze entnommen. Die Breite der Wunde reicht von einem einfachen Schnitt mit einem Messer bis hin zu einem Rindenband mit einem Durchmesser von einem Zoll. Die Operation wird während der Wachstumsphase durchgeführt, in der sich die Rinde am leichtesten von der Rebe ablöst, also in der Zeit der größten Kambialaktivität. Der Begriff „Ringeln" wird dem manchmal verwendeten Wort „Gürteln" vorgezogen, da letzteres eigentlich eine Wunde bezeichnet, die in die Pflanze hineinreicht und diese normalerweise tötet.

Die Theorie des Klingelns ist einfach. Nicht assimilierter Saft gelangt von den Wurzeln der Pflanze durch die äußere Schicht des Holzzylinders zu den Blättern. In den Blättern wirken verschiedene Wirkstoffe auf diesen Rohstoff ein und verteilen ihn anschließend über Gefäße in der inneren Rinde auf die verschiedenen Organe der Pflanze. Wenn Pflanzen beringt sind, wird der Aufwärtsfluss des Safts wie vor der Operation fortgesetzt, aber die neu gebildeten Nahrungsverbindungen können nicht über die Verletzung hinaus gelangen, und daher wird die Spitze der Pflanze auf Kosten der Teile mit einer zusätzlichen Menge an Nahrung versorgt unterhalb des Rings. Die zusätzliche Nahrung führt zu den angegebenen Ergebnissen.

In der Praxis zeigt sich, dass das Klingeln in der Regel schädlich für die Pflanze ist, wie man es bei einem so unnatürlichen Eingriff erwarten kann. Eine Schädigung der Pflanze entsteht dadurch, dass Teile der Rebe auf Kosten anderer Teile verhungern; und weil beim Entfernen der Rinde die äußeren Schichten des Holzzylinders sehr schnell austrocknen und so den Aufwärtsfluss des Saftes durch Verdunstung aus dem freigelegten Holz gewissermaßen behindern. Daher kommt es nicht selten vor, dass die Vitalität der Pflanze stark beeinträchtigt wird. Dennoch kann man Weinberge finden, in denen die Beringung viele Saisons hintereinander ausgiebig praktiziert wurde und die weiterhin ertragreiche Ernten liefern, da die Winzer gelernt haben, die Arbeit der Beringung so durchzuführen, dass die Reben nur wenig geschädigt werden.

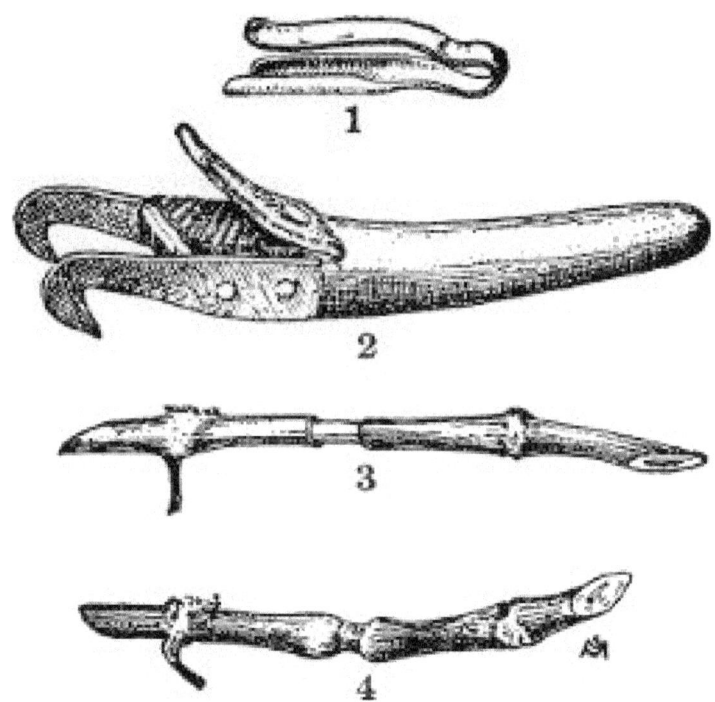

**ABB. 52. Werkzeuge, die zum Beringen von Weinreben verwendet
werden, sind in 1 und 2 dargestellt; während 3 und 4 beringte
Ranken zu Beginn und am Ende der Saison zeigen.**

Dass die Pflanze nicht geschädigt wird, hängt stark von der Art und Weise
ab, wie die Reben beschnitten wurden. Wenn die Reben beispielsweise nach
der zweiarmigen Kniffin- Methode beschnitten werden, sollte die Rinde von
beiden Armen direkt hinter der fünften Knospe beschnitten werden. Somit
erzeugen die zehn an der Rebe verbleibenden Knospen genügend
Blattoberfläche, um die notwendige Nahrung zu liefern, um die Rebe in
einem kräftigen Zustand zu halten. Bei der vierarmigen Kniffin- Methode
sind nur die beiden oberen Arme beringt, dennoch müssen jeweils drei bis
vier Knospen zur Erneuerung übrig bleiben. Unabhängig von der
Erziehungsmethode wird aus diesen Beispielen ersichtlich, dass dem
Weinstock etwas unberingtes Holz übrig bleiben muss, um Blatttriebe zur
Unterstützung des Weinstocks zu liefern. Manche Winzer beringen ihre
Reben nur alle zwei Jahre und geben ihnen so die Möglichkeit, sich von dem
Vitalitätsverlust zu erholen, den sie während der Beringungssaison erlitten
haben.

Beim Beringen sind noch einige weitere Überlegungen wichtig: Erstens darf
den Rebstöcken nicht erlaubt werden, einen zu großen Ertrag zu tragen.

Auch hier muss die Menge an Früchten auf dem beringten Teil der Rebe nicht nur von der Blattoberfläche der Pflanze, sondern auch von der Größe der beringten Arme abhängen, wobei jeder beringte Arm in Bezug auf seine Ernte einigermaßen unabhängig agiert. Wenn zu viele Trauben an den beringten Armen verbleiben , ist die Frucht immer minderwertig und oft wertlos. Schließlich müssen alle Früchte zwischen den Ringen und dem Stamm entfernt werden, da sie nicht richtig reifen und so die Vitalität der Pflanze nur noch mehr beeinträchtigen.

Was die Ergebnisse betrifft, so ist es aufgrund der durchgeführten Experimente und der Erfahrung der Weinbauern sicher, dass die Reife der Früchte beschleunigt wird und Beeren und Trauben größer werden, wenn die Ringung intelligent durchgeführt wurde. Viele Erzeuger sind der Meinung, dass die an beringten Reben erzeugten Früchte hinsichtlich Qualität und Festigkeit nie ganz den Anforderungen genügen. Es scheint jedoch unterschiedliche Meinungen über diesen Qualitätsverlust zu geben, obwohl erlesene Sorten wie Delaware, Iona und Dutchess zweifellos mehr oder weniger an Qualität verlieren. Es besteht auch allgemein Einigkeit darüber, dass Sorten, deren Früchte stark rissig sind, wie die Worden, an beringten Reben stärker unter Rissbildung leiden als an unberingten Reben.

Experimente und Erfahrungen beweisen, dass die besten Ergebnisse beim Ringen erzielt werden, wenn die Arbeit durchgeführt wird, wenn die Trauben etwa zu einem Drittel ausgewachsen sind. Der genaue Zeitpunkt hängt natürlich von der Jahreszeit und der Sorte ab. Der Vorgang kann auf verschiedene Weise durchgeführt werden und lässt sich leicht mit einem scharfen Messer durchführen. Wenn jedoch große Weinberge umringt werden sollen, sollte sich der Winzer ein einfaches Werkzeug besorgen. Paddock zeigt in dem zuvor erwähnten Bulletin zwei dieser Werkzeuge, die in Abb. 52 wiedergegeben sind .

Abschließend muss gesagt werden, dass es zweifelhaft ist, ob die durch die Beringung erzielten Gewinne die Verluste ausgleichen. Die Praxis ist vor allem nur dann von Nutzen, wenn Ausstellungstrauben gewünscht werden oder wenn es notwendig ist, die Reife der Ernte zu beschleunigen. Die Arbeit muss jedoch immer mit Intelligenz und Urteilsvermögen ausgeführt werden, sonst werden die Verluste die Gewinne ausgleichen.

TRAUBEN EINPACKEN

In manchen Gegenden gilt das Absacken als eine wesentliche Voraussetzung für einen profitablen Weinanbau. Die Tüten dienen dazu, die Trauben vor Vögeln zu schützen. In einigen Weinanbaugebieten leiden die Weinberge mehr unter den Raubzügen von Rotkehlchen und anderen Vögeln als unter allen anderen Problemen. Trauben mit kleinen Beeren und zartem Fruchtfleisch sowie solche, die sich am leichtesten vom Stiel lösen, leiden am meisten. Von den Standardsorten ist Delaware für Rotkehlchen wahrscheinlich verlockender als jede andere Sorte. Es gibt nur eine Möglichkeit, Schäden an den Trauben durch Vögel zu verhindern, und zwar durch das Einpacken der Trauben.

Das Einpacken ist auch ein wirksames Mittel, um die Traube vor verschiedenen Pilzen und Insekten zu schützen. In Privatplantagen oder kleinen kommerziellen Weinbergen entfällt durch das Einpacken der Trauben häufig das Besprühen gegen Pilze und die meisten Insekten, die die Traube belästigen. Aufgrund der Wärme, die die Tüten bieten, reifen die in Tüten verpackten Trauben etwas früher und sind von etwas höherer Qualität als die nicht in Tüten verpackten. Die verpackten Trauben sind vor Frühfrost geschützt und verlängern so die Saison. Trauben, die im Sommer vor Witterungseinflüssen geschützt wurden, sind attraktiver als solche, die der Witterung ausgesetzt sind, da die Früchte frei von Witterungseinflüssen sind und ein frisches, helles Aussehen aufweisen, was sie in eine Klasse über unverpackten Trauben einordnet. Durch das Absacken kann der Erzeuger seine Ernte oft als hochwertiges Produkt verkaufen.

Die Trauben werden verpackt, sobald die Früchte fest sind. Je früher, desto besser, wenn der Schutz vor Pilzen einer der Zwecke ist. Auf keinen Fall sollten die Trauben jedoch während der Blüte eingetütet werden. Es kann ein für diesen Zweck angefertigter Patentbeutel gekauft werden, oder, was ebenso gut funktioniert, die üblichen 1,5- und 2-Pfund-Manilabeutel, die von Lebensmittelhändlern verwendet werden, erweisen sich als zufriedenstellend. Eine der Patenttaschen, die als Ideal-Verschluss-Tasche bekannt ist, hat an der Oberseite einen Metallverschluss, mit dem die Tasche über dem Cluster befestigt werden kann. Bei der Verwendung der Einkaufstüte werden vor dem Anbringen die Ecken sowohl der Ober- als auch der Unterseite abgeschnitten, indem mehrere Tüten auf einer festen, ebenen Fläche platziert und ein breiter Meißel verwendet werden. Das Abschneiden der Ecken an der Oberseite ermöglicht es dem Bediener, den Beutel sauber über dem Melkzeug zu verschließen, während das Abschneiden der Ecken an der Unterseite eine Möglichkeit zum Entweichen von Wasser bietet, das in den Beutel gelangt. Beim Anbringen des Beutels wird der obere Teil über der Seite befestigt, an der die Traube hängt, und darf nicht am kleinen Stiel der Traube befestigt werden, da der Wind, der den Beutel bläst, die Traube fast immer von der Rebe löst. Zum Befestigen der Taschen werden die größten Nadeln verwendet, die es in Trockenwarengeschäften zu kaufen gibt. Die Tüten bleiben bis zur Weinlese. Nasses Wetter schadet Taschen nicht und sie scheinen durch die Einwirkung von Sonne und Wind stärker zu werden.

Die Kosten für die Taschen und die Arbeit, sie anzubringen, sind kein geringer Posten. Um die besten Ergebnisse zu erzielen, muss die Arbeit in der Zeitspanne zwischen dem Abwerfen der Blüten und der Bildung der Samen durchgeführt werden, wenn die Trauben etwa die Größe einer kleinen Erbse haben. Dies ist eine arbeitsreiche Zeit für den Weinbauern, was die Kosten erhöht. Wenn die Arbeit in großem Maßstab durchgeführt wird, belaufen sich die Kosten auf etwa zwei Dollar pro tausend Säcke, wobei dieser Betrag sowohl die Kosten für Säcke als auch für die Arbeit abdeckt. Frauen erledigen die Arbeit zügiger als Männer und entwickeln schnell große Geschicklichkeit im Anlegen der Taschen. Trotz des Aufwands und der Kosten des Abpackens stellen Landwirte, die ein ausgefallenes Produkt herstellen möchten, fest, dass sich der Aufwand als rentabel erweist.

WINTERSCHUTZ DER TRAUBEN

Mit ein wenig Sorgfalt beim Winterschutz können Trauben in nördlichen Regionen, in denen die Reben ohne Schutz durch niedrige Temperaturen sterben oder beschädigt werden, profitabel angebaut werden. Tatsächlich ist es geradezu erstaunlich, wie gut Weintrauben in nördlichen Regionen angebaut werden können, wo die Natur im Winter ein äußerst strenges Gesicht zeigt, wenn winterharte Frühsorten in warmen Böden und in warmen Lagen gepflanzt werden und die Reben im Winter abgedeckt werden. Gelegentlich findet man in kommerziellen Weinbergen in den nördlichen Bundesstaaten in Regionen, in denen Schutz geboten werden muss, um das Wintersterben zu verhindern, gewinnbringend angebaute Trauben, wobei die zusätzliche Arbeit des Schutzes durch den hohen Preis, der auf den lokalen Märkten für die Früchte erzielt wird, mehr als ausgeglichen wird.

An allen Standorten, an denen ein Winterschutz erforderlich ist, sind verschiedene andere Vorsichtsmaßnahmen hilfreich oder sogar notwendig. Daher muss der Anbau früh in der Saison eingestellt werden und eine Zwischenfrucht gesät werden, um die Reben zu stärken und zu reifen. Außerdem dürfen die Trauben nicht auf stickstoffreichen Böden gepflanzt werden und stickstoffhaltige Düngemittel müssen sorgfältig ausgebracht werden. Der Schnitt sollte so erfolgen, dass er kein starkes Wachstum hervorruft. Diese einfachen Vorsichtsmaßnahmen zur Beschleunigung der Reife reichen oft in Klimazonen aus, in denen die Gefahr des Wintersterbens nur gering ist, die Reben jedoch dort, wo die Gefahr unmittelbar bevorsteht, entweder durch Einwickeln oder durch Ablegen abgedeckt werden müssen. Bei einigen Weinstöcken mag das Einwickeln mit Stroh ausreichen, wenn aber viele Weinstöcke geschützt werden sollen, ist das Ablegen günstiger und viel effektiver.

Mit Niederlegen ist gemeint, dass die Reben auf den Boden gestellt und dort durch Erde und Schnee oder eine andere Abdeckung geschützt werden müssen. Es liegt auf der Hand, dass die Reben für diesen Schutz eine besondere Ausbildung erhalten müssen; Andernfalls könnten die Stämme zu steif zum Biegen sein. Es muss eine Trainingsmethode gewählt werden, bei der die Erneuerungen relativ häufig vom Boden aus vorgenommen werden können, sodass, wenn die Stämme groß, schwerfällig und unflexibel werden, ein besser handhabbarer Stamm trainiert werden kann. Unter Berücksichtigung der Erneuerungsbestimmungen kann eine der verschiedenen in Kapitel VIII über die Erziehung erläuterten Methoden zur Traubenerziehung angewendet werden.

Vor dem Ablegen muss ein Rückschnitt durchgeführt werden. Anschließend werden die Arme und der Rumpf von den Drähten gelöst und auf den Boden gebogen. Das Biegen wird erleichtert, indem man einen mit Erde gefüllten Spaten von der Seite des Weinstocks in die Richtung entfernt, in die der Weinstock gebogen werden soll. Anschließend wird der Stamm auf die Erde gelegt und ausreichend Erde darauf gelegt, um ihn am Boden zu halten. Wenn die Gefahr des Wintersterbens aufgrund der Zartheit der Sorte oder des strengen Klimas groß ist, ist es oft notwendig, die gesamte Pflanze leicht mit Erde zu bedecken. Kleinbauern verwenden häufig groben Mist, Stroh, Maisstängel oder ähnliche Abdeckungen. In diesem Fall werden die Reben durch Zaunlatten oder andere Hölzer auf dem Boden gehalten. Aber der Schutz mit Material, das in den Weinberg gebracht werden muss, ist teuer und nicht befriedigender als Erde.

Die Reben können jederzeit nach dem Laubfall und bevor die Erde zu gefrieren beginnt, abgesetzt werden. Wichtiger ist, dass die Rebstöcke zum richtigen Zeitpunkt im Frühjahr gepflanzt werden. Wenn die Reben zu früh aufgedeckt werden und es zu kaltem Wetter kommt, kann es zu Verletzungen und größerem Schaden kommen, als wenn die Reben nicht abgedeckt worden wären. Lässt man die Erde hingegen zu lange liegen, sind Blätter und Weinreben sowohl gegenüber Sonnenschein als auch gegenüber Frost empfindlich. Ein Weinbauer in New York, der viel Erfahrung mit dem Anlegen von Weinreben in einem etwa 30 oder 40 Acres großen Weinberg hat, sagt, dass die Arbeit bei einem durchschnittlichen Lohn für landwirtschaftliche Arbeit zu einem Preis von 6 Dollar pro Acre durchgeführt werden kann. Bei einer großen Plantage muss damit gerechnet werden, dass, egal wie gut die Abdeckarbeit durchgeführt wird, gelegentlich ein Stamm bricht, was eine Veredelung der Rebe erforderlich macht, wenn unterhalb des Bruchs kein Spross hervorspringt.

Reifedaten und Saisondauer für Trauben

Jeder Winzer sollte wissen, wann seine Sorten voraussichtlich reifen und wie lange die Saison dauern wird. Der gewerbliche Obstbauer sollte unbedingt über diese Informationen verfügen. Es reicht nicht aus, dass er nur ungefähr weiß, zu welcher Jahreszeit seine Sorten reifen; Denn um den Markt zu beherrschen, muss er genau wissen, wann eine Sorte reift und wie lange sie haltbar ist. Er benötigt diese Informationen auch, um seine Arbeit besser über die Erntesaison verteilen zu können.

Leider sind die von Sortenurhebern und -einführern angegebenen Daten zur Reifezeit nicht immer zuverlässig. Diese Unzuverlässigkeit der Daten lässt sich leicht auf mehrere Arten erklären: Erstens sind sich die Erzeuger im Allgemeinen nicht darüber einig, wann die Trauben reif sind und wie lange sie essbar sind. Auch hier besteht große Verwirrung darüber, wann die Sorten reifen und wie lange sie haltbar sind, weil die Trauben an verschiedenen Orten zu unterschiedlichen Zeiten reifen und es für den Weinbauern in Maine schwierig ist, die Saison der Sorten und die Zeit zu berücksichtigen Der Reifegrad wird für Maryland angegeben. Es gibt auch andere Ursachen als die saisonalen Unterschiede in den Weinregionen für die Variabilität der Reifezeit; Daher sind einige Böden wärmer und schneller als andere, und auf diesen Böden reifen die Trauben früher. Durch die Anwendung stickstoffhaltiger Düngemittel kann sich die Reifezeit etwas verzögern. An alten Pflanzen reifen die Trauben deutlich früher als an jungen. Schließlich hat jeder Weinberg in einer bestimmten Region sein eigenes Klima, das durch die Beschaffenheit des Bodens, die Nähe zum Wasser, die Luftströmungen und die Höhe verursacht wird und kleine Unterschiede bei der Reifung verursacht.

Die folgende Tabelle aus dem Bulletin Nr. 408 der New York Agricultural Experiment Station gibt die Reifedaten der Trauben in Geneva, New York, an. Es ist notwendig, dass der Leser etwas über die Bedingungen weiß, die die Reifezeit in Genf beeinflussen. Der Breitengrad beträgt 42° 50' 46". Die Höhe beträgt 525 Fuß über dem Meeresspiegel. Der Weinberg liegt eine Meile westlich eines relativ großen Gewässers. Der Boden ist ein kalter, schwerer Lehm, der die Reifezeit etwas verzögern muss. Das Land ist Niveau. Die Daten werden als Durchschnitt für drei Jahreszeiten (1913–1915) angegeben.

Die angegebenen Zahlen für „Wochen gemeinsamer Lagerung" decken eine variable Anzahl von Jahren ab, für alle Sorten jedoch drei oder mehr Jahre. Nach der Ernte wurden die Trauben sofort in einem Raum im zweiten Stock eines Gebäudes gelagert. Die Bedingungen dort waren nicht ideal, und zweifellos hätte sich die Lagerungssaison etwas verlängert, wenn die Früchte in einem besseren Lagerraum gelagert worden wären.

TABELLE V. – ZEIGT DIE REIFEZEIT VON TRAUBEN

	WOCHEN IM GEMEINSAMEN SPEICHER	SEHR FRÜH	FRÜH	ZWISCHENSAISON	SPÄT	SEHR SPÄT
Agawam					*	
Amerika			*			
Barry	28		*			
Leuchtfeuer	7		*			
Glocke	8		*			
Berckmans	21		*			
Schwarzer Adler	18		*			
Brighton	20		*			
Brillant	11		*			
Braun	6		*			
Campbell Early	12		*			
Kanada	17				*	
Canandaigua	20				*	
Carman	17		*			
Catawba	21					*
Champion	6		*			
Chautauqua	10				*	
Clevener	13				*	
Clinton	21					*
Colerain	8		*			
Kolumbianisches Imperial	7				*	
Eintracht	8		*			
Hütte	5		*			
Creveling	16		*			
Kroton	23	*				
Delago	25					*
Delaware	15		*			
Diamant	10		*			
Diana	17					*
Downing					*	
Dracut Amber	9		*			
Holländerin	23		*			
Frühes Ohio		*				
Früher Victor	11	*				
Eaton	6				*	
Finsternis	7	*				

- 270 -

	WOCHEN IM GEMEINSAMEN SPEICHER	SEHR FRÜH	FRÜH	ZWISCHENSAISON	SPÄT	SEHR SPÄT
Eldorado	17	*				
Elvira	18		*			
Empire State	24				*	
Etta	15					*
Eumelan	17	*				
Glaube	11		*			
Fern Munson	11					*
Gärtner	17		*			
Genf	22	*				
Goethe	18					*
Goldmünze	10				*	
Grein Golden	12				*	
Hartford	8		*			
Scheinwerfer	8	*				
Helen Keller	26				*	
Herbert	27		*			
Herkules	13				*	
Hicks	10		*			
Hidalgo	12		*			
Hosford	6				*	
Iona	13				*	
Isabella	11		*			
Janesville	13		*			
Jefferson	18					*
Jessica	12	*				
Juwel	12	*				
Kensington	19				*	
König		*				
Lady Washington	16				*	
Lindley	27		*			
Lucile	9		*			
Lutie	4	*				
McPike	7		*			
Manito	7				*	
Martha	10		*			
Massasoit	16		*			
Maxatawney	12		*			
Merrimac	31		*			

	WOCHEN IM GEMEINSAMEN SPEICHER	SEHR FRÜH	FRÜH	ZWISCHENSAISON	SPÄT	SEHR SPÄT
Mühlen	29				*	
Missouri-Riesling	6				*	
Montefiore	9			*		
Moore früh	6	*				
Moyer	9		*			
Nektar	10		*			
Niagara	10		*			
Noah	10			*		
Nördlicher Muscadine	9			*		
Norton	7					*
Porto	12			*		
Ozark	11				*	
Peabody					*	
Perfektion	8			*		
Perkins					*	
Pierce					*	
Pocklington			*			
Poughkeepsie	15		*			
Prentiss	16				*	
Rebekka	18			*		
Regal	16				*	
Requa	30			*		
Rochester	7			*		
Rommel	10			*		
Salem	27				*	
Sekretär	25				*	
Senasqua	13				*	
Stark-Stern	10					*
Triumph	15					*
Ulster	21				*	
Vergennes	28				*	
Wilder	11				*	
Winchell	6	*				
Worden	6		*			
Wyoming	9		*			

Tafel XXII. — Lindley (× $^1/_2$).

Lucile (× $^1/_2$).

Kapitel XVII

TRAUBENBOTANIK

Der Winzer muss die grobe Struktur und die Wachstumsgewohnheiten der Pflanzen richtig kennen, um die Traube vermehren, verpflanzen, beschneiden und anderweitig pflegen zu können. Sicherlich muss er die verschiedenen Arten kennen, von denen die Sorten abstammen, wenn er die Traubenarten kennen, ihre Anpassungen an Böden und Klima, ihre Beziehung zu Insekten und Pilzen und ihren Wert für Tafel, Wein, Traubensaft usw. verstehen will andere Zwecke. Glücklicherweise ist die Botanik der Traube vergleichsweise einfach. Die Organe von Rebe und Frucht sind charakteristisch und leicht zu erkennen, und es gibt keine annähernd verwandten Obstpflanzen, mit denen die Traube möglicherweise verwechselt werden könnte. Botaniker haben zwar Fallstricke für diejenigen ausgegraben, die genaue Kenntnisse über die Namen und Merkmale der vielen Arten suchen, aber glücklicherweise stellt jede der kultivierten Arten eine natürliche Gruppe dar, die so unterschiedlich ist, dass der Weinbauer sie kaum verwechseln kann für einen anderen entweder in Obst oder Wein.

PFLANZENMERKMALE UND WACHSTUMSGEWOHNHEITEN DER TRAUBE

Eine Weinpflanze ist ein komplexer Organismus mit vielen einzelnen Teilen, die speziell für die Ausführung einer oder mehrerer Arten von Arbeiten entwickelt wurden. Der Teil einer Pflanze, der eine oder mehrere Funktionen erfüllt, wird Organ genannt. Die Hauptorgane der Pflanze sind Wurzel, Stängel, Knospe, Blüte, Blatt, Frucht und Samen. Blüten und Blätter entwickeln sich zwar aus Knospen und die Samen sind Teile der Früchte, aber aus Beschreibungsgründen kann die Rebe durchaus in die genannten Teile unterteilt werden. Diese Hauptorgane sind weiter wie folgt unterteilt:

Der Ursprung.

- *Wurzelkrone* : Der Bereich der Pflanze, in dem sich Wurzel und Stängel vereinen.

- *Pfahlwurzel* : Die Verlängerung des Stängels, die senkrecht nach unten abfällt.

- *Rootlets* : Die ultimativen Unterteilungen der Wurzel; normalerweise das Wachstum einer Saison.

- *Wurzelspitzen* : Die äußersten Enden der Wurzeln.

Die Wurzeln einiger Traubenarten sind weich und saftig wie die von *V. vinifera* , während die gleichen Organe bei anderen Arten, wie bei den meisten amerikanischen Trauben, hart und faserig sind. Sie können auch vereinzelt oder zahlreich, tief oder flach, ausgebreitet oder begrenzt, faserig oder nicht faserig sein. Die Struktur der Wurzel wird daher für die Unterscheidung von Arten wichtig.

Der Stamm.

- *Stängel oder Stamm* : Die unverzweigte Hauptachse der oberirdischen Pflanze.
- *Äste oder Arme* : Hauptabschnitte des Stammes.
- *Kopf* : Die Region, aus der Zweige hervorgehen.
- *Altholz* : Teile der Rebe, die älter als ein Jahr sind.
- *Stöcke* : Holz der aktuellen Saison.
- *Sporen* : Kurze Stücke der Basis von Gehstöcken; normalerweise ein oder zwei Knoten mit jeweils einer Knospe.
- *Erneuerung der Sporen* : Die Sporen werden im darauffolgenden Jahr mit Stöcken versehen.
- *Triebe* : Neu entwickelte saftige Stängel mit ihren Blättern.
- *Fruchttriebe* : Blüten- und fruchttragende Triebe.
- *Holztriebe* : Triebe, die nur Blätter tragen.
- *Seitentriebe* : Nebentriebe, die aus den Haupttrieben hervorgehen.
- *Wassersprossen* : Triebe, die aus Adventivknospen entstehen.
- *Saugnäpfe* : Triebe, die aus dem Untergrund entstehen.
- *Knoten* : Gelenke im Stängel, von denen Blätter getragen werden oder getragen werden können.
- *Internodien* : Der Teil zwischen zwei Knoten.
- *Zwerchfell* : Das holzige Gewebe, das das Mark am Knoten unterbricht.
- *Blüte* : Die pulverförmige Beschichtung des Rohrstocks.
- *Ranke* : Das gewundene, fadenförmige Organ, mit dem die Rebe einen Gegenstand ergreift und sich daran festklammert.

Rebsorten haben sehr charakteristische Reben. Ein Blick auf einen Weinstock ermöglicht es, die europäische Traube von jeder amerikanischen Traube zu unterscheiden; so kann man auch die meisten amerikanischen Arten anhand des Aussehens der Rebe unterscheiden. Viele Rebsorten jeglicher Art lassen sich leicht anhand der Größe und des Habitus der Pflanze erkennen. Die Größe der Rebe ist aufgrund des Einflusses der Umwelt wie Nahrung, Feuchtigkeit, Licht, Isolierung und Schädlinge viel variabler als bei anderen groben Merkmalen. Dennoch ist die Größe einer Pflanze oder der Pflanzenteile ein sehr verlässlicher Faktor, wenn die Umwelt angemessen berücksichtigt wird.

Der Grad der Winterhärte ist ein sehr wichtiges diagnostisches Merkmal bei der Bestimmung der Rebsorten und -sorten und gibt weitgehend Aufschluss über deren Wert für den Weinberg. So sind die Sorten der europäischen Traube weniger winterhart als der Pfirsich, während unsere amerikanischen Labruscas und Vulpinas genauso winterhart sind wie der Apfel. Das Spektrum der Sorten hinsichtlich der Winterhärte liegt innerhalb der Art und es gibt keine kultivierten Sorten, die widerstandsfähiger als die Wildtraube sind. Trauben werden in Sorten- und Artenbeschreibungen als winterhart, halbwinterhart und zart bezeichnet.

Die Wuchsform variiert nur wenig mit sich ändernden Bedingungen und ist daher ein wichtiges Mittel zur Unterscheidung von Arten und Sorten und stempelt die Sorte nicht selten als geeignet oder ungeeignet für den Weinberg. Die Wuchsform verleiht der Rebe ihr Aussehen. So kann eine Rebe aufrecht, hängend, waagerecht, gedrungen, ausladend, ausladend, dicht oder offen stehen. Die Rebe kann schnell oder langsam wachsen und langlebig oder kurzlebig sein; Der Stamm kann kurz und gedrungen oder lang und schlank sein. Diese verschiedenen Merkmale bestimmen maßgeblich, ob eine Rebe im Weinberg bewirtschaftet werden kann. Produktivität, Tragalter und Regelmäßigkeit der Traube sind charakteristische Merkmale kultivierter Trauben. Die Pflege der Rebe beeinflusst diese Charaktere; Dennoch sind alle hilfreich bei der Identifizierung von Arten und Sorten und alle müssen vom Weinbauern berücksichtigt werden.

Immunität und Anfälligkeit gegenüber Krankheiten und Insekten sind die wertvollsten diagnostischen Merkmale von Rebsorten und -sorten. Daher unterscheiden sich die Arten stark in ihrer Resistenz gegen Reblaus, Traubenlaus, Traubenzikade, Flohkäfer, Beerenwickler, Wurzelbohrer, Echten Mehltau, Falschen Mehltau, Anthraknose und andere Insekten- und Pilzbefall dieser Frucht.

Die Struktur der Rinde ist für einige Arten ein wichtiges Unterscheidungsmerkmal, hat jedoch für die Sortenbestimmung keine große Bedeutung und hat für den Obstbauern keinen wirtschaftlichen Wert. Bei den meisten Weintraubenarten weist die Rinde ausgeprägte Lentizellen auf und trennt sich am alten Holz in lange, dünne Streifen und Fasern; aber bei zwei Arten aus dem Südosten Nordamerikas trägt die Rinde markante

Lentizellen und zerfetzt nie. Glätte, Farbe und Dicke sind weitere zu beachtende Merkmale der Rinde.

Die Gesamtlänge und die Länge der Internodien der Stöcke verschiedener Arten variieren stark. Sie variieren auch in Größe, Anzahl und Farbe, während die Form bei einigen Arten recht charakteristisch ist: Bei einigen ist sie rund, bei anderen eckig und bei wieder anderen abgeflacht. Die Wuchsrichtung der Stöcke, ob gewunden, gerade oder zickzackförmig, ist ein wichtiges Merkmal. Knoten und Internodien sind bei manchen Arten bezeichnende Merkmale, sie sind mehr oder weniger hervorstehend, kantig oder abgeflacht, während die Internodien lang oder kurz sind.

Das Diaphragma unterscheidet mehrere Traubenarten. Der Stock enthält ein großes Mark, das bei den meisten Arten durch holziges Gewebe unterbrochen ist und an den Knoten ein Diaphragma bildet. Bei den Rotundifolia-Trauben fehlt das Diaphragma, während es bei mehreren anderen amerikanischen Arten sehr dünn und bei wieder anderen ziemlich dick ist. Der Charakter des Zwerchfells lässt sich am besten bei einjährigen Stöcken beobachten. Bei der Untersuchung des Zwerchfells sollte auch auf das Mark geachtet werden, dessen Größe sehr unterschiedlich ist.

Junge Triebe der Traube bieten eine gute Möglichkeit, Arten und Sorten anhand ihrer Farbe sowie der Menge und Art der Behaarung zu unterscheiden. Die Triebe können kahl, kurz weichhaarig oder behaart und sogar stachelig sein.

Die Ranke ist eines der am häufigsten verwendeten Organe zur Bestimmung der Arten und Sorten von Weintrauben. Bei einigen Arten, wie *V. Labrusca* , gibt es gegenüber fast jedem Blatt eine Ranke oder einen Blütenstand, durchgehende Ranken. Alle anderen Arten haben zwei Blätter mit jeweils einer gegenüberliegenden Ranke und ein drittes Blatt ohne Ranke, unterbrochene Ranken. Um dieses Organ zu untersuchen , sind kräftige, gesunde und typische Stöcke erforderlich. Ranken können lang oder kurz, kräftig oder schlank sein; einfach, gegabelt oder dreifach gegabelt; oder glatt, kurz weichhaarig oder warzig.

Die Anzahl der Blütenstände einer Art ist in manchen Fällen ein wichtiges Merkmal. Alle Arten, mit Ausnahme von *V. Labrusca* , haben durchschnittlich zwei Blütenstände pro Stock, aber *V. Labrusca* kann drei bis sechs Blütenstände tragen, jeder an der Stelle einer Ranke gegenüber dem Blatt.

Die Knospe.

- *Knospe* : Ein unentwickelter Trieb.

- *Fruchtknospe* : Eine Knospe, aus der ein Trieb mit Blüten entsteht.

- *Holzknospe* : Eine Knospe, aus der ein Trieb entsteht, der nur Blätter trägt.

- *Latente Knospe* : Eine Knospe, die für eine oder mehrere Jahreszeiten ruhend bleibt.

- *Adventivknospe* : Eine Knospe, die an einer anderen Stelle als der normalen Position an einem Knoten entsteht.

- *Auge* : Eine zusammengesetzte Knospe.

- *Hauptknospe* : Die zentrale Knospe eines Auges.

- *Sekundärknospe* : Die Seitenknospe eines Auges.

Der Zeitpunkt des Öffnens der Blütenknospen verschiedener Weinsorten variiert stark, ebenso wie bei den verschiedenen Sorten, so dass der Zeitpunkt, zu dem die Blütenknospen anfangen anzuschwellen, ein gutes Unterscheidungsmerkmal ist. Der Winkel, in dem die Knospe vom Zweig absteht, ist für die Artenbestimmung von gewissem Wert. Bei der Beschreibung der Trauben müssen Unterschiede in Farbe, Größe, Form, Position und Behaarungsgrad der Knospen beachtet werden. Die Schuppen der Knospen variieren mehr oder weniger in Größe und Dicke.

Die Blume.

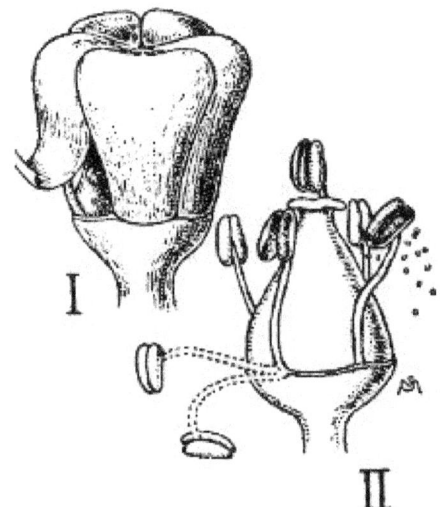

ABB. 53. Die Traubenblume. I. Die sich öffnende Knospe zeigt die Art und Weise, wie sich die Kappe an der Basis löst. II. Schematische Darstellung von Traubenstaubgefäßen.

- *Staminat* : Staubblätter und keine Stempel; eine männliche Blüte.

- *Pistillat* : Besitzt Stempel und keine Staubblätter; eine weibliche Blüte.

- *Diœcious* : Wird gesagt, wenn sich an einer Pflanze die Staubblätter und an einer anderen die Stempel befinden.

- *Polygam* : Spricht, wenn die Blüten einer Pflanze teilweise perfekt sind (mit Staubgefäßen und Stempeln), während andere staminiert oder pistilliert sind.

- *Hermaphrodit* : Besagt von einer Blume, die sowohl Staubblätter als auch Stempel hat.

- *Fruchtbar* : Bezeichnet eine Blume, die in der Lage ist, Samen zu tragen, ohne den Pollen einer anderen Blume.

- *Steril* : Bezeichnet eine Blume ohne oder mit abortiven Stempeln.

- *Perfekt* : Besagt von einer Blume, die sowohl Staubblätter als auch Stempel hat.

- *Unvollkommen* : Besagt von einer Blume, die entweder Staubblätter oder Stempel braucht.

- *Stiel* : Der Stiel einer Blütentraube.

- *Stiel* : Der Stiel jeder einzelnen Blüte.

Der Zeitpunkt der Blüte ist ein einfaches Unterscheidungsmerkmal zwischen mehreren Traubenarten und hilft auch dabei, Sorten innerhalb einer Art zu unterscheiden. Die meisten Weintraubenarten tragen fruchtbare Blüten an einer Rebe und unfruchtbare Blüten an einer anderen und sind daher polygam- diös . Sterile Reben tragen männliche Blüten mit abortiven Stempeln, so dass sie, obwohl sie selbst nie Früchte produzieren, normalerweise bei der Befruchtung anderer helfen. Fruchtbare Blüten können ohne Fremdbestäubung Früchte reifen lassen. Reben mit ausschließlich weiblichen Blüten sind selten. Bei den meisten Rebsorten kommen im Wildzustand Pflanzen mit unfruchtbaren und solchen mit vollständigen Blüten gemischt vor, für den Anbau werden jedoch meist nur die fruchtbaren Pflanzen ausgewählt. Pflanzen, die aus Samen einer dieser Arten gezogen werden, liefern jedoch viele sterile Reben.

Der Fruchtbarkeitsgrad der Blüten ist auch ein gutes Unterscheidungsmerkmal für Arten und Sorten der Traube. Bei den meisten Arten gibt es zwei Arten fruchtbarer Reben. Die Blüten der einen Art sind perfekte Hermaphroditen, während bei der anderen Art die Staubblätter kleiner und kürzer als der Stempel sind und schließlich nach unten gebogen und nach unten gebogen sind. Die beiden Arten von Staubgefäßen sind in den Abbildungen dargestellt. 53 und 54 . Diese können als unvollkommene Hermaphroditen bezeichnet werden, da sie selten so fruchtbar sind wie die perfekten Hermaphroditen, sofern sie nicht von einer anderen Pflanze befruchtet werden. Unter dem Mikroskop zeigt sich, dass selbststerile Pflanzen in der Regel abortiven Pollenkörner tragen und dass der Anteil an abortiven Pollenkörnern bei verschiedenen Sorten stark variiert. Das aufrechtstehende oder heruntergedrückte Staubblatt zeigt nicht immer den Zustand des Pollens an, da es viele Fälle gibt, in denen aufrechte Staubblätter wirkungslosen Pollen tragen und gelegentlich die heruntergedrückten Staubblätter perfekten Pollen tragen.

ABB. 54. Traubenblüten. *Links* **: aufrechte Staubblätter von Delaware;**
rechts **, niedergedrückte Staubblätter von Brighton.**

Das Blatt.

- *Blattspreite* : Der erweiterte Teil des Blattes.

- *Lappen* : Die mehr oder weniger abgerundete Teilung des Blattes.

- *Sinus* : Die Aussparung oder Bucht zwischen zwei Lappen.

- *Blattstiel* : Der Blattstiel.

- *Sinus petiolaris* : Der Sinus um den Blattstiel.

- *Basale Nebenhöhlen* : Die beiden Nebenhöhlen zur Basis der Klinge.

- *Seitliche Nebenhöhlen* : Die beiden Nebenhöhlen zur Spitze der Klinge hin.

Die Größe, Form und Farbe der Blätter unterscheiden sich deutlich von den Arten und mehr oder weniger von den Sorten, wenn man umgebungsbedingte Abweichungen berücksichtigt. Die Blattlappen sind bei den meisten Arten sehr einheitlich, einige haben Lappen, andere ganze Blätter. Die Blattoberseite ist bei einigen Arten glatt, glänzend und glänzend, bei anderen rau und matt. Die Unterseite zeigt ähnliche Variationen und weist außerdem unterschiedlich viel Behaarung, Flaum und Blüte auf. Bei einigen Arten ähneln die Daunen Spinnweben. Die Anzahl, Größe und Form der Lappen sind für die Unterscheidung beider Sorten und Arten wichtig, ebenso wie die Blattstiel-, Basal- und Seitennebenhöhlen. Wie bei den meisten Pflanzen sind die Ränder der Blätter, ob gesägt, gezähnt oder gekerbt, oft Unterscheidungsmerkmale. Der Blattstiel variiert bei verschiedenen Arten von kurz bis lang und von kräftig bis schlank. Schließlich ist der Zeitpunkt, zu dem die Blätter fallen, oft ein gutes Unterscheidungsmerkmal.

Das Obst.

- *Stiel und Blütenstiel* : Definiert als in Blüte.

- *Pinsel* : Das in die Frucht hineinragende Ende des Stiels.

- *Basis* : Der Befestigungspunkt eines Bündels oder einer Beere.

- *Apex* : Der Punkt gegenüber der Basis.

- *Blüte* : Der pudrige Überzug der Frucht.

- *Pigment* : Der Farbstoff in der Haut.

- *Qualität* : Die Kombination von Charakteren, die die Trauben angenehm für den Gaumen, das Aussehen, den Geruch und die Berührung macht.

- *Foxiness* : Der ranzige Geschmack und Geruch einiger Weintrauben, der dem Ausfluss eines Fuchses ähnelt.

Von allen Organen reagiert die Frucht am stärksten auf veränderte Bedingungen und ist daher am variabelsten. Dennoch liefern die Früchte äußerst wertvolle Merkmale zur Bestimmung von Arten und Sorten. Zu beachten sind Größe, Form, Kompaktheit und die Anzahl der Büschel an einem Trieb. Bei der Beere sind Größe, Form, Farbe, Blüte, Anhaftung der Narbe an der Spitze und Anhaftung der Frucht am Blütenstiel von Bedeutung. Die unterschiedliche Haftung der Schale am Fruchtfleisch unterscheidet europäische von allen amerikanischen Trauben. Die Dicke, Zähigkeit, der Geschmack und das Pigment der Haut sind mehr oder weniger wertvoll. Die Farbe, Festigkeit, Saftigkeit, das Aroma und der Geschmack des Fruchtfleisches sowie seine Haftung an Kernen und Schalen sind wertvolle Merkmale bei der Beschreibung von Trauben. Alle Arten und Sorten zeichnen sich durch Reifezeit und Haltbarkeit aus. Die Farbe des

Saftes ist eine eindeutige und sichere Trennlinie zwischen einigen Arten und vielen Sorten.

Der Samen.

- *Schnabel* : Die schmale verlängerte Basis des Samens.

- *Hilum* : Die Narbe blieb dort, wo der Samen am Samenstiel befestigt war.

- *Chalaza* : Der Ort, an dem die Samenschalen und der Kern verbunden sind.

- *Raphe* : Die Linie oder der Grat, der vom Hilum zur Chalaza verläuft.

Samen sind für die Artenbestimmung von großem Wert. Die Größe und das Gewicht der Samen unterscheiden sich bei verschiedenen Arten stark, ebenso wie bei den Sorten einer Art. So hat von den einheimischen Trauben die Labrusca die größten und schwersten Kerne und die Vulpina die kleinsten Kerne, während die der Æstivalis mittelgroß und schwer sind. Die Form und Farbe des Samens bieten Unterscheidungsmerkmale, während die Größe, Form und Position der Raphe und Chalaza bei einigen Arten ganz bestimmte Unterscheidungsmerkmale liefern.

DIE GATTUNG VITIS

Die Gattung Vitis gehört zur Familie der Weinreben (Vitaceæ), zu der die meisten Botaniker auch die Waldreben (Ampelopsis) zählen, deren bekannteste Pflanze der Wilde Wein ist. Die Gattung Cissus, zu der viele südliche Kletterpflanzen gehören, wird von einigen Botanikern mit Vitis kombiniert. Vitis unterscheidet sich von Ampelopsis und Cissus durch deutliche Unterschiede in mehreren Organen, von denen, zumindest gärtnerisch gesehen, diejenigen in der Frucht am besten zur Unterscheidung der Gruppe dienen. Vitis-Arten tragen, möglicherweise mit ein oder zwei Ausnahmen, breiige essbare Früchte; Arten von Ampelopsis und Cissus tragen Früchte mit so geringem Fruchtfleisch, dass die Beeren ungenießbar sind. Vitis wird weiter wie folgt unterschieden: Die Pflanzen sind kletternd oder hängend, selten strauchig, mit verholzten Stängeln und meist mit gewundenen Ranken mit nackten Spitzen. Die Blätter sind einfach, handförmig gelappt, rundgezähnt oder herzförmig gezähnt. Die Nebenblätter sind klein und fallen früh ab. Die Blüten sind polygam zweizählig (einige Pflanzen mit vollkommenen Blüten, andere staminierend mit höchstens einem rudimentären Fruchtknoten), fünfteilig. Die Blütenblätter sind nur an der Basis getrennt und fallen ab, ohne sich auszudehnen. Die Scheibe ist hypogyn und weist fünf Nektardrüsen auf , die sich mit den Staubgefäßen abwechseln. Die Beere ist kugelig oder eiförmig, hat wenige Samen und ist breiig. Die Samen sind birnenförmig und an der Basis schnabelförmig.

ARTEN AMERIKANISCHER TRAUBEN

Die Anzahl der Traubenarten auf der Welt hängt von den willkürlichen Grenzen ab, die für eine Art dieser Frucht festgelegt werden, und die Kenntnis der Gattung ist noch zu dürftig, um diese Grenzen mit Sicherheit festzulegen. Tatsächlich waren die Männer, die Traubenarten geschaffen haben, selten in der Lage, die Lebensräume ihrer Gruppen mit großer Sicherheit zu beschreiben. Es sollte gesagt werden, dass Weintrauben in ihrem Lebensraum fast ausschließlich auf gemäßigte und subtropische Regionen beschränkt sind. Der Weinbauer kümmert sich jedoch kaum um andere Traubenarten als diejenigen, die einen gärtnerischen Wert haben. Davon werden in Amerika mittlerweile zehn mehr oder weniger entweder für Obst- oder Vorratszwecke angebaut. Die folgenden Beschreibungen dieser zehn Arten sind dem Buch „The Grapes of New York" des Autors entnommen, das 1908 vom Staat New York veröffentlicht wurde (Kapitel IV, Seiten 107–156).

ÜBERSICHT DER KULTIVIERTEN VITIS-ARTEN

A. Die Schale reifer Beeren löst sich frei vom Fruchtfleisch.

B. Knoten ohne Membranen; Ranken einfach.

1. *V. rotundifolia.*
2. *V. Munsoniana .*

BB. Knoten mit Membranen; Ranken gegabelt.

C. Blätter und Triebe sind bei Reife kahl und ohne Blüte; Ranken intermittierend.

D. Blätter dünn, hell, hellgrün, bei der Reife im Allgemeinen kahl, außer vielleicht in den Achseln der Adern, mit einer langen oder zumindest hervorstehenden Spitze und normalerweise langen und scharfen Zähnen oder einem gleichmäßig gezackten Rand.

E. Blätter breiter als lang; Sinus petiolaris normalerweise breit und flach.

3. *V. rupestris .*

EE. Blätter im Umriss eiförmig; Blattstielhöhle meist mittelgroß bis schmal.

4. *V. vulpina* .

DD. Die Blätter sind dick, matt gefärbt oder graugrün und weisen bei der Reife oft eine dichte, stumpfe Behaarung an der Unterseite auf; Triebe und Blätter sind in jungen Jahren fast immer mehr oder weniger behaart; die Zähne meist kurz.

5. *V. cordifolia.*
6. *V. Berlandieri* .

CC. Blätter an der Unterseite rostfarben oder weißfilzig oder blaugrün, dick oder zumindest fest.

D. Die Blätter sind im ausgewachsenen Zustand an der Unterseite flockig, spinnwebig oder glasig.

7. *V. æstivalis* .
8. *V. zweifarbig.*

DD. Blätter auf der Unterseite während der gesamten Saison dicht filzig oder filzartig; Deckweiß oder Rostweiß.

E. Ranken intermittierend.

9. *V. candicans* .

EE. Ranken meist durchgehend.

10. *V. Labrusca.*

AA. Schale und Fruchtfleisch reifer Beeren sind zusammenhängend. (Alte Welt.)

11. *V. vinifera.*
1. *Vitis rotundifolia* , Michx . Muscadine-Traube. Bullentraube. Kugeltraube. Buschige Traube. Bullace-Traube. Scuppernong. Südliche Fuchstraube.

Die Rebe ist sehr kräftig, manchmal, wenn sie keine Stütze hat, strauchig und nur drei bis vier Fuß hoch; Wenn sie im Schatten wächst, sendet sie oft Luftwurzeln nach unten . Holz hart, Rinde glatt, nicht schuppig, mit markanten Warzenlinsen; Triebe kurzgliedrig, abgewinkelt, mit feiner, struppiger Behaarung; Diaphragmen fehlen; Ranken unterbrochen, einfach. Blätter klein, breit herzförmig oder rundlich; Blattstielhöhle breit, flach; Rand mit stumpfen, breiten Zähnen; nicht gelappt; dichte Textur, hellgrüne

Farbe, oben kahl, unten entlang der Adern manchmal kurz weichhaarig. Traube klein (6–24 Beeren), locker; Stiel kurz; Stiele kurz, dick. Beeren groß, kugelig oder etwas abgeflacht, schwarz oder grünlich-gelb; Haut dick, zäh und mit moschusartigem Geruch; Fruchtfleisch zäh; reift ungleichmäßig und fällt ab, sobald er reif ist. Samen abgeflacht, flach und breit eingekerbt; Schnabel sehr kurz; Chalaza schmal, leicht niedergedrückt mit strahlenförmigen Graten und Furchen; Raphe eine schmale Rille. Blattbildung, Blüte und reifende Früchte erst sehr spät.

Der Lebensraum dieser Art erstreckt sich von Süd-Delaware, westlich über Tennessee, Süd-Illinois, Südost-Missouri, Arkansas (mit Ausnahme der nordwestlichen Teile) bis Grayson County, Texas, als nördliche und westliche Grenze, bis zum Atlantischen Ozean und dem Golf im Osten und Süden. Sie wird seltener, wenn man sich der Westgrenze nähert, kommt aber in vielen Teilen der oben beschriebenen Großregion häufig vor und kommt am häufigsten auf sandigen, gut entwässerten Grundflächen und entlang von Flussufern sowie in sumpfigen, dichten Wäldern und Dickichten vor. Das für Rotundifolia am besten geeignete Klima ist das, in dem Baumwolle wächst, und sie gedeiht am besten in den unteren Teilen des Baumwollgürtels der Vereinigten Staaten.

Die Frucht von Rotundifolia ist sehr charakteristisch. Die Haut ist dick, hat ein ledriges Aussehen, haftet fest am darunter liegenden Fleisch und ist mit linsenartigen rostroten Punkten versehen. Das Fruchtfleisch ist mehr oder weniger zäh, aber die Zähigkeit ist nicht wie bei Labrusca um den Samen herum lokalisiert. Die Früchte und die meisten Sorten der Art zeichnen sich durch ein starkes, moschusartiges Aroma aus und enthalten weder Zucker noch Säure. Einige Sorten liefern mehr als vier Gallonen Most pro Scheffel. Über den Wert der Rotundifolia-Sorten für die Weinherstellung sind die Meinungen der Winzer geteilter Meinung, doch die vielversprechendsten Aussichten für Rotundifolia-Sorten sind derzeit Wein-, Traubensaft- und Speisetrauben. Rotundifolia bringt keine Früchte hervor, die für den Versand als Desserttrauben geeignet sind, vor allem weil die Beeren ungleichmäßig reifen und wenn sie reif sind, aus der Traube fallen. Die übliche Methode zum Sammeln der Früchte dieser Art besteht darin, die Reben in regelmäßigen Abständen zu schütteln, sodass die reifen Beeren auf Blätter fallen, die unter den Reben ausgebreitet sind. Der Saft, der an der Stelle des Stielabbruchs austritt, führt dazu, dass die Beeren verschmieren und ein unansehnliches Aussehen erhalten. Aufgrund der harten Schale platzen die Beeren jedoch nicht so stark wie andere Trauben unter den gleichen Bedingungen, sind aber dennoch nicht für den Transport über große Entfernungen geeignet. Unter einigermaßen günstigen Bedingungen erreichen die Reben ein hohes Alter und eine große Größe, und wenn sie, wie häufig, in Lauben wachsen, bedecken sie ohne Rückschnitt eine große Fläche.

Rotundifolia ist bemerkenswert resistent gegen den Befall aller Insekten und gegen Pilzkrankheiten. Die Reblaus greift ihre Wurzeln nicht an und sie gilt als ebenso resistent wie jede andere, wenn nicht sogar als die resistenteste aller amerikanischen Arten. Die Rebe lässt sich nur schwer aus Stecklingen ziehen, was die Verwendung dieser Art als resistenten Stock verhindert. Unter günstigen Umständen und bei geschickter Handhabung ist dies jedoch eine erfolgreiche Vermehrungsmethode. Unter ungünstigen Umständen oder wenn nur wenige Rebstöcke gewünscht werden, ist es besser, auf Lagen zu setzen. Als Stock, auf den andere Reben aufgepfropft werden können, war diese Art kein Erfolg. Es ist sehr schwierig, Rotundifolia mit anderen Arten zu kreuzen, es sind jedoch mittlerweile mehrere Rotundifolia-Hybriden bekannt.

2. *Vitis Munsoniana* , Simpson. Florida-Traube. Immertragende Traube. Vogeltraube. Mustang-Traube aus Florida.

Die Rebe ist schlank und wächst meist auf dem Boden oder über niedrigen Büschen. Stöcke eckig; Internodien kurz; Ranken unterbrochen, einfach. Blätter kleiner und dünner als Rotundifolia und eher runder im Umriss; nicht gelappt; Zähne öffnen und spreizen sich; Blattstielhöhle V-förmig; beide Oberflächen glatt, eher hellgrün. Traube mit mehr Beeren, aber etwa gleich groß wie bei Rotundifolia. Beere mit einem Drittel bis der Hälfte des Durchmessers, mit dünnerer und zarterer Schale; schwarz, glänzend; Fruchtfleisch weniger fest, mehr Säure und ohne Moschusgeschmack. Die Samen sind etwa halb so groß wie die von Rotundifolia, ansonsten ähnlich. Blattbildung, Blüte und reifende Früchte erst sehr spät.

Der Lebensraum von *V. Munsoniana* ist Zentral- und Südflorida sowie die Florida Keys. Es erstreckt sich südlich des Lebensraums von Rotundifolia und geht an der Stelle, an der es sich trifft, in diese Art über. Munsoniana scheint eine Variation von Rotundifolia zu sein, die an subtropische Bedingungen angepasst ist. Es ist zart und verträgt Temperaturen unter Null nicht. In Bezug auf die Vermehrung unterscheidet sie sich von *V. rotundifolia* dadurch, dass sie sich leicht durch Stecklinge vermehren lässt. Wie Rotundifolia ist sie resistent gegen Reblaus.

3. *Vitis rupestris* , Scheele. Bergtraube. Felsentraube. Buschtraube. Sandtraube. Zuckertraube. Strandtraube.

Ein kleiner, stark verzweigter Strauch oder unter günstigen Umständen kletternd. Membran dünn; Ranken wenige oder, falls vorhanden, schwach, normalerweise laubabwerfend. Blätter klein; junge Blätter häufig auf der Mittelrippe gefaltet; breit herzförmig oder nierenförmig, breiter als lang, kaum gelappt, glatt, bei der Reife auf beiden Oberflächen kahl; Blattstielhöhle breit, flach; Rand grob gezähnt, am Ende häufig eine scharfe, abrupte Spitze. Cluster klein. Beeren klein, schwarz oder violettschwarz. Samen klein, nicht eingekerbt; Schnabel kurz, stumpf; Raphe deutlich bis undeutlich, meist als schmale Rille erkennbar; Chalaza birnenförmig, manchmal deutlich, aber meist nur eine Vertiefung. Blättert, blüht und reift früh.

Diese Art kommt im Südwesten von Texas vor und erstreckt sich nach Osten und Norden bis nach New Mexico, Süd-Missouri, Indiana und Tennessee bis nach Süd-Pennsylvania und den District of Columbia. Seine Lieblingsplätze sind kiesige Ufer und Bachufer oder die felsigen Böden trockener Wasserläufe. Diese Art ist sowohl in der Art als auch im Wachstum recht unterschiedlich. Sie wurde ungefähr zur gleichen Zeit wie Vulpina in Frankreich eingeführt , und die französischen Winzer wählten die kräftigsten und gesündesten Formen für die Veredelung des Bestandes aus. Diese laufen unter den verschiedenen Namen Rupestris Mission, Rupestris du Lot, Rupestris Ganzin , Rupestris Martin, Rupestris St. George und andere. In Frankreich haben diese Sorten besonders gute Ergebnisse auf kargen, steinigen Böden mit heißer, trockener Exposition erzielt. In Kalifornien gedeiht Rupestris nicht an trockenen Standorten, und da es stark saugt und die Transplantation nicht so leicht aufnimmt wie Vulpina und Æstivalis , wird es nicht in großem Umfang vermehrt.

Die Fruchtbüschel sind klein, die Beeren sind etwa so groß wie Johannisbeeren und variieren von süß bis sauer. Die Beere zeichnet sich durch viel Pigment unter der Schale aus. Die Frucht hat einen spritzigen Geschmack, der völlig frei von unangenehmer Schärfe ist. Im Anbau gilt Rupestris als sehr resistent gegen Blattfäule und Mehltau. Die Rebe gilt im Südwesten als winterhart. Die Aufmerksamkeit der Züchter wurde vor über dreißig Jahren auf diese Art gelenkt, und es wurden verschiedene Hybriden gezüchtet, die für den Weinbau vielversprechend sind. Das Wurzelsystem von Rupestris zeichnet sich dadurch aus, dass die Wurzeln sofort tief in den Boden eindringen, anstatt sich wie bei anderen Arten seitlich auszudehnen. Wie bei Vulpina sind die Wurzeln schlank, hart und resistent gegen Reblaus. Die Art lässt sich leicht durch Stecklinge vermehren. Die Reben lassen sich leicht auf der Bank verpflanzen, sind aber bei der Feldveredelung schwierig zu handhaben.

4. *Vitis vulpina* , Linn. (*V. riparia* , Michx .). Wintertraube. Flusstraube. Riverside-Traube. Flussufer-Traube. Süß duftende Traube.

Rebe sehr kräftig, kletternd. Triebe zylindrisch oder eckig, meist glatt, schlank; Membranen dünn; Ranken intermittierend, schlank, meist gespalten. Blätter mit großen Nebenblättern; Blattspreite groß, dünn, ganzrandig, drei- oder untere, oft fünflappig; Nebenhöhlen flach, eckig; Blattstielhöhle breit, meist flach; Rand mit eingeschnittenen, scharf gezackten Zähnen unterschiedlicher Größe; hellgrün, oben kahl, unten kahl, aber manchmal kurz weichhaarig an Rippen und Adern. Traube klein, kompakt, geschultert; Stiel kurz. Beeren klein, schwarz mit kräftigem blauen Belag. Samen zwei bis vier, klein, gekerbt, kurz, rundlich, mit sehr kurzem Schnabel; Chalaza schmal oval, niedergedrückt, undeutlich; Raphe ist normalerweise eine Rille, manchmal deutlich. Sehr variabel in Geschmack und Reifezeit.

Vulpina ist die am weitesten verbreitete amerikanische Rebsorte. Es wurde in Teilen Kanadas nördlich von Quebec und von dort weiter südlich bis zum Golf von Mexiko entdeckt. Man findet sie von der Atlantikküste nach Westen, sagen die meisten Botaniker, bis zu den Rocky Mountains. Normalerweise wächst es an Flussufern, auf Inseln oder in Hochlandschluchten. Vulpina galt schon immer als vielversprechend für die Entwicklung amerikanischer Trauben. Man kann kaum sagen, dass sie die Erwartungen erfüllt hat, da es wahrscheinlich keine reine Sorte dieser Art von größerer lokaler Bedeutung gibt und die Ergebnisse der Hybridisierung mit anderen Arten nicht ganz erfolgreich waren. Die Aufmerksamkeit richtete sich schon früh auf Vulpina wegen der Qualitäten der Rebe und nicht wegen der Eigenschaften der Früchte, insbesondere wegen ihrer Widerstandsfähigkeit und Kraft. Allerdings sind diese beiden Eigenschaften ziemlich unterschiedlich, obwohl man nur vernünftigerweise annehmen kann, dass sich bei einer so weit verbreiteten Art die in einer bestimmten Region vorkommenden Pflanzen an die dort herrschenden Bedingungen angepasst hätten; Daher ist zu erwarten, dass die nördlichen Pflanzen widerstandsfähiger sind als die aus dem Süden und dass die westlichen Prärieformen der Dürre besser widerstehen können als diejenigen aus feuchten Regionen. Es ist daher unmöglich zu sagen, welche Bedingungen für diese Art am besten geeignet sind. Man kann jedoch sagen, dass Vulpina an eine große Vielfalt an Böden und Standorten angepasst ist; Die Reben haben einer Temperatur von 40 bis 60 Grad unter Null standgehalten und zeigen die gleiche Fähigkeit, den schädlichen Auswirkungen hoher Temperaturen im Sommer zu widerstehen. Aufgrund der Frühblühgewohnheit leiden die Blüten im Frühjahr manchmal unter Spätfrösten.

Obwohl Vulpina keine Sumpftraube ist und nicht unter sumpfigen Bedingungen wächst, ist sie wasserliebend. In halbtrockenen Regionen findet man ihn stets, in feuchten Regionen meist an Flussufern, in Schluchten, auf Flussinseln und an feuchten Orten. Es ist bei weitem nicht so widerstandsfähig gegen Trockenheit wie Rupestris . Vulpina mag einen eher nährstoffreichen Boden, in Frankreich hat sich jedoch herausgestellt, dass sie auf Kalksteinböden und kalkhaltigen Mergeln schlecht gedeiht. Die Franzosen sagen uns jedoch, dass dies ein Merkmal aller unserer amerikanischen Trauben ist und dass Vulpina widerstandsfähiger gegen die schädlichen Auswirkungen eines Überschusses an Kalk ist als Rupestris oder Æstivalis .

Die Früchte der Vulpina sind meist klein, gelegentlich gibt es auch mittelgroße oder größere Sorten. Die Trauben sind mittelgroß und können, gemessen an der Anzahl der Beeren, häufig als groß bezeichnet werden. Der Geschmack ist normalerweise scharf säuerlich, aber frei von Stockflecken oder einem unangenehmen wilden Geschmack. Wenn es in großen Mengen verzehrt wird, kann sich der Säuregehalt auf die Lippen und die Zungenspitze auswirken. Wenn die Säure etwas verbessert ist, wie es bei vollreifem oder sogar überreifem und verschrumpeltem Obst der Fall ist, ist der Geschmack sehr beliebt. Das Fruchtfleisch ist weder breiig noch fest und löst sich im Mund auf und trennt sich leicht vom Samen. Der Most von Vulpina zeichnet sich durch einen durchschnittlichen Zuckergehalt, der in den Früchten der verschiedenen Rebsorten stark variiert, und durch einen Überschuss an Säure aus.

Vulpina ist sehr resistent gegen Reblaus, die Wurzeln sind klein, hart, zahlreich und verzweigen sich frei. Die Wurzeln ernähren sich nahe der Oberfläche und scheinen nicht gut dafür geeignet zu sein, sich ihren Weg durch schwere Lehmböden zu bahnen. Vulpina wächst leicht aus Stecklingen und eignet sich gut zum Pfropfen, wobei die Verbindung mit anderen Arten normalerweise dauerhaft ist. Als Vulpinas zum ersten Mal nach Frankreich geschickt wurden, um sie als Bestand für die Wiederherstellung der französischen Weinberge zu verwenden, stellte sich heraus, dass viele der aus den Wäldern gesicherten Reben zu schwach wuchsen, um die stärker wachsenden Viniferas zu unterstützen. Aus diesem Grund wählten die französischen Züchter die kräftigeren Formen der Vulpinas , denen sie Sortennamen gaben, wie Vulpina Gloire, Vulpina Grand Glabre , Vulpina Schribner , Vulpina Martin und andere. Bei diesen ausgewählten Vulpinas wächst das Transplantat nicht über den Stamm hinaus. Vulpina ist weniger resistent gegen Schwarzfäule als Æstivalis , aber etwas resistenter als Labrusca. Das Laub wird selten von Mehltau befallen. Einer der Hauptfehler dieser Art ist die Anfälligkeit der Blätter für den Angriff der Zikaden. Die Vulpinas reifen im Allgemeinen spät; Die Früchte sind in langen Saisons von besserer Qualität und sollten so spät wie möglich an den Rebstöcken belassen werden.

5. *Vitis cordifolia* , Michx . Wintertraube. Frosttraube. Fuchstraube. Hühnertraube. Herzblättrige Vitis. Possum-Traube. Saure Wintertraube.

Rebe sehr kräftig, kletternd. Triebe schlank; Internodien lang, eckig, meist kahl, manchmal kurz weichhaarig; Membranen dick; Ranken unterbrochen, lang, meist gespalten. Blätter mit kurzen, breiten Nebenblättern; Blattspreite mittelgroß bis groß, herzförmig, ganzrandig oder undeutlich dreilappig; Blattstielhöhle tief, meist schmal, spitz; Rand mit groben, kantigen Zähnen; Blattspitze zugespitzt; Oberseite hellgrün, glänzend, kahl; Unten kahl oder spärlich kurz weichhaarig. Mittelgroße bis große Büschel, locker, mit langem Stiel. Beeren zahlreich und klein, schwarz, glänzend, wenig oder gar nicht blühend. Samen mittelgroß, breit, Schnabel kurz; Chalaza oval oder rundlich, erhaben, sehr deutlich; Raphe ein ausgeprägter, schnurartiger Grat. Die Frucht ist sauer und adstringierend und besteht häufig nur aus Schalen und Samen. Blattbildung, Blüte und reifende Früchte erst sehr spät.

Aufgrund der starken Verwechslung von Cordifolia und Vulpina sind die Grenzen des Lebensraums dieser Art schwer zu bestimmen. Die besten Experten geben die nördliche Grenze als New York oder die Großen Seen an. Die östliche Grenze ist der Atlantische Ozean und die südliche Grenze der Golf von Mexiko. Laut Engelmann erstreckt es sich nach Westen bis zu den westlichen Grenzen des bewaldeten Teils des Mississippi-Tals im Norden und laut Munson bis zum Brazos River in Texas im Süden. Man findet sie entlang von Bächen und Flussufern, manchmal vermischt mit Vulpina , und weist etwa die gleichen Bodenanpassungen wie diese Art auf. Es ist eine sehr häufige Art in den Mittelstaaten und wächst häufig auf Kalksteinböden, ist dort aber nicht heimisch.

Cordifolia eignet sich gut zum Pfropfen, da sie kräftig ist und eine gute Verbindung mit den meisten unserer angebauten Trauben eingeht. Aufgrund der Schwierigkeit, sie durch Stecklinge zu vermehren, wird sie jedoch selten für diesen Zweck verwendet. Aus dem gleichen Grund werden Reben davon selten im Anbau gefunden.

6. *Vitis Berlandieri* , Planch. Bergtraube. Spanische Traube. Herbsttraube. Wintertraube. Kleine Bergtraube.

Rebe kräftig, kletternd; Triebe mehr oder weniger abgewinkelt und kurz weichhaarig; Die Behaarung bleibt bei reifem Holz nur fleckig; Stöcke meist mit kurzen Internodien; Membranen dick; Ranken intermittierend, lang, kräftig, zwei- oder dreigeteilt. Blätter mit kleinen Nebenblättern; Blattspreite groß, breit herzförmig, gekerbt oder kurz dreilappig; Blattstielhöhle eher offen, V- oder U-förmig, Rand mit breiten, aber eher flachen Zähnen, oben eher dunkel glänzend grün, in jungen Jahren unten gräuliche Behaarung; Im reifen Zustand werden sie kahl und sogar glänzend, außer an den Rippen und Adern. Die Büschel sind groß, kompakt, zusammengesetzt, mit langem Stiel. Beeren klein, schwarz, mit dünner Blüte, saftig, eher säuerlich, aber bei voller Reife angenehm im Geschmack. Samen wenige, klein, kurz, rundlich, oval oder rundlich, mit kurzem Schnabel; Chalaza oval oder rundlich, deutlich; Raphe schmal, leicht deutlich bis undeutlich. Blattbildung, Blüte und reifende Früchte erst sehr spät.

Berlandieri stammt aus den Kalksteinhügeln im Südwesten von Texas und im angrenzenden Mexiko. Sie wächst in derselben Region wie *V. monticola*, ist jedoch lokal weniger eingeschränkt und wächst von den Hügelkuppen bis hinunter und entlang der Bachböden dieser Regionen. Ihr großer Vorzug besteht darin, dass sie einem Boden standhält, der größtenteils aus Kalk besteht, und in dieser Hinsicht allen anderen amerikanischen Arten überlegen ist. Dies und seine mäßige Wuchskraft haben ihn den französischen Züchtern als Kulturpflanze für ihre kalkhaltigen Böden empfohlen. Die Wurzeln sind stark, dick und sehr resistent gegen Reblaus. Die Vermehrung durch Stecklinge ist vergleichsweise einfach, die Sorten sind jedoch unterschiedlich, einige wurzeln gar nicht so leicht. Während die Früchte dieser Art eine große Traube aufweisen, sind die Beeren klein und sauer, und Berlandieri gilt nicht als vielversprechend für die Kultur in Amerika.

7. *Vitis æstivalis*, Michx . Blaue Traube. Bündel Traube. Sommertraube. Kleine Traube. Entenschrot-Traube. Sumpftraube. Hühnertraube. Taubentraube.

Rebe sehr kräftig, Triebe kurz weichhaarig oder glatt, wenn sie jung sind; Membranen dick; Ranken intermittierend, meist gespalten. Blätter mit kurzen, breiten Nebenblättern; Blattspreite groß, in jungen Jahren dünn, aber immer dicker; Blattstielhöhle tief, meist schmal, häufig überlappend; Rand selten ganzrandig, meist drei- bis fünflappig; Zähne gezähnt, flach, breit; Oberseite dunkelgrün; Unterseite mit mehr oder weniger rötlicher oder rostiger Behaarung, die sich bei ausgewachsenen Blättern meist in Flecken auf den Rippen und Adern zeigt; Blattstiele häufig kurz weichhaarig. Die Büschel sind lang, wenig verzweigt und haben einen langen Blütenstiel. Beeren klein, mit mäßiger Blüte, meist adstringierend. Samen zwei bis drei, mittelgroß, prall, glatt, nicht gekerbt; Chalaza oval, deutlich; Raphe ein ausgeprägter schnurartiger Grat. Spät bis sehr spät austreibende und reifende Früchte.

Die Teilung der ursprünglichen Art hat den Lebensraum erheblich reduziert und ihn auf den südöstlichen Teil der Vereinigten Staaten vom südlichen New York bis Florida und westlich bis zum Mississippi beschränkt. Æstivalis wächst in Dickichten und Waldöffnungen und zeigt keine solche Vorliebe für Bäche wie Vulpina oder für dichtes Holz wie Labrusca, sondern ist im Allgemeinen auf Hochlandgebiete beschränkt. Unter günstigen Umständen werden die Reben sehr groß. Æstivalis ist in erster Linie eine Weintraube. Aufgrund des hohen Säureanteils hat die Frucht normalerweise einen säuerlichen, scharfen Geschmack, enthält aber auch eine große Menge Zucker. Die Skala zeigt, dass der Saft dieser Art einen viel höheren Zuckeranteil aufweist als der süßere. Verkostung von Labruscas. Der aus Æstivalis- Sorten hergestellte Wein ist sehr reich an Farbstoffen und wird von einigen europäischen Winzern zum Mischen mit dem Most europäischer Sorten verwendet, um dem kombinierten Produkt eine stärkere Farbe zu verleihen. Die Beeren haben kein Fruchtfleisch, eine vergleichsweise dünne, zähe Schale und einen eigentümlich würzigen Geschmack. Die Beeren hängen nach der Reife viel besser am Bund als bei Labrusca.

Diese Art gedeiht auf einem leichteren und flacheren Boden als Labrusca und scheint Trockenheit besser zu überstehen, obwohl sie in dieser Hinsicht weder Vulpina noch Rupestris gleichkommt . Die französischen Züchter berichten, dass Æstivalis auf Böden mit hohem Kalkgehalt sehr anfällig für Chlorose ist . Die Blätter werden nie durch die Sonne geschädigt und sie widerstehen den Angriffen von Insekten, wie z. B. Zikaden, besser als jede andere amerikanische Art im Anbau. Amerikanischen Erfahrungen zufolge wird Æstivalis selten durch Schwarzfäule oder Mehltau geschädigt , französische Züchter sprechen jedoch davon, dass es für beides anfällig sei. Die harten Wurzeln von Æstivalis ermöglichen es ihm, der Reblaus zu widerstehen, und Sorten mit einer großen Menge Blut dieser Art werden durch dieses Insekt selten ernsthaft geschädigt. Ein Einwand gegen Æstivalis aus gärtnerischer Sicht besteht darin, dass es in Stecklingen nicht gut wurzelt. Viele Experten sprechen davon, dass die Pflanze überhaupt nicht aus Stecklingen wurzelt, aber das ist eine Übertreibung der Tatsachen, da viele der wilden und kultivierten Sorten gelegentlich auf diese Weise vermehrt werden und einige südliche Baumschulen, die sich in besonders günstigen Lagen befinden, Machen Sie es sich zur Gewohnheit, es mit dieser Methode zu verbreiten. Sorten dieser Art vertragen die Veredelung besonders im Weinberg gut.

Vitis æstivalis Lincecumii , Munson. Post-Eichen-Traube. Kiefernholztraube. Truthahntraube.

Kräftige Rebe, die manchmal hoch auf Bäume klettert, manchmal einen buschigen Büschel von zwei bis sechs Fuß Höhe bildet; Stöcke zylindrisch, viel rostige Wolle an den Trieben; Ranken intermittierend. Blätter sehr groß, fast so breit wie lang; ganzrandig oder drei-, fünf- oder selten siebenlappig; Lappen häufig geteilt; Nebenhöhlen, einschließlich Sinus petiolaris, tief; Oben glatt und unten mit mehr oder weniger rostiger Behaarung. (Die Form aus Nord-Texas, Südwest-Missouri und Nord-Arkansas zeigt wenig oder gar keine Behaarung, hat aber feine stachelige Stacheln an der Basis der Triebe und zeigt viel blaue Blüte an Trieben, Stöcken und der Unterseite der Blätter.) Die Früchte sind normalerweise klein bis groß größer als typische

Æstivalis , meist schwarz, mit üppiger Blüte. Samen größer als Æstivalis , birnenförmig; Chalaza rundlich.

Lincecumii bewohnt die östliche Hälfte von Texas, West-Louisiana, Oklahoma, Arkansas und Süd-Missouri auf hochgelegenem Sandland und klettert häufig auf Post-Oak-Bäume, daher der Name Post-Oak-Traube, unter dem sie vor Ort bekannt ist.

Lincecumii hat durch die Arbeit von H. Jaeger und TV Munson bei der Domestizierung beträchtliche Aufmerksamkeit erregt, die beide es für eine der vielversprechendsten, wenn nicht sogar die vielversprechendste Form zur Sicherung kultivierter Sorten für den Südwesten hielten. Die Eigenschaften, die es empfehlen, sind: Erstens Kraft; zweitens die Fähigkeit, Fäulnis und Mehltau zu widerstehen; drittens die Widerstandsfähigkeit und die Fähigkeit, heiße und trockene Sommer ohne Schaden zu überstehen; viertens die großen Trauben und Beeren, die an einigen wilden Reben gefunden wurden. Die Frucht zeichnet sich durch ihre dichte Blüte, ihre feste, aber dennoch zarte Konsistenz und ihren besonderen Geschmack aus. Die angebauten Sorten haben in vielen Teilen der zentralwestlichen und südlichen Bundesstaaten zufriedenstellende Ergebnisse erzielt. Ebenso wie Æstivalis ist die Vermehrung durch Stecklinge schwierig.

Die in der technischen Beschreibung oben erwähnte nordtexanische glasige Form dieser Sorte ist die *V. æstivalis glauca* von Bailey. Dies ist die Lincecumii -Art , die Munson bei der Züchtung verwendet hat.

Vitis æstivalis Bourquiniana , Bailey. Südlicher Æstivalis .

Bourquiniana unterscheidet sich von der Art hauptsächlich dadurch, dass sie dünnere Blätter hat; die Triebe und die Blattunterseite sind nur leicht rotbraun gefärbt; die Pubertät verschwindet normalerweise mit der Reife; die Blätter sind tiefer gelappt, als es bei Æstivalis üblich ist ; und die Frucht ist größer, süßer und saftiger . Bourquiniana ist nur im Anbau bekannt. Der Name wurde von Munson gegeben, der die Gruppe als Art einstuft. Er umfasst darin viele südliche Sorten, von denen die wichtigsten sind: Herbemont , Bertrand, Cunningham und Lenoir, zusammengefasst in der Herbemont- Sektion; und Devereaux, Louisiana und Warren, im Abschnitt Devereaux. Munson hat die Geschichte dieser interessanten Gruppe nachgezeichnet und erklärt, dass sie vor über 150 Jahren von der Familie Bourquin aus Savannah, Georgia, aus Südfrankreich nach Amerika gebracht wurde. Viele Botaniker sind der Meinung, dass es sich bei Bourquiniana um eine Hybride handelt. Die Hybridvermutung wird bis zu einem gewissen Grad dadurch bestätigt, dass die Merkmale mehr oder weniger zwischen den vermuteten Elternarten liegen und auch durch die Tatsache, dass bis heute keine Wildform von Bourquiniana gefunden wurde. Die einzige nördliche Sorte von Bedeutung, die angeblich Bourquiniana- Blut enthält, ist die

Delaware, und in dieser Sorte ist vermutlich nur ein Bruchteil des Bourquiniana- Bluts vorhanden. Bourquiniana lässt sich leichter durch Stecklinge vermehren als die typische Æstivalis , jedoch nicht so leicht wie Labrusca, Vulpina oder Vinifera. Viele Bourquiniana -Sorten weisen eine ausgeprägte Anfälligkeit für Mehltau und Schwarzfäule auf; Tatsächlich ist die gesamte Herbemont- Gruppe in dieser Hinsicht der Norton-Gruppe von Æstivalis weit unterlegen . Die Wurzeln sind etwas hart, verzweigen sich eher frei und sind recht resistent gegen Reblaus.

8. *Vitis bicolor* , Le Conte. Blaue Traube. Nördliche Sommertraube. Nördlicher Æstivalis .

Rebe kräftig, kletternd; Triebe zylindrisch oder abgewinkelt, mit langen Internodien, im Allgemeinen kahl, meist mit viel blauer Blüte, manchmal an der Basis stachelig; Membranen dick; Ranken unterbrochen, lang, meist gespalten. Blätter mit kurzen, breiten Nebenblättern; Blattspreite groß; rundlich-herzförmig, meist dreilappig, bei älterem Wuchs manchmal flach fünflappig, selten ganzrandig; Sinus petiolaris unterschiedlich tief, meist schmal; Rand unregelmäßig gezähnt; Zähne spitz zulaufend; Oben kahl, unten meist kahl und mit viel blauer Blüte, die manchmal spät in der Saison verschwindet; junge Blätter manchmal kurz weichhaarig; Blattstiele sehr lang. Cluster mittelgroß, kompakt, einfach; Stiel lang. Beeren klein, schwarz mit viel Blüte, säuerlich, aber im reifen Zustand angenehm im Geschmack. Samen klein, rundlich, breit oval, sehr kurzer Schnabel; Chalaza oval, erhaben, deutlich; Raphe deutlich erkennbar, als schnurartiger Grat sichtbar.

Bicolor unterscheidet sich leicht von Æstivalis durch das Fehlen der rötlichen Behaarung und durch die etwas spätere Blüte. Der Lebensraum von Bicolor liegt nördlich des von Æstivalis und nimmt den Nordosten ein, während Æstivalis das südöstliche Viertel der Vereinigten Staaten einnimmt. Wie Æstivalis ist diese Art nicht auf Bäche und Flussufer beschränkt, sondern wächst häufig auch auf höher gelegenem Land. Es kommt im Norden von Missouri, Illinois, im Südwesten von Wisconsin, Indiana, im Süden von Michigan, Ohio, Kentucky, Pennsylvania, New York, im Südwesten von Ontario, New Jersey und Maryland vor und wird von einigen Botanikern bis in den Süden bis nach West-North Carolina und West-Tennessee berichtet.

Die gärtnerischen Merkmale von Bicolor ähneln weitgehend denen von Æstivalis . Der einzige Unterschied besteht darin, dass es viel härter ist (einige der Wisconsin-Reben vertragen Temperaturen von bis zu 20 Grad unter Null); Es soll etwas weniger resistent gegen Mehltau und resistenter gegen Reblaus sein. Wie Æstivalis gedeiht Bicolor nicht auf kalkhaltigen Böden und lässt sich nur schwer durch Stecklinge vermehren. Die gärtnerischen Möglichkeiten von Bicolor ähneln wahrscheinlich weitgehend denen von Æstivalis , obwohl viele glauben, dass es für den Norden vielversprechender ist. Es wird bisher nur wenig kultiviert. Sein Hauptmangel bei der Domestizierung ist die geringe Größe der Frucht.

9. *Vitis candicans* , Englem . Mustang-Traube.

Rebe sehr kräftig, kletternd; Triebe und Blattstiele dicht wollig, weißlich oder rostig; Zwerchfell dick; Ranken intermittierend. Blätter mit großen Nebenblättern; Blattspreite klein, breit herzförmig bis nierenförmig-eiförmig, ganzrandig oder in jungen Trieben und an jungen Ranken und Trieben meist tief drei- bis fünf- oder sogar siebenlappig; Zähne flach, gewölbt; Blattstielhöhle flach, breit, manchmal fehlend; Oben matt, leicht rau, unten dicht weißlich behaart. Cluster klein. Beeren sind mittelgroß bis groß, schwarz, violett, grün oder sogar weißlich, mit dünner blauer Blüte oder ohne Blüte. Samen meist drei oder vier, groß, kurz, rundlich, stumpf, gekerbt; Chalaza oval, niedergedrückt, undeutlich; Raphe eine breite Rille.

Der Lebensraum dieser Traube erstreckt sich vom südlichen Oklahoma als nördlicher Grenze südwestlich bis nach Mexiko. Die westliche Grenze ist der Pecos River. Es kommt auf trockenen, alluvialen, sandigen oder kalkhaltigen Böden oder auf Kalksteinfelsen vor und soll besonders häufig entlang von Hochlandschluchten vorkommen. Candicans wächst gut auf Kalksteinböden und verträgt bis zu 60 Prozent Karbonatkalk im Boden. Die Art blüht kurz vor Labrusca und eine Woche später als Vulpina . Sie benötigt die langen, heißen Sommer ihres Heimatlandes und verträgt extreme Trockenheit, ist aber nicht winterhart gegenüber Kälte; 10 oder 15 Grad unter Null töten die Rebe völlig ab, wenn sie nicht geschützt wird; und ein geringeres Maß an Kälte kann es schwer verletzen. Die für Wildreben großen Beeren haben eine dünne Schale, unter der sich ein Farbstoff befindet, der ihnen bei der ersten Reifung einen feurigen, scharfen Geschmack verleiht, der mit der Reife jedoch teilweise verschwindet. Die Beeren sind sehr langlebig und haften noch lange nach der Reife am Blütenstiel. Candicans lässt sich nur schwer durch Stecklinge vermehren. Seine Wurzeln widerstehen der Reblaus ziemlich gut. In seinem Heimatland ist es ein guter Bestand für Vinifera-Reben, aber aufgrund der schwierigen Vermehrung wird es selten für diesen Zweck verwendet. In den frühen Tagen von Texas wurde es häufig zur Herstellung von Wein verwendet, aber da es an Zucker mangelt und der Most den scharfen, scharfen Geschmack behält, scheint es für diesen Zweck nicht gut geeignet zu sein. Es wird nicht als vielversprechend für den Gartenbau im Süden angesehen und schon gar nicht für den Norden.

10. *Vitis Labrusca* , Linn. Fuchstraube.

Rebe kräftig, gedrungen, kletternd; Triebe zylindrisch, dicht behaart; Membranen mittel bis dick; Ranken durchgehend, stark, zwei- oder dreigeteilt. Blätter mit langen, herzförmigen Nebenblättern; Blattspreite groß, dick, breit herzförmig oder rund; ganzrandig oder dreilappig, häufig eingekerbt; Nebenhöhlen abgerundet; Blattstielhöhle variabel in Tiefe und Breite, V-förmig; Rand mit flachen, spitz zulaufenden, gezackten Zähnen; Oberseite rau, dunkelgrün, auf jungen Blättern kurz weichhaarig, im reifen Zustand kahl; Die Unterseite ist mit dichter Behaarung bedeckt, bei jungen Blättern mehr oder weniger weißlich, im reifen Zustand dunkelbraun. Mehr oder weniger zusammengesetzte Büschel, meist geschultert, kompakt; Stiele dick; Stiel kurz. Beeren rund; Die Schale ist dick, mit Blüten bedeckt und hat ein starkes Moschus- oder Fuchsaroma. Samen zwei bis vier, groß, deutlich eingekerbt, Schnabel kurz; Chalaza oval, undeutlich, als Vertiefung erkennbar; Raphe, ein Groove.

Labrusca ist im östlichen Teil Nordamerikas beheimatet, einschließlich der Region zwischen dem Atlantischen Ozean und den Alleghany Mountains. Man findet ihn manchmal in den Tälern und an den Westhängen der Alleghanies. Viele Botaniker sagen, dass es im Mississippi-Tal nie vorkommt. Im erstgenannten Gebiet reicht es von Maine bis Georgia. Es verfügt über den am stärksten eingeschränkten Lebensraum aller amerikanischen Arten von gartenbaulicher Bedeutung und wird in seiner Gebietsausdehnung von *V. rotundifolia* , *V. æstivalis* und *V. vulpina bei weitem übertroffen* .

Labrusca hat mehr kultivierte Sorten, entweder reine Rassen oder Hybriden, hervorgebracht als alle anderen amerikanischen Arten zusammen. Der Grund dafür liegt zweifellos zum Teil darin, dass sie in dem Teil der Vereinigten Staaten beheimatet ist, der zuerst besiedelt wurde, und die häufigste Rebsorte in der Region ist, in der die Landwirtschaft zum ersten Mal den Zustand erreichte, in dem Früchte begehrt wurden. Dies erklärt jedoch nicht vollständig seine Bedeutung, die an anderer Stelle gesucht werden muss. In ihrem wilden Zustand ist Labrusca aufgrund der Größe ihrer Früchte wahrscheinlich die attraktivste aller unserer amerikanischen Rebsorten, und dies hat zweifellos die Aufmerksamkeit derjenigen auf sich gezogen, die sich schon früh für die Möglichkeiten des amerikanischen Weinanbaus interessierten dieser Art eher als einer anderen.

Die südliche Labrusca unterscheidet sich stark von der nördlichen Form und erfordert andere Bedingungen für ihr erfolgreiches Wachstum. im Norden können mindestens zwei Arten der Art unterschieden werden. In den Wäldern Neuenglands findet man Reben, die sowohl in der Rebe als auch in den Früchten der Concord sehr ähneln, mit der Ausnahme, dass die Trauben viel kleiner und kerniger sind . Es gibt auch die großfrüchtige, fuchsartige Labrusca, meist mit rötlichen Beeren, vertreten durch Kultursorten wie Northern Muscadine, Dracut Amber, Lutie und andere. Labrusca zeichnet sich unter den amerikanischen Rebsorten dadurch aus, dass sie schwarz-, weiß- und rotfruchtige Formen von Wildreben aufweist, die in den Wäldern wachsen. Aufgrund dieser Variabilität ist es unmöglich, die genauen Klima- und Bodenbedingungen anzugeben, die für die Art am besten geeignet sind.

Man kann jedoch davon ausgehen, dass sich die idealen Bedingungen für den Anbau dieser Art nicht wesentlich von denen unterscheiden, die dort vorherrschen, wo die Art heimisch ist. Im Fall von Labrusca bedeutet dies, dass sie am besten an feuchte Klimazonen angepasst ist und dass die gewünschte Temperatur je nachdem, ob die Sorte aus der südlichen oder nördlichen Form der Art stammt, variiert.

Das Wurzelsystem von Labrusca dringt nicht tief in den Boden ein, aber die Rebe soll in tiefen und lehmigen Böden besser gedeihen als Æstivalis . Sie verträgt einen Überschuss an Wasser im Boden und benötigt andererseits weniger Wasser für ein erfolgreiches Wachstum als Æstivalis oder Vulpina . Trotz seiner Fähigkeit, lehmigen Böden standzuhalten, scheint es lockere, warme, gut durchlässige Sandböden allen anderen vorzuziehen. Die französischen Erzeuger berichten, dass alle Sorten dieser Art eine ausgeprägte Abneigung gegenüber kalkhaltigen Böden zeigen und die Reben bei der Pflanzung auf Böden dieser Art bald von Chlorose befallen werden. Um dies zu untermauern, kann man sagen, dass Labrusca in Kalksteinböden nicht oft wild vorkommt. Die Labruscas gedeihen sehr gut im Norden und ziemlich gut im Mittleren Westen bis nach Arkansas, wo sie aufgrund ihrer Fruchtqualitäten angebaut werden, denn hier sind die Reben bei weitem nicht so kräftig und gesund wie die anderer Arten. In Alabama sollen sie im Allgemeinen unbefriedigend sein, und in Texas sind die Reben kurzlebig, ungesund und im Allgemeinen unbefriedigend, insbesondere in den trockenen Regionen. Es gibt einige Ausnahmen hiervon, wie zum Beispiel in der Region Piedmont in den Carolinas, wo das Klima einer südlichen Region aufgrund der Höhenlage oder aus anderen Gründen halbnördlichen Charakter hat.

Die Trauben von Labrusca sind groß und meist schön gefärbt. Die Haut ist dick und bedeckt eine Schicht anhaftenden Fleisches, was den Eindruck erweckt, sie sei dicker, als sie tatsächlich ist; Die Beeren sind unterschiedlich zart, manchmal zäh, bei vielen Kultursorten sind sie jedoch so zart, dass sie beim Transport platzen. Die Haut dieser Art hat normalerweise ein besonderes Aroma, das allgemein als fuchsartig bezeichnet wird, und einen leicht sauren, adstringierenden Geschmack. Unter der Schale befindet sich eine Schicht saftiges Fruchtfleisch, das ziemlich süß ist und bei reifen Früchten nie viel Säure zeigt. Die Mitte der Beere ist von ziemlich dichtem, mehr oder weniger faserigem Fruchtfleisch mit viel Säure in der Nähe der Samen besetzt. Viele lehnen das fuchsartige Aroma dieser Art ab, dennoch sind die beliebtesten amerikanischen Sorten mehr oder weniger fuchsartig. Analysen zeigen, dass sich die Frucht in der Regel durch einen geringen Zucker- und Säuregehalt auszeichnet, wobei die sehr süß schmeckenden Fuchstrauben keinen so hohen Zuckergehalt aufweisen wie einige der unangenehm säuerlichen Æstivalis- und Vulpina -Sorten. Dies hat zusammen mit der Fuchsigkeit, die dem Wein ein übermäßiges Aroma verleiht, dazu geführt, dass die Labrusca-Sorten nicht zu den Favoriten der Winzer wurden, aber der Großteil des heute hergestellten Traubensafts wird aus ihnen hergestellt.

Zusätzlich zu den aufgezählten Merkmalen kann man sagen, dass Labrusca sich gut an die Weinbaukultur anpasst, ziemlich kräftig und im Allgemeinen recht produktiv ist. Sie wächst leicht aus Stecklingen und liegt in ihrer Winterhärte zwischen Vulpina , der härtesten unserer amerikanischen Arten, und Æstivalis . Die Wurzeln sind weich und fleischig (für eine amerikanische Traube) und an manchen Orten anfällig für Reblausbefall. Aus diesem Grund war keine der Labrusca-Sorten jemals in Frankreich beliebt. Bei den Wildreben neigt die Frucht dazu, im reifen Zustand abzufallen. Dieser Defekt ist bei Weinbauern als „Shattering" oder „Shelling" bekannt und stellt bei einigen Sorten eine schwerwiegende Schwäche dar. Man sagt, dass Labrusca in seinem wilden Zustand empfindlicher gegenüber Mehltau und Schwarzfäule ist als jede andere amerikanische Art, aber die Beweise in diesem Punkt scheinen nicht ganz schlüssig zu sein. Im Süden und in einigen Teilen des Mittleren Westens verbrennen und schrumpfen die Blätter aller Labrusca-Arten im Spätsommer. Die Reben vertragen Trockenheit nicht so gut wie Æstivalis oder Vulpina und bei weitem nicht so gut wie Rupestris .

11. *Vitis vinifera* , Linn.

Die Wuchskraft der Rebe variiert, sie ist nicht so hoch kletternd wie die meisten amerikanischen Arten; Ranken intermittierend. Blätter rund-herzförmig, dünn, glatt und in jungen Jahren glänzend, oft mehr oder weniger tief drei-, fünf- oder sogar siebenlappig; normalerweise kahl, aber bei einigen Sorten sind die Blätter und jungen Triebe behaart und in jungen Jahren sogar flaumig; Lappen abgerundet oder spitz; Zähne variabel; Blattstielhöhle tief, schmal, meist überlappend. Beeren sehr unterschiedlich in Größe und Farbe, meist oval, aber kugelig. Samen unterschiedlicher Größe und Form, meist am oberen Ende eingekerbt und immer durch einen flaschenhalsigen, länglichen Schnabel gekennzeichnet; Chalaza breit, meist rau, deutlich ausgeprägt; Raphe undeutlich. Wurzeln groß, weich und schwammig.

Der ursprüngliche Lebensraum der Art ist nicht genau bekannt. De Candolle betrachtete, wie im ersten Teil dieser Arbeit erwähnt, die Region um das Kaspische Meer als wahrscheinlichen Lebensraum der Traube der Alten Welt . Es besteht kaum ein Zweifel daran, dass die ursprüngliche Heimat von *V. vinifera* irgendwo in Westasien liegt.

Weder amerikanische noch europäische Autoren sind sich hinsichtlich des von Vinifera gewünschten Klimas einig, und zwar wahrscheinlich deshalb, weil nicht alle Sorten dieser variablen Art die gleichen klimatischen

Bedingungen erfordern. Es gibt jedoch bestimmte Klimaphasen, über die man sich gut einig ist: Die Art benötigt ein warmes, trockenes Klima und reagiert empfindlicher auf Temperaturschwankungen als amerikanische Arten. Sorten dieser Art können auf einer Vielzahl von Böden erfolgreich angebaut werden, wobei sie in Bezug auf Böden viel weniger bodengebunden sind als amerikanische Sorten.

Bestimmte Merkmale der Früchte dieser Art finden sich in keiner amerikanischen Form: Erstens kann die Schale, die sehr eng mit dem Fruchtfleisch verbunden ist und niemals adstringierend oder sauer wirkt, mit der Frucht gegessen werden; Zweitens ist das Fruchtfleisch fest, aber dennoch zart und gleichmäßig, was sich in dieser Hinsicht von allen amerikanischen Trauben unterscheidet, die ein süßes, wässriges und zartes Fruchtfleisch nahe der Schale mit einem zähen und mehr oder weniger sauren Kern in der Mitte haben. Drittens hat der Geschmack eine besonders lebhafte Qualität, die als weinig bezeichnet wird. Viertens haftet die Beere fest am Stiel, die Frucht „splittert" oder „schält" sich selten von der Traube.

Bei den verschiedenen Hybriden, die zwischen amerikanischen und Vinifera-Sorten hergestellt wurden, stellt man normalerweise fest, dass die wünschenswerten Eigenschaften der Vinifera etwa im gleichen Verhältnis wie die unerwünschten Eigenschaften vererbt werden. Die Frucht ist bei der Hybride verbessert, aber die Rebe ist geschwächt; Qualität wird normalerweise auf Kosten der Widerstandsfähigkeit und Krankheitsresistenz erkauft. Vinifera kann sehr gut aus Stecklingen gezogen werden.

TAFEL XXIII. — Lutie (× 1/2).   Pocklington (× 1/2).

Kapitel XVIII

VIELFÄLTIGE REBSORTEN

Die Natur hat ihre Gaben in vollem Umfang für den Weinberg aufgewendet. Mehr als 2000 Rebsorten werden in der amerikanischen Weinbauliteratur beschrieben und doppelt so viele weitere werden in europäischen Abhandlungen über die Rebe erwähnt. Nur wenige andere Früchte bieten die Neuheiten der Traube in Geschmack, Aroma, Größe, Farbe und Verwendung. Um die kommerziellen Möglichkeiten zu erfüllen, sollte der Weinberg also während der gesamten Saison Trauben in verschiedenen Farben und Geschmacksrichtungen für alle Verwendungszwecke liefern. Eine Grundvoraussetzung für einen Weinberg sind gut ausgewählte Sorten, ein Sortiment aller Art und für alle Orte in Amerika.

ACTONI

(Vinifera)

Actoni ist eine Tafeltraube der Sorte Malaga, die in Genf, New York, Ende Oktober reift, zu spät für die durchschnittliche Saison im Osten, aber an günstigen Standorten einen Versuch wert. Sie wird in Kalifornien angebaut, ist aber keine beliebte Sorte. Die folgende kurze Beschreibung basiert auf in Genf angebauten Früchten:

Trauben groß, schulterförmig, spitz zulaufend, locker; Beeren mittelgroß bis sehr groß, länglich oval bis oval, klar grüngelb; Fleisch knackig, fest; Geschmack süß; Qualität gut.

AGAWAM

(Labrusca, Vinifera)

Randall, Rogers Nr. 15

Die Qualitäten, die Agawam loben, sind die große Größe und das attraktive Aussehen der Trauben und Beeren. reichhaltiger, süß-aromatischer Geschmack; Kraft der Rebe; und Fähigkeit zur Selbstbefruchtung. Für eine Traube, deren Anteil europäischen Ursprungs ist, ist die Rebe kräftig, robust und ertragreich. Die Hauptmängel der Früchte sind eine dicke und raue Schale, eine grobe, feste Fruchtfleischstruktur und ein fuchsartiger Geschmack. Die Rebe ist anfällig für Mehltau und bringt an vielen Standorten keine guten Erträge. Obwohl Agawam kurz nach Concord reift, ist es viel länger haltbar und verbessert nach der Ernte sogar seinen Geschmack. Die Reben bevorzugen schwere Böden und gedeihen auf Lehm besser als auf Sand oder Kies. Dies ist eine der Trauben, die von ES Rogers,

Salem, Massachusetts, angebaut werden. Es wurde als Nr. 15 eingeführt, erhielt aber 1861 den Namen, den es heute trägt.

Rebe kräftig, robust, produktiv. Stöcke dick, dunkelbraun; Knoten vergrößert, abgeflacht; Internodien kurz; Ranken intermittierend, zwei- bis dreizählig. Blätter dick; Oberseite hellgrün, matt, glatt; Unterseite blassgrün, kurz weichhaarig, flockig; Lappen fehlen; Terminus akut; Blattstielhöhle tief, schmal; lateraler Sinus sehr flach; Zähne flach, breit. Blüten im Sechserplan, fast selbstfruchtbar, spät geöffnet; Staubblätter aufrecht.

Früchte in der Zwischensaison, haltbar bis zur Mittwinterzeit. Büschel mittelgroß bis groß, kurz, breit, spitz zulaufend, locker; Stiel kurz; Pinsel sehr kurz, hellgrün. Beeren groß, oval, dunkelviolettrot mit dünner Blüte, sehr langlebig; Haut dick, zäh, anhaftend, adstringierend; Fleisch hellgrün, durchscheinend, zäh, fadenförmig, fest, fuchsartig; Gut. Anhaftende Samen, zwei bis fünf, groß, lang, braun.

ALMERIA

(Vinifera)

Dies ist eine der Sorten, die auf den östlichen Märkten in Almeria und Málaga (Spanien) häufig anzutreffen sind, obwohl sie gelegentlich auch aus Kalifornien stammt, wo die Sorte oder ähnliche, damit verwechselte Sorten heute angebaut werden. Diese Sorte zeichnet sich durch ihre hervorragende Haltbarkeit aus; Es ist nur an heiße Innenregionen angepasst. Die von der California Experiment Station angebaute Almeria wird wie folgt beschrieben:

„Wüchsige Rebe; Blätter mittelgroß, rund und leicht oder gar nicht gelappt, auf beiden Seiten ziemlich kahl, Zähne stumpf und abwechselnd groß und klein; Trauben groß, locker oder kompakt, unregelmäßig konisch; Beeren von klein bis groß, zylindrisch, an den Enden abgeflacht, sehr hart und geschmacklos.

AMERIKA

(Lincecumii , Rupestris)

Zu den bemerkenswerten Eigenschaften Amerikas zählen die Wachstumsstärke und die Gesundheit der Blätter der Weinreben sowie die Beständigkeit der Beeren mit stark gefärbtem rotem Saft, hohem Zuckergehalt und ausgezeichnetem Geschmack. Den Trauben fehlt der fuchsige Geschmack und das Aroma von Labrusca völlig und die Sorte bietet daher Möglichkeiten für die Züchtung von Sorten, denen der fuchsige Geschmack von Concord und Niagara fehlt. Amerika hat eine große Widerstandsfähigkeit gegen Hitze und Kälte. Außerdem soll es ein geeigneter Bestand sein, auf den man Vinifera-Sorten aufpropfen kann, um der Reblaus zu widerstehen. Die Wuchskraft der Rebe und die Üppigkeit des Laubs machen sie zu einer hervorragenden Sorte für Lauben. America wurde von TV Munson, Denison, Texas, aus Samen von Jaeger Nr. 43 gezüchtet, die von einem männlichen Rupestris bestäubt wurden . Es wurde etwa 1892 eingeführt.

Rebe kräftig, robust, produktiv. Stöcke lang, zahlreich, dunkelrotbraun mit starker Blüte; Knoten vergrößert, abgeflacht; Ranken unterbrochen, lang, gespalten. Blätter klein, dünn; Oberseite glänzend, glatt; Unterseite hellgrün, behaart; Lappen fehlen oder sind schwach ausgeprägt, einer am Ende ist spitz; Blattstielhöhle tief und breit; Zähne von durchschnittlicher Tiefe und Breite. Die Blüten sind selbststeril, normalerweise zu sechst, öffnen sich spät; Staubblätter zurückgebogen.

Früchte in der Zwischensaison oder später, gut haltbar. Trauben groß, lang, breit, spitz zulaufend, unregelmäßig, einschultrig, kompakt; Stiel kurz, schlank mit kleinen Warzen; Pinsel kurz, dick mit rotem Schimmer. Beeren klein, unterschiedlich groß, rund, violettschwarz, glänzend mit purpurrotem Pigment, adstringierend; Fruchtfleisch mattweiß mit schwachem Rotstich, durchscheinend, zart, schmelzend, würzig, weinig, süß; Gut. Samen frei, zwei bis fünf, lang, spitz, gelbbraun.

AMINIA

(Labrusca, Vinifera)

Aminia ist eine der besten frühen Trauben, ihre Saison liegt mit oder kurz nach Moore Early. Die Trauben sind von hoher Qualität und ansprechendem Aussehen, aber die Trauben sind klein, unterschiedlich groß, nicht gut geformt und die Beeren reifen ungleichmäßig. Die Rebe ist kräftig, aber weder so robust noch so produktiv, wie es eine kommerzielle Sorte sein sollte. Im Jahr 1867 pflanzte Isadora Bush, eine Missourianerin, Reben der Sorte Rogers No. 39 aus verschiedenen Quellen. Als diese in Kraft traten, unterschied er drei Sorten. Bush wählte das beste der drei aus und nannte es mit Zustimmung von Rogers Aminia . Trotz der Sorgfalt von Bush werden unter diesem Namen zwei verschiedene Rebsorten angebaut.

Die Rebe ist kräftig, äußerst robust und wenig produktiv. Stöcke rau, lang, dick, dunkelbraun; Knoten vergrößert; Internodien lang; Ranken intermittierend, lang, drei- oder zweigeteilt, ausdauernd. Blätter groß; Oberseite matt, glatt; Unterseite hellgrün, kurz weichhaarig; Lappen drei; Endlappen spitz; Blattstielhöhle tief, schmal, oft geschlossen und überlappend; Meist fehlt der Sinus basalis; seitlicher Sinus flach, schmal; Zähne flach, breit. Blüten öffnen sich in der Zwischensaison, selbststeril; Staubblätter zurückgebogen.

Frühzeitig fruchtbar, gut haltbar. Büschel klein, breit, unregelmäßig, kegelförmig, manchmal mit langer Schulter, locker; Stiel lang mit wenigen

Warzen; Pinsel kurz, dick, bräunlichrot. Beeren variabel, rund, mattschwarz mit dünner Blüte, dauerhaft, fest; Haut dick, zart, anhaftend mit purpurrotem Pigment, adstringierend; Fleisch grünlich, durchscheinend, zart, fest, grob, fuchsig; Gut. Anhaftende Samen, eins bis sechs, sehr groß.

AUGUST RIESE

(Labrusca, Vinifera)

August Giant ist eine Hybride zwischen Labrusca und Vinifera, bei der die Fruchtmerkmale denen der letzteren Art entsprechen. In Aussehen und Beerengeschmack ähnelt die Sorte Black Hamburg. Die Rebe ist normalerweise starkwüchsig und aufgrund ihrer Abstammung sehr winterhart. Das Laub ist dicht und üppig, aber anfällig für Mehltau. Die Kraft der Rebe, die Schönheit der Blätter und die Qualität der Früchte machen diese Sorte für den Amateur attraktiv. Es braucht eine lange Reifezeit. August Giant wurde 1861 von NB White, Norwood, Massachusetts, aus Samen einer frühen, großbeerigen, roten Labrusca gezüchtet, die von Black Hamburg bestäubt wurde.

Rebe sehr wüchsig, winterhart, anfällig für Mehltau. Stöcke lang, zahlreich, dick, dunkelbraun; Knoten vergrößert, abgeflacht; Internodien kurz; Ranken durchgehend, lang, zwei- oder dreigeteilt. Blätter groß, dick; Oberseite dunkelgrün, glänzend, glatt; Unterseite blassgrün oder bräunlich, kurz weichhaarig; Lappen drei, Endlappen spitz; Blattstielhöhle tief, schmal, häufig geschlossen und überlappend; seitlicher Sinus flach oder eine Kerbe; Zähne flach, schmal. Blüten öffnen sich in der Zwischensaison, selbststeril; Staubblätter zurückgebogen.

Früchte in der Zwischensaison, gut haltbar. Mittelgroße Büschel, kurz, breit, unregelmäßig spitz zulaufend, einschultrig, locker; Stiel lang, dick mit großen Warzen; Pinsel kurz, dick, grün oder mit braunem Schimmer. Beeren groß, oval, purpurrot oder schwarz, matt mit dichter Blüte, fest; Haut zäh, anhaftend, adstringierend; fleischgrün, durchscheinend, zäh, fadenförmig; Gut. Anhaftende Samen, eins bis vier, groß, stumpf, hellbraun.

BACCHUS

(Vulpina , Labrusca)

Bacchus ist ein Nachkomme von Clinton, dem er in den Merkmalen von Weinreben und Blättern ähnelt, ihn aber in der Qualität der Früchte und in der Produktivität der Weinrebe übertrifft. Die besonderen Vorzüge der Sorte sind: Kälteresistenz, Resistenz gegen Reblaus, Pilz- und Insektenfreiheit, Produktivität, einfache Vermehrung und Veredelungsfähigkeit. Seine Einschränkungen sind: schlechte Qualität für den Tischgebrauch, Unfähigkeit, trockenen Böden oder Dürreperioden standzuhalten, und mangelnde Anpassungsfähigkeit an Böden mit hohem Kalkgehalt. Die Sorte stammt von JH Ricketts, Newburgh, New York, und wurde von ihm erstmals 1879 ausgestellt.

Rebe sehr kräftig, robust, gesund, produktiv. Zahlreiche Triebe, dunkelbraun mit Blüten an den Knoten, die vergrößert und abgeflacht sind; Ranken gespalten. Blätter klein; Oberseite dunkelgrün, glänzend, glatt; Unterseite mattgrün, glatt; drei Lappen, einer am Ende zugespitzt; Blattstielhöhle flach, schmal, manchmal überlappend; Basaler Sinus fehlt; Seitenhöhle flach, breit. Blüten öffnen sich früh, selbststeril; Staubblätter aufrecht.

Späte Frucht, gut haltbar, lange hängend. Büschel klein, schlank, gleichförmig, zylindrisch, einschultrig, kompakt; Stiel kurz, schlank mit einigen kleinen Warzen; Pinsel kurz, weinfarben. Beeren klein, rund, schwarz, glänzend, mit dünnen Blüten bedeckt, gut an den Stielen hängend, fest; Haut dünn, anhaftend, enthält viel weinfarbenes Pigment, leicht adstringierend; Fruchtfleisch dunkelgrün, durchscheinend, feinkörnig, zäh, weinig, würzig; Faire Qualität. Samen anhaftend, eins bis vier, viele verkümmert, groß, kurz und breit, rundlich, spitz, braun.

BAKATOR

(Vinifera)

Dies ist eine ungarische Weintraube, aber ihre hohe Qualität und frühe Saison machen sie zu einer begehrten Tafeltraube im Osten. Am pazifischen Hang scheint es nur wenig zu wachsen. Die folgende Beschreibung basiert auf Früchten aus Genf, New York:

Rebe mittelstark, produktiv. Junge Blätter an den Rändern rot gefärbt, Oberseite glänzend; reife Blätter groß, rund, Oberseite matt, Unterseite flaumig; Lappen fünf, Endlappen zugespitzt; Basalhöhle tief, mittel bis schmal, geschlossen bis überlappend; unterer seitlicher Sinus tief, unterschiedlich breit; oberer seitlicher Sinus tief, normalerweise schmaler; Ränder gezähnt, Zähne flach bis mitteltief. Blumen erscheinen spät; Staubblätter zurückgebogen.

Die Früchte reifen in Genf in der ersten oder zweiten Oktoberwoche und bleiben gut gelagert; Büschel über mittelgroß, mittellang, breit, häufig doppelschultrig, spitz zulaufend, mittel bis locker ; Beeren mittelgroß bis klein, oval, hellrot, bei Vollreife dunkel, mit dichter Blüte; Haut dünn, zart, am Fruchtfleisch haftend; Fruchtfleisch grünlich, saftig, zart, schmelzend, weinig, süß; Qualität sehr gut.

BARRY

(Labrusca, Vinifera)

Barry (Tafel VII) ist eine der besten amerikanischen schwarzen Trauben, die in Beeren und Geschmack ihrem europäischen Elternteil Black Hamburg ähnelt und die Qualität der Früchte beibehält. Das Aussehen der Beeren und der Traube ist attraktiv. Die Rebe ist kräftig, robust und produktiv, aber anfällig für Mehltau. Die Reifezeit liegt kurz nach der von Concord. Für den Tisch, für die Winterhaltung und für den Amateur ist diese Sorte sehr zu empfehlen. Barry wurde 1869 von ES Rogers, dem Erfinder, Patrick Barry, einem angesehenen Gärtner und Pomologen, gewidmet. Die Sorte wird in Gärten in allen Weinregionen Ostamerikas angebaut.

Rebe kräftig, winterhart, produktiv, anfällig für Mehltau. Stöcke lang, zahlreich, dick, dunkelbraun mit starker Blüte; Knoten abgeflacht; Triebe kahl; Ranken intermittierend, bifid oder trifid. Blätter groß; Oberseite hellgrün, glänzend, glatt; Unterseite blassgrün, kurz weichhaarig; Lappen eins bis drei, Ende spitz; Blattstielhöhle tief, schmal, manchmal geschlossen und überlappend; Meist fehlt der Sinus basalis; seitlicher Sinus flach, schmal; Zähne flach. Blüten öffnen sich in der Zwischensaison, selbststeril; Staubblätter zurückgebogen.

Früchte in der Zwischensaison, gut haltbar. Büschel kurz, sehr breit, spitz zulaufend, oft in mehrere Teile zerfallend, kompakt; Stiel mit kleinen Warzen. Beeren groß, oval, dunkelviolettschwarz, glänzend, mit dichter Blüte bedeckt, anhaftend; Haut dünn, zäh, anhaftend; Fleisch hellgrün, durchscheinend, zart, fadenförmig, weinig, angenehm im Geschmack; Gut. Anhaftende Samen, eins bis fünf, groß, tief eingekerbt, mit vergrößertem Hals, braun.

LEUCHTFEUER

(Lincecumii , Labrusca)

Ein weiterer Hybrid von TV Munson ist Beacon. Es ist nicht gut an nördliche Regionen angepasst, gedeiht aber sehr gut im Süden. Die Rebe ist kräftig und trägt eine schöne, kompakte Laubmasse, die ihre Farbe und Frische auch bei Trockenheit und Hitze behält. Munson züchtete Beacon im Jahr 1887 aus Samen von Big Berry (einer Lincecumii -Sorte), die von Concord bestäubt wurden, wobei die Rebe 1889 erstmals Früchte trug.

Die Rebe ist kräftig, äußerst robust und produktiv. Stöcke kurz, schlank, hellbraun. Blätter gesund, dick, dunkelgrün, manchmal rau; Die Adern sind undeutlich durch die leichte Behaarung der Unterseite sichtbar. Die Blüten öffnen sich in der Zwischensaison, sind zu fünft oder sechst angeordnet und selbstfruchtbar.

Früchte in der Zwischensaison, gut haltbar. Die Trauben sind groß, lang, schlank, zylindrisch, meist hochschultrig und kompakt. Beeren unterschiedlich groß, rund, violettschwarz, matt mit starker Blüte, fest; Haut zäh, anhaftend, mit viel purpurrotem Pigment, adstringierend; Fleisch zart, aromatisch, würzig, weinig, leicht säuerlich; Gut. Samen frei, groß, breit, stumpf, eingekerbt.

BERCKMANS

(Vulpina , Labrusca, Bourquiniana)

In Berckmans haben wir die Früchte von Delaware an der Rebe von Clinton. Die Beere und die Traube ähneln in ihrer Form Delaware; die Frucht hat die gleiche Farbe; Traube und Beere sind größer; die Trauben sind länger haltbar; Das Fleisch ist fester, aber die Qualität ist nicht so gut, dem Fleisch mangelt es im Vergleich zu Delaware an Zartheit und Fülle. Die Reben von Berckmans sind nicht nur kräftiger, sondern auch weniger anfällig für Mehltau als die von Delaware. Die Weincharaktere sind jedoch nicht so gut wie die von Clinton. Die Sorte ist an manche Böden schlecht angepasst und auf diesen färben sich die Trauben nicht gut. Trotz vieler guter Qualitäten ist Berckmans nur eine Amateurtraube. Der Name erinnert an die Weinbauarbeit von PJ Berckmans , einem Zeitgenossen und Freund von AP Wylie aus Chester, South Carolina, dem Erfinder der Sorte. Berckmans stammte aus Saatgut aus Delaware , das von Clinton gedüngt wurde; das Saatgut wurde 1868 gesät.

Rebe kräftig, robust, produktiv. Stöcke lang, zahlreich, schlank, dunkelbraun; Knoten hervortretend, abgeflacht; Internodien kurz; Triebe kahl; Ranken unterbrochen, lang, gespalten. Blätter klein, dünn; Oberseite hellgrün, glatt; Unterseite blassgrün, kahl; Lappen eins bis drei, einer am Ende spitz; Blattstielhöhle flach, breit; Meist fehlt der Sinus basalis; lateraler Sinus flach. Blüten öffnen sich früh, selbstfruchtbar; Staubblätter aufrecht.

Früchte reifen mit Delaware. Büschel schulterförmig, kompakt, schlank; Stiel lang, schlank mit wenigen Warzen; Pinsel kurz, hellgrün. Beeren klein, oval, Delaware-rot, bei guter Reife dunkler, mit dünner Blüte bedeckt, hartnäckig; Haut dünn, zäh, anhaftend, adstringierend; Fruchtfleisch hellgelbgrün, durchscheinend, feinkörnig, zart, schmelzend, weinig, süß, lebhaft; sehr gut. Samen frei, ein bis vier, klein, breit, stumpf, braun.

SCHWARZER ADLER

(Labrusca, Vinifera)

Die Früchte von Black Eagle sind die besten, aber der Rebe mangelt es an Kraft, Widerstandsfähigkeit und Produktivität und sie ist selbststeril. Traube und Beere sind groß und attraktiv. Die Saison geht mit Concord zu Ende. Black Eagle ist als kommerzielle Sorte völlig gescheitert und ihre zahlreichen Schwächen hindern Amateure daran, sie in großem Umfang anzubauen. Die Sorte entstand bei Stephen W. Underhill, Croton-on-Hudson, New York, aus Samen von Concord, die von Black Prince bestäubt wurden. Die ersten Früchte trugen sie im Jahr 1866.

Rebe kräftig, unsicher winterhart, unproduktiv. Stöcke rau, dick, rotbraun mit heller Blüte; Knoten vergrößert, abgeflachte Internodien lang; Ranken durchgehend, lang, zwei- oder dreigeteilt. Blätter dick; Oberseite dunkelgrün, glänzend, glatt bis rau; Lappen fünf; Endlappen spitz; Blattstielhöhle tief; Seitenhöhle breit, nach oben hin schmaler werdend, tief. Blüten öffnen sich in der Zwischensaison, selbststeril; Staubblätter zurückgebogen.

Früchte in der Zwischensaison, gut haltbar. Trauben groß, lang, spitz zulaufend, ein- oder doppelschultrig, kompakt; Stiel lang, schlank mit wenigen Warzen; Pinsel kurz, hellgrün. Beeren unterschiedlich groß, oval, schwarz, glänzend mit dichter Blüte; Haut zart, dünn, mit weinrotem Pigment verklebt; Fleisch hellgrün, durchscheinend, zart, weinig; Gut. Samen frei, eins bis vier, groß.

SCHWARZES HAMBURG

(Vinifera)

Black Hamburg (Tafel VI) ist eine alte europäische Sorte, die in Belgien, England und Amerika lange Zeit die Hauptpflanze in Treibhäusern war und heute in Kalifornien im Freien beliebt ist. Es handelt sich um eine ausgezeichnete Tafeltraube, aber obwohl sie gut haltbar ist, lässt ihre zarte Schale einen Transport über weite Strecken nicht zu, insbesondere wenn sie im Freien angebaut wird. Die Rebe ist anfällig für Krankheiten. Die folgende Beschreibung der Früchte stammt aus im Gewächshaus angebauten Trauben:

Sehr große Trauben, oft 30 cm lang und mehrere Pfund schwer; an der Schulter sehr breit und allmählich spitz zulaufend; kompakt, oft zu kompakt; Beeren sehr groß, rund oder leicht rundoval; Haut ziemlich dick; dunkelviolett, bei voller Reife schwarz; Fleisch fest, saftig, süß und reichhaltig; Qualität sehr gut oder am besten. Würzen Sie früh im Treibhaus, aber eher spät im Freien.

SCHWARZE MALVOISE

(Vinifera)

Diese Sorte wird in Kalifornien recht häufig als frühe Tafeltraube angebaut und könnte in den östlichen Rebregionen einen Versuch wert sein. Die Früchte sind zwar nicht von bester Qualität, aber gut. Folgende Beschreibung wird zusammengestellt:

Rebe kräftig, gesund und produktiv; Holz langgliedrig, eher schlank, hellbraun. Blätter mittelgroß, oval, gleichmäßig und tief fünflappig;

Basalhöhle offen, mit nahezu parallelen Seiten; Oberseite glatt, fast kahl; Unterseite an den Adern und Äderchen leicht filzig. Trauben groß, locker, verzweigt; Beeren groß, länglich, rotschwarz mit schwacher Blüte; Fleisch fest, saftig, knackig; dem Geschmack mangelt es an Fülle und Charakter; Qualität nicht hoch. Früh würzen, Lagerung und Versand aber schlecht.

SCHWARZES MAROKKO

(Vinifera)

Schwarzer Marokko findet im Allgemeinen die Zustimmung der Weinbauern am pazifischen Hang, ist jedoch weder für den Heimgebrauch noch für den Handel ein Hauptliebling. Die Qualität der Trauben reicht für einen heimischen Weinberg nicht aus und sie lassen sich zwar gut transportieren, sind aber aufgrund der Größe und Steifheit der Trauben schwer zu handhaben. Ein weiterer Fehler besteht darin, dass die Reben anfällig für Wurzelknoten sind. Der Hauptvorteil der Sorte ist das schöne Aussehen der Früchte. Diese Sorte zeichnet sich durch die Anzahl der Zweitfruchtbüschel aus, die sie an den Seitentrieben bildet. Folgende Beschreibung wird zusammengestellt:

Rebe sehr kräftig, produktiv; Stöcke breiten sich aus, wenige. Blätter mittelgroß bis klein, sehr tief fünflappig; Die jüngeren Blätter sind an der Basis gestutzt, was ihnen einen halbkreisförmigen Umriss verleiht, mit langen, scharfen Zähnen, die sich mit sehr kleinen abwechseln; auf beiden Seiten kahl oder fast kahl. Trauben sehr groß, kurz, schulterlang, kompakt und steif; Beeren sehr groß, rund, oft durch Kompression deformiert; mattviolett, in der Mitte der Traube fehlt die Farbe; Fleisch fest, knackig, geschmacksneutral, ohne Fülle; Qualität eher gering. Spät reifen, gut lagern und transportieren.

BRIGHTON

(Labrusca, Vinifera)

Brighton (Tafel VIII) ist eine der wenigen Labrusca-Vinifera-Hybriden, die in kommerziellen Weinbergen eine herausragende Stellung erlangt haben. Sie gilt als eine der führenden Amateurtrauben in Ostamerika und gehört zu den zehn oder zwölf wichtigsten kommerziellen Sorten dieser Region. Seine Pluspunkte sind: hohe Qualität der Früchte; für die Rebe kräftiges Wachstum, Produktivität, Anpassungsfähigkeit an verschiedene Böden und Widerstandsfähigkeit gegen Pilze. Brighton weist zwei gravierende Mängel auf, die verhindern, dass sie als kommerzielle Sorte einen höheren Stellenwert einnimmt: Ihre Qualität lässt nach der Reife sehr schnell nach, so dass sie im besten Fall nicht länger als ein paar Tage haltbar ist und daher nicht gut auf entfernte Märkte geliefert werden kann ; und sie ist in einem ausgeprägteren Maße selbststeril als jede andere häufig angebaute Traube.

Brighton ist ein von Concord bestäubter Sämling von Diana Hamburg, der von Jacob Moore, Brighton, New York, aufgezogen wurde. Die ursprüngliche Rebe trug erstmals im Jahr 1870 Früchte.

Die Rebe ist kräftig, robust, ertragreich und anfällig für Mehltau. Stöcke lang, zahlreich, hellbraun; Knoten vergrößert, meist abgeflacht; Internodien lang; Ranken durchgehend, lang, gespalten. Blätter groß, dick; Oberseite dunkelgrün, matt, glatt; Unterseite blassgrün, kurz weichhaarig; drei Lappen, wenn vorhanden, einer am Ende spitz; Sinus petiolaris mittlerer Tiefe und Breite; seitlicher Sinus flach; Zähne schmal. Blüten öffnen sich spät, selbststeril; Staubblätter zurückgebogen.

Obst in der Zwischensaison. Büschel groß, lang, breit, spitz zulaufend, stark geschultert, locker; Stiel dick; Pinsel hellgrün mit braunem Schimmer, dick, kurz. Beeren unregelmäßig, groß, oval, hellrot, glänzend mit starker Blüte, hartnäckig, weich; Haut dick, zart, anhaftend, adstringierend; Fleisch grün, transparent, zart, fadenziehend, schmelzend, aromatisch, weinig, süß; sehr gut. Samen frei, ein bis fünf, breit, hellbraun.

TAFEL XXIV. — Moore Early ($\times$ 3 / 5).

BRILLANT

(Labrusca, Vinifera, Bourquiniana)

Brilliant ist eine Kreuzung zwischen Lindley und Delaware. In der Traube und der Beerengröße ähnelt sie Lindley; In Farbe und Qualität der Früchte ähnelt es in etwa denen von Delaware, unterscheidet sich jedoch hauptsächlich durch eine stärkere Adstringenz in der Schale. Seine Saison steht vor der Tür mit Delaware. Die Trauben reißen oder schälen nicht, lassen sich daher gut transportieren und sind sehr gut haltbar, insbesondere am Rebstock, wo sie oft wochenlang hängen. Die Rebe ist kräftig und winterhart. Die Mängel, die Brilliant davon abgehalten haben, zu einer der Standard-Handelssorten zu werden, sind: ausgeprägte Anfälligkeit für Pilze, Variabilität in der Traubengröße, ungleichmäßige Reifung und Unproduktivität. In günstigen Situationen erfreut diese Sorte den Amateur und der kommerzielle Züchter findet sie oft profitabel. Der Samen, der Brilliant hervorbrachte, wurde 1883 von TV Munson, Denison, Texas, gepflanzt und die Sorte wurde 1887 eingeführt.

Rebe kräftig, winterhart, eher unproduktiv. Stöcke lang, zahlreich, dick, dunkelbraun; Knoten vergrößert, abgeflacht; Internodien lang; Ranken unterbrochen, lang, gespalten. Blätter groß, dick; Oberseite dunkelgrün, matt, rau; Unterseite graugrün, flaumig; undeutlich dreilappig mit spitzem Endlappen; Blattstielhöhle tief, schmal; Basal- und Seitennebenhöhlen undeutlich und flach, wenn vorhanden; Zähne mittlerer Tiefe und Breite. Blüten öffnen sich spät, selbstfruchtbar; Staubblätter aufrecht.

Frucht früh in der Zwischensaison, gut haltbar. Cluster mittelgroß, stumpf, zylindrisch, meist geschultert, kompakt; Stiel kurz, dick mit einigen kleinen Warzen; Pinsel kurz, dick, hellgrün mit rötlichem Schimmer. Beeren rund, dunkelrot, glänzend mit dünner Blüte, fest anhaftend, fest; Haut dünn, zäh, anhaftend; Fruchtfleisch hellgrün, transparent, saftig, fadenförmig, feinkörnig, weinig, süß; Gut. Anhaftende Samen, ein bis vier, groß, breit, länglich, rundlich, hellbraun.

BRAUN

(Labrusca)

Trotz vieler Lobeshymnen im letzten Vierteljahrhundert hat Brown von den Obstbauern keine positive Anerkennung erhalten. Die Qualität ist nicht hoch, die Beeren platzen stark und der Rebe fehlt die Kraft. Brown ist ein Sämling von Isabella, der um 1884 in einem Garten in Newburgh, New York, wuchs.

Rebe winterhart, produktiv. Stöcke kurz, schlank, dunkelbraun; Ranken durchgehend. Blätter gesund, hellgrün, glänzend; Die Adern sind gut ausgeprägt und treten deutlich durch die dicke Bronze der Unterseite hervor. Die Blüten öffnen sich früh, die selbstbefruchtenden Staubgefäße stehen aufrecht.

Früchte groß, gut haltbar. Büschel klein bis mittelgroß, schlank, zylindrisch oder spitz zulaufend, meist einschultrig. Beeren mittelgroß, oval, schwarz mit dichter Blüte, fallen bald nach der Reifung ab; an der Haut haftend; Fruchtfleisch saftig, zäh, feinkörnig, ein wenig fuchsig, an der Haut mild, in der Mitte jedoch säuerlich; Gut. Samen kurz, stumpf, hellbraun.

CAMPBELL EARLY

(Labrusca, Vinifera)

Die verdienstvollen Eigenschaften von Campbell Early (Tafel IX) sind: Die Trauben sind im reifen Zustand von hoher Qualität; frei von Stockflecken und Säure an den Samen; haben kleine Samen, die sich leicht vom Fruchtfleisch lösen; sind früh und reifen fast zwei Wochen vor Concord; Traube und Beere sind groß und schön; und die Reben sind außergewöhnlich winterhart. Campbell Early ist nicht an viele Böden angepasst; der Sorte mangelt es an Produktivität; Die Trauben erreichen ihre volle Farbe, bevor sie reif sind, und werden daher häufig im unreifen Zustand vermarktet. die Traube ist unterschiedlich groß; und die Farbe der Beere ist nicht attraktiv. George W. Campbell, Delaware, Ohio, züchtete diese Sorte aus einem Sämling von Moore Early, der von einer Labrusca-Vinifera-Hybride bestäubt wurde. Die Erstausstrahlung erfolgte 1892.

Rebe kräftig, robust, produktiv. Stöcke dick, dunkelrotbraun, Oberfläche mit kleinen Warzen aufgeraut; Knoten abgeflacht; Internodien kurz; Triebe kurz weichhaarig; Ranken intermittierend, kurz, zwei- oder dreigeteilt. Blätter groß, dick; Oberseite grün, glänzend; Unterseite bronzefarben, stark kurz weichhaarig; Lappen drei, meist ganzrandig, einer am Ende spitz; Blattstielhöhle flach, breit; Basalhöhle kurz weichhaarig; seitlicher Sinus breit oder eine Kerbe; Zähne flach, schmal. Blüten selbstfruchtbar, in der Zwischensaison geöffnet; Staubblätter aufrecht.

Fruchtt früh, ist haltbar und lässt sich gut versenden. Büschel meist groß, lang, breit, spitz zulaufend, einschultrig; Stiel kurz, schlank mit kleinen Warzen; Pinsel lang, helle Weinfarbe. Beeren meist groß, rund, oval, dunkelviolettschwarz, matt mit starker Blüte, hartnäckig, fest; Haut zäh, dünn, anhaftend mit dunkelrotem Pigment, adstringierend; Fleisch grün, durchscheinend, saftig, grob, weinig, süß von der Schale bis zur Mitte; Gut. Samenlos, ein bis vier, hellbraun, oft mit gelben Spitzen.

KANADA

(Vulpina , Labrusca, Vinifera)

Kanada gilt als die begehrteste Hybride zwischen Vulpina und Vinifera. Die Sorte weist mehr Vinifera- als Vulpina- Abstammung auf; So gibt es hinsichtlich der Anfälligkeit für Pilzkrankheiten, der Form, Farbe und Textur der Blätter, dem Geschmack der Früchte und den Samen deutliche Hinweise auf Vinifera. während die Rebe, besonders in der Schlankheit ihrer Triebe sowie in der Traube und Beere, Vulpina zeigt . Kanada ist als Tafelobst von geringem Wert, ergibt aber einen sehr guten Rotwein oder Traubensaft. Canada ist ein Sämling von Clinton, einer Labrusca- Vulpina- Hybride, gedüngt mit Black St. Peters, einer Sorte von Vinifera. Charles Arnold, Paris, Ontario, pflanzte 1860 den Samen, der Kanada hervorbrachte.

Rebe sehr kräftig, robust, produktiv. Stöcke lang, zahlreich, schlank, aschgrau, an den Knoten rötlichbraun mit starker Blüte; Knoten vergrößert; Internodien kurz; Ranken intermittierend, kurz, trifid oder bifid. Blätter dünn; Oberseite hellgrün, glatt; Unterseite blassgrün, behaart; Endlappen spitz; Blattstielhöhle tief, schmal; Basaler Sinus variabel in Tiefe und Breite; seitlicher Sinus tief und schmal; Zähne tief und breit. Blüten selbststeril, früh; Staubblätter aufrecht.

Früchte in der Zwischensaison, gut haltbar. Trauben lang, schlank, gleichmäßig, zylindrisch, kompakt; Stiel lang, schlank, glatt; Pinsel kurz, hellbraun. Beeren klein, rund, violettschwarz, glänzend mit starker Blüte, hartnäckig, fest; Haut dünn, zäh, anhaftend; Fruchtfleisch dunkelgrün, sehr saftig, feinkörnig, zart, würzig, angenehm weiniger Geschmack, angenehm herb; Gut. Samen frei, ein bis drei, stumpf, hellbraun.

CANANDAIGUA

(Labrusca, Vinifera)

Canandaigua ist aufgrund der außergewöhnlich guten Haltbarkeit der Trauben eine Aufmerksamkeit wert. Der Geschmack ist zum Zeitpunkt der Ernte sehr gut, scheint sich aber bei der Lagerung eher zu verbessern. Die Rebenmerkmale entsprechen denen von Labrusca-Vinifera-Hybriden, und bei diesen entspricht die Sorte der durchschnittlich kultivierten Hybride dieser beiden Arten. Auch der Charakter der Früchte zeigt deutlich eine Mischung aus Vinifera und Labrusca, die so kombiniert ist, dass die Trauben den besten dieser Hybriden sehr ähnlich sind. Canandaigua ist ein zufälliger Sämling, der von EL Van Wormer, Canandaigua, New York, zwischen wilden Weintrauben gefunden wurde. Es wurde um 1897 verteilt.

Rebe kräftig, zweifelhaft winterhart, produktiv. Stöcke lang, wenige, rotbraun, schwache Blüte; Knoten vergrößert, abgeflacht; Ranken halbdurchgehend, gespalten, früh auseinanderbrechend. Blätter groß, dünn; Oberseite hellgrün; Unterseite graugrün. Blüten unfruchtbar oder manchmal teilweise selbstfruchtbar, in der Zwischensaison geöffnet; Staubblätter zurückgebogen.

Frucht spät in der Zwischensaison, ungewöhnlich gut haltbar. Cluster unterschiedlicher Größe, meist stark einschultrig, locker bis mittelgroß. Beeren groß, oval, schwarz, mit dichter Blüte bedeckt, hartnäckig; an der Haut haftend, dünn, zäh; Fleisch fest, süß und reichhaltig; gut, verbessert sich mit fortschreitender Saison. Die Samen sind lang und haben einen vergrößerten Hals.

CARMAN

(Lincecumii , Vinifera, Labrusca)

Carman ist eine Traube, die die Merkmale dreier Arten aufweist und daher für Traubenveredler von Interesse ist. Sie erfreut sich bei den Winzern nicht großer Beliebtheit, vor allem weil die Trauben sehr spät reifen und nicht von hoher Qualität sind. Der wertvollste Charakter der Sorte ist ihre lange Haltbarkeit, ob am Rebstock oder nach der Ernte. TV Munson, Denison, Texas, züchtete Carman aus Samen einer wilden Post-Eichen-Traube, die aus dem Wald stammte und mit gemischten Pollen von Triumph und Herbemont bestäubt wurde . Es wurde 1892 eingeführt.

Rebe sehr kräftig, winterhart, ziemlich produktiv. Stöcke lang, zahlreich, dick, rotbraun; Knoten vergrößert, abgeflacht; Internodien lang; Ranken unterbrochen, lang, trifid. Blätter groß, dick; Oberseite hellgrün, glänzend, ältere Blätter rau; Unterseite blassgrün, kurz weichhaarig; Endlappen spitz; Blattstielhöhle tief; Basalishöhle fehlt oder ist flach; lateraler Sinus flach, wenn vorhanden. Blüten selbstfruchtbar oder fast selbstfruchtbar, öffnen sich sehr spät; Staubblätter aufrecht.

Späte Frucht, gut haltbar. Trauben unterschiedlich groß, spitz zulaufend, einschultrig, kompakt; Stiel kurz, schlank, glatt; Pinsel kurz, schlank, weinrot. Beeren klein, rund, leicht abgeflacht, violettschwarz, glänzend, mit dichter Blüte bedeckt, hartnäckig, fest; Haut dünn, zäh, frei; Fruchtfleisch gelblich-grün, zart, Nach-Eichen-Aroma, weinig, würzig; gut bis sehr gut. Samen frei, ein bis vier, klein, stumpf, braun.

CATAWBA

(Labrusca, Vinifera)

Arkansas, Catawba Tokay, Cherokee, Fancher, Keller's White, Lebanon, Lincoln, Mammoth Catawba, Mead's Seedling, Merceron, Michigan, Muncy, Omega, Rose of Tennessee, Saratoga, Singleton, Tekomah, Tokay, Virginia Amber .

Catawba ist seit langem die Standard-Rottraube auf den Märkten Ostamerikas, vor allem weil die Früchte gut haltbar und von hoher Qualität sind. Die Rebe ist kräftig, robust und produktiv, aber das Laub und die Früchte sind anfällig für Pilze. Diese beiden Verwerfungen sind für den Rückgang der Catawba-Traube in den Weinregionen der Vereinigten Staaten und für ihre wachsende Unbeliebtheit verantwortlich. In Bezug auf botanische Merkmale sowie Anpassungen und Anfälligkeiten deutet die Sorte auf eine Kreuzung zwischen Vinifera und Labrusca hin. Die Eigenschaften von Catawba scheinen leicht auf seine Nachkommen übertragbar zu sein, und abgesehen davon, dass er eine Reihe reinrassiger Nachkommen hat, die ihm mehr oder weniger ähneln, ist er ein Elternteil einer noch größeren Anzahl von Kreuzungen. Wie bei Catawba weisen die meisten seiner Nachkommen Vinifera-Merkmale auf, wie unterbrochene Ranken, eine Vinifera-Farbe des Laubs, einen weinigen Geschmack, der ganz oder fast frei von Füchsen ist, und die Anfälligkeit von Labrusca-Vinifera-Hybriden gegenüber bestimmten Krankheiten und Insekten. Catawba wurde um 1823 von John Adlum , District of Columbia, eingeführt . Adlum sicherte sich im Frühjahr 1819 Stecklinge von einer Mrs. Scholl, Clarksburgh , Montgomery County, Maryland. Seine weitere Geschichte ist nicht bekannt.

Rebe kräftig, robust, produktiv. Stöcke zahlreich, dick, dunkelbraun; Knoten vergrößert; Ranken durchgehend, bifid oder trifid. Blätter groß; Oberseite hellgrün, matt, glatt; Unterseite grauweiß, stark kurz weichhaarig; Lappen manchmal drei, einer am Ende spitz; Blattstielhöhle tief, schmal; häufig fehlt der Sinus basalis; seitlicher Sinus schmal; Zähne flach, schmal. Blüten selbstfruchtbar, spät geöffnet, Staubgefäße aufrecht.

Späte Frucht, gut haltbar. Büschel groß, lang, breit, spitz zulaufend, ein- oder manchmal doppelschultrig, locker; Stiel mit einigen unauffälligen Warzen; Pinsel kurz, hellgrün. Beeren mittelgroß, oval, matt purpurrot mit dichter Blüte, fest; Haut dick, anhaftend, adstringierend; Fruchtfleisch grün, durchscheinend, saftig, feinkörnig, weinig, lebhaft, süß und reichhaltig; sehr gut. Samen frei, häufig fruchtlos, zwei, breithalsig, deutlich eingekerbt, stumpf, braun.

CHAMPION

(Labrusca)

Beaconsfield, Früher Champion, Talmans Sämling

Champion ist bei einigen Erzeugern eine beliebte Frühtraube, obwohl die schlechte Qualität der Früchte sie schon vor langer Zeit aus dem Anbau hätte verbannen sollen. Die Merkmale, die dafür gesorgt haben, dass sie auf dem Markt bleibt, sind Frühzeitigkeit, gute Transporteigenschaften, ein attraktives Aussehen der Früchte und eine kräftige, produktive und robuste Rebe. Die Winterhärte der Rebe und die kurze Fruchtentwicklungszeit machen sie zu einer guten Sorte für nördliche Klimazonen. Auf leicht sandigen Böden gedeiht diese Traube hinsichtlich Aussehen, Fruchtqualität und Ertragsmenge am besten. Der Ursprung von Champion ist unbekannt. Der erste Anbau erfolgte um 1870 in New York.

Rebe sehr kräftig, robust und produktiv. Mittelgroße Stöcke, dunkelbraun; Knoten vergrößert, abgeflacht; Internodien kurz; Triebe kurz weichhaarig; Ranken durchgehend, lang, gespalten. Blätter groß; Oberseite dunkelgrün, matt, rau; Unterseite mattgrau, flaumig; Lappen normalerweise drei, oft undeutlich fünf, einer am Ende spitz; Blattstielhöhle tief; Zähne flach. Blüten selbstfruchtbar, früh; Staubblätter aufrecht.

Frucht früh, drei Wochen vor Concord, Saison kurz. Trauben mittelgroß, stumpf, zylindrisch, meist nicht geschultert, kompakt; Stiel kurz mit unauffälligen Warzen; Pinsel weiß mit bronzefarbenem Schimmer. Beeren mittelgroß, rund, mattschwarz mit dichter Blüte bedeckt, weich; Haut dick, zart, anhaftend, adstringierend; Fruchtfleisch hellgrün, durchscheinend, saftig, feinkörnig, zart, fuchsig; schlechte Qualität. Anhaftende Samen, eins bis fünf, breit, lang, stumpf, hellbraun.

CHASSELAS GOLDEN

(Vinifera)

Chasselas Dore, Fontainebleau, Sweetwater

Chasselas Golden zu einer beliebten Rebsorte gemacht , wo immer sie angebaut wird. Die Sorte ist an sehr unterschiedliche Umgebungen angepasst; die Reifezeit ist früh; Die Qualität der Trauben ist zwar nicht besonders hoch, aber gut und sie sind wunderschön, klar grün mit einer schönen goldenen Bronzetönung, wenn sie der Sonne ausgesetzt sind. Chasselas Golden ist eine beliebte Sorte am Pazifikhang und sollte eine der ersten Viniferas sein, die im Osten probiert werden. Die folgende Beschreibung wurde anhand von in Genf, New York angebauten Früchten erstellt:

Rebe mittelstark, sehr ertragreich; Knospen öffnen sich in der Zwischensaison. Junge Blätter sind auf der Ober- und Unterseite rot gefärbt, dünn behaart bis kahl; reife Blätter mittelgroß bis groß, leicht herzförmig; Oberseite kahl, Unterseite entlang der Adern leicht kurz weichhaarig; Lappen fünf an der Zahl, Endlappen zugespitzt; Basalhöhle breit und ziemlich tief; unterer seitlicher Sinus variabel, meist breit und manchmal tief; oberer seitlicher Sinus breit und häufig tief; Zähne groß, stumpf bis abgerundet. Blüht spät; Staubblätter aufrecht.

Die Früchte reifen früh und sind gut lagerfähig; Trauben groß, lang, breit, spitz zulaufend, manchmal mit einer einzigen Schulter, mittelstark kompakt; Beeren mittelgroß bis oben, leicht oval, hellgrün bis klargelb, mit dünner

Blüte; Haut dünn, zäh, anhaftend, leicht adstringierend; Fruchtfleisch grünlich, durchscheinend, fest, saftig, zart, süß; Gut.

CHASSELAS ROSE

(Vinifera)

Chasselas Rose ist Chasselas Golden sehr ähnlich und unterscheidet sich hauptsächlich durch kleinere Trauben und Beeren sowie einen etwas anderen Geschmack, der möglicherweise besser ist. Es ist eine Standardsorte in Kalifornien und sollte im Osten gepflanzt werden, wo der Anbau von Viniferas versucht wird. Die Beschreibung basiert auf Früchten aus Genf, New York:

Rebe von mittlerer Wuchskraft, produktiv. Öffnende Blätter auf beiden Seiten rot gefärbt, ausgewachsene Blätter klein, rund; Oberseite mittelgrün, etwas matt, glatt; Unterseite kahl; Lappen drei; basaler Sinus von mittlerer Tiefe und variabler Breite; seitlicher Sinus tief, schmal; Zähne flach, breit, gezähnt. Blumen erscheinen spät; Staubblätter aufrecht.

Die Früchte reifen in der zweiten Oktoberwoche und sind gut haltbar, verlieren jedoch bei der Lagerung ihren Geschmack; Büschel oben und unten mittelgroß, lang, spitz zulaufend bis zylindrisch, kompakt; Beeren mittelgroß, rundlich-oval, hellrot, durch die Blüte in violettrot übergehend; Haut dünn, adstringierend, saftig, zart, süß, mild; Qualität gut.

CHAUTAUQUA

(Labrusca)

Im Aussehen der Frucht ist Chautauqua seinem Elternteil Concord sehr ähnlich, aber die Trauben reifen ein paar Tage früher und sind von besserer Qualität, obwohl sie sich in dieser Hinsicht nicht so sehr unterscheiden, dass die Sorte viel mehr als nur eine leicht erkennbare Sorte ist Eintracht. Chautauqua ist ein freiwilliger Sämling von Concord, der um 1890 von HT Bashtite in der Nähe von Brocton, New York, gefunden wurde .

Rebe kräftig, zweifelhaft winterhart, unproduktiv. Stöcke lang, dick, zylindrisch; Internodien lang; Ranken durchgehend, trifid. Blätter groß, unregelmäßig rund, dunkelgrün; Oberseite dunkelgrün; Unterseite bronzefarben gefärbt; Blatt ganzrandig oder schwach dreilappig. Halbfruchtbare Blüten, geöffnet in der Zwischensaison oder früher; Staubblätter aufrecht.

Frucht früh in der Zwischensaison. Traube mittelgroß bis groß, breit, manchmal einschultrig, kompakt. Beeren groß, rund oder leicht oval, violettschwarz mit üppiger Blüte, splittern stark; Haut dünn, sehr adstringierend; Fleisch zäh, weinig, süß an der Schale, säuerlich in der Mitte; gut bis sehr gut. Samen wenige, frei, breit, prall.

CLEVENER

(Vulpina , Labrusca)

Diese Sorte wird seit langem in New Jersey und New York angebaut und genießt in beiden Bundesstaaten eine hohe Wertschätzung als Weintraube. Die Früchte zeichnen sich durch eine sehr frühe Färbung und eine späte Reife aus. Die Rebe ist robust, sehr kräftig, gedeiht auf verschiedenen Böden und ist, da sie sich gut veredeln lässt, eine ausgezeichnete Sorte für die Veredelung von Sorten, die nicht auf ihren eigenen Wurzeln gedeihen. Clevener ist selbststeril und muss mit einer anderen Sorte gepflanzt werden, um gute Früchte zu tragen. Trotz seiner guten Eigenschaften kann sich Clevener in kommerziellen Weinbergen kaum behaupten und ist keine wünschenswerte Frucht für den Amateur, der eine Tafeltraube möchte. Clevener wird seit etwa 1870 in der Nähe von Egg Harbor, New Jersey, gezüchtet, Ort und Zeit seiner Entstehung sind jedoch unbekannt.

Die Rebe wächst stark, ist robust und ertragreich. Stöcke lang, zahlreich, dick, dunkelrotbraun mit starker Blüte; Knoten vergrößert; Ranken durchgehend, gespalten. Blätter ungewöhnlich groß, dunkelgrün mit deutlich ausgeprägten Rippen, die durch die dünne Behaarung der Unterseite sichtbar sind; Lappen fehlen oder sind schwach; Zähne tief, breit. Blüten selbststeril, öffnen sich sehr früh; Staubblätter zurückgebogen.

Späte Frucht, gut haltbar. Cluster füllen sich nicht immer gut, sind klein, kurz, schlank, unregelmäßig spitz zulaufend, oft mit einer einzelnen Schulter. Beeren klein, rund oder leicht abgeflacht, schwarz, glänzend, mit dichter Blüte bedeckt, hartnäckig, fest; Haut zäh, dünn, neigt zur Rissbildung, an ihr haftet viel purpurrotes Pigment; Fruchtfleisch rotgrün, saftig, zart, weich, feinkörnig, aromatisch, würzig; Gut. Samen frei, gekerbt, spitz, dunkelbraun.

CLINTON

(Vulpina , Labrusca)

Worthington

Clinton (Abb . Ein schwerwiegender Mangel besteht darin, dass die Reben so früh blühen, dass die Blüten in nördlichen Klimazonen häufig von Spätfrösten erfasst werden. Weitere Mängel sind: Die Frucht ist klein und sauer und die Kerne und Schalen sind hervorstehend. Die Früchte färben sich früh in der Saison, reifen aber erst spät, ein leichter Hauch von Frost verbessert den Geschmack. Clinton verträgt Transplantate gut und geht eine schnelle und feste Verbindung mit Labrusca und Vinifera ein, und die Reben lassen sich leicht durch Stecklinge vermehren. Diese Rebsorte wird häufig in der Weintraubenzüchtung verwendet und ihr Blut lässt sich in vielen wertvollen Sorten nachweisen. Die Nachkommen von Clinton sind in der Regel sehr robust, was sie zusammen mit ihren anderen wünschenswerten Eigenschaften zu einem außergewöhnlich guten Ausgangspunkt für die Züchtung von Trauben für nördliche Breiten macht. Clinton ist eine alte Sorte, die bereits 1815 in Worthington umbenannt wurde; Um 1840 begann es Aufmerksamkeit zu erregen.

Rebe kräftig, robust, gesund, produktiv. Stöcke lang, zahlreich, schlank, rotbraun; Knoten vergrößert, abgeflacht; Triebe glatt; Ranken intermittierend, manchmal durchgehend, gespalten. Blätter hängen bis spät in die Saison, klein, dünn; Oberseite dunkelgrün, glatt; Unterseite blassgrün, kahl; Blattstielhöhle tief, schmal, urnenförmig; Basal- und Seitennebenhöhlen flach; Zähne breit. Blüten selbstfruchtbar, früh öffnend; Staubblätter aufrecht.

Obst in der Zwischensaison. Büschel klein, schlank, zylindrisch, gleichmäßig, einschultrig, kompakt; Stiel kurz, sehr schlank, glatt; Pinsel rot gefärbt. Beeren klein, rund, oval, violettschwarz, glänzend, mit dichter Blüte bedeckt, anhaftend, fest; Haut sehr dünn, zäh, frei von Fruchtfleisch mit viel weinfarbenem Pigment, adstringierend; Fruchtfleisch dunkelgrün, saftig, feinkörnig, zäh, fest, würzig, sauer, weinig. Anhaftende Samen, zwei, kurz, stumpf, bräunlich.

TAFEL XXV. — **Maskat Hamburg** ($\times$ 2 / 3).

COLERAIN

(Labrusca)

Dies ist einer der zahlreichen weißen Sämlinge von Concord und einer der wenigen, die ausreichend geeignet sind, in Kultur gehalten zu werden. Die Rebe hat das charakteristische Laub und Wuchsverhalten ihrer Eltern, aber die Frucht ist eine Woche früher, von viel höherer Qualität und weist nicht die Fuchsigkeit der meisten Labruscas auf. Die Trauben sind lebhaft und weinig, und weder Kerne noch Schalen sind so anstößig wie bei den Eltern. Die Früchte hängen an der Rebe und sind gut haltbar, lassen sich aber aufgrund des zarten Fruchtfleisches nicht gut transportieren. An manchen Standorten ist die Sorte unproduktiv. Colerain verdient einen Platz in den heimischen Weinbergen. David Bundy, Colerain, Ohio, züchtete diese Sorte aus 1880 gepflanzten Concord-Samen.

Rebe kräftig, winterhart, gesund, unproduktiv. Stöcke schlank, dunkelrotbraun; Knoten abgeflacht; Internodien kurz, zweigeteilt. Blätter dick; Oberseite hellgrün, matt, glatt; Unterseite bronzefarben, flaumig; Blatt nicht gelappt, Ende spitz; Blattstielhöhle breit; basaler und lateraler Sinus, wenn vorhanden, sehr flach; Zähne flach. Blüten selbstfruchtbar, öffnen sich in der Zwischensaison; Staubblätter aufrecht.

Frucht früh. Trauben von mittlerer Größe und Länge, schlank, stumpf, spitz zulaufend, unregelmäßig, stark geschultert, kompakt; Stiel schlank, glatt; Pinsel grün. Beeren rund, hellgrün, glänzend mit dünner Blüte, langlebig; Haut ungewöhnlich dünn, zart, anhaftend, unpigmentiert, adstringierend; Fruchtfleisch hellgrün, durchscheinend, saftig, feinkörnig, zart, weich, weinig, süß; Gut. Samen frei, ein bis drei, klein, breit, gekerbt, kurz, rundlich, braun.

KOLUMBIANISCHES IMPERIAL

(Labrusca, Vulpina)

Kolumbianisch, Jumbo

Columbian Imperial ist eine Labrusca- Vulpina- Hybride, die sich vor allem durch die große Größe ihrer rötlich-schwarzen Beeren auszeichnet, obwohl die Rebe so außergewöhnlich gesund und kräftig ist, dass sie auch für diese Merkmale eine herausragende Rolle spielt. Die Sorte hat bemerkenswert dicke, ledrige Blätter, die nahezu resistent gegen Insekten oder Pilze zu sein scheinen. Die Qualität der Früchte ist jedoch minderwertig, und die kleinen Beerenbüschel variieren in der Anzahl der Beeren und diese schälen sich leicht. Der einzige Wert der Sorte besteht für Ausstellungszwecke und für die Züchtung, um die genannten wünschenswerten Merkmale zu sichern. Die Abstammung von Columbian Imperial ist unbekannt. Es entstand 1885 bei JS McKinley, Orient, Ohio.

Rebe kräftig, winterhart, gesund, unproduktiv. Stöcke lang, zahlreich, dick, dunkelrotbraun, stark kurz weichhaarig, stachlig; Knoten hervortretend; Internodien kurz; Ranken durchgehend, lang, gespalten. Blätter grün, sehr dick; Unterseite ist blassgrün, bei älteren Blättern bronzefarben mit geringer Behaarung; Lappen drei, undeutlich; Zähne scharf, flach, breit. Blüten selbstfruchtbar; Staubblätter aufrecht.

Frucht spät. Traube mittelgroß, manchmal schulterförmig; Stiel schlank; Stiel lang; Pinsel lang, schlank, grün. Beeren sehr groß, rund, leicht oval, matt rotschwarz mit schwacher Blüte, fest; Haut dick, zäh, unpigmentiert; Fruchtfleisch saftig, zäh, süß an der Schale, aber sauer in der Mitte; mittelmäßig in der Qualität. Samen anhaftend, groß, prall, breit, stumpf.

EINTRACHT

(Labrusca)

Concord (Tafel XI) ist die bekannteste Rebsorte dieses Kontinents und liefert mit ihren reinrassigen und gekreuzten Nachkommen 75 Prozent der

Trauben Ostamerikas. Der vor allem verdienstvolle Charakter von Concord besteht darin, dass es sich an wechselnde Bedingungen anpasst; Daher wird Concord in jedem Weinanbaustaat der Union mit Gewinn angebaut, und zwar in einem Ausmaß, das mit keiner anderen Sorte möglich ist. Ein zweites Merkmal, das Concord lobt, ist seine Fruchtbarkeit – die Rebe bringt Jahr für Jahr große Erträge. Zu diesen Überlegenheitspunkten kommen noch hinzu: Winterhärte; Fähigkeit, den verheerenden Folgen von Krankheiten und Insekten standzuhalten; vergleichende Frühzeitigkeit; Reifesicherheit in nördlichen Regionen; Die Traube und die Beere sind ziemlich groß und sehen hübsch aus. Concord blüht auch spät im Frühling und leidet selten unter Frühlingsfrösten, und die Früchte werden auch nicht oft durch Spätfröste geschädigt. Die Ernte hängt gut am Rebstock.

Die Sorte ist jedoch nicht ohne Mängel: Die Qualität ist nicht hoch, den Trauben mangelt es an Reichtum, Feinheit von Geschmack und Aroma und sie haben einen fuchsigen Geschmack, der vielen unangenehm ist; Die Samen und die Schale sind problematisch, da die Samen groß und reichlich vorhanden sind und sich nur schwer vom Fruchtfleisch trennen lassen. Die Schale ist zäh und unangenehm adstringierend. Die Trauben sind weder haltbar noch gut transportierbar und verlieren nach der Reifung schnell an Geschmack. die Schale reißt auf und die Beeren lösen sich nach dem Pflücken von den Stielen; und die Rebe ist nur wenig resistent gegen Reblaus. Während Concord im Süden angebaut wird, handelt es sich im Wesentlichen um eine nördliche Traube, die in südlichen Klimazonen anfällig für Pilze ist und in trockenen, warmen Böden unter Reblaus leidet.

Die botanischen Merkmale von Concord weisen darauf hin, dass es sich um eine reinrassige Labrusca handelt. Samen einer wilden Traube wurden im Herbst 1843 von EW Bull, Concord, Massachusetts, gepflanzt, aus denen 1849 Früchte hervorgingen. Einer dieser Sämlinge wurde Concord genannt.

Rebe kräftig, robust, gesund, produktiv. Stöcke lang, dick, dunkelrotbraun; Knoten vergrößert, abgeflacht; Internodien lang; Triebe kurz weichhaarig; Ranken durchgehend, lang, zweigeteilt, manchmal dreizählig. Blätter groß, dick; Oberseite dunkelgrün, glänzend, glatt; Unterseite hellbronzefarben, stark kurz weichhaarig; drei Lappen, wenn vorhanden, einer am Ende spitz; Sinus petiolaris variabel; Meist fehlt der Sinus basalis ; lateraler Sinus undeutlich und häufig eingekerbt; Zähne flach, schmal. Blüten selbstfruchtbar, in der Zwischensaison geöffnet; Staubblätter aufrecht.

Früchte in der Zwischensaison, ein bis zwei Monate haltbar. Büschel gleichförmig, groß, breit, breit spitz zulaufend, meist einschultrig, manchmal doppelschultrig, kompakt; Stiel dick, glatt; Pinsel hellgrün. Beeren groß, rund, glänzend, schwarz mit kräftiger Blüte, fest; Schale zäh, anhaftend mit einer kleinen Menge weinfarbenem Pigment, adstringierend; Fleisch hellgrün, durchscheinend, saftig, feinkörnig, zäh, fest, fuchsig; Gut. Anhaftende Samen, eins bis vier, groß, breit, deutlich eingekerbt, rundlich, stumpf, bräunlich.

HÜTTE

(Labrusca)

In Ranken und Früchten ähnelt Cottage seinem Elternteil Concord, hat jedoch bemerkenswert große, dicke, ledrige Blätter. Es zeichnet sich auch durch sein starkes, verzweigtes Wurzelsystem und seine Stöcke aus, die so rau sind, dass sie fast stachelig sind. Die Frucht ist von besserer Qualität als die ihrer Eltern, hat weniger Fuchsgeschmack und einen reicheren, feineren Geschmack. Die Ernte reift ein bis zwei Wochen früher als bei Concord. Den guten Qualitäten der Sorte stehen vergleichsweise geringe Produktivität und ungleichmäßige Reifung gegenüber. Cottage wird als frühe Rebsorte der Sorte Concord für den Garten empfohlen. Diese Sorte wurde aus Concord-Samen von EW Bull, Concord, Massachusetts, gezüchtet. Es wurde 1869 eingeführt.

Rebe kräftig, gesund, winterhart. Stöcke rau, behaart, lang, zahlreich, dunkelbraun; Knoten vergrößert; Triebe sehr kurz weichhaarig; Ranken durchgehend, gespalten. Blätter groß, dick; Oberseite dunkelgrün, glänzend, glatt oder rau; Unterseite bronzefarben, kurz weichhaarig; Blatt ganzrandig mit endständiger Spitze; Blattstielhöhle tief und breit; Zähne flach, breit. Blüten selbstfruchtbar, früh öffnend; Staubblätter aufrecht.

Obst ist nicht gut haltbar. Mittelgroße Büschel, breit, zylindrisch, manchmal einschultrig, kompakt; Stiel kurz, dick mit einigen kleinen Warzen; Pinsel dunkelrot. Beeren mittelgroß, rund, mattschwarz mit starker Blüte, schlecht vom Blütenstiel abfallend, fest; Haut dick, zart, anhaftend mit dunkelviolettem Pigment, adstringierend; Fleisch saftig, zäh, fest, fuchsartig; Gut. Samen frei, ein bis vier, groß, breit, stumpf, hellbraun.

CREVELING

(Labrusca, Vinifera)

Bloom, Bloomburg , Catawissa, Columbia Bloom

Creveling war lange Zeit eine beliebte schwarze Traube für den Garten, wo sie, wenn sie in guten Boden gepflanzt wird, feine Büschel großer, schöner und sehr guter Trauben hervorbringt. Bei jeder außer der besten Pflege ist die Rebe jedoch unproduktiv und setzt lose, vereinzelte Trauben aus. Die Sorte ist ausgesprochen selbststeril. Der Ursprung von Creveling ist ungewiss. Es wurde um 1857 von FF Merceron, Catawissa, Pennsylvania, eingeführt.

Rebe kräftig, nicht winterhart, oft unproduktiv. Stöcke lang, zahlreich, dick, rotbraun; Knoten vergrößert, abgeflacht; Internodien lang; Triebe kahl; Ranken durchgehend, lang, dreifach oder zweigeteilt. Blätter groß, dick; Oberseite dunkelgrün, matt, rau; Unterseite blassgrün, kurz weichhaarig; Lappen drei oder undeutlich fünf, einer am Ende spitz; Blattstielhöhle tief, geschlossen, überlappend; Basalhöhle sehr flach; seitlicher Sinus flach, schmal; Zähne flach. Blüten im Sechserplan, selbststeril, in der Zwischensaison geöffnet; Staubblätter zurückgebogen.

Frucht früh, nicht gut haltbar. Büschel lang, breit, unregelmäßig spitz zulaufend, einschultrig, die Schulter oft durch einen langen Stiel mit dem Büschel verbunden, locker; Pinsel dick, dunkel weinrot. Beeren groß, oval, mattschwarz, mit dichter Blüte bedeckt, hartnäckig, fest; Schale dick, zäh, mit weinfarbenem Pigment verklebt, adstringierend; Fleisch hellgrün, durchscheinend, saftig, fadenförmig, zart, grob, fuchsig; Gut. Samen frei, ein bis fünf, breit, gekerbt, stumpf, hellbraun.

KROTON

(Vinifera, Labrusca, Bourquiniana)

Die Frucht von Croton ist ein Fest für das Auge und den Gaumen. Leider ist die Rebe schwierig zu züchten, da sie nur an wenige Böden angepasst ist und sich als unfruchtbar, schwach im Wachstum, gefährlich empfindlich und in ungünstigen Situationen anfällig für Mehltau und Fäulnis erweist. Die Trauben haben einen zarten, süßen Vinifera-Geschmack mit schmelzendem Fruchtfleisch, das sich leicht von den wenigen Kernen löst. Die Ernte bleibt bis zum Frost an den Reben und bleibt bis weit in den Winter hinein haltbar. Trotz der hohen Qualität der Früchte hat sich Croton nie weit verbreitet und ist als kommerzielle Sorte völlig gescheitert. Sie entstand in SW Underhill, Croton Point, New York, aus einem Samen aus Delaware, der von einer europäischen Traube bestäubt wurde. Früchte wurden erstmals 1868 ausgestellt.

Rebe kräftig, zart, produktiv. Stöcke lang, zahlreich, dick, dunkelrotbraun; Knoten vergrößert; Internodien kurz; Triebe kahl; Ranken unterbrochen, lang, gespalten. Blätter mittelgroß, spät hängend; Oberseite hellgrün, matt, glatt; Unterseite blassgrün, kurz weichhaarig; Lappen fünf, Endlappen stumpf; Basalhöhle schmal; seitlicher Sinus tief und schmal; Blattstielhöhle schmal, oft geschlossen und überlappend; Zähne flach, breit. Blüten selbstfruchtbar, spät geöffnet; Staubblätter aufrecht.

Früchte in der Zwischensaison, gut haltbar. Büschel gleichförmig, sehr groß, lang, schlank, unregelmäßig spitz zulaufend mit kräftiger Schulter, sehr locker; Stiel lang, dick mit unauffälligen Warzen; Pinsel grün. Beeren unregelmäßig groß, rund-länglich, gelbgrün mit dünner Blüte, hartnäckig, weich; Haut dünn, zäh, anhaftend, unpigmentiert; Fruchtfleisch grün, transparent, sehr saftig, schmelzend, weinig, angenehm, angenehm süß; sehr gut. Samen frei, ein bis drei, länglich, eingekerbt, scharf zugespitzt.

CUNNINGHAM

(Bourquiniana)

Lange, Prinz Edward

Cunningham wird in Amerika nur sehr wenig angebaut, war aber in Frankreich einst eine der bekanntesten Rebsorten, sowohl als Direktproduzent als auch als Ausgangsstoff für europäische Sorten. Sie war bei den Franzosen als Stamm für große Vinifera-Stämme sehr gefragt, da die Größe der Rebe eine gute Veredelungsmöglichkeit bot. Im Süden, wo die Sorte ihren Ursprung hat, wird Cunningham nicht in großem Umfang angebaut, da es mehrere andere Sorten dieser Art gibt, die hinsichtlich Frucht und Wein überlegen sind. Die Rebe ist ein launischer Züchter und empfindlich gegenüber Boden und Klima. Die Trauben ergeben einen tiefgelben Wein von sehr guter Qualität, haben aber als Tafeltrauben wenig Wert. Cunningham entstand um 1812 mit Jacob Cunningham, Prince Edward County, Virginia.

Rebe kräftig, ausladend, produktiv. Stöcke groß, lang mit steifen rötlichen Haaren an der Basis; Triebe mit beträchtlicher Blüte; Ranken intermittierend, meist trifid. Blätter groß, dick, rund, ganzrandig oder gelappt; oben glatt und dunkelgrün, unten gelbgrün, kurz weichhaarig; Blattstielhöhle schmal, häufig überlappend.

Traube mittelgroß, lang, manchmal schulterförmig, sehr kompakt; Stiel lang, schlank mit kleinen Warzen; Pinsel kurz, hellbraun. Beeren klein, violettschwarz mit dünner Blüte; Haut dünn, zäh mit viel darunterliegendem Pigment; Fleisch zart, saftig, spritzig; Qualität schlecht oder aber mittelmäßig. Samen zwei bis fünf, oval.

CYNTHIANA

(Æstivalis , Labrusca)

Arkansas, Red River

Es gibt Kontroversen darüber, ob sich diese Sorte von Norton unterscheidet. Die beiden Früchte reifen zu unterschiedlichen Zeiten und die Früchte unterscheiden sich ein wenig, so dass sie als verschieden angesehen werden müssen. Cynthiana ist hinsichtlich Boden und Standort wählerisch, bevorzugt sandigen Lehm und gedeiht nicht auf Ton oder Kalkstein. Obwohl diese Sorte sehr resistent gegen Reblaus ist, wird sie nicht oft als resistenter Bestand verwendet, da sie sich nicht leicht vermehren lässt. Die Reben sind resistent gegen Mehltau, Schwarzfäule und Anthracnose und wachsen kräftig und kräftig. Der Vegetationszyklus von Cynthiana ist lang, die Knospen brechen früh auf und die Früchte reifen sehr spät. Als Tafeltraube hat die Sorte keinen Wert, ist aber im Süden eine der besten Rebsorten für Rotwein. Zweifellos wird es sich als eine der besten südländischen Sorten für Traubensaft erweisen. Cynthiana wurde um 1850 von Prince aus Flushing, Long Island, aus Arkansas empfangen, wo sie im Wald wuchs.

Rebe kräftig, robust, gesund, produktiv. Stöcke mittellang, zahlreich, rotbraun mit dichter Blüte; Knoten vergrößert; Internodien kurz; Triebe kahl; Ranken intermittierend oder durchgehend, gespalten. Blätter dick, fest; Oberseite dunkelgrün, matt, rau; Unterseite blau gefärbt, leicht kurz weichhaarig, spinnwebig; Lappen unterschiedlicher Anzahl, einer am Ende spitz; Blattstielhöhle tief, schmal, geschlossen, manchmal überlappend; Basalhöhle flach; seitlicher Sinus flach, schmal; Zähne flach; Staubblätter aufrecht.

Frucht erst sehr spät, gut haltbar. Trauben mittelgroß bis klein, lang, spitz zulaufend, oft einschultrig, kompakt; Stiel kurz, schlank, mit zahlreichen Warzen; Pinsel kurz, dick, weinrot. Beeren klein, rund, schwarz, mit dichter Blüte bedeckt, hartnäckig, fest; Haut dünn, zäh, mit violettem Pigment verklebt, adstringierend; Fruchtfleisch dunkelgrün, durchscheinend, saftig, zäh, fest, würzig, säuerlich; schlechte Qualität. Anhaftende Samen, eins bis sechs, klein, kurz, stumpf, dunkelbraun.

DELAWARE

(Labrusca, Bourquiniana , Vinifera)

Französische Traube, Grey Delaware, Ladies' Choice, Powell, Ruff

Delaware (Tafel VII) wird überall dort verwendet, wo amerikanische Trauben angebaut werden, als Maßstab für die Qualität anderer Trauben. Zusätzlich zur hohen Qualität der Früchte hält die Sorte den klimatischen Bedingungen stand, denen alle bis auf die widerstandsfähigsten Sorten unterliegen, ist an viele Böden und Bedingungen angepasst und bringt in den meisten Fällen eine reiche Ernte hervor. Diese Eigenschaften machen sie neben Concord zur beliebtesten Traube für Garten und Weinberg, die heute in den Vereinigten Staaten angebaut wird. Neben den genannten Eigenschaften reifen die Trauben früh genug, um eine sichere Ernte zu gewährleisten, sie haben ein attraktives Aussehen, sind gut haltbar und gut zu transportieren und sind immun gegen Schwarzfäule als andere kommerzielle Sorten. Mängel der Sorte sind: kleine Rebe, langsames Wachstum, Anfälligkeit für Mehltau, Launenhaftigkeit in bestimmten Böden und kleine Beeren. Die ersten beiden Fehler machen es erforderlich, die Reben dichter zu pflanzen als bei anderen kommerziellen Sorten. Delaware gedeiht am besten auf tiefen, nährstoffreichen, gut durchlässigen und warmen Böden, aber auch auf diesen muss eine gute Bearbeitung, ein dichter Rückschnitt und eine Ausdünnung der Ernte erforderlich sein.

Delaware erstreckt sich im Norden und Süden, westlich bis zu den Rocky Mountains. Mittlerweile erweist sie sich an vielen Standorten im Süden als rentabel, da sie als frühe Traube für den Versand auf nördliche Märkte gilt. Aufgrund ihrer köstlichen, schönen Früchte, ihres kompakten Wuchses und ihrer üppigen, glänzend grünen, zart geformten Blätter ist sie eine besonders beliebte Traube für den Anbau in kleinen Gärten, was sie zu einer der dekorativsten Rebsorten macht. Delaware lässt sich bis zum Garten von Paul H. Provost in Frenchtown, New Jersey, zurückverfolgen, wo sie Anfang des 19. Jahrhunderts wuchs und von wo aus sie 1849 nach Delaware, Ohio, gebracht und von dort an Obstbauern verteilt wurde.

Rebe schwach, robust, produktiv. Stöcke kurz, zahlreich, schlank, dunkelbraun; Knoten vergrößert; Internodien kurz; Ranken unterbrochen, kurz, gespalten. Blätter klein; Oberseite dunkelgrün, matt, glatt; Unterseite blassgrün, kurz weichhaarig; drei bis fünf Lappen, einer am Ende spitz; Blattstielhöhle schmal; Basalhöhle schmal und flach, wenn vorhanden; seitlicher Sinus tief, schmal; Zähne flach. Blüten selbstfruchtbar, spät geöffnet; Staubblätter aufrecht.

Frühzeitig fruchtbar, gut haltbar. Büschel klein, schlank, stumpf, zylindrisch, regelmäßig, schulterförmig, kompakt; Stiel kurz, schlank, glatt; Pinsel hellbraun. Beeren einheitlich in Größe und Form, klein, rund, hellrot, mit dünnem Belag bedeckt, hartnäckig, fest; Haut dünn, zäh, anhaftend, unpigmentiert, adstringierend; Fruchtfleisch hellgrün, durchscheinend, saftig, zart, aromatisch, weinig, erfrischend, süß; Beste Qualität. Samen frei, ein bis vier, breit, gekerbt, kurz, stumpf, hellbraun.

DIAMANT

(Labrusca, Vinifera)

Nur wenige andere Trauben übertreffen Diamond an Qualität und Schönheit der Früchte. Wenn zu den wünschenswerten Fruchteigenschaften noch Widerstandsfähigkeit, Produktivität und Kraft der Rebe hinzukommen, wird die Sorte von keiner anderen grünen Traube übertroffen. Diamond ist eine verdünnte Hybride zwischen Labrusca und Vinifera und die Note der exotischen Traube reicht gerade aus, um der Frucht den reichen Geschmack der Traube der Alten Welt zu verleihen , ohne die erfrischende Lebhaftigkeit der einheimischen Fuchstrauben zu übertreffen. Die Vinifera-Merkmale sind in Ranken und Blättern vollständig rezessiv, die Pflanze ähnelt stark ihrem amerikanischen Elternteil Concord. Diamond ist im Norden und Süden gut etabliert und kann in einem ebenso großen Breitengradbereich wie Concord angebaut werden. Jacob Moore, Brighton, New York, züchtete Diamond um 1870 aus Concord-Samen, die von Iona gedüngt wurden.

Rebe kräftig, robust, produktiv. Stöcke kurz, braun mit leichtem Rotstich; Knoten vergrößert; Internodien kurz; Ranken intermittierend, gespalten. Blätter dick; Oberseite hellgrün, matt, glatt; Unterseite hellbronzefarben, flaumig; Lappen drei an der Zahl, undeutlich; Blattstielhöhle sehr flach; Zähne flach. Blüten selbstfruchtbar, früh öffnend; Staubblätter aufrecht.

Frühzeitig fruchtbar, gut haltbar. Blütenstände mittelgroß bis kurz, breit, stumpf, zylindrisch, oft einschultrig, kompakt; Stiel kurz, dick mit einigen unauffälligen Warzen; Pinsel schlank, hellgrün. Beeren groß, eiförmig, grün mit einem Hauch von Gelb, glänzend, mit dünnem Belag bedeckt, hartnäckig, fest; Haut dünn, zäh, anhaftend, adstringierend; Fruchtfleisch hellgrün, transparent, saftig, zart, schmelzend, feinkörnig, aromatisch, spritzig; sehr gut. Samen frei, ein bis vier, breit und lang, spitz zulaufend, gelblichbraun.

DIANA

(Labrusca, Vinifera)

Diana (Tafel _ Der Geschmack ähnelt dem von Catawba, hat aber weniger Wildgeschmack. Der Hauptvorteil von Diana gegenüber Catawba liegt in der Frühzeitigkeit, da die Ernte zehn Tage früher reift und so den Anbau weit im Norden ermöglicht. Die Mängel von Diana sind: Die Rebe ist in kalten Wintern zart; die Trauben reifen ungleichmäßig; die Beeren und Blätter sind anfällig für Pilze; und der Weinstock ist ein schüchterner Träger. Diana benötigt kargen, trockenen, kiesigen Boden ohne viel Humus oder Stickstoff. Auf tonigen, lehmigen oder nährstoffreichen Böden wachsen die Reben stark, und die Früchte sind spärlich, spät und von schlechter Qualität. Die Rebe muss lange beschnitten werden und alle überschüssigen Trauben müssen entfernt werden, sodass eine kleine Ernte reifen kann. Diana ist eine zufriedenstellende Traube für den Amateur, und wenn sie besonders gut gedeiht, erweist sie sich für den lokalen Markt als profitabel. Frau Diana Crehore , Milton, Massachusetts, züchtete Diana aus Catawba-Samen, die etwa 1834 gepflanzt wurden.

Rebe kräftig, zweifelhaft winterhart, oft unproduktiv. Stöcke kurz weichhaarig, lang, rotbraun, mit dünnen Blüten bedeckt; Knoten vergrößert, abgeflacht; Internodien lang; Ranken unterbrochen, lang, gespalten. Blätter groß, dick; Oberseite hellgrün, stark kurz weichhaarig; Lappen drei bis fünf, einer am Ende spitz; Blattstielhöhle tief, breit, oft geschlossen und überlappend; Basalhöhle flach; seitlicher Sinus schmal; Zähne flach. Blüten selbstfruchtbar, in der Zwischensaison geöffnet; Staubblätter aufrecht.

Späte Frucht, gut haltbar. Büschel groß, breit, spitz zulaufend, gelegentlich schulterförmig, kompakt; Stiel mit kleinen Warzen bedeckt; Pinsel schlank, hellgrün. Beeren mittelgroß, leicht eiförmig, hellrot mit dünnem Belag bedeckt, haltbar, fest; Haut dick, zäh, leicht anhaftend; Fruchtfleisch hellgrün, durchscheinend, saftig, zäh, feinkörnig, weinig, gut. Anhaftende Samen, eins bis drei, hellbraun.

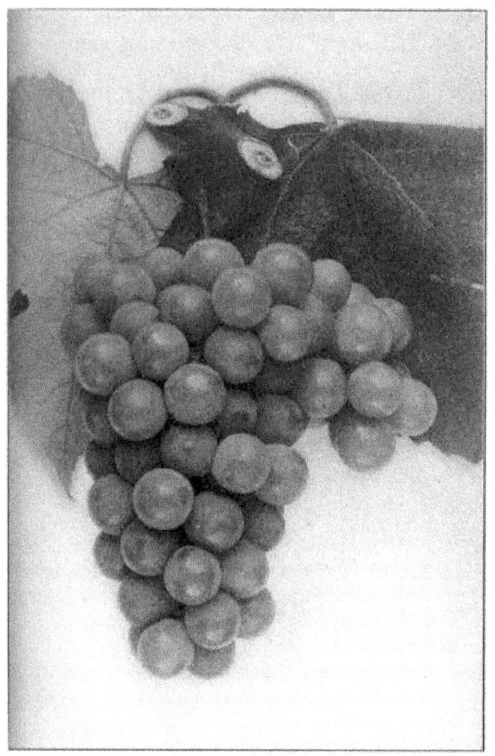

TAFEL XXVI. – Niagara (× 2 / 3).

DOWNING

(Vinifera, Æstivalis , Labrusca)

Aufgrund der hohen Qualität, des schönen Aussehens und der guten Haltbarkeit der Trauben verdient Downing einen Platz im Garten. Zu diesen Eigenschaften der Früchte kommen noch die gute Vitalität und die Gesundheit der Reben hinzu. Wenn die Rebe bis nördlich von New York angebaut wird, sollte sie im Winter niedergelegt werden oder einen anderen

Schutz erhalten. In den meisten Jahreszeiten muss ein unermüdlicher Kampf gegen den Mehltau aufrechterhalten werden. Im Aussehen der Traube und der Beere unterscheidet sich die Downing-Sorte deutlich. Die Trauben sind groß und wohlgeformt und die Beeren haben die ovale Form einer Malaga. Auch das Fruchtfleisch weist in Textur und Qualität *Vitis vinifera auf*, während weder Samen noch Schalen so anstößig sind wie bei reinrassigen amerikanischen Sorten. JH Ricketts, Newburgh, New York, baute Downing erstmals um 1865 an.

Rebe empfindlich bis kalt, unproduktiv. Stöcke kurz, wenige, schlank, dunkelgrün mit aschgrauem Schimmer, Oberfläche bedeckt mit dünnen Blüten, oft aufgeraut mit ein paar kleinen Warzen; Knoten stark vergrößert, stark abgeflacht; Internodien kurz; Ranken intermittierend, bifid oder trifid. Blätter klein, rund, dick; Oberseite dunkelgrün, glänzend, rau; Unterseite dunkelgrün, kahl; Lappen eins bis fünf, Endlappen spitz; Blattstielhöhle schmal, geschlossen und überlappend; Basalhöhle flach und schmal, wenn vorhanden; seitlicher Sinus flach, schmal; Zähne breit, tief. Blumen öffnen sich spät; Staubblätter aufrecht.

Späte Frucht, hält sich bis zum Frühjahr. Büschel groß, lang, schlank, zylindrisch, manchmal locker schulterig; Stiel schlank, mit zahlreichen Warzen bedeckt; Pinsel lang, schlank, grün. Beeren groß, deutlich oval, dunkelviolettschwarz, glänzend, mit heller Blüte bedeckt, stark haltbar, fest; Haut dick, zart, anhaftend; Fruchtfleisch grün mit gelbem Schimmer, durchscheinend, sehr saftig, zart, feinkörnig, weinig, mild; sehr gut in der Qualität. Samen frei, ein bis drei, gekerbt, lang, braun.

DRACUT AMBER

(Labrusca)

Dracut Amber ist repräsentativ für die rote Art von Labrusca. Die Frucht hat keinen besonderen Vorzug, ihre dicke Schale, ihr grobes Fruchtfleisch, ihre Kerne und ihr fuchsiger Geschmack sind allesamt zu beanstanden. Allerdings ist die Rebe sehr robust, ertragreich und reift ihre Früchte früh, sodass diese Sorte an Standorten wertvoll wird, an denen eine kräftige, robuste und frühe Traube gewünscht wird. Asa Clement, Dracut, Massachusetts, züchtete Dracut-Bernstein aus Samen, die um 1855 gepflanzt wurden.

Rebe kräftig, robust, produktiv. Stöcke lang, zahlreich, dunkelbraun; Knoten vergrößert, abgeflacht; Ranken durchgehend, lang, zwei- oder dreigeteilt. Blätter groß, dick; Oberseite dunkelgrün, matt, glatt; Unterseite blassgrün, spinnwebenartig; Lappen drei bis fünf, wobei einer am Ende stumpf ist;

Blattstielhöhle tief, schmal; Basalhöhle flach, breit; Zähne flach. Blüten im Sechserplan, halbfruchtbar, Zwischensaison.

Frucht früh, Saison kurz. Büschel kurz, breit, zylindrisch, unregelmäßig, selten geschultert, kompakt; Stiel kurz, mit Warzen bedeckt; Pinsel lang, hell gelbgrün. Beeren mittelgroß bis groß, oval, matt blassrot oder dunkel bernsteinfarben, mit dünnen Blüten bedeckt, weich; Haut sehr dick, zart, anhaftend, adstringierend; Fleisch grün, durchscheinend, saftig, zäh, sehr fuchsig; qualitativ minderwertig. Anhaftende Samen, zwei bis fünf, groß, breit, hellbraun.

HOLLÄNDERIN

(Vinifera, Labrusca, Bourquiniana ? Æstivalis ?)

Dutchess (Taf. die Beeren reifen nicht gleichmäßig; Beeren und Blätter sind anfällig für Pilze; und in Böden, an die es nicht angepasst ist, sind Beeren und Trauben klein. Trotz dieser Mängel, Dutchess sollte vom Traubenliebhaber nicht weggeworfen werden, denn es gibt nur wenige Trauben von höherer Qualität. Die Trauben sind süß und reichhaltig, stillen aber nicht den Appetit; Obwohl sie nur mittelgroß sind, sind sie attraktiv, da sie eine schöne Bernsteinfarbe mit markanten Punkten haben; das Fruchtfleisch ist durchscheinend, funkelnd, feinkörnig und zart; die Samen sind klein, wenige und lassen sich leicht vom Fruchtfleisch lösen; die Schale ist dünn, aber dennoch robust genug, um gut haltbar zu sein; und die Trauben sind groß und kompakt, wenn sie gut gewachsen sind. Die Sorte ist selbstfruchtbar und daher wünschenswert, wenn nur wenige Reben gewünscht werden. Besonders fein sind die Trauben, wenn sie in Tüten verpackt werden. AJ Caywood , Marlboro, New York, züchtete Dutchess aus dem Samen eines weißen Concord-Sämlings, der mit gemischten Pollen von Delaware und Walter bestäubt wurde. Der Samen wurde 1868 gepflanzt.

Rebe kräftig, ein unsicherer Träger. Stöcke dunkelbraun mit heller Blüte, Oberfläche aufgeraut; Knoten vergrößert, abgeflacht; Internodien kurz; Ranken intermittierend, kurz, zwei- oder dreigeteilt. Blätter unregelmäßig im Umriss; Oberseite blassgrün, kurz weichhaarig; Blatt ganzrandig mit spitzem Ende; Blattstielhöhle schmal; Basalhöhle flach, wenn vorhanden; lateraler Sinus von mittlerer Tiefe oder nur eine Kerbe. Blüten selbstfruchtbar, spät geöffnet; Staubblätter aufrecht.

Früchte in der Zwischensaison, gut haltbar und versandfähig. Die Trauben sind groß, lang, schlank und spitz zulaufend mit einer markanten Einzelschulter. Stiel schlank, glatt; Pinsel bernsteinfarben. Beeren mittelgroß, rund, blass gelbgrün bis bernsteinfarben, einige zeigen einen bronzefarbenen Schimmer mit dünner Blüte, dauerhaft, fest; Haut mit kleinen dunklen Punkten übersät, dünn, zäh, anhaftend; Fruchtfleisch hellgrün, durchscheinend, saftig, feinkörnig, zart, weinig, süß, von angenehmem Geschmack; Qualität hoch. Samen frei, einer, zwei oder gelegentlich drei, klein, kurz, spitz, braun.

FRÜHES GÄNSEBLÜMCHEN

(Labrusca)

Die Qualitäten von Early Daisy machen die Sorte mehr als alltäglich. Besonders hervorzuheben ist ihre Frühreife: Die Reifezeit liegt acht bis zehn Tage früher als bei Champion oder Moore Early, was sie zu einer der frühesten Sorten macht. Für eine Traube, die zu ihrer Jahreszeit reift, ist sie sowohl haltbar als auch gut transportierbar. Early Daisy scheint ebenso begehrenswert zu sein wie Hartford oder Champion. Die Sorte entstand 1874 bei John Kready , Mount Joy, Pennsylvania, als Sämling von Hartford.

Die Rebe ist kräftig, robust und liefert gute Erträge. Stöcke mittellang, zahlreich, schlank, rotbraun; Knoten vergrößert, abgeflacht; Ranken durchgehend, gespalten. Blätter klein, hellgrün; Oberseite rau; Unterseite leicht kurz weichhaarig, spinnwebig; Lappen fehlen oder sind schwach drei; Blattstielhöhle tief, schmal; Zähne flach, schmal. Blüten nahezu selbststeril.

Frucht früh. Büschel klein bis mittelgroß, oft an den Enden stumpf, zylindrisch, manchmal einschultrig, kompakt; Stiel kurz, schlank, glatt; Pinsel rötlich, schlank. Beeren mittelgroß, rund, mattschwarz, stark bereift, hartnäckig; hauthartes, purpurrotes Pigment; Fleisch zäh, fest, aromatisch, säuerlich an der Schale, säuerlich in der Mitte; minderwertig in Geschmack und Qualität. Samen zahlreich, festhaftend, mittelgroß, dunkelbraun.

FRÜHES OHIO

(Labrusca)

Die frühe Ohio-Traube zeichnet sich vor allem dadurch aus, dass sie eine der frühesten kommerziellen Rebsorten ist. Die Frucht ähnelt der von Concord, von der es sich wahrscheinlich um einen Sämling handelt. Trotz vieler Mängel wird das frühe Ohio einigermaßen häufig angebaut, obwohl seine Kultur im Niedergang begriffen ist. Die Sorte wurde 1882 von RA Hunt, Euclid, Ohio, zwischen den Reihen Delaware und Concord gefunden.

Rebe schwach, zart, normalerweise unproduktiv. Stöcke kurz, schlank, braun mit einem roten Schimmer; Knoten vergrößert, abgeflacht; Internodien kurz; Ranken durchgehend, kurz, gespalten. Blätter mittelgroß; Oberseite hellgrün, matt, glatt; Unterseite blassgrün mit bronzefarbenen Reflexen, kurz weichhaarig; Lappen fehlen oder ein bis drei, einer am Ende ist spitz; Blattstielhöhle flach, breit; Basalisinus fehlt normalerweise; seitlicher Sinus flach, schmal; Zähne flach. Blüten selbstfruchtbar, in der Zwischensaison geöffnet; Staubblätter aufrecht.

Frucht sehr früh, nicht gut haltbar. Mittelgroße, spitz zulaufende Trauben; Stiel schlank mit einigen kleinen Warzen; Pinsel schlank, rot gefärbt. Beeren unterschiedlich groß, rund, violettschwarz, glänzend mit starker Blüte, langlebig, fest; hauthaftend, adstringierend; Fruchtfleisch grün, durchscheinend, saftig, zäh, aromatisch; schlechte Qualität. Anhaftende Samen, ein bis vier, gekerbt, braun mit gelblich-braunen Spitzen.

FRÜHER VICTOR

(Labrusca, Bourquiniana ?)

Early Victor weist die höchste Qualität unter den frühen schwarzen Trauben auf. Es ist besonders erfreulich für diejenigen, die Einwände gegen die bei Hartford und Champion so ausgeprägte Scharfsinnigkeit erheben. Wäre die Saison nur ein paar Tage früher und Trauben und Beeren etwas größer, wäre Early Victor die beste Traube, um die Traubensaison zu beginnen. Die Reben sind robust, gesund, kräftig und produktiv, mit Wuchs und Laub ähneln denen der Hartford-Rebe, die wahrscheinlich einer ihrer Eltern ist, während Delaware der andere ist. Die Trauben sind klein, kompakt, haben eine variable Form und die Beeren haben in Größe und Form etwa die Beeren aus Delaware. Ihre Jahreszeit ist die der Moore Early oder etwas später, obwohl sich die Früchte, wie bei vielen schwarzen Trauben, vor der Reife verfärben und sie oft zu grün gepflückt werden. Leider ist die Frucht anfällig für Schwarzfäule und schrumpft nach der Reifung. John Burr, Leavenworth, Kansas, züchtete Early Victor erstmals um 1871.

Rebe kräftig, robust, gesund, produktiv. Stöcke lang, zahlreich, schlank, dunkelbraun, Oberfläche kurz weichhaarig; Knoten vergrößert; Internodien lang; Ranken kontinuierlich, gespalten, manchmal dreieckig. Blätter dick; Oberseite dunkelgrün, glatt; Unterseite weiß, stark kurz weichhaarig; Lappen drei bis fünf, einer am Ende spitz; Sinus petiolaris mittlerer Tiefe und Breite; Basalhöhle flach und breit, wenn vorhanden; lateraler Sinus schmal. Blüten halbsteril, in der Zwischensaison geöffnet; Staubblätter aufrecht.

Frucht sehr früh, nicht gut haltbar. Büschel klein, unterschiedlich geformt, zylindrisch, häufig einschultrig, kompakt; Stiel kurz, mit zahlreichen kleinen Warzen bedeckt; Pinsel weinrot oder rosarot. Beeren klein, rund, dunkelviolettschwarz, matt mit starker Blüte, langlebig; Haut dünn, zäh, anhaftend, enthält viel rotes Pigment, adstringierend; Fruchtfleisch grünlich-weiß, undurchsichtig, feinkörnig, aromatisch, weinig; Gut. Anhaftende Samen, eins bis vier, breit, gekerbt, stumpf, dunkelbraun.

EATON

(Labrusca)

Eaton (Taf . Das Fruchtfleisch ist zäh und faserig, und obwohl es an der Schale süß ist, ist es an den Kernen sauer und hat die gleiche Fuchsigkeit, die Concord auszeichnet, aber mit mehr Saft und weniger Reichhaltigkeit, so dass es gut als „verdünnter" Concord beschrieben werden kann. Die Schale der Traube ist der der Concord sehr ähnlich, und die Fruchtverpackung, der Versand und die Haltbarkeit sind in etwa gleich, vielleicht nicht ganz so gut, weil sie mehr Saft enthalten. Die Saison ist ein paar Tage früher als Concord. Die Rebe ähnelt in allen Merkmalen der ihrer Eltern. Die Trauben reifen ungleichmäßig, die Blüten sind selbststeril und an manchen Standorten ist die Rebe ein scheuer Träger. Die Sorte hat weder beim Erzeuger noch beim Verbraucher Anklang gefunden. Eaton wurde um 1868 von Calvin Eaton, Concord, New Hampshire, gegründet.

Rebe kräftig, robust, gesund, produktiv. Stöcke dick, hellbraun mit blauer Blüte; Knoten vergrößert, abgeflacht; Internodien kurz; Ranken durchgehend, lang, zwei- oder dreigeteilt. Blätter groß, rund, dick; Oberseite dunkelgrün; Unterseite bronzefarben gefärbt, stark kurz weichhaarig; Lappen drei, Endlappen spitz; Blattstielhöhle flach, breit; Meist fehlt der Sinus basalis; Seitenhöhle flach, schmal, oft eingekerbt; Zähne flach. Blüten halbsteril, früh; Staubblätter aufrecht.

Obst in der Zwischensaison. Büschel groß, kurz, breit, stumpf, manchmal doppelschultrig, kompakt; Stiel lang, dick, glatt; Pinsel schlank, hellgrün. Beeren groß, rund, schwarz mit kräftiger Blüte, hartnäckig, fest; Haut zäh, anhaftend, purpurrotes Pigment, adstringierend; fleischgrün, durchscheinend, saftig, zäh, fadenförmig, fuchsartig; mittelmäßig in der Qualität. Anhaftende Samen, eins bis vier, breit, gekerbt, prall, stumpf.

FINSTERNIS

(Labrusca)

Eclipse (Taf . Leider sind die Trauben und Beeren klein. Die Reben werden kaum von denen einer anderen Sorte übertroffen, da sie robust, gesund und produktiv sind – Eigenschaften, die sie für kommerzielle Weinberge lobenswert machen. Die reifen Früchte hängen einige Zeit an den Reben, ohne zu verderben, und die Trauben platzen auch bei nassem Wetter nicht. Die Ernte reift mehrere Tage früher als die von Concord. Eclipse entstand bei EA Riehl, Alton, Illinois, aus Samen, die um 1890 gepflanzt wurden.

Rebe kräftig, robust, produktiv. Stöcke mittellang, dunkelrotbraun; Knoten vergrößert; Ranken durchgehend, lang, gespalten. Blätter groß; Oberseite dunkelgrün; Unterseite weiß mit bronzefarbenem Schimmer, stark kurz weichhaarig; Lappen fehlen oder drei, wobei einer am Ende spitz ist; Blattstielhöhle tief, schmal; Meist fehlt der Sinus basalis; Seitenhöhle schmal, oft eingekerbt; Zähne flach, schmal. Blüten selbststeril, in der Zwischensaison geöffnet; Staubblätter zurückgebogen.

Frühzeitig fruchtbar, gut haltbar. Traube mittelgroß, breit, spitz zulaufend, oft einschultrig, kompakt; Stiel kurz, dick, mit kleinen Warzen bedeckt; Pinsel lang, hellgrün. Beeren, groß, oval, mattschwarz mit üppiger Blüte, langlebig, fest; Haut zart, leicht anhaftend, adstringierend; Fleisch hellgrün, durchscheinend, saftig, zart, feinkörnig, fuchsartig, süß; Gut. Samen frei, ein bis vier, kurz, breit, deutlich eingekerbt, stumpf, braun.

EDEN

(Rotundifolia, Munsoniana ?)

Eden ist als Allzwecktraube für den Süden wertvoll und als eine der wenigen angeblichen Hybriden mit *V. rotundifolia interessant* . Es handelt sich wahrscheinlich um eine Hybride zwischen der genannten Art und *V. Munsoniana* , einer weiteren südlichen Wildtraube. Die Rebe ist äußerst kräftig und ertragreich und gedeiht auf Lehmböden, während die meisten anderen Rotundifolien nur auf sandigen Böden erfolgreich angebaut werden können. Eden wurde vor einigen Jahren auf dem Gelände von Dr. Guild in der Nähe von Atlanta, Georgia, gefunden.

Die Rebe ist sehr kräftig, produktiv, gesund und trägt ein dichtes Blätterdach. Die Stöcke haben eine dunklere Farbe als die meisten anderen Rotundifolien . Blätter mittelgroß und dick, länger als breit; Blattstielhöhle breit; Randzähne abgerundet; Blattspitze stumpf. Blumen perfekt.

Frucht früh, deutliche Erst- und Zweitfrucht, gleichmäßige Reifung. Die Trauben sind groß, locker und tragen fünf bis fünfundzwanzig Beeren, die ziemlich gut an den Stielen haften. Beeren rund, ½ Zoll im Durchmesser, mattschwarz, leicht gesprenkelt; Haut dünn, zart; Fleisch weich, saftig, hellgrün, lebhaft; gut in der Qualität.

ELDORADO

(Labrusca, Vinifera)

Die Früchte von Eldorado haben ein feines Aroma, ein ausgeprägtes Aroma und einen ausgeprägten Geschmack und reifen in etwa wie Moore Early – eine Zeit, in der es nur wenige andere gute weiße Trauben gibt. Die Reben erben die meisten guten Eigenschaften von Concord, einem ihrer Eltern, mit Ausnahme der Fähigkeit, große Erträge zu erzielen. Selbst bei Fremdbestäubung ist Eldorado manchmal nicht fruchtbar und es lohnt sich nicht, es anzubauen, es sei denn, es wird in einem gemischten Weinberg gepflanzt. Die Trauben sind unter den besten Bedingungen oft so klein und verstreut, dass die Sorte dem Amateur nicht wärmstens empfohlen werden kann; Dennoch loben ihn sein köstlicher Geschmack und seine Frühzeitigkeit. JH Ricketts, Newburgh, New York, züchtete Eldorado um 1870 aus Samen von Concord, die mit Allens Hybride gedüngt wurden.

Rebe kräftig, robust, unsicherer Träger. Stöcke lang, wenige, dick, abgeflacht, leuchtend rotbraun; Knoten vergrößert, abgeflacht; Ranken intermittierend, selten durchgehend, zwei- oder dreizählig. Blätter groß bis mittelgroß, unregelmäßig rund, dunkelgrün; Oberseite rau auf älteren Blättern; Unterseite braun gefärbt, kurz weichhaarig; Lappen fehlen oder sind schwach drei; Blattstielhöhle tief; Zähne flach. Blüten selbststeril, spät geöffnet; Staubblätter zurückgebogen.

Frühzeitig fruchtbar, gut haltbar. Trauben setzen sich nicht immer perfekt zusammen und sind unterschiedlich groß, häufig einschultrig; Stiel kurz, schlank, glatt; Pinsel kurz, gelb. Beeren groß, rund, gelblich-grün, später goldgelb, mit dünnem Belag bedeckt; Fleisch zart, fuchsig, süß, mild, kräftig im Geschmack; Qualität gut bis sehr gut. Samen mittelgroß und lang, stumpf, gelblich-braun.

ELVIRA

(Vulpina , Labrusca)

Obwohl sie im Norden nie Popularität erlangte, erreichte Elvira (Tafel XVI) nach ihrer Einführung in Missouri vor etwa vierzig Jahren im Süden den Höhepunkt ihrer Popularität als Weintraube. Die Eigenschaften, die es lobten, waren: große Produktivität; Frühzeitigkeit, Reifung im Norden mit Concord; außerordentlich gute Gesundheit, nahezu frei von Pilzkrankheiten; große Wuchskraft, erkennbar an einem kräftigen, gedrungenen Wuchs und üppigem Laub; und nahezu perfekte Winterhärte, sogar bis in den Norden Kanadas. Den guten Eigenschaften stehen zwei Mängel gegenüber: die dünne Schale, die leicht platzt und sie daher von fernen Märkten völlig ausschließt; und Geschmack und Aussehen sind nicht gut genug, um sie zu einer Tafeltraube zu machen. Elvira stammte von Jacob Rommel, Morrison, Missouri, aus dem Samen von Taylor.

Rebe kräftig, robust, gesund, produktiv. Stöcke zahlreich, dunkelbraun; Knoten abgeflacht; Internodien kurz; Ranken kontinuierlich, trifid oder bifid. Blätter groß, dünn; Oberseite hellgrün, kurz weichhaarig, behaart; Lappen fehlen oder ein bis drei mit spitzem Ende; Blattstielhöhle tief, schmal, manchmal geschlossen und überlappend; Meist fehlt der Sinus basalis; seitlicher Sinus flach, oft eingekerbt; Zähne tief, breit. Blüten selbstfruchtbar, früh öffnend; Staubblätter aufrecht.

Obst in der Zwischensaison, nicht gut haltbar. Trauben kurz, zylindrisch, meist einschultrig, kompakt; Stiel glatt; Pinsel kurz, grünlich-gelb mit braunem Schimmer. Beeren mittelgroß, rund, grün mit gelbem Schimmer, matt mit dünner Blüte, fest; Haut sehr dünn, zart, anhaftend, adstringierend; Fleisch grün, saftig, feinkörnig, zart, fuchsig, süß; mittelmäßig in der Qualität. Samenfrei, ein bis vier, mittelgroß bis groß, stumpf, rundlich, dunkelbraun.

KAISER

(Vinifera)

Emperor ist eine der Standard-Verschiffungsreben des Pazifikhangs und eine der Hauptstützen der Täler im Landesinneren. An der Küste und in Südkalifornien ist die Frucht unregelmäßig, und an der Küste bleiben die Früchte oft aus. Es wird hauptsächlich im San Joaquin Valley angebaut. Selbst in den bevorzugten Rebregionen des Ostens war eine Reifung kaum zu erwarten. Folgende Kurzbeschreibung ist zusammengestellt:

Rebe stark, gesund und produktiv. Blätter sehr groß, mit fünf flachen Lappen; Zähne kurz und stumpf; hellgrüne Farbe; Oben kahl, unten wollig. Trauben sehr groß, locker, manchmal etwas strähnig, langkonisch. Beeren groß, mattviolett, oval; Fleisch fest und knackig; Haut dick; Geschmack und Qualität gut. Reift spät und ist gut haltbar und versandfähig.

EMPIRE STATE

(Vulpina , Labrusca, Vinifera)

Empire State (Tafel XVII) konkurriert mit Niagara und Diamond um die Vorherrschaft unter den grünen Trauben. Die Sorte wächst ebenso kräftig, ist frei von Parasiten und ist an gleichaltrigen Rebstöcken ebenso ertragreich, aber weniger winterhart, und die Trauben sind optisch nicht so attraktiv wie die der anderen genannten Sorten. Insbesondere sind die Trauben an einigen Stellen klein, ein Mangel, der nur durch starkes Beschneiden oder Ausdünnen behoben werden kann. Die Qualität ist sehr gut und nähert sich dem Geschmack der Weintrauben der Alten Welt , der leicht wilde Geschmack lässt an einen Muskat erinnern. Empire State reift früh, hängt lange am Rebstock und bleibt nach der Ernte gut haltbar, ohne an Geschmack zu verlieren. Diese Traube stammt ursprünglich von James H. Ricketts, Newburgh, New York und trug erstmals 1879 Früchte.

Rebe kräftig, etwas zart. Stöcke kurz, wenige, schlank, bräunlich; Knoten vergrößert; Internodien kurz; Ranken intermittierend, gespalten. Blätter klein; Oberseite hellgrün, glänzend, glatt oder etwas rau; Unterseite bronzefarben gefärbt, stark kurz weichhaarig; Lappen drei bis fünf, wenn vorhanden, einer am Ende zugespitzt; Blattstielhöhle tief, schmal, oft geschlossen und überlappend; Basaler Sinus variabel in Tiefe und Breite; Seitenhöhle tief, schmal, oft an der Basis vergrößert; Zähne tief, breit. Blüten selbstfruchtbar, spät geöffnet; Staubblätter aufrecht.

Früchte in der Zwischensaison, gut haltbar. Büschel groß, lang, schlank, zylindrisch, häufig einschultrig, kompakt; Stiel schlank mit kleinen Warzen; Pinsel kurz, hellgrün. Beeren mittelgroß oder klein, rund, blass gelbgrün, mit dünnem Belag bedeckt, hartnäckig, fest; Schale dick, am Fruchtfleisch haftend, leicht adstringierend; Fruchtfleisch hellgelbgrün, durchscheinend, saftig, feinkörnig, zart, angenehm im Geschmack; gut bis sehr gut. Anhaftende Samen, eins bis vier, klein, breit, gekerbt, kurz, stumpf, rundlich, braun.

TAFEL XXVII. – Salem ($\times$ 2 / 3).

ETTA

(Vulpina , Labrusca)

In Aussehen, Geschmack und Konsistenz der Früchte ist Etta der Elvira, deren Sämling sie ist, sehr ähnlich. Die kleinen, gelben Trauben, die Elvira charakterisieren, werden in Etta reproduziert, die sich hauptsächlich dadurch unterscheidet, dass sie eine Schulter hat, die genauso groß ist wie die Haupttraube selbst, und durch einen besseren Geschmack, dem die leichte Fuchsigkeit von Elvira fehlt. Die Rebe ist sehr kräftig, robust und äußerst ertragreich. Die Frucht reift mit der von Catawba. Die Tendenz von Elvira, zu knacken und zu übertreiben, veranlasste den Urheber dieser Sorte, Jacob Rommel aus Morrison, Missouri, nach einer Traube ohne diese Fehler zu streben, und das Ergebnis war Etta aus den Samen von Elvira. Die Frucht wurde erstmals 1879 ausgestellt.

Rebe sehr kräftig, robust, produktiv. Stöcke lang, zahlreich, hell- bis dunkelbraun; Ranken durchgehend, gespalten. Blätter groß, dick; Oberseite dunkelgrün, glänzend, glatt; Unterseite blassgrün, etwas spinnwebig. Blüten selbstfruchtbar, früh; Staubblätter aufrecht.

Späte Frucht, gut haltbar. Büschel klein, kurz, breit, unregelmäßig zylindrisch, meist mit einer kurzen, einzelnen Schulter, manchmal aber auch so stark geschultert, dass sie ein Doppelbündel bilden, sehr kompakt. Beeren klein, rund, blassgrün, matt mit dünner Blüte, bei Überreife platzend, fest; Haut dünn, zart; Fruchtfleisch saftig, feinkörnig, zäh, faserig, leicht fuchsig, mild; mittelmäßig in der Qualität. Samenfrei, lang, stumpf, braun.

EUMELAN

(Labrusca, Vinifera, Æstivalis)

Washington

Die guten Eigenschaften von Eumelan sind: überdurchschnittlich kräftige, winterharte und produktive Reben; Trauben und Beeren gut geformt, von guter Größe und schöner Farbe; Fleisch zart, löst sich unter leichtem Druck in weinähnlichen Saft auf; und reiner Geschmack, reichhaltig, süß, weinig. Die Saison ist früh, dennoch bleiben die Früchte viel besser haltbar als die der meisten anderen Trauben, die mit ihr reifen, und werden daher zu einer Traube der Zwischen- und Spätsaison. Die Mängel der Sorte sind Anfälligkeit für Mehltau, selbststerile Blüten und Schwierigkeiten bei der Vermehrung. Letzteres hat den Anbau stark behindert, da die Rebstöcke nur mit zusätzlichem Aufwand gesichert werden können und Baumschulen die Sorte überhaupt nicht anbauen wollen. Eumelan kann Hobbyzüchtern empfohlen werden. Es handelt sich um einen zufälligen Sämling, der um 1847 im Garten eines Mr. Thorne, Fishkill Landing, New York, aus Samen wuchs.

Rebe kräftig, robust, produktiv. Zahlreiche, mit Blüten bedeckte Stöcke; Knoten vergrößert; Internodien kurz; Ranken intermittierend, lang, trifid oder bifid. Blätter groß; Oberseite dunkelgrün, glänzend, glatt; Unterseite hellgrün, glatt; Lappen normalerweise drei mit einem spitzen Endlappen; Blattstielhöhle tief, unterschiedlich breit; Meist fehlt der Sinus basalis; seitlicher Sinus flach, schmal; Zähne flach. Blüten selbststeril, in der Zwischensaison geöffnet; Staubblätter zurückgebogen.

Fruchtt früh und bleibt bis zum Spätwinter haltbar. Büschel lang, schlank, spitz zulaufend, oft mit einer langen, lockeren, einzelnen Schulter; Stiel kurz, schlank mit einigen kleinen Warzen; Pinsel kurz, stämmig, hellgrün. Beeren mittelgroß, rund, schwarz, glänzend mit dünner Blüte, haltbar, fest; Haut zäh, mit weinfarbenem Pigment verklebt, adstringierend; Fruchtfleisch dunkelgrün, saftig, feinkörnig, zart, fadenziehend, würzig-aromatisch, süß; Gut. Anhaftende Samen, eins bis vier, groß, breit, stumpf, rundlich, braun.

GLAUBE

(Vulpina , Labrusca)

Obwohl Faith in einigen Regionen als begehrte Traube gilt, ist sie in den meisten Gegenden von geringem Wert. Die Früchte sehen unansehnlich aus und die Qualität ist nicht hoch. Wenn die Sorte einen besonders guten Charakter hat, dann ist es die Produktivität. Die Blüten blühen so früh, dass sie oft unter Frühlingsfrösten leiden. Faith stammt aus derselben Abstammung wie Etta und vom selben Urheber, Jacob Rommel, Morrison, Missouri, beide stammen aus dem Samen von Elvira.

Rebe kräftig, robust, gesund, produktiv. Stöcke lang, zahlreich, dick, zylindrisch; Knoten hervortretend; Internodien lang; Ranken durchgehend, gespalten. Blätter groß, dunkelgrün; Oberseite dunkelgrün, matt; Unterseite graugrün, dünn weichhaarig; Lappen fehlen oder sind schwach; Zähne flach, breit. Blüten selbststeril bis teilweise selbstfruchtbar, früh öffnend; Staubblätter aufrecht.

Frucht früh, nicht gut haltbar. Trauben mittelgroß, unterschiedlich lang, meist schlank, oft stark einschultrig, locker; Stiel kurz, schlank, warzig; Pinsel hellgrün, schlank. Beeren klein, rund, mattgrün, häufig mit einem gelben Schimmer, der in blasses Bernstein übergeht, mit üppiger Blüte, langlebig, weich; Haut dünn, anhaftend, adstringierend; Fruchtfleisch saftig, zart, angenehm gewürzt; mittelmäßig bis gut in der Qualität. Samen zahlreich, breit, dunkelbraun.

FEHER SZAGOS

(Vinifera)

Diese Sorte gedeiht in Genf, New York recht gut und trägt Früchte von ausgezeichneter Qualität. Es weist zwei Mängel auf: die stumpfe Farbe der Beeren und die unregelmäßigen Trauben. Es lohnt sich, es im Osten zu versuchen. Feher Szagos soll in Kalifornien eine sehr gute Rosine sein und erscheint normalerweise in den Tafeltraubenlisten dieses Staates.

Reben kräftig, etwas unsichere Träger. Die sich öffnenden Blätter sind kurz weichhaarig, an den Rändern rot und auf der Oberseite leicht rot. Blumen haben aufrechte Staubblätter. Die Früchte reifen normalerweise in der ersten

Oktoberwoche und sind bei der Lagerung nicht gut haltbar; Trauben groß bis mittelgroß, breit, locker, häufig unregelmäßig aufgrund des schlechten Fruchtansatzes; Beeren groß, oval bis elliptisch, eher mattgrün, mit dünner Blüte; Haut dick, zart, neutral; Fruchtfleisch grünlich, durchscheinend, saftig, fleischig, zart, süß; Qualität vom Besten; Samen frei.

FERN MUNSON

(Lincecumii , Vinifera, Labrusca)

Bewundernswert, Fern, Hilgarde , Munsons Nr. 76

Fern Munson ist eine südliche Rebsorte, die nicht an nördliche Regionen angepasst ist; die Anpassungsgrenze liegt bei 40° nördlicher Breite. Die Früchte weisen einige sehr gute Eigenschaften auf, wie ansprechendes Aussehen, angenehme Qualität und einwandfreie Kerne und Schale. Die Reben sind kräftig und produktiv, aber das Laub ist nicht gesund, obwohl es sehr reichlich vorhanden ist. Diese Sorte entstand bei TV Munson, Denison, Texas, aus Samen von Post-Eiche mit gemischtem Pollen. Der Samen wurde 1885 gepflanzt und die Sorte wurde 1893 vom Urheber eingeführt.

Rebe kräftig, zweifelhaft winterhart. Stöcke lang, zahlreich, dick, dunkelbraun mit einem schwachen roten Schimmer; Ranken intermittierend, gespalten. Blätter groß, dick; Oberseite rau und stark faltig; Unterseite matt, blassgrün mit bronzefarbenem Schimmer, leicht kurz weichhaarig. Blüten halbfruchtbar, sehr spät öffnend; Staubblätter aufrecht.

Späte Frucht, gut haltbar. Die Trauben sind groß, unregelmäßig spitz zulaufend, meist einschultrig, oft mit vielen Fehlfrüchten. Beeren groß, rund, leicht abgeflacht, dunkelviolettschwarz, glänzend, mit dünnem Belag bedeckt, stark haltbar, fest; Haut dünn, zäh, adstringierend; Fruchtfleisch saftig, zäh, fest, feinkörnig, weinig, lebhaft leicht säuerlich; Gut. Samen anhaftend, breit.

FLAMME TOKAY

(Vinifera)

Dies ist die führende Transporttraube des Pazifikhangs, wo sie überall unter dem Namen „Tokay" angebaut wird, mit mehreren Abwandlungsbezeichnungen wie „Flame", „Flammenfarben" und „Flaming". Die Früchte sind weder von besonders hoher Qualität noch attraktiv im Aussehen, aber sie lassen sich gut transportieren und halten sich gut, was sie in kommerziellen Weinbergen beliebt macht. Die Beschreibung ist zusammengestellt.

Sehr kräftige Rebe mit üppigem Wachstum von Stöcken, Trieben und Blättern; sehr produktiv; Holz dunkelbraun, gerade mit langen Fugen. Blätter dunkelgrün mit braunem Schimmer; leicht gelappt. Sehr große Trauben, manchmal 3,6 bis 3,6 kg schwer, mäßig kompakt; geschultert. Beeren groß, länglich, im reifen Zustand rot, mit lila Blüten bedeckt; Fleisch fest, knackig, süß; Qualität gut. Spät würzen, gut haltbar und gut verschickbar.

BLUMEN

(Rotundifolia)

Flowers ist eine späte, dunkel gefärbte Rotundifolia, die in den Carolinas sehr beliebt ist. Die Sorte zeichnet sich durch kräftige und produktive Rebstöcke, große Fruchttrauben und Trauben aus, die für eine Sorte dieser Art ungewöhnlich gut in der Traube haften. Die Ernte reift in North Carolina im Oktober und November. Die Frucht ist nur für Wein und Traubensaft wertvoll und eignet sich kaum für Dessertzwecke. Flowers wurde vor mehr als hundert Jahren von William Flowers in einem Sumpf in der Nähe von Lamberton, North Carolina, gefunden. Improved Flowers, wahrscheinlich ein Sämling von Flowers, wurde um 1869 in der Nähe von Whiteville, North Carolina, gefunden. Sie unterscheidet sich von ihrem vermeintlichen Elternteil durch eine kräftigere und produktivere Rebe und größere Trauben, deren Beeren noch fester haften.

Rebe kräftig, gesund, aufrecht, offen, sehr ertragreich. Stöcke lang, schlank, zahlreich. Blätter variabel, aber durchschnittlich mittelgroß, länger als breit, spitz, herzförmig, dick, dunkelgrün, glatt, ledrig; Ränder scharf gesägt; Blumen perfekt.

Frucht erst sehr spät, gut haltbar. Große Trauben, bestehend aus zehn bis fünfundzwanzig Beeren. Beeren groß, rund-länglich, violett oder violettschwarz, gut am Traubenstiel haftend; Haut dick, zäh, schwach mit Punkten markiert; Fruchtfleisch weiß, saftarm, hart, süßlich, herb im Geschmack; Für eine Tafeltraube schlecht, aber hervorragend für Traubensaft.

GÄRTNER

(Vinifera, Labrusca)

Die Beeren und Trauben von Gaertner sind groß und schön gefärbt, was eine sehr auffällige Traube ergibt. Die Pflanze ist kräftig, produktiv und genauso robust wie alle Hybriden zwischen Labrusca und Vinifera. Angesichts dieser Eigenschaften hat Gaertner nicht die Aufmerksamkeit erhalten, die er verdient, wahrscheinlich weil er hinsichtlich der Böden launischer ist als einige andere seiner verwandten Hybriden. Als Markttraube hat die Sorte die Nachteile einer ungleichmäßigen Reifung und einer schlechten Verschiffbarkeit. Die Früchte sind gut haltbar und machen sie zusammen mit den genannten wünschenswerten Eigenschaften zu einer ausgezeichneten Traube für den heimischen Weinberg. Gaertner wird oft mit Massasoit verglichen, da die beiden Sorten sich im Fruchtcharakter sehr ähneln, aber Gaertner ist von deutlich besserer Qualität als Massasoit. Die Sorte stammt ursprünglich von ES Rogers, Salem, Massachusetts. Die erste Erwähnung erfolgte um 1865.

Die Rebe ist kräftig, robust, außer in strengen Wintern, produktiv. Stöcke lang, dunkelrotbraun, Oberfläche mit dünner Blüte bedeckt; Ranken durchgehend, bifid oder trifid. Blätter mittelgroß, rund; Oberseite dunkelgrün; Unterseite blassgrün, kurz weichhaarig. Blüten selbststeril, spät geöffnet; Staubblätter zurückgebogen.

Früchte in der Zwischensaison, reifen ungleichmäßig, sind nur einigermaßen haltbar. Die Trauben sind mittelgroß, kurz, zylindrisch, meist mit einer einzigen Schulter, manchmal aber auch mit doppelter Schulter, locker mit vielen Fehlfrüchten. Beeren groß, rundoval, hell- bis dunkelrot, glänzend, mit Blüten bedeckt, dauerhaft; Haut dünn, zart; Fruchtfleisch hellgrün, saftig, feinkörnig, zäh, faserig, angenehm weinig; gut bis sehr gut. Samen frei, groß, breit, deutlich eingekerbt, braun.

GENF

(Vinifera, Labrusca)

Genf wird von so vielen anderen Trauben seiner Saison an Qualität übertroffen, dass es nie populär geworden ist, obwohl es viele Gründe gibt, es zu empfehlen. Die Rebe ist kräftig und produktiv, wenn auch nicht ganz winterhart, und die Beeren und Trauben sind attraktiv; Die Frucht ist fast durchsichtig und die Blüte ist so gering, dass die Trauben ein glänzendes Grün haben oder im Sonnenlicht schillern. Die Beeren haften gut am Stiel und die Früchte sind außergewöhnlich gut haltbar. Geneva entstand bei Jacob Moore, Brighton, New York, aus Samen, die 1874 aus einer von Iona gedüngten Hybridrebe gepflanzt wurden.

Rebe kräftig, gesund, produktiv. Stöcke mit dünner Blüte bedeckt; Ranken intermittierend oder durchgehend, bifid oder trifid. Blätter mittelgroß; Oberseite hellgrün, matt; Unterseite grauweiß, kurz weichhaarig; Lappen drei bis fünf, spitz; Blattstielhöhle, flach, breit; Zähne flach, schmal. Blüten selbststeril oder teilweise fruchtbar, spät öffnend; Staubblätter aufrecht.

Früchte in der Zwischensaison, gut verschiffbar und bis in den Winter haltbar. Die Trauben sind groß, an den Enden stumpf, normalerweise nicht geschultert, mit vielen Fehlfrüchten; Stiel lang, schlank, glatt; Pinsel lang, grün. Beeren groß, oval, mattgrün, mit schwacher Blüte in ein schwaches Gelb übergehend; Haut dick, zäh, unpigmentiert; Fleisch hellgrün, zart, weich, weinig, süß auf der Schale, aber säuerlich in der Mitte; mittelmäßig bis gut. Samen mittlerer Größe und Länge.

GOETHE

(Vinifera, Labrusca)

Von allen Rogers-Hybriden weist Goethe die meisten Vinifera-Charaktere auf, ähnelt im Aussehen dem Weißen Malaga Europas und steht qualitativ nicht weit hinter den besten Trauben der Alten Welt zurück. Der Anbau der Sorte ist jedoch schwierig, insbesondere dort, wo die Jahreszeiten nicht lang genug sind, um die volle Reife zu erreichen. Der Weinstock ist äußerst kräftig; es ist ziemlich immun gegen Mehltau, Fäulnis und andere Krankheiten; und wo es gelingt, tragen die Reben so viel, dass eine Ausdünnung notwendig wird. In Kombination mit der hohen Qualität, die sie zu einer hervorragenden Tafeltraube macht, ist Goethe gut haltbar. Goethe wurde erstmals 1858 unter dem Namen Rogers' Nr. 1 erwähnt.

Rebe kräftig, winterhart. Stöcke kurz, dunkelbraun; Knoten vergrößert, abgeflacht; Internodien kurz; Ranken kontinuierlich oder intermittierend, lang, zwei- bis dreizählig. Blätter unregelmäßig rund, dünn; Oberseite hellgrün, glänzend; Unterseite blassgrün, kurz weichhaarig; Blatt normalerweise nicht gelappt, Ende breit spitz; Blattstielhöhle schmal, geschlossen und überlappend; Meist fehlt der Sinus basalis; seitlicher Sinus flach, oft eine Kerbe; Zähne flach, schmal. Blüten teilweise selbstfruchtbar, in der Zwischensaison geöffnet; Staubblätter aufrecht.

Späte Frucht, gut haltbar. Büschel kurz, breit, spitz zulaufend, oft einschultrig, meist zwei Triebe; Stiel lang, dick mit zahlreichen auffälligen Warzen; Pinsel lang, schlank, gelblichbraun. Beeren sehr groß, oval, blassrot mit dünnem Belag bedeckt, hartnäckig; Haut dünn, zart, anhaftend, leicht adstringierend; Fleisch hellgrün, durchscheinend, zart mit Vinifera-Geschmack; sehr gut. Anhaftende Samen, eins bis drei, groß, lang, gekerbt, stumpf, braun.

GOLDMÜNZE

(Æstivalis , Labrusca)

Im Süden, wo sie allein gedeiht, ist Goldmünze eine hübsche Marktsorte von sehr guter Qualität. Die Reben sind produktiv und ungewöhnlich frei von Pilzkrankheiten. Die Sorte entstand bei TV Munson, Denison, Texas, aus Samen von Cynthiana oder Norton, die von Martha bestäubt wurden, und wurde 1894 vom Erfinder eingeführt.

Rebe kräftig, robust, produktiv. Stöcke schlank, zahlreich; Ranken kontinuierlich, manchmal intermittierend, trifid oder bifid. Blätter mittelgroß; Oberseite hellgrün, leicht rau; Unterseite blassgrün, bronzefarben gefärbt, stark kurz weichhaarig. Blüten selbstfruchtbar; Staubblätter aufrecht.

Frucht spät in der Zwischensaison, lange haltbar. Mittelgroße bis kleine Büschel, meist einschultrig. Beeren groß, rund-oval, gelblich-grün mit einer deutlichen Spur von rötlichem Bernstein, mit dünner Blüte, meist dauerhaft; Haut mit kleinen, vereinzelten braunen Punkten bedeckt, dünn, zäh; Fruchtfleisch leicht aromatisch, von der Schale bis zur Mitte säuerlich; Gut. Samenfrei, zahlreich, mittelgroß.

GRÜN FRÜH

(Labrusca, Vinifera)

Green Early ist eine weiße Rebsorte, die mit Winchell in die Saison kommt und diese in den meisten Merkmalen, insbesondere in der Qualität, übertrifft. Green Early wurde 1885 gefunden und wuchs neben einem Graben in der Nähe eines Concord-Weinbergs auf einem Grundstück von OJ Green, Portland, New York.

Rebe kräftig, robust, produktiv. Stöcke unterschiedlicher Länge und Dicke, dunkelrotbraun; Knoten vergrößert, abgeflacht; Internodien kurz; Ranken kontinuierlich, manchmal intermittierend, zwei- oder dreigeteilt. Blätter unterschiedlich groß, mittelgrün; Oberseite dunkelgrün, glänzend; Unterseite blassgrün, kurz weichhaarig; Lappen fehlen oder sind nur schwach fünf; Zähne flach, schmal; Staubblätter aufrecht.

Frucht früh, nicht gut haltbar. Cluster unterschiedlicher Größe, Länge und Breite, manchmal einschultrig, unterschiedlich kompakt. Beeren groß, oval, hellgrün mit gelben Reflexen, mit dünner Blüte, hartnäckig, weich; Haut dünn, empfindlich, neigt zur Rissbildung; Fleisch zäh und aromatisch, süß auf der Schale, aber säuerlich in der Mitte; mittelmäßig in der Qualität. Samen mittelgroß, lang und breit, spitz zulaufend.

GREIN GOLDEN

(Vulpina , Labrusca)

Grein Golden ist dem Riesling sehr ähnlich, allerdings ist die Rebe deutlich kräftiger im Wuchs. Bei einer Sorte der Taylor-Gruppe sind sowohl Trauben als auch Beeren groß und gleichmäßig, was sie zusammen mit der attraktiven Farbe der Beeren zu einer äußerst schönen Frucht macht. Der Geschmack ist jedoch überhaupt nicht angenehm, da es sich um eine ungewöhnliche Mischung aus Süße und Säure handelt, die für die meisten Gaumen sehr unangenehm ist. Die Qualität der Frucht spricht dafür, dass sie nicht für den Tischgebrauch geeignet ist, obwohl sie angeblich einen sehr guten Weißwein ergibt. Nicholas Grein , Hermann, Missouri, baute Grein Golden erstmals um 1875 an.

Rebe kräftig, robust, produktiv. Stöcke lang, zahlreich, schlank, dunkelrotbraun; Knoten vergrößert, abgeflacht; Internodien lang; Ranken intermittierend, trifid oder bifid. Blätter groß, dick; Oberseite dunkelgrün, matt, glatt; Unterseite blassgrün, leicht kurz weichhaarig; Lappen fehlen oder ein bis drei mit spitzem Ende; Blattstielhöhle tief, schmal; Meist fehlt der Sinus basalis; seitlicher Sinus flach, breit, undeutlich; Zähne tief. Blüten selbststeril, in der Zwischensaison geöffnet; Staubblätter zurückgebogen.

Obst in der Zwischensaison. Büschel groß, lang, breit, spitz zulaufend, unregelmäßig, oft stark einschultrig, locker; Stiel mit einigen unauffälligen Warzen; Pinsel schlank, hellgrün. Beeren gleichmäßig groß, groß, rund, goldgelb, glänzend mit dünner Blüte, langlebig; Haut sehr dünn, zart; Fruchtfleisch grün, durchscheinend, sehr saftig, zart, weinig; Gut. Samenfrei, ein bis vier, breit, prall, hellbraun.

GROS COLMAN

(Vinifera)

Dodrelabi

Gros Colman hat den Ruf, die schönste schwarze Tafeltraube zu sein, die angebaut wird. Sie ist eine der beliebtesten Treibhaustrauben in England und Ostamerika und wird in Kalifornien häufig im Freien angebaut. Die Sorte zeichnet sich durch die größten Beeren aller runden Trauben aus, die in riesigen Trauben getragen werden, und durch ihre lange Haltbarkeit, obwohl die zarten Schalen manchmal reißen. Folgende Beschreibung wird zusammengestellt:

Rebe kräftig, gesund und produktiv; Holz dunkelbraun. Blätter sehr groß, rund, dick, aber leicht gelappt; Zähne kurz und stumpf; Oben kahl, unten wollig. Trauben sehr groß, kurz, gut gefüllt, aber eher locker; Beeren sehr groß, rund, dunkelblau; Haut dick, aber zart; Fleisch fest, knackig, süß und gut; Qualität nicht von höchster Qualität. Spät würzen, die Früchte bleiben lange haltbar.

HARTFORD

(Labrusca)

Die Rebe von Hartford zeichnet sich zwar gut durch ihre guten Eigenschaften aus, die Frucht lässt sich jedoch am besten durch ihre Fehler beschreiben, weshalb die Sorte nicht mehr angebaut wird. Die Pflanzen sind kräftig, fruchtbar, gesund und tragen früh in der Saison Früchte. Die Stöcke zeichnen sich durch ihre Stärke und die Krümmungen an den Gelenken aus. Die Trauben sind nicht unattraktiv, aber die Qualität der Früchte ist gering, das Fruchtfleisch ist breiig und der Geschmack fade und fuchsig. Die Beeren schälen sich schlecht am Rebstock und wenn sie für den Versand verpackt werden, so dass sich die Früchte nicht gut versenden, verpacken oder aufbewahren lassen. Die Trauben färben sich lange vor der Reife und die

Blüten sind nur teilweise selbstfruchtbar, sodass die Trauben in Jahreszeiten, in denen während der Blütezeit schlechtes Wetter herrscht, locker und verstreut sind. Die ursprüngliche Rebe von Hartford war ein zufälliger Sämling im Garten von Paphro Steele, West Hartford, Connecticut. Die ersten Früchte trugen sie im Jahr 1849.

Rebe kräftig, sehr produktiv. Stöcke lang, dunkelbraun, mit Pubertät bedeckt; Knoten vergrößert, abgeflacht; Internodien kurz; Ranken durchgehend, lang, gespalten. Blätter groß, dick; Oberseite dunkelgrün, matt, rau; Unterseite blassgrün, dünn weichhaarig; Lappen variabel; Blattstielhöhle tief, schmal; Meist fehlt der Sinus basalis; seitlicher Sinus flach, schmal; Zähne flach. Blüten teilweise selbstfruchtbar, in der Zwischensaison geöffnet; Staubblätter aufrecht.

Frucht früh. Trauben mittelgroß, lang, schlank, spitz zulaufend, unregelmäßig, oft mit einer langen, großen, einzelnen Schulter, locker; Stiel kurz mit einigen kleinen Warzen; Pinsel grünlich. Beeren mittelgroß, rundoval, schwarz, mit Blüten bedeckt, fallen stark ab; Haut dick, zäh, anhaftend, enthält viel purpurrotes Pigment, adstringierend; fleischgrün, durchscheinend, saftig, fest, fadenförmig, fuchsartig; schlechte Qualität. Samen frei, ein bis vier, breit, dunkelbraun.

TAFEL XXVIII. — Triumph (× 3 / 5).

HAYES

(Labrusca, Vinifera)

Im Jahr 1880 verlieh die Massachusetts Horticultural Society Hayes ein Verdienstzertifikat für die hohe Qualität der Früchte. Dies brachte es den Weinbauern bekannt und eine Zeit lang war es beliebt, aber als es bekannter wurde, wurden mehrere Mängel deutlich. Die Rebe ist robust und kräftig, aber das Wachstum ist langsam und die Sorte ist ein schüchterner Träger. Sowohl die Trauben als auch die Beeren sind klein und die Ernte reift zu einem Zeitpunkt, eine Woche oder zehn Tage früher als bei Concord, wenn es viele andere gute grüne Trauben gibt. Obwohl die Sorte von ausgezeichneter Qualität ist, ist sie kaum einen Platz in einem Weinberg wert. John B. Moore, Concord, Massachusetts, ist der Begründer von Hayes. Es handelt sich um einen Setzling von Concord aus der gleichen Menge Setzlinge wie Moore Early. Die erste Fruchtbildung erfolgte im Jahr 1872.

Die Rebe ist unterschiedlich kräftig und produktiv, robust und gesund. Stöcke zahlreich, schlank; Knoten vergrößert, abgeflacht; Internodien kurz; Ranken intermittierend, bifid oder trifid. Blätter gleichmäßig groß; Oberseite dunkelgrün; Unterseite kurz weichhaarig; Lappen eins bis drei; Zähne flach, klein. Blüten nahezu selbststeril, mittelspät geöffnet; Staubblätter aufrecht.

Frühzeitig fruchtbar, gut haltbar. Cluster unterschiedlicher Größe und Länge, oft einschultrig; Stiel lang, schlank; Pinsel klein, hellgrün. Beeren mittelgroß, rund, grünlich-gelb, mit dünnem Belag bedeckt, hartnäckig; Haut dünn, zart mit ein paar kleinen rotbraunen Punkten; Fruchtfleisch feinkörnig, zart, weinig, süß auf der Schale, angenehm säuerlich im Kern, mild; Gut. Samen wenige, mittelgroß, kurz, rundlich, braun.

SCHEINWERFER

(Vinifera, Labrusca, Bourquiniana)

Spotlight ist für südliche Weinberge wünschenswerter als für nördliche, im Norden ist es jedoch einen Versuch wert. Seine verdienstvollen Charaktere sind: Produktivität, die Delaware übertrifft, mit dem es konkurriert; krankheitsresistentes Laub und Reben; überdurchschnittliche Wuchskraft der Rebe; hohe Qualität der Früchte, fast gleichwertig mit Delaware im Geschmack und mit zartem, schmelzendem Fruchtfleisch, das sich leicht von den Kernen löst; und Frühzeitigkeit, Reifung vor Delaware und Hängen an den Reben oder Aufbewahren nach der Ernte für einige Zeit ohne Verschlechterung. Der Erfinder von Spotlight, TV Munson, gibt an, dass die Sorte aus Samen von Moyer stammt, die von Brilliant gedüngt wurden. Der Samen wurde 1895 gepflanzt und die Traube 1901 eingeführt.

Rebe kräftig, winterhart, sehr produktiv. Stöcke kurz, wenige, schlank, rotbraun; Knoten vergrößert; Internodien kurz; Ranken durchgehend, kurz, zweigeteilt, sehr ausdauernd. Blätter klein, dick; Oberseite hellgrün, matt, glatt; Unterseite blassgrün, kurz weichhaarig; Lappen eins bis drei mit stumpfem Ende; Sinus petiolaris mittlerer Tiefe und Breite; Meist fehlt der Sinus basalis; seitlicher Sinus flach, schmal; Zähne flach. Blüten selbststeril, in der Zwischensaison geöffnet; Staubblätter zurückgebogen.

Frühzeitig fruchtbar, gut haltbar. Büschel klein, kurz, spitz zulaufend, oft einschultrig, kompakt; Stiel kurz, schlank, mit einigen kleinen Warzen bedeckt; Pinsel gelblich-braun. Beeren klein, rund, dunkelrot mit dünner Blüte, haltbar, fest; Haut zäh, anhaftend, adstringierend; Fruchtfleisch grün, durchscheinend, sehr saftig, zart, feinkörnig, weinig, süß; sehr gut. Samen frei, ein bis drei, klein, hellbraun.

HERBEMONT

(Bourquiniana)

Bottsi , Brown French, Dunn, Herbemont's Madeira, Hunt, Kay's Seedling, McKee, Neal, Warren, Warrenton

Im Süden hat Herbemont den gleichen Rang wie Concord im Norden. Die Rebe ist anspruchsvoll in Bezug auf den Boden und benötigt einen gut durchlässigen, warmen Boden, der reichlich mit Humus versorgt ist. Trotz dieser Einschränkungen wird diese Sorte in einem riesigen Gebiet angebaut, das sich von Virginia und Tennessee bis zum Golf und westlich durch Texas erstreckt. Die Rebe ist bemerkenswert kräftig und wird in diesem Charakter von kaum einer anderen unserer einheimischen Rebsorten übertroffen. Die Früchte bestechen durch die große Traube und das glänzende Schwarz der kleinen Beeren und werden an geeigneten Standorten reichlich und sicher getragen. Die fleischigen Eigenschaften der Frucht sind für eine kleine Traube gut, da weder Fleisch noch Schale noch Kerne beim Verzehr störend sind. Das Fruchtfleisch ist zart, saftig, reichhaltig, süß und aromatisch. Das üppige, leuchtend grüne Laub macht diese Sorte zu einer der attraktiven Zierpflanzen des Südens. Es ist bekannt, dass Herbemont vor dem Unabhängigkeitskrieg in Georgia angebaut wurde, als es allgemein Warren und Warrenton genannt wurde. Zu Beginn des letzten Jahrhunderts gelangte es in die Hände von Nicholas Herbemont aus Columbia, South Carolina, dessen Namen es schließlich annahm.

Rebe sehr kräftig. Stöcke lang, kräftig, hellgrün, mit mehr oder weniger violetter und kräftiger Blüte; Internodien kurz; Ranken intermittierend, bifid oder trifid. Blätter groß, rund, ganzrandig oder drei- bis siebenlappig, oben und unten fast kahl; Oberseite klar grün; Unterseite hellgrün, glasig. Blüten selbstfruchtbar.

Frucht sehr spät. Die Trauben sind groß, lang, spitz zulaufend, deutlich ausgebildet, kompakt; Stiele kurz mit einigen großen Warzen; Pinsel rosa. Beeren rund, klein, gleichförmig, rotschwarz oder braun mit üppiger Blüte; Haut dünn, zäh; Fleisch zart, saftig; Saft farblos oder leicht rosa, süß, spritzig. Samen zwei bis vier, klein, rotbraun, glänzend.

HERBERT

(Labrusca, Vinifera)

In allem, was eine feine Tafeltraube ausmacht, ist Herbert (Tafel XVIII) so perfekt wie jede amerikanische Sorte. Für eine Vinifera-Labrusca-Hybride ist die Rebe kräftig, robust und fruchtbar und steht in dieser Hinsicht vielen reinrassigen Labruscas in nichts nach. Während die Früchte bei Concord reifen, sind sie viel länger haltbar und lassen sich besser verpacken und versenden. Die Sorte ist selbststeril und muss in der Nähe anderer Sorten gepflanzt werden. Herbert verdient die Aufmerksamkeit kommerzieller Erzeuger, die einen anspruchsvollen Markt beliefern, und ihre vielen guten Eigenschaften verleihen ihr einen hohen Stellenwert als Gartentraube. Die Sorte ist eine von Rogers' Hybriden, die 1869 Herbert genannt wurde.

Rebe sehr kräftig, produktiv. Stöcke lang, zahlreich, dick, dunkelbraun; Knoten vergrößert, abgeflacht; Internodien lang; Ranken intermittierend, lang, zwei- oder dreigeteilt. Blätter groß, rund; Oberseite dunkelgrün, matt, glatt; Unterseite blassgrün mit etwas Pubertät; Blatt ganzrandig, Ende stumpf; Blattstielhöhle tief, schmal, geschlossen, überlappend; Basal- und Seitennebenhöhlen fehlen; Zähne flach. Blüten selbststeril, in der Zwischensaison geöffnet; Staubblätter zurückgebogen.

Früchte in der Zwischensaison, gut haltbar. Büschel groß, breit, spitz zulaufend, zwei bis drei Büschel pro Trieb, stark einschultrig, locker; Stiel dick mit kleinen rostroten Warzen; Pinsel gelbgrün. Beeren groß, rundoval, abgeflacht, mattschwarz, mit dichter Blüte bedeckt, hartnäckig, fest; Haut dick, zäh, anhaftend, adstringierend; Fruchtfleisch hellgrün, durchscheinend, saftig, zart, feinkörnig; sehr gut. Anhaftende Samen, drei bis sechs, groß, breit, gekerbt, lang mit geschwollenem Hals, stumpf, braun mit gelben Spitzen.

HERKULES

(Labrusca, Vinifera)

Hercules zeichnet sich durch sehr große Beeren, schön gefärbte Früchte und große, wohlgeformte Trauben aus. Der Geschmack ist zwar nicht der Beste, aber gut. Zusätzlich zu den wünschenswerten Eigenschaften der Früchte sind die Reben robust, kräftig und produktiv. Diese guten Eigenschaften können jedoch die zahlreichen Mängel der Sorte nicht ausgleichen. Die

Trauben fallen und platzen stark, das Fruchtfleisch ist zäh und haftet für eine Desserttraube zu fest am Kern, so dass die Sorte außer für Zuchtzwecke wertlos ist. Herkules wurde um 1890 von GA Ensenberger , Bloomington, Illinois, eingeführt ; seine Abstammung ist unbekannt.

Rebe sehr kräftig, winterhart, sehr produktiv. Stöcke lang, dunkelrotbraun; Knoten vergrößert, abgeflacht; Internodien lang; Ranken durchgehend, gespalten. Blätter groß; Oberseite hellgrün, glänzend, glatt; Unterseite graugrün, kurz weichhaarig; Lappen eins bis drei, Ende spitz; Blattstielhöhle tief, schmal; Basalisinus fehlt normalerweise; seitlicher Sinus flach; Zähne flach. Blüten selbststeril, in der Zwischensaison geöffnet; Staubblätter zurückgebogen.

Früchte in der Zwischensaison, gut haltbar. Büschel sehr groß, breit, spitz zulaufend, ein bis drei Büschel pro Trieb, kompakt; Pinsel hellgrün. Beeren sehr groß, rund, schwarz, glänzend mit starker Blüte, fest; hauthaftend, adstringierend; Fleisch grün, durchscheinend, saftig, sehr zäh, grob, fadenförmig, fuchsig; mittelmäßig in der Qualität. Anhaftende Samen, eins bis fünf, groß, breit, tief eingekerbt, stumpf, braun.

HICKS

(Labrusca)

Hicks ist eine bemerkenswert gute Traube, und wenn die Früchte nicht fast identisch mit denen der Concord wären und mit ihr oder etwas früher reifen würden, hätte sie einen Platz im Weinbau des Landes. Da es jedoch vor einigen Jahren eingeführt wurde und bei den Erzeugern keinen großen Anklang findet, scheint es, dass es sich nicht gegen Concord durchsetzen kann, mit dem es konkurrieren muss. An vielen Orten sind die Reben produktiver als die von Concord und wachsen stärker. Hicks wurde 1898 von Henry Wallis, Wellston, Missouri, eingeführt, der angibt, dass es sich um einen Zufallssämling handelt, der um 1870 aus Kalifornien an Richard Berry, einen Gärtner aus St. Louis County, Missouri, geschickt wurde.

Rebe sehr kräftig, winterhart, sehr produktiv. Stöcke mittellang bis lang, zahlreich, rotbraun, mit dünnem Belag bedeckt; Ranken durchgehend, bifid oder trifid. Blätter groß, dick; Oberseite dunkelgrün, glänzend; Die Unterseite ist weiß, wechselt zu einem kräftigen Bronzeton und ist stark kurz weichhaarig. Blüten selbstfruchtbar, früh öffnend; Staubblätter aufrecht.

Früchte in der Zwischensaison, gut haltbar. Die Büschel sind groß, lang, breit, spitz zulaufend, oft einschultrig. Beeren groß, rund, violettschwarz mit starker Blüte, platzen bei Überreife, fest; zarte Haut mit dunklem weinrotem Pigment; Fleisch grün, saftig, zäh, feinkörnig, leicht fuchsig; Gut. Samen anhaftend, groß, kurz, breit, stumpf, braun.

HIDALGO

(Vinifera, Labrusca, Bourquiniana)

Die Trauben von Hidalgo sind reichhaltig, süß, haben einen delikaten Geschmack und sind in Farbe, Größe und Form der Beeren und Trauben so gut kombiniert, dass die Früchte einzigartig schön aussehen. Die Schale ist dünn, aber fest und die Sorte ist gut haltbar und lässt sich gut versenden. Die Reben sind jedoch zweifelhaft winterhart, unterschiedlich stark und nicht immer fruchtbar. Während sich Hidalgo für den kommerziellen Weinberg möglicherweise nicht als wertvoll erweist, kann es in günstigen Situationen dem Amateur eine Versorgung mit erlesenen Früchten bieten. Die Abstammung von Hidalgo, wie von seinem Urheber, TV Munson, angegeben, ist Delaware, Goethe und Lindley. Die Sorte wurde 1902 vom Erfinder eingeführt.

Die Rebsorte ist unterschiedlich kräftig, winterhart und produktiv. Stöcke dick, dunkelrotbraun; Knoten vergrößert, abgeflacht; Ranken intermittierend oder durchgehend, bifid oder trifid. Blätter groß, unregelmäßig rund, dick; Oberseite hellgrün, matt, rau; Unterseite blassgrün, bräunlich, stark kurz weichhaarig; drei Lappen, wenn vorhanden; Blattstielhöhle schmal, manchmal geschlossen und überlappend; basaler Sinus fehlt; seitlicher Sinus flach, schmal; Zähne sehr flach, schmal. Blüten halbfruchtbar, nach der Zwischensaison geöffnet; Staubblätter aufrecht.

Früchte in der Zwischensaison, gut haltbar und versandfähig. Büschel groß, lang, schlank, zylindrisch, oft stumpf, nicht geschultert, ein bis zwei Büschel pro Trieb, kompakt; Stiel lang, schlank mit kleinen Warzen; Pinsel gelbgrün mit braunem Schimmer. Beeren groß, oval, grünlich-gelb, glänzend mit dünner Blüte, langlebig, fest; Haut dünn, zäh, anhaftend, adstringierend; Fruchtfleisch grün, transparent, saftig, zart, schmelzend, aromatisch, süß; sehr gut bis bestens. Samenfrei, zwei bis vier, groß, prall, hellbraun.

HOCHLAND

(Vinifera, Labrusca)

Nur wenige Sorten schwarzer Trauben können sich in Aussehen und Qualität der Früchte mit Highland vergleichen. Bei guter Pflege und günstigen Bedingungen sind die Trauben ungewöhnlich groß und schön anzusehen, können manchmal ein Gewicht von zwei Pfund erreichen und wunderschöne bläulich-schwarze Beeren mit dem feinen Geschmack und der zarten Textur von Jura Muscat, einem ihrer Eltern, tragen. Das Fruchtfleisch ist fest und fest und die Frucht ist gut haltbar und lässt sich gut transportieren. Die Rebe ist kräftig und äußerst ertragreich, aber zweifelhaft winterhart. Wo das Klima gemäßigt ist und die Jahreszeit lang genug ist, damit sich die Reben und Früchte der Highlands entwickeln können, ist dies eine der erlesensten Rebsorten für den Amateur. Die Sorte entstand gegen Ende des Bürgerkriegs bei JH Ricketts, Newburgh, New York, aus Samen von Concord, die mit Jura Muscat gedüngt wurden.

Die Rebe ist unterschiedlich kräftig, produktiv und gesund. Stöcke lang, zahlreich, dunkelbraun mit dünner Blüte; Knoten vergrößert; Internodien lang; Ranken intermittierend, bifid oder trifid. Blätter groß; Oberseite dunkelgrün, matt, rau; Unterseite graugrün, kurz weichhaarig; Lappen eins bis fünf, einer am Ende spitz; Blattstielhöhle tief, unterschiedlich breit; Basalhöhle flach, schmal; seitlicher Sinus eine Kerbe; Zähne tief, breit. Blüten selbstfruchtbar, in der Zwischensaison geöffnet; Staubblätter aufrecht.

Späte Frucht, gut haltbar. Büschel groß, lang, breit, spitz zulaufend, meist einschultrig, meist zwei Büschel pro Trieb; Stiel lang, dick, glatt; Pinsel grün mit gelbem Schimmer. Beeren groß, rundoval, violettschwarz, matt mit starker Blüte, dauerhaft, fest; Haut zäh, frei; Fleisch grün, durchscheinend, saftig, zart, weinig; Gut. Samen frei, eins bis sechs, groß, lang, gekerbt, braun.

HOPKINS

(Rotundifolia)

Hopkins wird von Weinbauern in den Südatlantikstaaten als die beste frühe Rotundifolia-Traube bezeichnet. Die Saison in North Carolina beginnt Anfang August, fast einen Monat vor jeder anderen. Es ist auch eines der besten in der Qualität und sollte in Bezug auf Qualität und Frühzeitigkeit in jedem Weinberg in der Region, in der es wächst, vorhanden sein. Hopkins wurde um 1845 von John Hopkins in der Nähe von Wilmington, North Carolina, gefunden.

Rebe sehr kräftig, robust, produktiv. Stöcke lang, schlank, aufrecht. Blätter mittelgroß, variabel, herzförmig, länger als breit, dick, ledrig, glatt, dunkelgrün; Ränder scharf gesägt. Blüten selbstfruchtbar.

Früchte sehr früh. Die Trauben sind groß und enthalten vier bis zehn Beeren. Beeren groß, dunkelviolett oder fast schwarz, rund-länglich, schlecht schälend; Haut dick, zäh, schwach mit Punkten markiert; Fruchtfleisch weiß, zart, saftig mit süßem, angenehmem Geschmack; eine der qualitativ besten Rotundifolien .

HOSFORD

(Labrusca)

Hosford ist ein Nachkomme von Concord und unterscheidet sich vom Elternteil hauptsächlich durch die größere Größe der Trauben und Beeren sowie durch die geringere Fruchtbarkeit. Die Sorte wird von den gleichartigen Sorten Worden und Eaton übertroffen und ist wahrscheinlich nicht kultivierbar. Einige behaupten, Hosford sei identisch mit Eaton, es gebe jedoch deutliche Unterschiede sowohl im Wein- als auch im Fruchtcharakter. Die Rebe sieht der von Concord sehr ähnlich, außer dass die Vertiefungen entlang der Blattränder tiefer sind. Hosford entstand um 1876 im Garten von George Hosford, Ionia, Michigan, als zufälliger Sämling, der zwischen zwei Concord-Reben wuchs.

Reben sind kraftlos, winterhart und unproduktiv. Stöcke kurz, wenige, schlank; Knoten vergrößert; Internodien sehr kurz; Ranken durchgehend, bifid oder trifid. Blätter mittelgroß; Oberseite hellgrün, rau; Unterseite grauweiß bis bronzefarben, stark kurz weichhaarig; Lappen schwach; Blattstielhöhle breit; Zähne klein, scharf. Blüten flach, halbfruchtbar, in der Zwischensaison geöffnet; Staubblätter aufrecht.

Obst in der Zwischensaison, nicht gut haltbar. Trauben groß, spitz zulaufend, leicht ausgebildet, kompakt; Stiel kurz mit kleinen Warzen; Pinsel schlank, grün. Beeren groß, rundoval, mattschwarz mit üppiger Blüte, langlebig; Haut dick, zart; Fruchtfleisch hellgrün, saftig, feinkörnig, zart, weinig, süß; Gut. Samen wenige, groß, breit, stumpf, rundlich, braun.

HYBRID-FRANC

(Vinifera, Rupestris)

Hybrid Franc ist die bekannteste Kreuzung zwischen Rupestris und Vinifera. Es handelt sich um eine der wenigen Sorten, die in Europa als resistenter Stamm verwendet werden und jetzt für einen Direktanbauer empfohlen werden. Die Reben sind robust, kräftig und sehr ertragreich. Die Frucht eignet sich nur für Wein oder Traubensaft, da sie zu sauer ist, um sie direkt zu essen. Der Farbstoff in der Frucht ist sehr intensiv und kann zum Färben von Traubenprodukten verwendet werden. Die Sorte ist französischen Ursprungs.

Rebe kräftig, robust, produktiv. Stöcke zahlreich, dick, hellbraun mit blauer Blüte; Knoten vergrößert; Internodien kurz; Ranken intermittierend, lang, zwei- oder dreigeteilt. Blätter klein, dünn; Oberseite hellgrün, glänzend, glatt; Unterseite grün, entlang der Rippen und großen Adern behaart; Lappen drei bis fünf mit einem spitzen Endlappen; Blattstielhöhle schmal, manchmal geschlossen und überlappend; lateraler Sinus eine Kerbe. Blüten halbfruchtbar, früh öffnend; Staubblätter aufrecht.

Obst in der Zwischensaison, nicht gut haltbar. Trauben mittelgroß, kurz, zylindrisch, einschultrig, kompakt; Stiel lang, schlank mit wenigen kleinen Warzen; Pinsel kurz, weinfarben. Beeren klein, abgeflacht, schwarz, glänzend mit dichter Blüte, hartnäckig, fest; Haut dünn, zart mit sehr dunklem weinrotem Pigment; Fruchtfleisch grün mit rötlichem Schimmer, durchscheinend, saftig, feinkörnig, zart, würzig, herb; mittelmäßig in der Qualität. Samen frei, ein bis fünf, klein, kurz, hellbraun.

IDEAL

(Labrusca, Vinifera, Bourquiniana)

Ideal ist ein hübscher Sämling von Delaware, von dem er sich hauptsächlich dadurch unterscheidet, dass er größere Trauben und Beeren aufweist und in beiden Merkmalen fast die Größe von Catawba erreicht. In Kansas und Missouri wird diese Sorte sehr empfohlen, nicht nur wegen der hohen Qualität der Früchte, die qualitativ mit Delaware vergleichbar ist, sondern auch wegen der kräftigen, gesunden und produktiven Reben. Aber weiter nördlich sind die Reben äußerst robust und nicht fruchtbar, gesund und kräftig genug, um eine hohe Empfehlung zu rechtfertigen. Ideal entstand um 1885 bei John Burr, Leavenworth, Kansas, aus Samen von Delaware.

Rebe kräftig, zweifelhaft winterhart, produktiv; Ranken intermittierend, bifid oder trifid. Stöcke lang, zahlreich, schlank, dunkelbraun; Knoten vergrößert, abgeflacht; Internodien lang. Blätter groß, unterschiedlich gefärbt; Lappen drei bis fünf; Blattstielhöhle tief, breit; Zähne tief, schmal; Oberseite hellgrün, matt; Unterseite blassgrün, kurz weichhaarig.

Frucht früh in der Zwischensaison, gut haltbar. Büschel groß, breit, stark geschultert; Stiel dick; Pinsel grün. Beeren groß, rund, dunkelrot mit dünner Blüte, meist hartnäckig, fest; Haut dick, zäh, anhaftend; Fruchtfleisch grün, zart, aromatisch, süß an der Schale, säuerlich in der Mitte; gut bis sehr gut. Samen festhaftend, groß, prall, braun.

IONA

(Labrusca, Vinifera)

Im Geschmack weist die Frucht von Iona (Tafel XIX) eine seltene Kombination aus Süße und Säure auf, rein, zart und weinig. Das Fruchtfleisch ist durchsichtig, schmelzend, zart, saftig und bis in die Mitte von gleichmäßiger Konsistenz. Die Samen sind wenige und klein und lassen sich leicht vom Fruchtfleisch lösen. Die Farbe ist ein eigenartiger dunkelroter Wein mit einem Hauch von Amethyst, variabel und nicht immer attraktiv. Die Traube ist groß, aber locker, die Beeren variieren in der Größe und reifen ungleichmäßig. Die Früchte können bis zum Spätwinter aufbewahrt werden. Die Rebeneigenschaften von Iona sind nicht so gut wie die der Früchte. Um gut zu gedeihen, muss die Rebe einen Boden haben, der genau auf ihre Bedürfnisse zugeschnitten ist und scheinbar am besten in tiefem, trockenem, sandigem oder kiesigem Ton gedeiht. Iona reagiert besonders gut, wenn sie gegen Wände oder Gebäude trainiert wird, und erreicht unter solchen

Bedingungen eine seltene Perfektion. Die Reben sind zweifelhaft winterhart und müssen in vielen Teilen des Nordens über einen Winterschutz verfügen; Sie sind nicht kräftig und neigen zur Überheblichkeit, was durch einen gründlichen Rückschnitt behoben werden kann. An Standorten, an denen Mehltau und Fäule gedeihen, wird die Sorte stark von diesen Krankheiten befallen. Iona entstand bei CW Grant, Iona Island, New York, aus Samen von Diana, die 1885 gepflanzt wurden.

Rebe schwach, zweifelhaft winterhart, unproduktiv. Stöcke kurz, hellbraun; Knoten vergrößert; Internodien kurz; Ranken intermittierend, gespalten. Blätter dick; Oberseite hellgrün, matt, glatt; Unterseite graugrün, stark kurz weichhaarig; Lappen drei bis fünf mit einem spitzen Endlappen; Blattstielhöhle mittlerer Tiefe und Breite; Basalhöhle flach; seitlicher Sinus flach, breit; Zähne flach. Blüten selbstfruchtbar, spät geöffnet; Staubblätter aufrecht.

Späte Frucht, gut haltbar. Traube mittelgroß, manchmal doppelschultrig, schlank, spitz zulaufend, locker; Pinsel hellgrün. Beeren gleichmäßig, oval, rund, matt, hell- und dunkelrot mit dünner Blüte, dauerhaft, fest; Haut zäh, anhaftend, leicht adstringierend; Fruchtfleisch grün, durchscheinend, saftig, feinkörnig, zart, schmelzend, weinig; sehr gut. Samen frei, ein bis vier, klein, breit, rundlich, braun.

TAFEL XXIX. — Vergennes (× ^{2} / $_3$).

ISABELLA

(Labrusca, Vinifera)

*Alexander, Black Cape, Christie's Improved Isabella, Conckling's Wilding,
Constantia, Dorchester, Gibb's Grape, Hensell's Long Island, Payne's Early, Helene,
Woodward*

Isabella (Tafel XX) ist heute kaum noch von historischem Interesse, da es
eine der Hauptstützen des amerikanischen Weinbaus war. Vom Aussehen
her ist die Frucht der Isabella genauso attraktiv wie die jeder schwarzen
Traube, die Trauben sind groß und gut geformt und die Beeren sind glänzend
schwarz und haben eine dichte Blüte. Der Geschmack ist gut, aber die dicke
Schale und der Moschusgeschmack sind störend. Die Trauben sind gut
haltbar und lassen sich gut transportieren. Isabella wird in Bezug auf
Weincharaktere von vielen anderen Arten übertroffen, insbesondere von
Concord, das an seine Stelle getreten ist. Das glänzende Grün, das üppige
Laub, das bis spät in die Saison erhalten bleibt, und die Wuchskraft der Rebe

machen diese Sorte zu einer attraktiven Zierpflanze, die sich gut für den Anbau auf Lauben, Veranden und Spalieren eignet. Der Ursprung von Isabella ist nicht bekannt. Es wurde von William Prince, Flushing, Long Island, um 1816 von Frau Isabella Gibbs, Brooklyn, New York, erworben.

Rebe kräftig, robust, produktiv. Stöcke kurz, zahlreich mit starker Behaarung, dick, hellbraun; Knoten vergrößert, abgeflacht; Internodien kurz; Ranken durchgehend, lang, zwei- oder dreigeteilt. Blätter dick; Oberseite dunkelgrün, glatt, glänzend; Unterseite weißlichgrün, stark kurz weichhaarig; Lappen drei, wenn vorhanden, mit stumpfem Endlappen; Blattstielhöhle flach, schmal, oft geschlossen, überlappend; Basalishöhle fehlt normalerweise; Seitenhöhle flach, schmal, häufig eingekerbt; Zähne flach, breit. Blüten selbstfruchtbar, in der Zwischensaison geöffnet; Staubblätter aufrecht.

Späte Frucht, gut haltbar und versandfähig. Cluster groß, zylindrisch, häufig einschultrig; Stiel schlank, glatt; Pinsel lang, gelbgrün. Beeren mittelgroß bis groß, oval, schwarz mit starker Blüte, hartnäckig, weich; Haut dick, zäh, anhaftend, adstringierend; Fleisch hellgrün, durchscheinend, saftig, feinkörnig, zart, fleischig, etwas fuchsig, süß; Gut. Samen eins bis drei, groß, breit, deutlich gekerbt, kurz, braun mit gelben Spitzen.

ISABELLA-SÄMLING

(Labrusca, Vinifera)

Der Isabella-Sämling ist ein früher, kräftiger und produktiver Nachkomme von Isabella. Im Fruchtcharakter ähnelt sie stark ihrem Elternteil, reift ihre Ernte jedoch früher und hat eine kompaktere Traube. Die Frucht ist wie die ihrer Eltern von guter Qualität und bemerkenswert gut haltbar. Dieser Sämling wird mittlerweile häufiger angebaut als Isabella und obwohl er keine nennenswerte kommerzielle Bedeutung hat, verdient er als Markttraube viel mehr Beachtung als einige der geschmacksschwachen Sorten, die allgemeiner angebaut werden. Unter diesem Namen gibt es mehrere Sorten. Zwei werden von Warder erwähnt; einer aus Ohio und einer aus New York. Der hier beschriebene Isabella-Sämling entstand 1889 bei GA Ensenberger , Bloomington, Illinois.

Rebe kräftig, gesund, robust, produktiv. Stöcke lang, dick, dunkelbraun, oft mit einem roten Schimmer, mit dünner Blüte; Knoten hervortretend, abgeflacht; Internodien lang; Ranken intermittierend oder durchgehend, gespalten. Blätter gesund, groß, dick; Oberseite grün, matt; Unterseite blassgrün oder graugrün, gelegentlich mit einem Hauch von Bronze, kurz weichhaarig. Blüten selbstfruchtbar; Staubblätter aufrecht.

Frühzeitig fruchtbar, gut haltbar. Büschel groß, lang, schlank, zylindrisch, meist einschultrig, locker, kompakt. Beeren groß, oval, oft birnenförmig, mattschwarz mit dichter Blüte, hartnäckig, weich; dicke Haut mit etwas rotem Pigment; Fleisch hellgrün, saftig, zart, grob, weinig; Gut. Samen zahlreich, frei, groß, breit, gekerbt, dunkelbraun.

ISRAELLA

(Labrusca, Vinifera)

Israella stammte zeitgleich mit Iona aus CW Grant und galt als die früheste gute Rebsorte im Anbau. Mehrere Jahre nach seiner Einführung wurde es vielfach ausprobiert, aber fast überall verworfen, weil die Früchte von schlechter Qualität und unansehnlichem Aussehen waren und es der Rebe an Vitalität, Widerstandsfähigkeit und Produktivität mangelte. Grant züchtete Israella aus Isabella-Samen, die 1885 gepflanzt wurden.

Der Rebe fehlt die Kraft, sie ist unproduktiv. Stöcke schlank, dunkelbraun; Knoten vergrößert, abgeflacht; Internodien kurz; Ranken durchgehend, gespalten. Blätter groß; Oberseite hellgrün, matt, rau; Unterseite blassgrün, kurz weichhaarig; Lappen eins bis fünf, schwach; Blattstielhöhle tief, schmal; Zähne flach, scharf; Staubblätter aufrecht.

Späte Frucht, gut haltbar. Die Trauben sind groß, mittellang und breit, spitz zulaufend, oft einschultrig, kompakt, häufig mit vielen Fehlfrüchten. Beeren mittelgroß, rundoval, schwarz oder violettschwarz mit dünner Blüte, abfallend, weich; Schale dick, zäh mit viel purpurrotem Pigment; Fruchtfleisch hellgrün, saftig, fadenförmig, mild, süß von der Schale bis zur Mitte; mittelmäßig in der Qualität. Samenfrei, mittelgroß, gekerbt, stumpf, hellbraun, oft mit grauen Warzen bedeckt.

IVES

(Labrusca, Æstivalis)

Ives' Madeira, Ives' Sämling, Kittredge

Ives genießt einen hohen Ruf als Rebsorte für die Herstellung von Rotwein und wird in dieser Hinsicht nur von Norton übertroffen. Die Rebe ist robust, gesund, kräftig und fruchtbar. Die Frucht ist von schlechter Qualität, verfärbt sich lange vor der Reife, hat einen fuchsartigen Geruch und das Fruchtfleisch ist zäh und breiig. Die Trauben sind kompakt und haben wohlgeformte, tiefschwarze Trauben, was sie attraktiv macht. Die Rebe lässt sich leicht vermehren und passt sich jedem guten Weinboden an, wächst aber so stark, dass sie schwer zu pflegen ist. Die Sorte wird nicht weit verbreitet angebaut. Ives wurde von Henry Ives aus Samen gezüchtet, die er 1840 in seinem Garten in Cincinnati, Ohio, gepflanzt hatte.

Rebe kräftig, robust, gesund, produktiv. Stöcke lang, dick, rotbraun mit dünner Blüte; Knoten vergrößert, abgeflacht; Internodien kurz; Ranken durchgehend, bifid oder trifid. Blätter groß; Oberseite dunkelgrün, matt, rau; Unterseite blassgrün, kurz weichhaarig; Lappen drei bis fünf, wenn vorhanden, mit einem spitzen Endlappen; Blattstielhöhle tief, schmal, manchmal geschlossen und überlappend; Basalhöhle flach; seitlicher Sinus schmal; Zähne flach.

Frucht spät in der Zwischensaison, gut haltbar. Die Trauben sind groß, spitz zulaufend, oft einschultrig, kompakt, oft mit zahlreichen abortiven Beeren; Stiel schlank mit zahlreichen kleinen Warzen; Pinsel kurz, schlank, blass mit rötlich-braunem Schimmer. Beeren oval, tiefschwarz mit kräftiger Blüte, sehr hartnäckig, fest; Haut zäh, anhaftend, weinfarbenes Pigment, adstringierend; Fleisch hellgrün, durchscheinend, saftig, feinkörnig, zäh, fuchsig; Gut. Anhaftende Samen, eins bis vier, klein, oft verkümmert, breit, kurz, stumpf, rundlich, braun.

JAMES

(Rotundifolia)

James ist eine der größten Rotundifolia-Reben und wahrscheinlich die beste Allzwecksorte dieser Art. Die Rebe ist für ihre Kraft und Produktivität bekannt. Es kann nicht nördlich von Maryland angebaut werden. Sie gedeiht auf sandigen Lehmböden mit lehmigem Untergrund. Die Sorte wurde von BWM James, Pitt County, North Carolina, gefunden. Sie wurde um 1890 eingeführt und 1899 in die Traubenliste des Obstkatalogs der American Pomological Society aufgenommen.

Rebe kräftig, gesund, produktiv. Stöcke schlank, zahlreich, lang, leicht hängend. Blätter mittelgroß, dick, glatt, ledrig, herzförmig, ebenso breit wie lang, mit gezacktem Rand. Blumen öffnen sich spät; Staubblätter zurückgebogen.

Die Frucht reift spät, bleibt drei Wochen am Rebstock hängen und ist gut haltbar. Kleine Trauben mit vier bis zwölf Beeren, unregelmäßig, locker. Beeren groß, dreiviertel bis einviertel Zoll im Durchmesser, rund, blauschwarz, mit Flecken markiert; Haut dick, zäh. Fruchtfleisch saftig, süß; gut in der Qualität.

JANESVILLE

(Labrusca, Vulpina)

Ausgestattet mit einer Beschaffenheit, die es ihr ermöglicht, der Kälte standzuhalten, der die meisten anderen Trauben ausgesetzt sind, hat sich Janesville einen Platz in weit nördlichen Gegenden erarbeitet. Darüber hinaus reifen die Trauben früh und verfärben sich als erste, obwohl sie erst einige Zeit nach dem Färben reif sind. Die Rebe ist außerdem gesund, kräftig und produktiv. Die Früchte sind jedoch wertlos, wenn bessere Sorten angebaut werden können. Die Trauben und Beeren sind klein, die Trauben sind breiig, zäh, kernig, haben eine dicke Schale und einen unangenehmen Säuregeschmack. Janesville wurde von FW Loudon, Janesville, Wisconsin, aus zufällig im Jahr 1858 gepflanztem Saatgut angebaut.

Rebe kräftig, robust, gesund, produktiv. Stöcke stachelig, zahlreich, dunkelbraun; Knoten abgeflacht; Internodien lang; Ranken intermittierend oder durchgehend, lang, zwei- oder dreigeteilt. Blätter klein, dünn; Oberseite glänzend, glatt; Unterseite blassgrün, leicht kurz weichhaarig; Blatt normalerweise nicht gelappt mit spitzem Ende; Blattstielhöhle schmal, oft geschlossen und überlappend; Basal- und Seitennebenhöhlen fehlen; Zähne flach. Blüten selbstfruchtbar, öffnen sich sehr früh; Staubblätter aufrecht.

Frühzeitig fruchtbar, gut haltbar. Büschel klein, kurz, zylindrisch, meist einschultrig, kompakt; Stiel kurz, schlank, mit kleinen, verstreuten Warzen bedeckt; Pinsel dunkle Weinfarbe. Beeren rund, mattschwarz mit kräftiger Blüte, langlebig, fest; Schale dick, zäh, anhaftend mit dunklem weinfarbenem Pigment, adstringierend; Fruchtfleisch blass rötlichgrün, durchscheinend, saftig, zäh, grob, weinig, sauer; mittelmäßig in der Qualität. Anhaftende Samen, eins bis sechs, groß, breit, eckig, stumpf, dunkelbraun.

JEFFERSON

(Labrusca, Vinifera)

Jefferson (Abb . Die Rebe trägt ihre Früchte zwei Wochen später als die Concord-Rebe und ist nicht so robust, was ihr einen hohen Rang als kommerzielle Traube verwehrt. Glücklicherweise lassen sich die Reben problemlos als Winterschutz niederlegen, so dass es selbst in kommerziellen Plantagen nicht schwierig ist, Winterschäden zu verhindern. Die Trauben von Jefferson sind groß, wohlgeformt und kompakt mit Beeren von einheitlicher Größe und Farbe. Das Fruchtfleisch ist fest und dennoch zart, saftig mit einem reichen, weinigen Geschmack und einem zarten Aroma, das auch dann anhält, wenn die Beeren zu Rosinen getrocknet sind. Die Früchte lassen sich gut transportieren und halten sich gut, die Beeren haften an der Traube und die Früchte behalten ihre Frische bis in den späten Winter hinein. Jefferson ist weit verbreitet und bei Weinbauern in Ostamerika gut bekannt. Es ist nicht standortgebunden, wenn die Saison lang und das Klima gemäßigt ist, und gedeiht auf allen Böden. Die Sorte stammt von JH Ricketts, Newburgh, New York; es trug erstmals 1874 Früchte.

Rebe kräftig, gesund, zweifelhaft winterhart, produktiv. Stöcke kurz, zahlreich, hell- bis dunkelbraun; Knoten vergrößert, rund; Internodien kurz; Ranken intermittierend, kurz, zwei- oder dreigeteilt. Blätter gesund; Oberseite hellgrün, ältere Blätter rau; Unterseite blassgrün, stark kurz weichhaarig; Blatt normalerweise nicht gelappt mit spitzem Ende;

Blattstielhöhle schmal, manchmal geschlossen und überlappend; Basalisinus fehlt normalerweise; seitlicher Sinus flach, oft nur eine Kerbe; Zähne regelmäßig, flach. Blüten selbstfruchtbar, spät geöffnet; Staubblätter aufrecht.

Späte Frucht, gut haltbar und versandfähig. Cluster groß, zylindrisch, meist einschultrig, manchmal doppelschultrig, kompakt; Stiel kurz, schlank mit einigen unauffälligen Warzen; Pinsel lang, schlank, blass gelbgrün. Beeren mittelgroß, oval, hell- und dunkelrot, glänzend mit dünner Blüte, langlebig, sehr fest; Haut dick, zäh, locker, leicht adstringierend; Fruchtfleisch hellgrün , durchscheinend, saftig, grobkörnig, zart, weinig; gut bis am besten. Samen frei, ein bis vier, breit, kurz, stumpf, rundlich, braun.

JESSICA

(Labrusca, Vinifera)

Jessica ist eine frühe, winterharte, grüne Traube. Die Frucht ist süß, reichhaltig, spritzig und fast frei von Stockflecken, aber unansehnlich und nicht gut haltbar. Die Trauben und Beeren sind klein und für eine gute Traube zu locker. Jessica kann wegen ihrer Frühzeitigkeit und Robustheit gelobt werden und ist daher, wenn überhaupt, in nördlichen Regionen wünschenswert. William H. Read aus Port Dalhousie, Ontario, züchtete Jessica aus Samen, die zwischen 1870 und 1880 gepflanzt wurden .

Rebe mittelstark, gesund, robust, produktiv. Stöcke lang, dick, dunkelbraun mit rotem Schimmer; Knoten vergrößert, abgeflacht; Internodien kurz; Ranken kontinuierlich oder intermittierend, bifid oder trifid. Blätter klein; Oberseite dunkelgrün, glänzend, oft rau; Unterseite blassgrün, stark kurz weichhaarig; Lappen drei; Blattstielhöhle schmal; Zähne flach, schmal. Blüten selbstfruchtbar, in der Zwischensaison geöffnet; Staubblätter aufrecht.

Früchte sehr früh. Büschel klein, schlank, spitz zulaufend, meist einschultrig. Beeren klein, rund, hellgrün, oft gelb gefärbt, mit dünnen Blüten bedeckt, hartnäckig, weich; Haut dünn, anhaftend, leicht adstringierend; Fleisch hellgrün, transparent, saftig, zart, weich, lebhaft, süß; Gut. Samen anhaftend, mittel bis breit, gekerbt, braun.

JUWEL

(Labrusca, Bourquiniana , Vinifera)

Die bemerkenswerten Merkmale von Jewel sind die Frühzeitigkeit und die hohe Qualität der Früchte; Obwohl die Rebe im Vergleich zu ihrer Mutterpflanze Delaware kräftig, gesund und robust ist. In Form und Größe der Traube und Beere ähnelt Jewel stark der Delaware, die Trauben sind jedoch tiefschwarz gefärbt. Der Fruchtfleischcharakter und der Geschmack der Frucht ähneln denen von Delaware, das Fruchtfleisch ist zart und dennoch fest und der Geschmack hat den gleichen reichen, lebhaften, weinigen Geschmack wie die Mutterfrucht. Die Samen sind wenige und klein. Die Schale ist dünn, aber zäh, und die Trauben lassen sich gut transportieren, sind lange haltbar, schälen sich nicht und hängen, obwohl früh, bis zum Frost. Jewel ist eine äußerst ausgezeichnete Traube, die unter den schwarzen Trauben den Platz verdient, den Delaware unter den roten Sorten hat. Es empfiehlt sich insbesondere für Frühreife und für Standorte im Norden, wo Standardsorten nicht reifen. John Burr, Leavenworth, Kansas, züchtete Jewel aus Samen aus Delaware, die um 1874 gepflanzt wurden.

Rebe kräftig, gesund, robust, produktiv. Stöcke schlank, hell rotbraun; Knoten vergrößert, abgeflacht; Internodien kurz; Ranken durchgehend, gespalten. Blätter spärlich, dick; Oberseite hellgrün, matt, rau; Unterseite bronzefarben gefärbt, stark kurz weichhaarig; drei Lappen, wenn vorhanden, mit spitzem Ende; Blattstielhöhle schmal; Meist fehlt der Sinus basalis; seitlicher Sinus flach, breit; Zähne flach. Blüten selbststeril, in der Zwischensaison geöffnet; Staubblätter zurückgebogen.

Frucht früh. Büschel klein, schlank, zylindrisch, einschultrig, kompakt; Stiel kurz, schlank; Pinsel kurz, weinfarben. Beeren mittelgroß, rund, dunkelviolettschwarz, matt mit starker Blüte, langlebig, fest; Haut dünn, zäh, anhaftend, weinfarbenes Pigment; Fruchtfleisch hellgrün, durchscheinend, saftig, feinkörnig, zart, lebhaft, weinig, süß; sehr gut. Anhaftende Samen, ein bis vier, oft einseitig, stumpf, hellbraun.

KENSINGTON

(Vinifera, Vulpina)

In Kensington gibt es mehrere sehr verdienstvolle Obst- und Weinfiguren. Die Rebe ähnelt in Kraft, Widerstandsfähigkeit, Wachstum und Produktivität der von Clinton, ihrem Vulpina- Elternteil, aber die Frucht weist viele Merkmale des europäischen Elternteils, Buckland Sweetwater, auf. Die Trauben sind gelbgrün, groß, oval und stehen in lockeren, mittelgroßen Trauben. Qualitativ sind die Früchte von Kensington nicht mit denen von Buckland Sweetwater vergleichbar, aber viel besser als die von Clinton. Das Fruchtfleisch ist zart und saftig mit einem reichen, süßen, weinigen Geschmack. Die Widerstandsfähigkeit der Rebe und die hohe Qualität der Früchte dürften Kensington zu einer beliebten grünen Traube in nördlichen Gärten machen. Diese Sorte wurde von William Saunders, London, Ontario, angebaut. Es wurde irgendwann zwischen 1870 und 1880 verschickt.

Rebe kräftig, robust, produktiv. Stöcke lang, schlank, hellbraun; Knoten vergrößert, abgeflacht; Internodien kurz; Ranken dauerhaft, intermittierend oder kontinuierlich, lang, zwei- oder dreigeteilt. Blätter dünn; Oberseite hellgrün, glänzend, glatt; Unterseite blassgrün, kurz weichhaarig, behaart; Lappen fehlen oder ein bis drei mit stumpfem Ende; Blattstielhöhle schmal; Basalhöhle flach, wenn vorhanden; seitlicher Sinus flach, normalerweise eine Kerbe; Zähne tief und breit. Blüten selbstfruchtbar, früh öffnend, Staubgefäße aufrecht.

Obst in der Zwischensaison. Trauben groß, zylindrisch, oft stark einschultrig, locker, häufig mit vielen unentwickelten Beeren; Stiel lang und schlank mit kleinen, unauffälligen Warzen; Pinsel kurz, hellgrün. Beeren unterschiedlich groß, oval, gelbgrün, glänzend mit dünner Blüte, langlebig, fest; Haut dünn, zäh, anhaftend, leicht adstringierend; Fleisch grün, transparent, saftig, zart, weinig, süß; Gut. Samen frei, zwei bis vier, faltig, groß, lang, breit, spitz zulaufend, gelblich-braun.

KÖNIG

(Labrusca)

King ähnelt Concord, im Vergleich dazu ist die Rebe kräftiger und ertragreicher, die Reifezeit und die Länge der Saison gleich, die Trauben sind um ein Viertel größer, die Trauben sind haltbarer, das Fruchtfleisch ist zarter, der Geschmack fast identisch das Gleiche, aber lebhafter , die Samenzahl ist geringer, das Holz härter und hat kürzere Gelenke und die Stiele größer. King wurde 1892 im Concord-Weinberg von WK Munson, Grand Rapids, Michigan, gefunden. Die Rebe wurde für Concord angebaut und soll ein Knospensport dieser Sorte sein.

Rebe sehr kräftig, robust, produktiv. Stöcke groß, dunkelrotbraun; Knoten vergrößert, leicht abgeflacht; Internodien kurz; Ranken kontinuierlich oder intermittierend, trifid oder bifid. Blätter ungewöhnlich groß, dick; Oberseite grün, matt; Unterseite grauweiß, leicht bronzefarben, kurz weichhaarig; drei Lappen, wenn vorhanden, einer am Ende spitz; Zähne flach, schmal. Blüten selbstfruchtbar, in der Zwischensaison geöffnet; Staubblätter aufrecht.

Früchte in der Zwischensaison, gut haltbar. Büschel groß, lang, breit, unregelmäßig spitz zulaufend, meist einschultrig, kompakt. Beeren groß, rund, schwarz mit dünner Blüte, hartnäckig, fest; Haut dick, zäh, anhaftend, adstringierend; Fleisch hellgrün, sehr saftig, zäh, fadenförmig und etwas fuchsig; Gut. Anhaftende Samen, wenige, groß, kurz, breit, wenn überhaupt leicht eingekerbt, stumpf, rundlich, hellbraun.

DAME

(Labrusca, Vinifera)

Die Rebe von Lady ähnelt stark der von Concord, ihrem Elternteil, obwohl sie nicht ganz so kräftig und produktiv ist, aber ihre Früchte zwei Wochen früher vollständig reifen. Die Frucht ist der von Concord qualitativ weit überlegen, da sie reichhaltiger, süßer und weniger fuchsig ist. Die Trauben hängen gut an den Rebstöcken, verderben jedoch nach der Ernte schnell. Der Begriff „eisern", der von Weinbauern verwendet wird, um Widerstandsfähigkeit und Krankheitsfreiheit auszudrücken, trifft auf Lady wahrscheinlich genauso zu wie auf jede andere Labrusca-Traube. Das Laub ist dicht und von tiefem, glänzendem Grün, verbrennt weder unter der heißen Sonne noch gefriert es bis zu starkem Frost, was es zu einer attraktiven Zierde im Garten macht. Die Lady-Traube erfreut sich bei Amateuren zu Recht großer Beliebtheit und sollte auf umliegenden Märkten angepflanzt werden. Sie gedeiht überall dort, wo Concord angebaut wird, und eignet sich aufgrund ihrer frühen Reife besonders für nördliche Breiten, wo Concord nicht immer reift. Obwohl die Frucht früh reift, bilden sich die Knospen erst spät aus und entgehen oft dem späten Frühlingsfrost. Als man zum ersten Mal von Lady hörte, befand es sich in den Händen eines Mr. Imlay aus Muskingum County, Ohio. George W. Campbell, Delaware, Ohio, führte es 1874 ein.

Rebe kräftig, robust, mittelproduktiv, gesund. Stöcke kurz, schlank, dunkelrotbraun; Knoten abgeflacht; Internodien kurz; Ranken intermittierend, bifid oder trifid. Blätter mittelgroß; Oberseite hellgrün, glänzend, rau; Unterseite blassgrün, kurz weichhaarig; Lappen eins bis fünf, wobei einer am Ende zugespitzt ist; Blattstielhöhle flach, breit; lateraler Sinus variabel in Tiefe und Breite; Zähne flach. Blüten selbstfruchtbar, in der Zwischensaison geöffnet; Staubblätter aufrecht.

Frucht früh, nicht gut haltbar. Büschel klein, kurz, schlank, zylindrisch, manchmal einschultrig, kompakt; Stiel dick, glatt; Pinsel schlank, lang, grünlich-weiß. Beeren groß, rund, hellgrün, oft mit einem gelben Schimmer, glänzend mit dünner Blüte, dauerhaft, fest; Haut bedeckt mit kleinen, verstreuten, dunklen Punkten, dünn, zart, anhaftend, adstringierend; Fruchtfleisch grünlich-weiß, durchscheinend, saftig, zart, aromatisch; sehr gut. Samenfrei, wenige, breit, hellbraun.

LADY WASHINGTON

(Labrusca, Vinifera)

Lady Washington ist in vielerlei Hinsicht eine ausgezeichnete Traube, weist jedoch eine ungenügende Qualität auf und zeichnet sich nicht durch hervorragende Rebcharaktere aus. Die Trauben sehen gut aus, sind gut haltbar und gut zu transportieren und sind zart, saftig und süß. Die Reben sind üppig, robust für eine Traube mit Vinifera-Blut und gesund, wenn auch leicht anfällig für Mehltau. Als Ausstellungstraube gedeihen nur wenige grüne

Sorten bei sorgfältigem Anbau besser als Lady Washington. Im Westen und Südwesten soll die Sorte besser gelingen als jeder andere Concord-Sämling. Lady Washington ist ein weiterer schöner Sämling von JH Ricketts. Diese Sorte stammt aus Samen von Concord, die mit Allen's Hybrid befruchtet wurden. Es wurde 1878 eingeführt.

Rebe kräftig, produktiv. Stöcke lang, wenige, dick, dunkelbraun; Knoten stark vergrößert, variabel in der Form; Internodien lang; Ranken durchgehend, lang, zwei- oder dreigeteilt. Blätter groß, dick; Oberseite dunkelgrün, ältere Blätter stark rau, glänzend; Unterseite blassgrün, kurz weichhaarig; Blatt ganzrandig mit endständiger Spitze; Blattstielhöhle tief, schmal, häufig geschlossen und überlappend; Basalishöhle fehlt normalerweise; seitlicher Sinus flach; Zähne flach, schmal. Blüten selbstfruchtbar, in der Zwischensaison geöffnet; Staubblätter aufrecht.

Frucht spät in der Zwischensaison, gut haltbar und versandfähig. Büschel groß, breit, unregelmäßig zylindrisch, einschultrig, häufig doppelschultrig, locker; Stiel kurz mit zahlreichen auffälligen Warzen; Pinsel sehr kurz, grünlich. Beeren unterschiedlicher Größe, rund-abgeflacht, gelb-bernsteinfarben, glänzend mit dünner Blüte, dauerhaft; Haut dünn, zart, anhaftend; Fruchtfleisch hellgrün, transparent, saftig und zart, fadenziehend, aromatisch, süß; sehr gut. Samen frei, ein bis vier, breit, braun.

TAFEL XXX. — Winchell (× ² / ₃).

LENOIR

(Bourquiniana)

Alabama, Black El Paso, Black July, Black Spanish, Blue French, Burgundy, Cigar Box Grape, Devereaux, Jack, Jacques, July Sherry, Longworth's Ohio, MacCandless , Ohio, Springstein , Warren

Lenoir ist eine zarte Südtraubentraube, die vor allem in Frankreich und Kalifornien als resistenter Stamm und Direkterzeuger verwendet wird. Die Frucht wird wegen ihres dunkelroten Weins sehr geschätzt und eignet sich sehr gut für den Tischgenuss. Die Rebe ist sehr resistent gegen Reblaus und verträgt Trockenheit gut. Der Ursprung von Lenoir ist unbekannt. Bereits zu Beginn des letzten Jahrhunderts wurde sie im Süden angebaut. Nicholas Herbemont gibt 1829 an, dass ihr Name von einem Mann namens Lenoir stammt, der sie in der Nähe von Stateburg , South Carolina, angebaut hat.

Rebe kräftig, sparsam, halbhart, produktiv. Zahlreiche Stöcke, mit einigen Blüten an den Knoten; Ranken intermittierend. Blätter zwei- bis siebenlappig, meist fünflappig, mit charakteristischer bläulich-grüner Farbe auf der Oberseite und blassgrüner Unterseite.

Die Trauben sind variabel, mittelgroß bis sehr groß, spitz zulaufend und normalerweise schulterförmig. Beeren klein, rund, dunkel bläulich-violett, fast schwarz mit lilafarbener Blüte; Haut dick, zäh; Fruchtfleisch saftig, zart, süß, sehr reich an Farbstoffen.

LIGNAN BLANC

(Vinifera)

Weißer Juli, Luglienga , Joannenc

In Genf, New York, reift Lignan Blanc zunächst einheimische oder europäische Trauben. Sie ist nicht von höchster Qualität, aber besser als jede andere Frühtraube und stellt eine wertvolle Bereicherung für den heimischen Weinberg dar. Sie ist eine beliebte Traube in Europa und wird eher häufig in Kalifornien angebaut. Diese Sorte bietet hervorragendes Material für die Hybridisierung mit einheimischen Trauben.

Rebe kräftig, mittelproduktiv; Knospen öffnen sich früh; Öffnungsblätter hellgrün, glänzend, an den Rändern rot gefärbt, dünn kurz weichhaarig. Blätter mittelgroß, rundlich, etwas mattgrün, leicht runzlig; Unterseite kahl; Klinge dick; Lappen normalerweise fünf, manchmal aber auch drei; Blattstielhöhle mitteltief, breit; unterer seitlicher Sinus mitteltief, schmal; oberer seitlicher Sinus flach, schmal; Rand gezähnt; Zähne lang, schmal. Für eine Vinifera erscheinen die Blüten früh; Staubblätter aufrecht.

Die Früchte reifen am ersten September und sind gut haltbar; Trauben über mittelgroß, spitz zulaufend, mittelkompakt; Beeren mittelgroß bis groß, oval, gelbgrün, mit dünner Blüte; Haut dünn, zart, neutral; Fruchtfleisch grünlich-weiß, fest, saftig, fleischig, süß; Qualität gut.

LINDLEY

(Labrusca, Vinifera)

Nach allgemeiner Meinung ist Lindley (Tafel XXII) die beste rote Rebsorte, die Rogers in seinen Kreuzungen zwischen Labrusca und Vinifera hervorgebracht hat. Die Trauben sind nur mittelgroß und locker, aber die Beeren sind wohlgeformt, gleichmäßig groß und haben eine attraktive dunkelrote Farbe. Das Fruchtfleisch ist fest, feinkörnig, saftig, zart und hat einen besonders aromatischen Geschmack. Die Schale ist dick und zäh, ist aber bei vollreifen Früchten kein Problem. Die Früchte sind gut haltbar und lassen sich gut transportieren, und die Beeren platzen nicht und splittern nicht. Die Rebe ist kräftig, für eine Vinifera-Hybride winterhart, gesund, aber wie die meisten ihrer Art anfällig für Mehltau. Die Hauptmängel von Lindley sind Selbstunfruchtbarkeit, unsichere Haltung und mangelnde Anpassung an viele Böden. Lindley ist ein allgemeiner Favorit im Garten. Im Jahr 1869 gab Rogers dieser Traube ihren Namen zu Ehren des englischen Botanikers John Lindley.

Wüchsige Rebe, meist winterhart, anfällig für Mehltau. Stöcke sehr lang, dunkelrotbraun mit dünner Blüte; Knoten vergrößert, meist abgeflacht; Internodien lang, dick; Ranken durchgehend, lang, zwei- oder dreigeteilt. Blätter groß, dick; Oberseite hellgrün, matt, leicht rau; Unterseite grauweiß, kurz weichhaarig; undeutlich dreilappig mit spitzem Ende; Blattstielhöhle tief, schmal, oft geschlossen und überlappend; Zähne flach. Blüten selbststeril, in der Zwischensaison geöffnet; Staubblätter zurückgebogen.

Früchte in der Zwischensaison, gut haltbar und versandfähig. Büschel lang, breit, zylindrisch, häufig einschultrig, wobei die Schulter durch einen langen Stiel mit der Traube verbunden ist, locker; Stiel kurz, schlank, glatt; Pinsel kurz, hellgrün. Beeren groß, rundoval, dunkelrot mit schwacher Blüte; Haut zäh, anhaftend, unpigmentiert, stark adstringierend; Fruchtfleisch hellgrün, durchscheinend, saftig, feinkörnig, zart, weinig; gut bis am besten. Anhaftende Samen, zwei bis fünf, gekerbt, braun.

LUCILE

(Labrusca)

In Kraft, Gesundheit, Widerstandsfähigkeit und Produktivität wird Lucile (Tafel XXII) von keiner einheimischen Traube übertroffen. Leider sind die Fruchtcharaktere nicht so erstrebenswert. Die Größe, Form und Farbe der Trauben und Beeren sind gut und ergeben eine sehr attraktive Frucht, aber die Trauben haben einen unangenehmen, fuchsartigen Geschmack und Geruch und sind breiig und schäbig. Lucile ist früher als Concord, die Ernte reift mit der von Worden oder geht ihr einige Tage voraus. Für eine frühe Sorte sind die Früchte gut haltbar und lassen sich trotz dünner Schale gut verarbeiten. Die Rebe gedeiht auf allen Weinböden. Lucile kann dort empfohlen werden, wo eine winterharte Traube gewünscht wird und für Orte, an denen die Saison kurz ist. JA Putnam, Fredonia, New York, hat Lucile großgezogen. Die Rebe trug erstmals 1890 Früchte. Es handelt sich um einen Sämling aus Wyoming, dem sie in Frucht und Rebe ähnelt und in beiden übertrifft.

Rebe kräftig, winterhart, sehr produktiv. Stöcke lang, hellbraun; Knoten vergrößert, abgeflacht; Internodien kurz; Ranken durchgehend, bifid oder trifid. Blätter groß, fest; Oberseite hellgrün, glänzend, glatt; Unterseite blassgrün, kurz weichhaarig; Blatt mit spitzem Ende; Blattstielhöhle flach, schmal, manchmal geschlossen und überlappend; Basalisinus fehlt normalerweise; seitlicher Sinus eine Kerbe, falls vorhanden; Zähne flach. Blüten selbstfruchtbar, früh öffnend; Staubblätter aufrecht.

Frühzeitig fruchtbar, gut haltbar. Büschel groß, lang, schlank, zylindrisch, meist einschultrig, sehr kompakt; Stiel kurz, dick mit wenigen, kleinen, unauffälligen Warzen; Pinsel hellbraun. Beeren groß, rund, dunkelrot mit dünner Blüte, haltbar, fest; Haut dünn, zart, adstringierend; Fleisch hellgrün, durchscheinend, saftig, zäh, fadenförmig, fuchsig; mittelmäßig in der Qualität. Anhaftende Samen, eins bis vier, klein, breit, kurz, stumpf, dunkelbraun.

LUTIE

(Labrusca)

Lutie (Tafel XXIII) ist vor allem wegen seiner Weinrebencharaktere wertvoll. Die Reben sind kräftig, robust, gesund und fruchtbar, obwohl sie Lucile in keiner dieser Eigenschaften erreichen können. Pomologen sind sich über die Vorzüge der Frucht sehr uneinig. Einige behaupten, sie sei von hoher Qualität, andere behaupten, sie sei nicht besser als eine wilde Labrusca. Die Meinungsverschiedenheit ist auf eine Besonderheit der Frucht zurückzuführen; Wenn es frisch verzehrt wird, ist die Qualität zwar bei weitem nicht die beste, aber nicht schlecht, aber nachdem es mehrere Tage lang gepflückt wurde , entwickelt es so viel Fuchsgeschmack und Aroma, dass es kaum noch essbar ist. Lutie ist ein Sämling, der von LC Chisholm, Spring Hill, Tennessee, gefunden wurde. Es wurde 1885 eingeführt.

Rebe kräftig, robust, gesund, produktiv. Stöcke kurz, schlank, dunkelrotbraun; Knoten vergrößert; Internodien kurz; Ranken durchgehend, kurz, gespalten. Blätter mittelgroß; Oberseite dunkelgrün, rau; Unterseite bronzefarben oder weißlichgrün, kurz weichhaarig; Blatt normalerweise nicht gelappt mit spitzem Ende; Blattstielhöhle tief, breit; Basaler Sinus fehlt; seitlicher Sinus flach und schmal, wenn vorhanden; Zähne flach, schmal. Blüten selbstfruchtbar, früh; Staubblätter aufrecht.

Frucht früh, nicht gut haltbar. Trauben mittelgroß, kurz, breit, stumpf, zylindrisch, normalerweise nicht geschultert, kompakt; Stiel kurz mit kleinen, vereinzelten Warzen; Pinsel schlank, hellgrün. Beeren groß, rund, dunkelrot, matt mit dünner Blüte, hängen schlecht vom Blütenstiel ab, fest; hautempfindlich, anhaftend, adstringierend; Fleisch hellgrün, durchscheinend, saftig, zäh, fuchsig; mittelmäßig in der Qualität. Anhaftende Samen, ein bis vier, groß, breit, kurz und stumpf, dunkelbraun.

MÁLAGA

(Vinifera)

Malaga ist eine der beliebtesten Tafeltrauben in Kalifornien und auch eine beliebte Traube für den Versand auf östliche Märkte. In einigen Teilen Südkaliforniens, wo die Muskatnuss nicht gedeiht, wird sie häufig angebaut, und im San Joaquin Valley wird sie überwiegend zur Herstellung von Rosinen verwendet. Sie benötigt eine lange Saison und könnte in den östlichen Regionen wahrscheinlich nur an den beliebtesten Standorten angebaut werden. Die Beschreibung ist zusammengestellt.

Rebe sehr kräftig, gesund und produktiv; Holz rotbraun, kurzgliedrig. Blätter mittelgroß, glatt, ledrig; oben hell glänzend grün, unten heller; tief gelappt. Trauben sehr groß, lang, locker, schulterlang, manchmal dürr; Stiel lang und flexibel; Beeren sehr groß, oval, gelbgrün, mit heller Blüte bedeckt; Haut dick; Fleisch fest, knackig, süß und reichhaltig; Qualität gut. Spät würzen, gut haltbar und gut verschickbar.

McPIKE

(Labrusca)

McPike zeichnet sich durch die Größe der Beeren und Trauben aus. Sie ist ihrem Elternteil Worden sehr ähnlich, unterscheidet sich jedoch dadurch, dass sie weniger, aber größere Beeren, weniger aromatische Trauben und weniger und kleinere Samen hat. Aufgrund der dünnen, zarten Schale platzen die Beeren stark. Die Traubenschale ist mehr oder weniger groß und die Rebstöcke sind weniger ertragreich als die von Worden. Die genannten Fehler verhindern, dass sie zu einer kommerziellen Traube wird, und die Qualität ist nicht hoch genug, um sie für den Amateur wertvoll zu machen. Diese Sorte entstand bei HG McPike, Alton, Illinois, aus Samen von Worden, die 1890 gepflanzt wurden.

Rebe kräftig, winterhart, sehr produktiv. Stöcke mittellang, matt rotbraun; Knoten vergrößert, abgeflacht; Internodien sehr kurz; Ranken durchgehend, bifid oder trifid. Blätter groß, dick; Oberseite hellgrün, matt, rau; Unterseite grauweiß, stark kurz weichhaarig; Blatt ganzrandig mit spitzem Ende; Blattstielhöhle tief; Basale und laterale Nebenhöhlen fehlen. Blüten nahezu selbstfruchtbar.

Früchte in der Zwischensaison, gut haltbar. Cluster unterschiedlicher Größe, breit, unregelmäßig spitz zulaufend, normalerweise nicht geschultert; Stiel lang, dick, glatt; Pinsel lang, schlank, grün mit braunem Schimmer. Beeren ungewöhnlich groß, rund, violettschwarz mit kräftiger Blüte, fest; Hautrisse, am Fruchtfleisch haftend, adstringierend; Fleisch hellgrün, durchscheinend, saftig, zart, fadenförmig, weinig; mittelmäßig bis gut. Anhaftende Samen, eins bis vier, kurz, breit, stumpf, rundlich, hellbraun.

MARION

(Vulpina, Labrusca)

Schwarze Deutsche, Marion Port

Marion ähnelt Clinton in ihren botanischen und gartenbaulichen Merkmalen so sehr, dass sie eindeutig demselben Typus angehört. Die Rebe ist kräftig und robust, aber kaum ertragreich genug und anfällig für Mehltau und Zikaden. Die Frucht ist angenehm süß und würzig, allerdings nicht hochwertig genug für eine Tafeltraube, ergibt aber einen sehr guten dunklen Rotwein. Die Früchte färben sich früh, reifen aber spät, hängen gut an den Reben und verbessern sich bei einem Hauch von Frost. Marion wurde um 1850 von einem Mr. Shepherd aus Marion, Ohio, aufmerksam gemacht.

Rebe kräftig, robust, produktiv. Stöcke sehr lang, dunkelrotbraun, mit Blüten bedeckt; Knoten vergrößert, abgeflacht; Internodien sehr lang; Ranken kontinuierlich, manchmal unterbrochen, lang, gespalten. Blätter sehr groß; Oberseite dunkelgrün, glänzend; Unterseite hellgrün, glatt; Blatt ganzrandig, Ende zugespitzt; Blattstielhöhle sehr tief, schmal, oft geschlossen und überlappend; Basal- und Seitennebenhöhlen fehlen normalerweise; Zähne flach, breit. Blüten selbststeril, öffnen sich sehr früh; Staubblätter zurückgebogen.

Früchte in der Zwischensaison, gut haltbar. Trauben mittelgroß, kurz, schlank, zylindrisch, einschultrig, kompakt; Stiel kurz, schlank mit einigen unauffälligen Warzen; Pinsel sehr kurz, weinrot. Beeren klein, rund, schwarz, glänzend mit starker Blüte, hartnäckig, fest; Haut dünn, zäh, anhaftend mit viel weinfarbenem Pigment, adstringierend; Fruchtfleisch dunkelgrün, durchscheinend, saftig, feinkörnig, zäh, spritzig, würzig, säuerlich; mittelmäßig in der Qualität. Anhaftende Samen, ein bis fünf, mittelgroß, breit, kurz, sehr prall, braun.

MARTHA

(Labrusca, Vinifera)

Martha war einst eine beliebte grüne Rebsorte, aber die Einführung hochwertigerer Sorten hat ihre Beliebtheit verringert, so dass sie heute nur noch wenig angebaut wird. Es ist ein Sämling von Concord und ähnelt seinem Elternteil, unterscheidet sich jedoch hauptsächlich in folgenden Punkten: Frucht grün, eine Woche früher, Trauben und Beeren kleiner, Geschmack viel besser, süßer, zarter und weniger fuchsig. Die Rebe von Martha hat einen helleren Grünton, ist weniger robust und die Blüten öffnen sich einige Tage früher als die von Concord. Einer der Mängel von Martha und der Hauptgrund dafür, dass sie in Ungnade fällt, ist, dass sie weder gut wirtschaftet noch gut handelt. Im Süden wird die Sorte immer noch angebaut, im Norden wird sie jedoch weitgehend aufgegeben. Samuel Miller, Calmdale , Pennsylvania, züchtete Martha aus Samen von Concord; Es wurde etwa 1868 eingeführt.

Rebe winterhart, produktiv, anfällig für Mehltaubefall. Stöcke lang, dunkelrotbraun, Oberfläche mit dünner Blüte, aufgeraut; Knoten vergrößert, leicht abgeflacht; Ranken kontinuierlich oder intermittierend, gespalten. Blätter groß, dick; Oberseite hellgrün; Unterseite hellbronzefarben, stark kurz weichhaarig; Lappen fehlen oder sind schwach; Blattstielhöhle flach, sehr breit; Zähne unregelmäßig. Blüten selbstfruchtbar, in der Zwischensaison geöffnet; Staubblätter aufrecht.

Frucht früh in der Zwischensaison. Trauben mittelgroß, spitz zulaufend, einschultrig, locker; Stiel kurz, schlank; Pinsel sehr kurz, grün. Beeren mittelgroß, rund, hellgrün mit dünner Blüte, langlebig; Haut dünn, sehr empfindlich, festhaftend; Fruchtfleisch hellgrün, saftig, zäh, feinkörnig, leicht fuchsartig; sehr gut. Samen in geringer Zahl, anhaftend, breit, stumpf, dunkelbraun.

MASSASOIT

(Labrusca, Vinifera)

Massasoit gilt als die früheste Hybride von Rogers, die mit Delaware reifte. Die Besonderheit der Trauben besteht darin, dass sie vor der Vollreife haltbar sind und nach der Reifung einen Grad an Stockfleckigkeit entwickeln, der die Qualität beeinträchtigt. In Form und Größe der Beere und der Traube besteht eine verblüffende Ähnlichkeit mit Isabella, die Farbe ist jedoch die von Catawba. Die Konsistenz der Früchte ist besonders gut, fest, aber zart und saftig, während der Geschmack reichhaltig und süß ist. Die Rebe ist kräftig, robust und produktiv, aber anfällig für Mehltau und Fäulnis. Massasoit ist einen Platz im heimischen Weinberg und als frühe Rebsorte von guter Qualität für lokale Märkte wert.

Rebe sehr kräftig, winterhart, sehr produktiv, anfällig für Fäulnis und Mehltau. Stöcke lang, dick, dunkelbraun mit rötlichem Schimmer; Knoten vergrößert, abgeflacht; Ranken durchgehend, lang, dreifach oder zweigeteilt. Blätter unterschiedlich groß; Oberseite hellgrün, matt, glatt; Unterseite blassgrün, kurz weichhaarig; Lappen drei bis fünf mit spitzem Ende; Blattstielhöhle tief, schmal; Basalhöhle flach, schmal, undeutlich; Zähne flach. Blüten selbststeril, spät geöffnet; Staubblätter zurückgebogen.

Frühzeitig fruchtbar, gut haltbar. Cluster unterschiedlicher Größe, breit, zylindrisch, häufig einschultrig; Stiel schlank mit einigen undeutlichen

Warzen; Pinsel hellgrün. Beeren groß, rundoval, dunkelbraunrot, matt mit dünner Blüte, sehr haltbar, fest; Haut dünn, zart, anhaftend, adstringierend; Fleisch hellgrün, durchscheinend, saftig, feinkörnig, weich, fadenförmig, fuchsartig; gut bis sehr gut. Anhaftende Samen, eins bis fünf, groß, breit, deutlich eingekerbt, rundlich, stumpf.

MAXATAWNEY

(Labrusca, Vinifera)

Obwohl es einst sehr beliebt war, hören Weinbauern heute nur noch selten von Maxatawney . Es handelt sich um eine südliche Traube, deren Früchte im Norden nur gelegentlich reifen. Die Sorte ist historisch interessant, da sie die erste gute grüne Traube war und unverkennbare Vinifera-Charaktere aufweist, ein weiteres Beispiel für die zufällige Hybridisierung, die so viele wertvolle Sorten hervorbrachte, bevor eine künstliche Hybridisierung von Vinifera mit einheimischen Trauben versucht wurde. Im Jahr 1843 erhielt ein Mann aus Eagleville, Pennsylvania, mehrere Weintrauben von Maxatawney . Die Samen dieser Trauben wurden gepflanzt und eine davon wuchs, die resultierende Pflanze war die ursprüngliche Rebe von Maxatawney .

Rebe kräftig, zweifelhaft winterhart, unterschiedlich produktiv. Stöcke mittellang, schlank, rötlich; Knoten vergrößert, abgeflacht; Internodien kurz; Ranken durchgehend, gespalten. Blätter groß, dunkelgrün, dick; Unterseite grauweiß mit einem Hauch von Bronze, stark kurz weichhaarig; Lappen drei bis fünf; Blattstielhöhle schmal; Zähne flach. Blüten selbststeril, in der Zwischensaison geöffnet; Staubblätter aufrecht.

Späte Frucht, gut haltbar. Büschel klein bis mittelgroß, kurz, schlank, zylindrisch, gelegentlich mit einer kleinen, einzelnen Schulter, kompakt; Stiel lang, schlank, warzig; Pinsel lang, gelb. Beeren unterschiedlicher Größe, oval, blassrot oder mattgrün mit bernsteinfarbenem Schimmer, mit dünner Blüte, langlebig; Haut zäh, adstringierend; Fleisch zart, fuchsig; gut bis sehr gut. Samen frei, wenige, groß, sehr breit, stumpf.

ERINNERUNG

(Rotundifolia)

Memory ist eine der besten Rotundifolia-Trauben für den Garten und lokale Märkte, ihre Früchte eignen sich besonders gut zum Nachtisch. Allerdings ist die Sorte bisher nicht einmal in North Carolina, wo sie ihren Ursprung hat, weit verbreitet. Der Rebe wird zugeschrieben, dass sie die kräftigste und ertragreichste Rebsorte ihrer Art sei. Bei Memory handelt es sich wahrscheinlich um einen Sämling von Thomas, dem er sehr ähnelt, da er etwa 1868 von TS Memory in einem Weinberg mit Thomas-Trauben in der Nähe von Whiteville, North Carolina, gefunden wurde.

Rebe sehr kräftig, gesund, produktiv. Blätter groß, länger als breit, dick, glatt mit grob gesägten Rändern. Blumen perfekt.

Die Früchte reifen im September in North Carolina; Die Trauben sind groß, mit vier bis zwölf Beeren, die für eine Vielzahl von V. Rotundifolia ungewöhnlich gut hängen. Beeren sehr groß, rund-länglich, tief bräunlichschwarz, fast tiefschwarz; Haut dick; Fleisch zart, saftig, süß; gut bis am besten.

MERRIMAC

(Labrusca, Vinifera)

Merrimac wird oft als die beste schwarze Rebsorte unter den Hybriden von Rogers anerkannt, aber eine Analyse der Eigenschaften der verschiedenen von Rogers angebauten schwarzen Sorten zeigt, dass sie von Wilder, Herbert und möglicherweise Barry übertroffen wird. Die Rebe ist wachstumsstark, ertragreich, winterhart und frei von Pilzkrankheiten; Die Qualität der Trauben ist jedoch nicht hoch und das Fruchtfleisch, die Schale und die Kerne sind so beschaffen, dass die Früchte nicht so angenehm zu essen sind wie die anderen genannten schwarzen Sorten. Merrimac verdient aus Gründen der Abwechslung einen Platz in den Sammlungen. Rogers gab dieser Sorte 1869 den Namen Merrimac.

Rebe kräftig, normalerweise winterhart, produktiv. Stöcke schlank, dunkelbraun, Oberfläche rau; Knoten vergrößert, abgeflacht; Internodien kurz; Ranken unterbrochen, kurz, gespalten. Blätter groß, dünn; Oberseite sehr hellgrün, glänzend, glatt; Unterseite blassgrün, kurz weichhaarig und spinnwebig; drei Lappen, einer am Ende stumpf; Blattstielhöhle tief, schmal, manchmal geschlossen und überlappend; Meist fehlt der Sinus basalis; seitlicher Sinus flach, schmal; Zähne flach. Blüten selbststeril, in der Zwischensaison geöffnet; Staubblätter zurückgebogen.

Früchte in der Zwischensaison, gut haltbar und versandfähig. Cluster unterschiedlicher Größe, breit, spitz zulaufend; Stiel schlank, mit zahlreichen unauffälligen Warzen bedeckt; Pinsel weinfarben. Beeren groß, rund, schwarz, glänzend mit üppiger Blüte, langlebig, fest; Haut dick, zäh, anhaftend, adstringierend; Fruchtfleisch hellgrün, durchscheinend, saftig, feinkörnig, zart, fadenförmig; Gut. Anhaftende Samen, eins bis fünf, breit, lang, mit vergrößertem Hals, braun.

MÜHLEN

(Labrusca, Vinifera)

Die Trauben und Beeren von Mills sind groß und wohlgeformt; die Beeren sind fest und fest, mit anhaftender Schale wie bei Viniferas; das Fruchtfleisch ist saftig und lässt sich leicht von den Kernen lösen; der Geschmack ist reichhaltig, süß und weinig; und die Trauben sind an Haltbarkeit kaum zu übertreffen. Aber nachdem die fruchtigen Charaktere von Mills gelobt wurden, kann nichts weiter zu seinen Gunsten gesagt werden. Die Reben sind weder wüchsig, winterhart noch fruchtbar und stark anfällig für Mehltau; Weder Holz noch Wurzeln reifen im Norden in durchschnittlichen Jahreszeiten gut; und die Sorte ist für Baumschulen äußerst schwierig zu züchten. Der kommerzielle Wert von Mills ist zweifelhaft, aber für den Garten ist es möglich, dass der Züchter ihn vorteilhafterweise auf eine Sorte mit besserem Weincharakter aufpfropfen kann. William H. Mills, Hamilton, Ontario, züchtete Mills um 1870 aus Samen von Muscat Hamburg, die von Creveling gedüngt wurden .

Die Rebe ist mittelstark, robust und produktiv. Stöcke lang, dick, hellbraun; Knoten vergrößert, abgeflacht; Ranken intermittierend, bifid oder trifid. Blätter groß, dick; Oberseite dunkelgrün, matt, rau; Unterseite blassgrün, spinnwebenartig; Lappen drei bis fünf mit spitzem Ende; Sinus petiolaris mittlerer Tiefe und Breite; Basal- und Seitennebenhöhlen tief und breit; Zähne tief. Blüten selbstfruchtbar, in der Zwischensaison geöffnet; Staubblätter aufrecht.

Früchte in der Zwischensaison, gut haltbar. Trauben groß, lang, schlank, zylindrisch, oft doppelschultrig, kompakt; Stiel schlank mit zahlreichen kleinen Warzen; Pinsel lang, weinfarben. Beeren groß, oval, tiefschwarz mit üppiger Blüte, langlebig, fest; Haut dick, zäh, anhaftend; Fruchtfleisch hellgrün, durchscheinend, saftig, reichhaltig, zart, lebhaft, weinig, süß; sehr gut bis bestens. Samen frei, ein bis drei, groß, braun.

MISCH

(Rotundifolia)

Mish ist eine beliebte Rotundifolia in North Carolina und wird in einigen Teilen dieses Staates in großem Umfang gepflanzt. Seine herausragenden Merkmale sind Kraft und Produktivität der Reben und hohe Qualität der Früchte. Mish wird von vielen als die beste Allround-Rotundifolia bezeichnet und eignet sich hervorragend für Desserts, Wein und Traubensaft. Die Sorte wurde um 1846 von WM Mish in der Nähe von Washington, North Carolina, gefunden.

Rebe sehr kräftig, ertragreich, gesund, offen im Wuchs; Stöcke etwas hängend. Blätter groß, rund, dick, glatt, ledrig mit grob gezähntem Rand. Blumen perfekt.

Späte Früchte, ungleichmäßige Reifung, gute Haltbarkeit und Versand. Mittelgroße Trauben mit sechs bis fünfzehn Beeren, die gut am Blütenstiel haften. Beeren mittelgroß, rundoval, tiefrotschwarz mit zahlreichen auffälligen Punkten; Haut dünn, bei nassem Wetter rissig; Fleisch zart, saftig, süß, außergewöhnlich gut gewürzt; sehr gut bis bestens.

MISSION

(Vinifera)

Von allen Trauben hat die Mission wahrscheinlich die wichtigste Rolle in den Weinbergen Kaliforniens gespielt. Es entstand schon in den frühesten Zeiten der alten Missionen, seine Quelle oder sein Name konnten jedoch nie geklärt werden. Sein weinbaulicher Wert für den Tisch und die Kelter wurde von kalifornischen Weinbauern schon früh geschätzt, und seine Kultur verbreitete sich schnell in allen Landkreisen des Bundesstaates, die sich an den Weinanbau gewöhnt hatten. Mit kräftigen, gesunden und produktiven Reben, die Trauben von köstlicher Qualität tragen, ist Mission eine tragende Säule am pazifischen Hang und wird von wenigen Weinbergsorten an allgemeiner Nützlichkeit übertroffen. Die Beschreibung ist zusammengestellt.

Rebe kräftig, gesund, produktiv; Holz kurzgliedrig, graubraun, matt, dunkel. Blatt mittelgroß bis groß, leicht länglich, mit großen, tief eingeschnittenen zusammengesetzten Zähnen; Basalhöhlen weit geöffnet, primäre Nebenhöhlen schmal und flach; Auf beiden Seiten glatt mit verstreutem Filz unten, oben hellgrün, unten heller. Bündel in viele kleine, deutliche seitliche Büschel geteilt, geschultert, locker, manchmal sehr locker; Beeren mittelgroß, violett oder fast schwarz mit kräftiger Blüte; Haut dünn; Fleisch fest, knackig, saftig, süß, reichhaltig und köstlich. Samen ziemlich groß und hervorstehend; Saison spät.

MISSOURI-RIESLING

(Vulpina , Labrusca)

Der Missouri-Riesling erreicht seine Vollkommenheit nur im Süden. Die Reben sind im Norden in der Regel robust, kräftig, ertragreich und gesund, die Früchte sind jedoch nicht qualitativ hochwertig. Im Süden ist Missouri-Riesling eine wunderschöne Frucht, wenn er gut angebaut wird und viele gute Frucht- und Weinqualitäten aufweist. Es entstand um 1870 bei Nicholas Grein , Hermann, Missouri, wahrscheinlich aus dem Samen von Taylor.

Rebe kräftig, robust, produktiv. Stöcke sehr lang, zahlreich, dick, dunkelbraun; Knoten vergrößert; Internodien lang; Ranken durchgehend, lang, dreifach oder zweigeteilt. Blätter groß, dick; Oberseite dunkelgrün, glänzend, glatt; Unterseite blassgrün, dünn weichhaarig; fünf Lappen, einer am Ende zugespitzt; Blattstielhöhle tief, schmal; Basalhöhle flach, breit; seitlicher Sinus tief, breit; Zähne tief, breit. Blüten selbstfruchtbar, in der Zwischensaison geöffnet; Staubblätter aufrecht.

Die Früchte kommen spät, sind weder haltbar noch gut zu versenden. Trauben kurz, zylindrisch, einschultrig; Stiel lang mit wenigen kleinen Warzen; Pinsel grün. Beeren mittelgroß, rund, gelblich-grün, später hellrot mit dünner Blüte, haltbar, fest; Haut mit kleinen braunen Punkten übersät, dünn, zäh, anhaftend, adstringierend; Fruchtfleisch hellgrün, durchscheinend, saftig, zart, feinkörnig, aromalos, mild; mittelmäßig in der Qualität. Anhaftende Samen, eins bis vier, Oberfläche rau, dunkelbraun.

MONTEFIORE

(Vulpina , Labrusca)

Montefiore wird in Missouri und im Südwesten in großem Umfang angebaut, ist im Norden und Osten jedoch nahezu unbekannt. Berichten zufolge gedeiht sie im Lake District von Ohio und gedeiht in Teilen von New York gut. Obwohl es sich im Wesentlichen um eine Weintraube handelt, ist sie dennoch angenehm im Geschmack und in der Konsistenz der Früchte und von weitaus besserer Qualität als viele der gröberen Labruscas, die üblicherweise angebaut werden. Es lässt sich gut aufbewahren und transportieren und bietet ein attraktives Erscheinungsbild. Jacob Rommel, Morrison, Missouri, züchtete diese Sorte um 1875 aus Samen von Taylor, die von Ives gedüngt wurden.

Rebe kräftig und winterhart. Stöcke lang, dick, dunkelbraun mit dünner Blüte; Knoten vergrößert, abgeflacht; Internodien lang; Ranken durchgehend, lang, gespalten. Blätter dick; Oberseite hellgrün, matt, glatt; Unterseite grauweiß, kurz weichhaarig; drei Lappen, wenn vorhanden, mit spitzem Ende; Blattstielhöhle breit; Basaler Sinus fehlt; seitlicher Sinus flach, wenn vorhanden; Zähne tief. Blüten halbfruchtbar, in der Zwischensaison geöffnet; Staubblätter aufrecht.

Früchte in der Zwischensaison, gut haltbar. Büschel klein, kurz, spitz zulaufend, einschultrig, wobei die Schulter durch einen langen Stiel mit der Traube verbunden ist, kompakt; Stiel kurz, schlank, glatt; Pinsel rot. Beeren klein, oval, oft zusammengedrückt, schwarz, glänzend mit üppiger Blüte, hartnäckig, fest; Haut dünn, zäh, anhaftend, adstringierend; Fruchtfleisch grün, durchscheinend, saftig, feinkörnig, zart, schmelzend, weinig, süß; mittelmäßig bis gut. Samen frei, eins bis fünf, klein, breit, leicht eingekerbt, kurz, rundlich, braun.

MOORE FRÜH

Moore Early (Tafel XXIV) ist die Standardtraube ihrer Saison. Seine Frucht kann man nicht besser beschreiben als als eine frühe Concord. Die Reben sind leicht von denen von Concord zu unterscheiden und unterscheiden sich hauptsächlich dadurch, dass sie weniger produktiv sind. Um die Sorte zufriedenstellend wachsen zu lassen, muss der Boden reichhaltig, gut durchlässig und locker sein, häufig bearbeitet werden und die Reben sollten stark beschnitten werden. Die Trauben von Moore Early sind nicht so groß wie die von Concord und weniger kompakt; Die Beerenschale lässt sich leichter schälen und die Schale reißt leichter. Der Fruchtfleischcharakter und der Geschmack entsprechen im Wesentlichen denen der Concord, allerdings ist die Qualität nicht so hoch wie bei der älteren Sorte. Die Qualität ist jedoch viel höher als die von Champion und Hartford, ihren Hauptkonkurrenten, und den Sorten, die sie ersetzen sollte. Moore Early ist keineswegs die ideale Rebsorte für diese Saison, aber bis etwas Besseres auf den Markt kommt, wird sie wahrscheinlich die beste frühe kommerzielle Sorte bleiben. Captain John B. Moore, Concord, Massachusetts, hat diese Sorte aus Concord-Samen gezüchtet, die etwa 1868 gepflanzt wurden.

Rebe kräftig, winterhart, unproduktiv. Stöcke kurz, dunkelrotbraun; Knoten vergrößert, abgeflacht; Internodien kurz; Ranken durchgehend, bifid oder trifid. Blätter groß, dick; Oberseite dunkelgrün, matt; Unterseite bronzefarben gefärbt, stark kurz weichhaarig; Blatt normalerweise nicht gelappt, Ende spitz; Blattstielhöhle breit; Basaler Sinus fehlt; seitlicher Sinus eine Kerbe, falls vorhanden; Zähne flach, schmal. Blüten fruchtbar, in der Zwischensaison geöffnet; Staubblätter aufrecht.

Frucht früh, nicht gut haltbar. Büschel mittelgroß, lang und breit, zylindrisch, manchmal einschultrig, locker; Stiel kurz, dick, glatt; Pinsel kurz, hellgrün. Beeren groß, rund, violettschwarz, fest; Haut zart, anhaftend; Fleisch grün, durchscheinend, saftig, feinkörnig, zäh mit leichtem Fuchsgeschmack; mittelmäßig bis gut. Ein bis vier Samen, groß, breit, prall, stumpf, braun mit gelber Tönung an den Spitzen.

MOSCATELLO

(Vinifera)

Moscatello Nero. Schwarzer Muskat

Diese Sorte hat ein wunderschönes Aussehen und einen zarten Muskatgeschmack und -aroma und ist eine der guten Tafeltrauben des Pazifikhangs. Leider reift er so spät, dass es sich im Osten kaum lohnt, ihn zu probieren. Die Sorte gilt als sehr ertragreich. Die Beschreibung ist zusammengestellt.

Rebe kräftig, gesund, sehr produktiv. Blätter mittelgroß, mit tiefen oberen und flachen unteren Nebenhöhlen; Oben kahl, unten leicht flaumig, an den Adern stark behaart, mit langen, scharfen Zähnen. Bündel groß bis sehr groß, lang, locker, konisch -zylindrisch, geflügelt; Beeren sehr groß, an langen, schlanken Stielen getragen, dunkelviolett, fast schwarz; Haut dünn, aber zäh; Fleisch eher weich, saftig; Geschmack süß, reichhaltig, aromatisch, moschusartig; Qualität sehr gut. Spät gereift, nicht gut haltbar.

MOYER

(Labrusca, Bourquiniana)

Jordan, Moyers frühes Rot

Moyer ist fast ein Gegenstück zu seiner Muttergesellschaft Delaware. Wäre die Sorte nicht ein bis zwei Wochen früher als Delaware und etwas widerstandsfähiger und daher besser für kalte Regionen geeignet, hätte sie im Weinbau keinen Platz. Im Vergleich zu Delaware ist die Rebe nicht so wüchsig und weniger ertragreich, dafür aber freier von Fäulnis und Mehltau. Die Trauben ähneln denen in Delaware, weisen jedoch den Fehler auf, dass sie selbst dann unvollständige Früchte tragen, wenn eine Fremdbestäubung gewährleistet ist. Die Beeren sind etwas größer, haben fast die gleiche Farbe und den gleichen Geschmack, sind reichhaltig, süß, mit reiner Weinnote und ohne eine Spur von Fuchs. Die Früchte sind gut haltbar, lassen sich gut transportieren und bilden weder Risse noch Schalen. Moyer ist in Kanada gut etabliert und erweist sich überall dort, wo Concord angebaut wird, als absolut winterhart, verträgt möglicherweise sogar noch mehr Kälte. WH Read, Port Dalhousie, Ontario, züchtete um 1880 die ursprüngliche Moyer-Rebe aus Delaware-Samen, die mit Miller's Burgundy gedüngt wurden.

Rebe kräftig, winterhart, gesund, unproduktiv. Stöcke zahlreich, schlank, matt, dunkelrotbraun; Knoten vergrößert, abgeflacht; Internodien kurz; Ranken durchgehend, lang, zwei- oder dreigeteilt. Blätter klein; Oberseite dunkelgrün, matt, glatt; Unterseite blassgrün oder mit schwachem Blaustich, stark kurz weichhaarig; Lappen zwei bis fünf mit spitzem Ende; Blattstielhöhle flach; Basalhöhle flach, wenn vorhanden; seitlicher Sinus flach, schmal; Zähne sehr flach, schmal. Blüten selbststeril, früh öffnend; Staubblätter zurückgebogen.

Fruchtt früh, ist gut haltbar, verliert aber bei zu langer Lagerung die Farbe. Büschel klein, kurz, schlank, spitz zulaufend, manchmal einschultrig; Stiel kurz mit kleinen Warzen; Pinsel gelbgrün. Beeren klein, abgeflacht, dunkelrot mit schwacher Blüte, hartnäckig, fest; Haut zäh, locker, adstringierend; Fruchtfleisch durchscheinend, saftig, zart, feinkörnig, weinig; gut bis sehr gut. Samen frei, ein bis vier, breit, kurz, sehr stumpf, braun mit gelbem Schimmer an den Spitzen.

MUSKATELLER

(Vinifera)

Weißer Frontignan

Diese alte Standardsorte wird in einigen Weinregionen Kaliforniens recht häufig als Nachfolgerin des Chasselas Golden angebaut. Es könnte mit einigem Erfolg in bevorzugten Rebregionen im Osten versucht werden. Die Beschreibung ist zusammengestellt.

Mittelgroße, kräftige, gesunde Rebe; Stöcke kräftig, ausgebreitet, rotbraun mit kurzen Internodien. Blätter mittelgroß, dünn, fünflappig; kahl, außer an den Unterseiten der gut ausgeprägten Rippen, wo ein paar Haare sichtbar sind. Trauben lang, zylindrisch, regelmäßig, kompakt; Beeren rund, goldgelb bis bernsteinfarben; Geschmack süß, reichhaltig, aromatisch, eigenartig; Qualität sehr gut. Spät in der Zwischensaison ernten, gut haltbar und gut verschickbar.

TAFEL XXXI. — Worden ($\times\,^2/_3$).

MASKAT HAMBURG

(Vinifera)

Muscat Hamburg (Tafel XXV) ist eine alte europäische Traube, die in einigen Teilen Amerikas in Gewächshausweintrauben bekannt ist, da sie sich am besten zum Treiben eignet. Alle, die die schönen Früchte dieser in Treibhäusern angebauten Sorte kennen, werden sie im Freien testen wollen, wo sie sich in der Experimentierstation in Genf, New York, gut bewährt haben und viele Trauben ein Gewicht von anderthalb Pfund erreichten bis zwei Pfund. Der dazugehörige Teller, dessen Früchte weit weniger als die Hälfte ihrer natürlichen Größe haben, zeigt, was für eine feine Traube Muscat Hamburg ist. Man wird von staunender Bewunderung ergriffen, wenn man einen mit diesen Trauben beladenen Weinstock sieht, der neben Concord, Niagara oder Delaware wächst. Die Qualität ist köstlich, die Quintessenz der Aromen und Düfte, die die Traube zu einer beliebten Frucht machen. Die Trauben sind lange haltbar und behalten ihre Form, Größe, Farbe und ihren reichen, delikaten Geschmack fast bis zum Ende. Diese Sorte ist ein Schatz für den Amateur; Und der Fachmann, der eine weitere Traube für lokale Märkte haben möchte, sollte versuchen, ein paar Rebstöcke mit einheimischen Rebsorten dieser Sorte zu veredeln und dabei die in Kapitel X gegebenen Anweisungen zur Pflege der Reben befolgen.

Die Reben sind kräftig, zart und müssen im Winter geschützt werden. Stöcke lang, zahlreich, schlank bis mittelgroß, hellbraun, an den Knoten dunkler, die vergrößert und abgeflacht sind. Blätter mittelgroß bis groß, mitteldick; Oberseite hellgrün, matt; Unterseite blassgrün, schwach kurz weichhaarig, dicht behaart.

Die Frucht reift im Oktober, lässt sich gut versenden und ist gut haltbar; Trauben sehr groß, lang, breit, spitz zulaufend, ein- oder doppelschultrig. Beeren groß, fest, oval, sehr dunkelviolettrot, mit lila Blüten bedeckt, sehr langlebig; Die Schale ist dick und haftet fest am Fruchtfleisch. Fleisch hellgrün, durchscheinend, fleischig, sehr saftig, zart, weinig, moschusartig, süß, reichhaltig; sehr gut bis bestens; Samen lösen sich leicht vom Fruchtfleisch, groß.

MASKAT VON ALEXANDRIA

Dies ist möglicherweise die führende Tafel- und Rosinentraube des Pazifikhangs. Ob eine oder mehrere Sorten unter dem Namen angebaut werden, lässt sich aus der Literatur oder einem Besuch in Weinbergen nicht erkennen. Wahrscheinlich gibt es mehrere Sorten, die unter dem charakteristischen Namen „Muscat" angebaut werden, der für diese süßen, hellgelben, moschusartigen Trauben gilt. Dies ist eine der Standardsorten, die man in Innenräumen anpflanzt, im Osten erfordert sie jedoch eine zu lange Saison für den Außenbereich. Folgende Beschreibung wird zusammengestellt:

Ranke kurz, ausladend, buschig, bildet manchmal eher einen Busch als eine Rebe, sehr ertragreich; Holz grau mit dunklen Flecken, kurzgliedrig. Blatt rund, fünflappig; Oben hellgrün, unten hellgrün. Bündel lang und locker, geschultert; Beere länglich, bei voller Reife hellgelb und transparent, mit weißem Belag bedeckt; Fleisch fest, knackig; Geschmack süß und sehr moschusartig; Qualität gut. Spät reifen, die Seitentriebe produzieren eine zweite und manchmal sogar eine dritte Ernte.

NIAGARA

(Labrusca, Vinifera)

Niagara (Tafel XXVI) ist die führende amerikanische grüne Rebsorte und nimmt unter den Trauben dieser Farbe den Rang ein, den Concord unter den schwarzen Sorten einnimmt. Allerdings handelt es sich um eine weniger wertvolle Traube als die Concord-Traube, und es ist fraglich, ob sie viel höher eingestuft werden sollte als einige andere grüne Rebsorten. Wenn die beiden Rebsorten in Bezug auf ihre Anpassungsfähigkeit gleichwertig sind, haben Niagara und Concord in Bezug auf Kraft und Produktivität den gleichen Rang. In Bezug auf die Widerstandsfähigkeit von Wurzeln und Reben bleibt Niagara hinter Concord zurück; Ohne Winterschutz ist bei Minusgraden des Thermometers kein Verlass. Niagara hat viel von der Fuchsart der wilden Labrusca, die für viele Gaumen unangenehm ist. Sowohl die Trauben als auch die Beeren der Niagara-Pflanze sind größer als die der Concord-Pflanze und besser geformt, so dass die Früchte schöner aussehen, wenn die Farben gleich gut gefallen. Die Fruchtschalen sind genauso schlecht wie bei Concord und nicht länger haltbar. Sowohl die Rebe als auch die Früchte von Niagara sind anfälliger für Pilzkrankheiten als die von Concord, insbesondere für Schwarzfäule, die sich bei dieser Sorte in ungünstigen Jahreszeiten als wahre Geißel erweist. Niagara wurde von CL Hoag und BW Clark, Lockport, New York, aus Concord-Samen gezüchtet, die von Cassady gedüngt und 1868 gepflanzt wurden.

Rebe kräftig, wenig winterhart, sehr ertragreich. Stöcke lang, dick, rötlichbraun, an den Knoten vertieft, vergrößert und leicht abgeflacht; Internodien lang, dick; Ranken durchgehend, lang, zwei- oder dreigeteilt. Blätter groß, dick; Oberseite glänzend, dunkelgrün, glatt; Unterseite blassgrün, kurz weichhaarig; Lappen drei bis fünf mit spitzem Ende; Blattstielhöhle mittlerer Tiefe und Breite; Basalhöhle flach, breit, oft gezähnt; Seitenhöhle breit, häufig gezähnt; Zähne flach, unterschiedlich breit. Blüten selbstfruchtbar, in der Zwischensaison geöffnet; Staubblätter aufrecht.

Früchte in der Zwischensaison, gut haltbar. Büschel groß, lang, breit, spitz zulaufend, häufig einschultrig, kompakt; Stiel dick mit einigen kleinen, unauffälligen Warzen; Pinsel hellgrün, lang. Beeren groß, oval, hellgelbgrün mit dünner Blüte, dauerhaft, fest; Haut dünn, zart, anhaftend, adstringierend; Fruchtfleisch hellgrün, durchscheinend, saftig, feinkörnig, zart, fuchsig; Gut. Samen frei, ein bis sechs, tief eingekerbt, braun.

NOAH

(Vulpina , Labrusca)

Noah ist derzeit außerhalb von Missouri kaum angebaut, wo es immer noch einigermaßen gepflanzt wird. Noah und Elvira werden oft verwechselt, aber es gibt sehr deutliche Unterschiede. Die Trauben von Elvira sind kleiner, die Beeren haben einen fuchsigeren Geschmack und die Schalen sind zarter und knacken leichter als bei Noah. Die großen, dunkelgrünen, glänzenden Blätter machen die Reben dieser Sorte sehr schön. Wie Elvira und andere Sorten dieser Gruppe ist Noah im Norden von geringem Wert. Es entstand bei Otto Wasserzieher , Nauvoo, Illinois, aus Samen von Taylor, die 1869 gepflanzt wurden.

Rebe kräftig, zweifelhaft winterhart, produktiv. Stöcke lang, dick, dunkelbraun, Oberfläche aufgeraut; Knoten vergrößert, abgeflacht; Ranken durchgehend, bifid oder trifid. Blätter groß; Oberseite dunkelgrün, glänzend, glatt; Unterseite blassgrün, dünn weichhaarig; Blatt normalerweise nicht gelappt mit zugespitztem Ende; Blattstielhöhle tief, breit; Basaler Sinus fehlt; lateraler Sinus, wenn vorhanden, sehr flach; Zähne flach, breit. Blüten halbfruchtbar, früh öffnend; Staubblätter aufrecht.

Frucht spät in der Zwischensaison, weder versandfähig noch gut haltbar. Trauben unterschiedlicher Größe, zylindrisch, einschultrig, kompakt; Stiel kurz mit einigen kleinen Warzen; Pinsel kurz, braun. Beeren klein, rund, hellgrün mit gelben Reflexen, matt mit dünner Blüte, fest; am Fruchtfleisch haftende Haut; Fruchtfleisch gelbgrün, durchscheinend, saftig, zäh, feinkörnig, weinig, lebhaft; Gut. Anhaftende Samen, eins bis vier, dunkelbraun.

NÖRDLICHER MUSCADINE

(Labrusca)

Dass diese Sorte zusammen mit Lucile, Lutie und anderen Trauben mit stark ausgeprägtem Fuchsgeschmack trotz der guten Eigenschaften der Reben nicht populär geworden ist, ist ein Beweis dafür, dass die amerikanische Öffentlichkeit solche Trauben nicht begehrt. Vom Aussehen her ähnelt die Northern Muscadine der Lutie, wobei sie sich von anderen Trauben durch einen unverwechselbaren Geruch unterscheidet. Ein gravierender Mangel der Früchte besteht darin, dass die Beeren stark zerplatzen, sobald sie reif sind. Insgesamt sind die Rebcharaktere dieser Sorte sehr gut und bieten Möglichkeiten für den Weinzüchter. Die Sorte stammt ursprünglich aus New Lebanon, New York, und wurde um 1852 von DJ Hawkins und Philemon Stewart von der Society of Shakers bekannt gemacht.

Rebe kräftig, produktiv, gesund, winterhart. Stöcke schlank, dunkelbraun, stark kurz weichhaarig; Ranken durchgehend, gespalten, früh auseinanderbrechend. Blätter groß, rund, dick; Oberseite matt, rau; Unterseite dunkel bronzefarben, stark kurz weichhaarig. Blüten selbstfruchtbar, in der Zwischensaison geöffnet; Staubblätter aufrecht.

Frucht früh in der Zwischensaison, nicht gut haltbar. Traube mittelgroß, kurz, gelegentlich einschultrig, kompakt. Beeren groß, oval, dunkel bernsteinfarben mit dünner Blüte, fallen stark vom Blütenstiel ab; Haut zäh, anhaftend, adstringierend; Fruchtfleisch hellgrün, saftig, feinkörnig, zart, weich, sehr fuchsig, süß; schlechte Qualität. Samen frei, zahlreich, groß, breit, leicht eingekerbt, lang, braun.

NORTON

(Æstivalis , Labrusca)

Norton ist eine der führenden Weintrauben in Ostamerika, wobei die Frucht für andere Zwecke als Wein oder möglicherweise Traubensaft von geringem Wert ist. Die Rebe ist winterhart, benötigt jedoch eine lange, warme Jahreszeit, um ihre Reife zu erreichen, sodass sie nördlich des Potomac nur selten erfolgreich angebaut wird. Norton gedeiht in reichem alluvialem Ton, Kies oder Sand, die einzige Voraussetzung scheint ein angemessenes Maß an Fruchtbarkeit und Bodenwärme zu sein. Die Reben sind robust; sehr produktiv, besonders auf fruchtbaren Böden; so frei oder sogar noch freier von Pilzkrankheiten wie jede andere unserer einheimischen Trauben; und sind sehr resistent gegen Reblaus. Die Trauben sind mittelgroß und die Beeren klein. Die Trauben sind im vollreifen Zustand ein angenehmer Verzehr, reichhaltig, würzig und rein im Geschmack, aber säuerlich, wenn sie noch nicht ganz reif sind. Die Sorte lässt sich nur schwer durch Stecklinge vermehren und verpflanzen, und die Reben vertragen Pfropfen nicht gut. Der Ursprung von Norton ist ungewiss, aber es wurde bereits vor 1830 angebaut, als es erstmals beschrieben wurde.

Rebe sehr kräftig, gesund, halbwinterhart, ertragreich. Stöcke lang, dick, dunkelbraun mit üppiger Blüte; Knoten stark vergrößert; Internodien lang; Ranken intermittierend, gelegentlich durchgehend, lang, zweigeteilt, manchmal dreizählig. Blätter groß, unregelmäßig rund; Oberseite blassgrün, matt, rau; Unterseite blassgrün, kurz weichhaarig; Blatt normalerweise nicht gelappt mit spitzem Ende; Blattstielhöhle tief, schmal, manchmal geschlossen und überlappend; Basalisinus fehlt normalerweise; Sinus lateralis flach oder, wenn vorhanden, nur eine Kerbe. Blüten selbstfruchtbar, spät; Staubblätter aufrecht.

Späte Frucht, gut haltbar. Trauben mittelgroß, kurz, breit, spitz zulaufend, einschultrig, kompakt; Stiel schlank mit einigen Warzen; Pinsel matt, weinrot. Beeren klein, rund-abgeflacht, schwarz, glänzend mit starker Blüte, hartnäckig, weich; Haut dünn, frei mit viel dunkelrotem Pigment; Fleisch grün, durchscheinend, saftig, zart, würzig, säuerlich. Samen frei, zwei bis sechs, klein, braun.

PORTO

(Vulpina , Labrusca)

Porto war einst als Weintraube gefragt, da sein Wein in Farbe und Geschmack dem aus Porto ähnelte. Die Sorte ist heute kaum noch bekannt, da sie in den meisten ihrer gärtnerischen Merkmale anderer ihrer Art unterlegen ist, für einige ihrer Merkmale könnte sie jedoch für die Züchtung wertvoll sein. Die Rebe ist sehr winterhart, ungewöhnlich frei von Pilzkrankheiten, sehr resistent gegen Reblaus und wurde in Frankreich als Reblaus-resistentes Pfropfgut verwendet. Der Saft ist sehr dick und dunkel, tiefviolett und eignet sich daher zum Färben von Wein oder Traubensaft. Der Ursprung von Porto ist unbekannt. Sie wurde um 1860 von EW Sylvester, Lyons, New York, in den Anbau gebracht.

Rebe sehr kräftig, robust, gesund, unterschiedlich produktiv. Stöcke lang, rotbraun; Knoten vergrößert, abgeflacht; Internodien lang, Zwerchfell dünn; Ranken durchgehend, gespalten. Staubblätter zurückgebogen.

Obst in der Zwischensaison, gut verschiffbar und haltbar. Büschel klein, zylindrisch, oft einschultrig. Beeren mittelgroß, rund, schwarz, glänzend mit üppiger Blüte, langlebig, fest; Haut sehr dünn, zart, mit viel dunklem weinrotem Pigment; Fruchtfleisch weiß, manchmal mit violettem Schimmer, saftig, feinkörnig, fest, süß, würzig; Faire Qualität. Samen frei, zahlreich, klein, breit, leicht gekerbt, spitz, rundlich, dunkelbraun.

OTHELLO

(Vinifera, Vulpina , Labrusca)

Arnolds Hybride, Kanadischer Hamburger, Kanadischer Hybride

In Frankreich erweist sich Othello als Direktproduzent hervorragend und wird auch für resistente Bestände verwendet. Während die meisten ihrer Merkmale von den Franzosen im Superlativ bezeichnet werden, wird die Sorte in Amerika aufgrund ihrer Pilzanfälligkeit nicht so hoch geschätzt. Zudem reift die Frucht so spät, dass sie für den Norden nie zu einer wertvollen Sorte werden könnte. Es handelt sich zwar keineswegs um eine Tafeltraube, aber sie ergibt einen gut gefärbten, angenehmen Wein. Charles Arnold, Paris, Ontario, züchtete Othello aus Clinton-Samen, die von Black Hamburg gedüngt und 1859 gepflanzt wurden.

Rebe kräftig, robust, produktiv. Stöcke lang, braun; Knoten vergrößert, abgeflacht; Ranken kontinuierlich, manchmal intermittierend, zwei- oder dreigeteilt. Blätter von durchschnittlicher Größe; Oberseite hellgrün, matt und glatt; Unterseite blassgrün, kurz weichhaarig; Lappen drei bis fünf mit spitzem Endlappen; Blattstielhöhle tief, sehr schmal, häufig geschlossen und überlappend; Basalhöhle flach, schmal; seitlicher Sinus tief; Zähne tief, breit; Staubblätter aufrecht.

Späte Frucht, recht gut haltbar. Büschel groß, lang, breit, spitz zulaufend, häufig mit einer lockeren Einzelschulter, kompakt; Stiel lang, schlank mit zahlreichen kleinen Warzen; Pinsel kurz, weinfarben. Beeren groß, oval, schwarz, glänzend mit üppiger Blüte, sehr langlebig; Haut dünn, zäh, anhaftend mit rotem Pigment; Fruchtfleisch dunkelgrün, sehr saftig, feinkörnig, zäh, lebhaft; von geringer Qualität. Samen frei, ein bis drei, Hals manchmal geschwollen, braun.

OZARK

(Æstivalis , Labrusca)

Ozark gehört zum Süden und insbesondere zu Missouri. Seine Vor- und Nachteile wurden von den Weinbauern in Missouri ausgelotet, mit dem Ergebnis, dass seine Kultur etwas zunimmt. Es handelt sich um eine Traube von minderer Qualität, was zum Teil vielleicht auf übermäßigen Weinanbau zurückzuführen ist, was normalerweise der Fall ist, es sei denn, die Früchte werden verdünnt. Die Rebe ist gesund und wächst sehr stark, ist aber selbststeril, was gegen sie als Marktsorte spricht. Trotz der Selbststerilität und der geringen Qualität ist Ozark eine vielversprechende Sorte für das Land südlich von Pennsylvania. Ozark entstand bei J. Stayman, Leavenworth, Kansas, aus Samen unbekannter Herkunft. Die Sorte wurde um 1890 eingeführt.

Rebe sehr kräftig, robust, produktiv. Stöcke lang, dick mit dünner Blüte, Oberfläche rau; Knoten vergrößert, abgeflacht; Internodien lang; Ranken intermittierend, meist gespalten. Blätter dicht, groß; Oberseite hellgrün; Unterseite blassgrün, dünn weichhaarig, spinnwebig; Lappen drei bis fünf; Blattstielhöhle tief, schmal; Zacken flach, schmal. Blüten selbststeril oder fast unfruchtbar, spät öffnend; Staubblätter zurückgebogen.

Späte Frucht, gut haltbar. Trauben groß, lang, meist mit langer, lockerer Schulter, sehr kompakt; Stiel kurz, dick, glatt; Pinsel lang, rot. Beeren unterschiedlicher Größe, mattschwarz mit üppiger Blüte, langlebig; Harte

Schale mit viel weinfarbenem Pigment; Fleisch zart, mild; mittelmäßig in der Qualität. Samenfrei, klein.

PALOMINO

(Vinifera)

Goldener Chasselas , Listan

Diese Sorte scheint in Kalifornien unter den drei angegebenen Namen angebaut zu werden – während Palomino in Frankreich als bläulich-schwarze Traube beschrieben wird. Palomino scheint in Kalifornien häufig als Tafeltraube angebaut zu werden und ist in Ostamerika einen Versuch wert. Die unter dem Namen Palomino aus Kalifornien an der New York Experiment Station erhaltene Sorte weist die folgenden Merkmale auf, die weitgehend mit denen der kalifornischen Weinbauern übereinstimmen:

Die Früchte reifen etwa am 20. Oktober und behalten ihre Qualität; Büschel mittelgroß bis groß, lang, einschultrig, spitz zulaufend, locker; Beeren mittelgroß bis klein, rundlich, hellgrüngelb, dünne Blüte; Haut und anhaftendes Fruchtfleisch sind mittelzart und knusprig, das Fruchtfleisch um die Samen herum schmilzt; Geschmack süß, weinig; Qualität gut.

PEABODY

(Vulpina , Labrusca, Vinifera)

Peabody ist ein bislang vergleichsweise unbedeutender Spross Clintons. Die Trauben sind von ausgezeichneter Qualität. Es scheint, dass es in den nördlichen Bundesstaaten oder in Kanada besser abschneidet als weiter südlich. Diese Sorte wurde um 1870 von JH Ricketts angebaut.

Rebe kräftig, robust, produktiv. Stöcke lang, zahlreich, dick, hellbraun mit aschgrauem Schimmer, an den Knoten dunkler, mit dünnen Blüten bedeckt; Knoten vergrößert, abgeflacht; Internodien kurz; Ranken intermittierend, bifid oder trifid. Blätter mittelgroß; Oberseite dunkelgrün, dünn; Unterseite blassgrün, fast kahl; Lappen drei, zugespitzt; Blattstielhöhle flach, breit; Verzahnung tief, schmal. Blüten halbfruchtbar, Zwischensaison; Staubblätter aufrecht.

Frühzeitig fruchtbar, gut haltbar. Trauben groß, lang, meist mit einer Schulter, die durch einen langen Stiel mit der Traube verbunden ist, kompakt; Stiel kurz, schlank, warzig; Pinsel kurz, grün. Beeren oval, schwarz, glänzend, mit dünner Blüte bedeckt, hartnäckig; Haut dick, zäh; Fruchtfleisch sehr saftig, zart, weinig, würzig, angenehm süß auf der Schale, säuerlich in der Mitte; Gut. Samenfrei, breit.

PERFEKTION

(Labrusca, Bourquiniana , Vinifera)

Perfection ist ein Sämling von Delaware, dem er sehr ähnelt, ihm aber in der Frucht nicht gleichkommt; Die Qualität der Früchte ist nicht so hoch, sie sind nicht so gut haltbar, schrumpfen vor der Reife stärker und schälen sich leichter. In ihren Rebsorten ähnelt sie viel mehr einer Labrusca als einer Delaware, was darauf hindeutet, dass es sich um eine Delaware-Kreuzung handelt. Im Südwesten gilt Perfection als wertvolle frührote Rebsorte. J. Stayman, Leavenworth, Kansas, züchtete Perfection aus Samen von Delaware; Es wurde um 1890 zum Testen ausgesandt.

Rebe kräftig, gesund, in strengen Wintern verletzt, produktiv. Stöcke mittellang und zahlreich, schlank; Knoten vergrößert, abgeflacht; Internodien kurz; Ranken intermittierend, trifid oder bifid. Blätter gesund, mittelgroß; Oberseite hellgrün; Unterseite grauweiß mit einem Hauch von Bronze, stark kurz weichhaarig; Lappen fehlen oder drei bis fünf; Blattstielhöhle flach, breit; Verzahnung flach. Blüten selbstfruchtbar oder fast selbstfruchtbar, öffnen sich in der Zwischensaison; Staubblätter aufrecht.

Frucht früh. Trauben meist einschultrig, kompakt; Stiel kurz, schlank, glatt; Pinsel kurz, gelb. Beeren klein, rund, rot, aber weniger leuchtend als Delaware mit schwacher Blüte, geneigt, vom Stiel abzufallen, weich; Haut dünn, frei von Adstringenz; Fruchtfleisch von mittlerer Saftigkeit und Zartheit, weinig, mild, süß; gut in der Qualität. Anhaftende Samen, zahlreich, klein, oft mit vergrößertem Hals.

PERKINS

(Labrusca, Vinifera)

Früher wurde die Perkins-Traube hauptsächlich als frühe Rebsorte angebaut, aber wegen der schlechten Qualität der Früchte wurde sie generell verworfen. Das Fruchtfleisch der Traube ist hart und der Geschmack erinnert an Wyoming- und Northern Muscadine-Trauben, die sich durch eine unangenehme Fuchsigkeit auszeichnen. Wie fast alle Labruscas ist Perkins ein schlechter Torwart. Ungeachtet der Mängel ihrer Früchte kann die Sorte in Regionen, in denen der Weinanbau prekär ist, von Wert sein; Denn was die Fruchtbildung betrifft, handelt es sich um eine der zuverlässigsten Rebsorten, die angebaut werden; die Reben sind robust, kräftig, ertragreich und frei von Pilzkrankheiten. Perkins ist ein zufälliger Sämling, der um 1830 im Garten von Jacob Perkins, Bridgewater, Massachusetts, gefunden wurde.

Rebe kräftig, robust, gesund, produktiv. Stöcke lang, zahlreich, dick, dunkelbraun, an den Knoten vertieft, Oberfläche stark kurz weichhaarig; Knoten vergrößert, abgeflacht; Internodien lang; Ranken durchgehend, bifid oder trifid. Blätter mittelgroß, dick; Oberseite rau; Unterseite stark kurz weichhaarig; Adern deutlich; Lappen drei; Blattstielhöhle tief, schmal; Verzahnung flach. Blüten selbstfruchtbar, früh; Staubblätter aufrecht.

Früchte früh, gute Verschiffbarkeit. Trauben mittlerer Größe und Länge, breit, zylindrisch, oft mit einer einzelnen Schulter, kompakt; Stiel kurz, dick, warzig; Pinsel lang, gelb. Beeren groß, oval, blass lila oder hellrot mit dünner Blüte, geneigt, vom Blütenstiel abzufallen, weich; Haut dünn, zäh, ohne Pigment; Fleisch weiß, saftig, fadenförmig, feinkörnig, fest, fleischig, sehr fuchsartig; schlechte Qualität. Anhaftende Samen, zahlreich, mittelgroß, gekerbt.

POCKLINGTON

(Labrusca)

Vor dem Aufkommen von Niagara war Pocklington (Tafel XXII) die führende grüne Rebsorte. Die Sorte hat jedoch den fatalen Fehler, dass ihre Ernte spät reift, was zusammen mit einigen geringfügigen Mängeln dazu geführt hat, dass sie in den nördlichen Weinbaugebieten unter die Niagara-Werte fällt. Pocklington ist ein Sämling von Concord und ähnelt in seinen Weinmerkmalen seinem Elternteil; Die Reben sind denen von Concord an Widerstandsfähigkeit völlig ebenbürtig oder übertreffen sie sogar, wachsen aber langsamer und sind nicht ganz so gesund, kräftig und produktiv. Die Qualität der Trauben ist genauso gut, wenn nicht sogar besser als die von Concord oder Niagara, sie sind süß, reichhaltig und angenehm im Geschmack, obwohl sie, wie bei den anderen genannten Trauben, für kritische Verbraucher zu viel Fuchs haben. Die Qualität der Pocklington-Trauben ist mit einigen anderen Trauben ihrer Saison, wie Iona, Jefferson, Diana, Dutchess und Catawba, nicht vergleichbar, sie liegt jedoch weit über dem Durchschnitt und sollte aus diesem Grund beibehalten werden. John Pocklington, Sandy Hill, New York, züchtete um 1870 Pocklington aus Samen von Concord.

Rebe mittelstark, winterhart. Stöcke von mittlerer Länge, Anzahl und Größe, dunkelrotbraun; Knoten vergrößert, abgeflacht; Ranken durchgehend, bifid oder trifid. Blätter unterschiedlich groß, dick; Oberseite hellgrün, glänzend; Unterseite bronzefarben, kurz weichhaarig; Lappen eins bis drei mit zugespitztem Ende; Blattstielhöhle tief, breit; Zähne schmal. Blüten selbstfruchtbar, Zwischensaison; Staubblätter aufrecht.

Frucht spät in der Zwischensaison, gut haltbar und versandfähig. Cluster groß, zylindrisch, oft einschultrig, kompakt; Stiel kurz, dick mit einigen kleinen Warzen; Pinsel kurz, grün. Beeren groß, abgeflacht, gelbgrün mit bernsteinfarbenem Schimmer, mit dünner Blüte, fest; Haut mit vereinzelten rostroten Punkten, dünn, zart, anhaftend, leicht adstringierend; Fruchtfleisch hellgrün mit gelbem Schimmer, durchscheinend, saftig, zäh, feinkörnig, leicht fuchsig; Gut. Anhaftende Samen, ein bis sechs, von mittlerer Länge und Breite.

POUGHKEEPSIE

(Bourquiniana , Labrusca, Vinifera)

Am Hudson River ist die Poughkeepsie schon seit langem bekannt, heute wird sie dort jedoch nur noch wenig angebaut und ist anderswo nicht weit verbreitet. In der Fruchtqualität ist sie den besten amerikanischen Sorten ebenbürtig, aber die Rebsorten sind allesamt dürftig und die Sorte ist somit praktisch vom allgemeinen Anbau ausgeschlossen. Sowohl der Weinstock als auch die Früchte ähneln denen von Delaware, aber in keinem von beiden kommt es dem letzteren ganz gleich. Insbesondere kann die Rebe im Winter leichter abgetötet werden und ist weniger produktiv als die Rebe aus Delaware. Die Trauben reifen etwas früher als die der letztgenannten Sorte und sind aufgrund ihrer Schönheit und Qualität zumindest für den Garten zu empfehlen. Um 1865 züchtete AJ Caywood , Marlboro, New York, Poughkeepsie aus Samen von Iona, die mit gemischten Pollen von Delaware und Walter befruchtet wurden.

Rebe mittlerer Wuchskraft. Stöcke kurz, dick, dunkelrotbraun; Ranken intermittierend, häufig drei in einer Reihe, zwei- oder dreigeteilt. Blätter klein; Oberseite grün, glänzend, ältere Blätter rau; Unterseite graugrün, kurz weichhaarig. Blüten selbstfruchtbar, spät; Staubblätter aufrecht.

Fruchtt früh, ist haltbar und lässt sich gut versenden. Büschel klein, spitz zulaufend, meist einschultrig, sehr kompakt. Beeren klein, rund, blassrot mit dünner Blüte, haltbar, fest; Haut dünn, zart, ohne Pigment; Fruchtfleisch hellgrün, sehr saftig, zart, schmelzend, feinkörnig, weinig, süß; sehr gut bis bestens. Samen frei, klein, breit, mit vergrößertem Hals, braun.

PRENTISS

(Labrusca, Vinifera)

Prentiss ist eine grüne Rebsorte von hoher Qualität, die einst bekannt und allgemein empfohlen wurde, heute aber nicht mehr angebaut wird, weil die Rebe kälteempfindlich, kraftlos, unproduktiv, unsicher im Ertrag und anfällig für Fäulnis und Mehltau ist. Es gibt Weinberge, in denen es sehr gut gedeiht, und dort ist es eine bemerkenswert attraktive grüne Traube, insbesondere in Form der Trauben und in der Farbe der Beeren, die in dieser Hinsicht der einstigen Lieblingsrebebecca ähnelt, wenn auch nicht so hochwertig wie diese diese Vielfalt. Die Saison wird sowohl vor als auch nach Concord angegeben. Prentiss muss immer eine Abwechslung für Amateure und für besondere Orte bleiben. Es entstand um 1870 bei JW Prentiss, Pulteney, New York, aus Samen von Isabella.

Rebe schwach. Stöcke dick, hell- bis dunkelbraun; Ranken durchgehend, gespalten. Blätter klein, dick; Oberseite hellgrün, in den älteren Blättern rau; Unterseite blassgrün, kurz weichhaarig. Blüten selbstfruchtbar, Zwischensaison; Staubblätter aufrecht.

Fruchtvariationen in der Saison, etwa bei Concord, gut haltbar. Traube mittelgroß, spitz zulaufend, manchmal mit einer einzelnen Schulter, kompakt. Beeren mittelgroß, oval, hellgrün mit gelbem Schimmer, dünne Blüte, langlebig, fest; Haut zäh, ohne Pigment; Fleisch hellgrün, saftig, fuchsartig; Gut. Anhaftende Samen, zahlreich, gekerbt, kurz, spitz, dunkelbraun.

LILA CORNICHON

(Vinifera)

Schwarzer Cornichon

Aufgrund des attraktiven Aussehens und der hervorragenden Transporteigenschaften der Früchte nimmt diese Sorte unter den kommerziellen Trauben Kaliforniens einen hohen Platz ein. Die späte Reifung ist eine weitere Eigenschaft, die sie begehrenswert macht, während ihre merkwürdigen, langen, gebogenen Beeren ihren Reiz noch neuartiger machen. Die Qualität der Früchte nimmt keinen hohen Stellenwert ein. Die Beschreibung wurde zusammengestellt.

Rebe sehr kräftig, gesund und produktiv; Holz hellbraun gestreift mit dunklerem Braun, kurzgliedrig. Blätter groß, länger als breit, tief fünflappig; oben dunkelgrün, unten heller und stark behaart; grob gezahnt; mit kurzem, dickem Blattstiel. Sehr große, lockere oder manchmal struppige Trauben, die auf langen Stielen sitzen; Beeren groß, lang, mehr oder weniger gebogen, dunkelviolett, gefleckt, dickhäutig, an langen Stielen getragen; Fleisch fest, knackig, süß, aber nicht reich an Geschmack; Qualität gut, aber nicht hochwertig. Spät würzen, gut haltbar und gut verschickbar.

REBEKKA

(Labrusca, Vinifera)

Mitte des letzten Jahrhunderts, als der Weinanbau in den Händen von Kennern lag, gehörte Rebecca zu den reinsten Grünsorten. Sie ist für den Erwerbsweinbau völlig ungeeignet und verschwindet seit Jahren nach und nach aus dem Anbau. Die Frucht ist außergewöhnlich fein und besteht aus wohlgeformten Trauben und Beeren, wobei die letzteren schön gelblich-weiß und halbtransparent sind. Die Trauben sind qualitativ hochwertig, haben einen reichen, süßen Geschmack und ein angenehmes Aroma. Aber die Weinfiguren verurteilen Rebecca für alle, außer für Amateure. Den Reben mangelt es an Widerstandsfähigkeit und Wuchskraft, sie sind anfällig für

Mehltau und andere Pilze und gedeihen nur unter besten Bedingungen. Die ursprüngliche Rebe war ein zufälliger Sämling, der im Garten von EM Peake, Hudson, New York, gefunden wurde und 1852 seine ersten Früchte trug.

Rebe schwach, manchmal kräftig, zweifelhaft winterhart. Stöcke lang, zahlreich, schlank, mattbraun, an den Knoten intensiver gefärbt; Ranken kontinuierlich oder intermittierend, bifid oder trifid. Blätter unterschiedlich groß; Oberseite dunkelgrün, matt, rau; Unterseite graugrün, kurz weichhaarig. Blüten selbstfruchtbar; Staubblätter aufrecht.

Früchte erst spät in der Zwischensaison, gut verschiffbar und haltbar. Büschel klein, kurz, zylindrisch, selten mit einer kleinen, einzelnen Schulter, kompakt. Beeren mittelgroß, oval, grün mit gelbem Schimmer, der an Bernstein grenzt, dünne graue Blüte, dauerhaft, fest; Haut dünn, ohne Pigment; Fleisch hellgrün, sehr saftig, zart, schmelzend, weinig, ein wenig fuchsig, süß; gut bis sehr gut. Samen frei, kurz, schmal, stumpf, braun.

ROTER ADLER

(Labrusca, Vinifera)

Red Eagle ist ein reinrassiger Sämling der Black Eagle, der bis auf die Fruchtfarbe in allen Merkmalen ähnelt. Rebe und Frucht weisen die Merkmale auf, die in Rogers' Hybriden zu finden sind. Sie genießt einen hohen Stellenwert als Qualitätstraube und kann für den Garten empfohlen werden. Die Sorte stammt ursprünglich aus TV Munson, Denison, Texas, und wurde 1888 verschickt.

Rebe mittelstark und winterhart, produktiv. Wenige Stöcke, schlank, dunkelbraun mit starker Blüte; Knoten hervortretend, abgeflacht; Ranken kontinuierlich oder intermittierend, lang, gespalten. Blätter dick; Oberseite hellgrün, matt, rau; Unterseite graugrün, kurz weichhaarig; Lappen drei bis fünf mit stumpfem Ende; Blattstielhöhle tief, schmal, manchmal geschlossen und überlappend; basaler Sinus breit; seitlicher Sinus tief, breit; Zähne tief, breit. Blüten halbfruchtbar, spät; Staubblätter aufrecht.

Frucht früh in der Zwischensaison, gut haltbar. Büschel klein, breit, spitz zulaufend, einschultrig, manchmal doppelschultrig, locker mit vielen abortiven Beeren; Stiel sehr lang, schlank; Pinselgrün mit braunem Schimmer. Beeren unterschiedlich groß, rund, hell- bis sehr dunkelrot mit kräftiger Blüte, langlebig, weich; Haut dick, zart, anhaftend mit etwas rotem Pigment; Fruchtfleisch grün, transparent, saftig, sehr zart, schmelzend, leicht fuchsig, säuerlich; sehr gut. Samen frei, eins bis fünf, groß, lang, stumpf, hellbraun.

REGAL

(Labrusca, Vinifera)

Regal ist ein Nachkomme von Lindley, dem es sehr ähnelt. Die Früchte haben ein attraktives Aussehen und eine hohe Qualität. Ein scheinbar unbedeutender Fehler könnte Regal in einem kommerziellen Weinberg unerwünscht machen; Die Trauben stehen so nah am Holz, dass es schwierig ist, die Früchte zu ernten und Verletzungen der Beeren neben dem Holz zu vermeiden. Die Sorte verdient eine ausgedehnte Kultur in Weinbergen und Gärten. Regal wurde 1879 von WA Woodward, Rockford, Illinois, gegründet.

Rebe kräftig, robust, gesund, sehr produktiv. Stöcke mittlerer Länge und Größe, zahlreich, dunkelrotbraun. Die Ranken sind intermittierend, zwei- oder dreigeteilt. Blätter groß; Oberseite grün, glänzend und rau; Unterseite blassgrün mit bronzefarbenem Schimmer, stark kurz weichhaarig. Blüten selbstfruchtbar, Zwischensaison; Staubblätter aufrecht.

Früchte in der Zwischensaison, gut haltbar. Büschel klein, breit, zylindrisch, meist mit einer kurzen Einzelschulter, manchmal doppelschultrig, sehr kompakt. Beeren groß, rund, purpurrot mit schwacher Blüte, langlebig. Haut dünn, zäh, ohne Pigment. Fleisch hellgrün, sehr saftig, feinkörnig, zart, moschusartig; Gut. Samen frei, zahlreich, lang, schmal, gekerbt, stumpf mit kurzem Hals, braun.

REQUA

(Labrusca, Vinifera)

Dies ist eine von Rogers' Hybriden, die anderen Trauben ihrer Farbe und Saison ebenbürtig ist. Die Trauben sind attraktiv in Trauben und Beeren und von sehr guter Qualität, neigen jedoch zur Fäulnis und reifen für nördliche Regionen zu spät. Die Sorte erhielt 1869 den Namen Requa , zuvor war sie als Nr. 28 bekannt.

Die Rebe ist kräftig, robust, außer in strengen Wintern, mit mittlerer Produktivität. Stöcke lang, dick; Ranken kontinuierlich oder intermittierend, trifid oder bifid. Blätter mittelgroß, dunkelgrün, oft dick und rau; Unterseite graugrün, kurz weichhaarig. Blüten halbfruchtbar, spät; Staubblätter zurückgebogen.

Frucht spät, lange haltbar. Die Trauben sind groß, zylindrisch, oft mit einer langen, einzelnen Schulter, kompakt. Beeren groß, oval, dunkel, mattrot, mit dünnem Belag bedeckt, stark anhaftend; Haut dünn, zäh, anhaftend; Fleisch hellgrün, zart, fadenförmig, weinig, fuchsartig, süß; gut bis sehr gut. Anhaftende Samen, mittelgroß und lang, breit, stumpf.

ROCHESTER

(Labrusca, Vinifera)

Die Frucht von Rochester ist eine großtraurige rote Traube, schön und von sehr guter Qualität. Die Rebe wächst kräftig, ist ertragreich und frei von Krankheiten. Die Sorte ist schwer zu vermehren und daher bei Gärtnern nicht beliebt. Die Trauben sind süß, reichhaltig und weinig, sollten jedoch sofort nach der Reife verwendet werden, da sie sich nicht gut halten und die Beeren schnell von der Traube zerspringen. Als attraktive frühe rote Rebsorte ist Rochester einen Platz im Garten und an bevorzugten Standorten für einen besonderen Markt wert. Ellwanger und Barry, Rochester, New York, züchteten 1867 Rochester aus gemischten Samen von Delaware, Diana, Concord und Rebecca.

Rebe kräftig, robust, produktiv. Stöcke lang, dunkelrotbraun; Knoten vergrößert, abgeflacht; Internodien kurz; Ranken intermittierend, lang, zwei- oder dreigeteilt. Blätter groß; Oberseite hellgrün, glänzend, glatt; Unterseite graugrün, kurz weichhaarig; Lappen eins bis drei mit spitzem Ende; Blattstielhöhle tief; Basalishöhle fehlt; seitlicher Sinus flach; Zähne flach. Blüten fruchtbar, Zwischensaison; Staubblätter aufrecht.

Obst ist nicht gut haltbar. Büschel groß, breit, spitz zulaufend, meist einschultrig, kompakt; Stiel kurz, schlank mit wenigen Warzen; Pinsel schlank, gelblich-braun. Beeren mittelgroß, oval, purpurrot, matt mit dünner, lila Blüte, vom Blütenstiel abfallend, weich; Haut dick, zäh, zur Rissbildung neigend, frei, ohne Pigment, adstringierend; Fruchtfleisch hellgrün, transparent, saftig, zart, feinkörnig, weinig, süß; gut bis sehr gut. Samen frei, ein bis drei, groß, kurz, breit, dunkelbraun.

TAFEL XXXII. – Wyoming ($\times 2/3$).

ROMMEL

(Labrusca, Vulpina , Vinifera)

Rommel wird im Norden selten angebaut, da es den Reben an Robustheit, Winterhärte und Produktivität mangelt und sie anfällig für die Zikade sind; und die Trauben erreichen keine hohe Qualität und reißen beim Reifen. Die Traube und die Beere sind in Form, Größe und Farbe attraktiv. Im besten Fall ist Rommel eine gute Tafeltraube und ergibt einen guten Weißwein. Es lohnt sich, im Süden anzubauen. TV Munson, Denison, Texas, gründete Rommel im Jahr 1885 aus Samen der von Triumph bestäubten Elvira und führte sie 1889 ein.

Im Süden kräftige Rebe. Stöcke lang, zahlreich, dick, rotbraun, Oberfläche aufgeraut; Knoten vergrößert, oft abgeflacht; Internodien kurz; Ranken intermittierend, lang, zwei- oder dreigeteilt. Blätter mittelgroß, rund, dick; Oberseite hellgrün, matt, rau; Unterseite blassgrün, frei von Behaarung, aber leicht behaart; Blatt nicht gelappt, Ende spitz bis zugespitzt; Blattstielhöhle tief, schmal, oft geschlossen und überlappend; Basaler Sinus fehlt; seitlicher Sinus flach, wenn vorhanden; Zähne tief. Blüten halbfruchtbar, spät; Staubblätter aufrecht.

Obst in der Zwischensaison, gut verschiffbar und haltbar. Blütenstände mittelgroß bis kurz, breit, zylindrisch, einschultrig, kompakt; Stiel schlank, glatt; Pinsel kurz, hellgrün. Beeren groß, rundlich, hellgrün mit gelbem Schimmer, glänzend, haltbar, fest; Haut dünn, stark rissig, empfindlich, festhaftend, ohne Pigment oder Adstringenz; Fruchtfleisch grünlich, durchscheinend, saftig, zart, schmelzend, fadenziehend, süß; mittelmäßig bis gut. Samen frei, ein bis vier, breit, spitz, rundlich, braun.

ROSAKI

(Vinifera)

Rosaki ist eine Tafel- und Rosinentraube aus Südosteuropa und Kleinasien. Nach Angaben einiger kalifornischer Baumschulbetriebe wird sie in diesem Bundesstaat unter dem Namen Dattier de Beyrouth angebaut , obwohl aus französischen Beschreibungen hervorgeht, dass es eine separate, sehr späte Sorte mit dem letztgenannten Namen gibt. Rosaki ähnelt Malaga und es besteht die Möglichkeit, dass es in einigen wärmeren Teilen des Ostens als Ersatz für letzteren kommerziell angebaut wird. Die Sorte scheint am Pazifikhang kaum angebaut zu sein.

Reben kräftig, meist sehr produktiv. Blätter groß, rundlich, runzlig, meist fünflappig; Endlappen zugespitzt; Blattstielhöhle mäßig tief bis tief, mittelbreit; unterer seitlicher Sinus flach, breit, gelegentlich fehlend; oberer seitlicher Sinus flach bis mittel, breit; Ränder breit und stumpf gezähnt. Die Früchte reifen in der dritten Oktoberwoche und behalten ihre hervorragenden Eigenschaften; Büschel groß, locker, spitz zulaufend, schulterförmig; Beeren groß bis sehr groß, oval bis länglich oval, hellgelbgrün; Fleisch durchscheinend, zart, fleischig, weinig, lebhaft; Qualität gut bis sehr gut.

ROSE VON PERU

(Vinifera)

Rose of Peru ist eine beliebte Tafeltraube in Kalifornien, die mit Black Prince verwechselt wird und möglicherweise mit dieser identisch ist. Seine wichtigsten lobenswerten Merkmale sind sein schönes Aussehen, die hohe Qualität der Früchte und die sehr produktiven Reben. Es ist nicht für den Versand geeignet und kommt nicht in großem Umfang in den Handel. Die Saison ist so spät, dass es sich im Osten kaum lohnt, die Sorte zu probieren, und doch ist sie in Genf, New York, zu günstigen Jahreszeiten gereift. Folgende Beschreibung wird zusammengestellt:

Rebe kräftig, gesund, produktiv; Holz kurzgliedrig, dunkelbraun. Blätter mittelgroß; Oben tiefgrün, unten hellgrün und filzig. Trauben sehr groß, schulterlang, sehr locker, oft dürr; Beere groß, rund, schwarz mit festem, knisterndem Fruchtfleisch; Haut eher dünn und zart; Geschmack süß und reichhaltig; Qualität sehr gut bis bestens. Saison spät, recht gut haltbar, aber nicht gut verschiffbar.

SALEM

(Labrusca, Vinifera)

Rogers' Nr. 22, Rogers' Nr. 53

Salem (Tafel XXVII) ist diejenige von Rogers' Hybriden, an die der Urheber am meisten gedacht haben soll und der er den Namen seines Wohnortes gab. Die beiden Hauptfehler, Unproduktivität und Anfälligkeit für Mehltau, sind nicht an allen Orten zu finden, und in diesen Bezirken, in der Nähe guter Märkte, sollte Salem als Handelsfrucht einen hohen Stellenwert haben. Die Rebe ist robust, kräftig und produktiv und trägt schöne Früchte von hoher Qualität. Diese Sorte wurde 1867 von Rogers auf den Namen Salem getauft, zwei Jahre früher als seine anderen Hybriden.

Rebe kräftig, robust, unterschiedlich produktiv. Stöcke lang, dunkelbraun; Knoten vergrößert; Ranken kontinuierlich oder intermittierend, lang, zwei- oder dreigeteilt. Blätter unterschiedlich groß; Oberseite dunkelgrün, matt; Unterseite blassgrün mit leichtem Bronzestich, kurz weichhaarig; Lappen eins bis drei mit spitzem Ende; Blattstielhöhle tief, schmal, oft überlappend; Basaler Sinus fehlt; Seitenhöhle flach, schmal, eingekerbt. Blüten steril, Zwischensaison; Staubblätter zurückgebogen.

Fruchtt früh, ist haltbar und lässt sich gut versenden. Trauben groß, kurz, breit, spitz zulaufend, stark schulterförmig, kompakt; Stiel kurz, dick mit kleinen Warzen, am Ansatzpunkt der Beere vergrößert; Pinsel kurz, hellgrün. Beeren groß, rund, dunkelrot, matt, hartnäckig, weich; Haut dick, anhaftend, ohne Pigment, adstringierend; Fleisch durchscheinend, saftig, zart, fadenförmig, feinkörnig, weinig, lebhaft; gut bis sehr gut. Samen eins bis sechs, groß, lang und breit, stumpf, braun.

SCUPPERNONG

(Rotundifolia)

Amerikanischer Muscadine, Bull, Bullace, Bullet, Fox Grape, Green Scuppernong, Green Muscadine, Hickman, Muscadine, Roanoke

Scuppernong ist vor allem die Rebsorte des Südens, der Hauptvertreter der großen Art *V. rotundifolia* , die in natürlicher Üppigkeit von Delaware und

Maryland bis zum Golf und westlich vom Atlantik bis nach Arkansas und Texas vorkommt. Scuppernong-Reben findet man auf Lauben, in Gärten oder halb wild, auf Bäumen und Zäunen auf fast jedem Bauernhof in den südatlantischen Staaten. Diese Reben werden in der Regel kaum bewirtschaftet, sind unbeschnitten und erhalten keinerlei Pflege; aber selbst wenn sie vernachlässigt werden, bringen sie große Ernten hervor. Die Reben sind nahezu immun gegen Mehltau, Fäulnis, Reblaus oder andere Pilz- oder Insektenschädlinge; Sie bringen nicht nur eine Fülle von Früchten hervor, sondern werden auch wegen ihres Schattens und ihrer Schönheit an Lauben und Spalieren sehr geschätzt. Für den Gaumen, der an andere Trauben gewöhnt ist, ist die Frucht nicht sehr akzeptabel, da sie einen moschusartigen Geschmack und einen etwas abstoßenden Geruch hat, der jedoch mit zunehmender Vertrautheit recht angenehm wird. Das Fruchtfleisch ist süß und saftig, aber es fehlt ihm an Spritzigkeit. Die Trauben sind nicht für den Verkauf geeignet, da die Beeren bei der Reifung von der Traube fallen und mehr oder weniger mit Saft verschmiert werden, so dass ihr Aussehen nicht appetitlich ist.

Wüchsige Rebe, im Norden nicht winterhart, sehr ertragreich. Stöcke lang, zahlreich, schlank, aschgrau bis graubraun; Oberfläche glatt, dicht mit kleinen, hellbraunen Punkten bedeckt; Ranken unterbrochen, einfach. Blätter klein, dünn; Oberseite hellgrün, glatt; Unterseite sehr blassgrün, entlang der Rippen kurz weichhaarig; Venen unauffällig. Blüht sehr spät; Staubblätter zurückgebogen.

Früchte spät, reifen ungleichmäßig, Beeren fallen mit zunehmender Reife ab. Büschel klein, rund, schulterfrei, locker. Beeren in wenigen Büscheln, groß, rund, mattgrün, oft mit braunem Schimmer, fest; Haut dick, zäh mit vielen kleinen rostroten Punkten; Fruchtfleisch hellgrün, saftig, zart, weich, feinkörnig, fuchsig, süß bis angenehm säuerlich; mittelmäßig bis gut. Samen anhaftend, groß, kurz, breit, ungekerbt, stumpf, rundlich, Oberfläche glatt, braun.

SEKRETÄR

(Vinifera, Vulpina , Labrusca)

Aufgrund der Schädigung durch Mehltau und Fäulnis, die Blätter, Früchte und junges Holz befallen, können die Reben von Secretary nur in außergewöhnlichen Jahreszeiten und an bevorzugten Standorten gute Trauben produzieren. Der Fruchtcharakter von Secretary verleiht den Trauben jedoch eine außergewöhnlich hohe Qualität. Die Beeren sind fleischig und dennoch saftig, feinkörnig und zart, mit einem süßen, würzigen, weinigen Geschmack. Die Trauben sind groß, gut geformt, mit mittelgroßen, violettschwarzen Beeren, die mit dichter Blüte bedeckt sind und eine sehr schöne Traube bilden. Während die Rebe und das Laub ein wenig denen von

Clinton, einem ihrer Eltern, ähneln, ist die Sorte bei weitem nicht so robust, kräftig und produktiv. Darüber hinaus ist seine Reife an allen außer den bevorzugten Standorten im Norden etwas ungewiss. Diese Mängel verhindern, dass der Secretary kommerziell von Bedeutung wird und machen ihn nur für den Amateur von Wert. Secretary ist eine der ersten Produktionen von JH Ricketts, Newburgh, New York. Die ursprüngliche Rebe stammt aus Clinton-Samen, die von Muscat Hamburg gedüngt und 1867 gepflanzt wurden.

Rebe kräftig, zweifelhaft winterhart, unterschiedlich produktiv. Zahlreiche Triebe, hellbraun, an den Knoten auffällig dunkler, Oberfläche mit dünnem, blauem Belag bedeckt; Ranken intermittierend, gespalten. Blätter klein bis mittelgroß, dünn; Oberseite hellgrün, matt, glatt; Unterseite blassgrün, kahl. Blüten halbfruchtbar, früh; Staubblätter aufrecht.

Die Frucht reift nach Concord, ist haltbar und lässt sich gut versenden. Die Trauben sind groß, lang, zylindrisch mit einer großen, einzelnen Schulter, oft locker und mit vielen Fehlfrüchten. Beeren groß, rund, am Stiel abgeflacht, dunkelviolettschwarz, glänzend, hartnäckig, fest; Haut zäh mit weinfarbenem Pigment; Fruchtfleisch grün, saftig, feinkörnig, zart, weinig, süß; Gut. Samen frei, groß, breit, gekerbt, lang, dunkelbraun.

SENASQUA

(Labrusca, Vinifera)

Der Rebe von Senasqua mangelt es an Kraft, Widerstandsfähigkeit, Produktivität und Gesundheit. Die Trauben sind von guter Qualität und erreichen bei gutem Wachstum die durchschnittlichen Früchte der Labrusca-Vinifera-Hybriden. Leider neigen die Beeren dazu, zu platzen, was dadurch noch verstärkt wird, dass die Trauben so kompakt sind, dass die Beeren überfüllt sind. Senasqua gehört zu den Rebsorten, die ihre Knospen erst spät öffnen, und wird daher selten durch Spätfröste geschädigt. Der Abwechslung halber ist sie nur für den Garten zu empfehlen. Stephen W. Underhill aus Crown Point, New York, hat Senasqua aus Samen von Concord gezüchtet, die von Black Prince bestäubt wurden.

Die Rebe ist schwach und zart, oft unproduktiv. Stöcke kurz, wenige, rotbraun; Knoten vergrößert, abgeflacht; Ranken intermittierend, lang, trifid oder bifid. Blätter hellgrün, glänzend, rau; Unterseite weißlichgrün, kurz weichhaarig; Blatt normalerweise nicht gelappt mit spitzem Ende; Blattstielhöhle schmal; Basal- und Seitennebenhöhlen sind flach und schmal, sofern vorhanden. Blüten fruchtbar, spät; Staubblätter aufrecht.

Frucht etwas später als Concord, gut haltbar. Büschel groß, breit, unregelmäßig spitz zulaufend, meist mit einer kleinen, einzelnen Schulter, sehr kompakt; Stiel dick, glatt, an der Ansatzstelle vergrößert; Pinsel kurz, rötlich. Beeren groß, rund, rotschwarz, hartnäckig, fest; Haut dick, zart, rissig, anhaftend, enthält etwas weinfarbenes Pigment; Fleisch grün, durchscheinend, saftig, zart, fleischig, weinig, würzig; Gut. Samen frei, ein bis fünf, lang, schmal, einseitig, hellbraun.

SULTANIN

(Vinifera)

Früher war diese Sorte in Kalifornien die Standardtraube ohne Kerne für den Hausgebrauch und für Rosinen, heute wird sie jedoch von der Sorte Sultanina überholt . Sultaninen haben möglicherweise einen besseren Geschmack als Sultaninen , aber die Reben sind nicht so kräftig oder produktiv und die Beeren haben oft Samen. Die Beschreibung ist zusammengestellt.

Reben kräftig, aufrecht, produktiv. Blätter groß, fünflappig, mit großen Nebenhöhlen, heller Farbe, grob gezähnt. Trauben groß, lang, zylindrisch, stark geschultert, manchmal nicht gut gefüllt, oft locker und dürr; Beeren klein, rund, fest und knackig, goldgelb, süß mit deutlicher Schärfe; Qualität gut.

SULTANINEN

(Vinifera)

Thompsons kernlos

Sultanina ist eine der kernlosen Standardtrauben des Pazifikhangs, die sowohl zum Selbstverzehr als auch zur Herstellung von Rosinen angebaut wird. Wahrscheinlich kann es auf heimischen Plantagen in bevorzugten Teilen Ostamerikas angebaut werden, wo die Jahreszeit lang und warm ist. Die folgende Beschreibung wurde von kalifornischen Weinbauern zusammengestellt:

Rebe sehr kräftig, sehr produktiv; Stamm groß mit sehr langen Stöcken. Blätter auf beiden Seiten kahl, oben dunkelgelbgrün, unten hell; im Allgemeinen dreilappig, mit flachen Nebenhöhlen; Zähne kurz und stumpf. Bündel groß, konisch -zylindrisch, gut gefüllt, mit krautigen Stielen; Beeren oval, schöne goldgelbe Farbe; Haut mäßig dick; Fruchtfleisch mit eher neutralem Geschmack; sehr gut.

TAYLOR

(Vulpina , Labrusca)

Bullitt

Während wir bei der Art, zu der die Taylor gehört, unsere widerstandsfähigsten Reben suchen müssen, gedeihen diese Traube und ihre Nachkommen zwar nicht kälteempfindlich, gedeihen aber am besten in südlichen Regionen, da sie einen langen, warmen Sommer benötigen, um richtig zu reifen. Die Qualität der Taylor-Früchte ist mittelmäßig bis gut, der Geschmack ist süß, rein, zart und würzig und das Fruchtfleisch zart und saftig; Aber die Trauben sind klein und die Blüten sind unfruchtbar, so dass die Beeren nicht gut ansetzen und sehr unvollkommene und unansehnliche Trauben bilden. Außerdem weist die Schale starke Risse auf, ein Defekt, der offenbar auf viele Sämlinge dieser Sorte übertragen wird. Die Rebe ist stark, gesund, robust, aber nicht sehr produktiv. Die ursprüngliche Rebe von Taylor war ein wilder Sämling, der zu Beginn des letzten Jahrhunderts in den Cumberland Mountains nahe der Grenze zwischen Kentucky und Tennessee von einem Mr. Cobb gefunden wurde.

Rebe kräftig, gesund, winterhart, unterschiedlich produktiv. Blätter klein, attraktiv gefärbt, glatt. Blumen blühen früh; Staubblätter zurückgebogen.

Die Früchte reifen etwa zwei Wochen vor Isabella. Büschel klein bis mittelgroß, schulterförmig, locker oder mäßig kompakt. Beeren klein bis mittelgroß, rundlich, blass grünlich-weiß, manchmal bernsteinfarben gefärbt; Haut sehr dünn; Fruchtfleisch süß, würzig; mittelmäßig bis gut in der Qualität.

TRIUMPH

(Labrusca, Vinifera)

Wenn man Qualität, Farbe, Form und Größe der Traube und Beere berücksichtigt, ist Triumph (Platte XXVIII) eine der besten Desserttrauben Amerikas. Im besten Fall ist es eine prächtige Traube goldener Trauben von höchster Qualität, die sogar in Südeuropa geschätzt wird, wo sie mit den besten Viniferas konkurrieren muss. In Amerika wird ihre kommerzielle Bedeutung jedoch dadurch eingeschränkt, dass die Frucht eine lange Saison für die richtige Entwicklung benötigt. Triumph weist im Allgemeinen die Rebenmerkmale des Labrusca-Elternteils Concord auf, insbesondere seine Wuchsgewohnheiten, seine Kraft, seine Produktivität und seine Laubeigenschaften, weist aber eine unzureichende Winterhärte, Resistenz gegen Pilzkrankheiten und Frühzeitigkeit der Früchte auf, wobei die Früchte mit oder nur wenig reifen später als Catawba. Während die Weincharaktere von Triumph denen von Labrusca ähneln, gibt es kaum einen Hinweis auf die Grobheit oder den fuchsigen Geruch und Geschmack von Labrusca, und die unangenehmen Kerne, das Fruchtfleisch und die Schale der einheimischen Traube weichen den weitaus weniger unangenehmen Strukturen von Vinifera. Das Fruchtfleisch ist zart und schmelzend und der Geschmack reichhaltig, süß, weinig, rein und delikat. Die Schalen der Beeren reißen unter ungünstigen Bedingungen stark, die Sorte ist daher weder versand- noch gut haltbar. Triumph wurde kurz nach dem Bürgerkrieg von George W. Campbell, Delaware, Ohio, aus Samen von Concord gezüchtet, die von Chasselas gedüngt wurden Musque .

Rebe kräftig. Stöcke lang, dunkelbraun mit viel Blüte; Knoten vergrößert; Ranken intermittierend, lang, trifid, manchmal bifid. Blätter groß; Oberseite hellgrün, matt, rau; Unterseite grauweiß, kurz weichhaarig; Blatt normalerweise nicht gelappt mit stumpfem Ende; Blattstielhöhle tief, schmal, oft geschlossen und überlappend; Basalishöhle fehlt; seitlicher Sinus flach und schmal, wenn vorhanden; Zähne tief, breit. Blüten selbstfruchtbar, spät; Staubblätter aufrecht.

Frucht sehr spät. Trauben sehr groß, lang, breit, zylindrisch, manchmal einschultrig, kompakt; Stiel schlank, glatt; Pinsel kurz, gelbgrün. Beeren mittelgroß, oval, goldgelb, glänzend mit starker Blüte, langlebig, fest; Haut dünn, zur Rissbildung neigend, anhaftend, ohne Pigment, leicht adstringierend; Fruchtfleisch hellgrün, durchscheinend, saftig, feinkörnig, zart, weinig; gut bis sehr gut. Samen frei, eins bis fünf, klein, braun.

ULSTER

(Labrusca, Vinifera)

Die Reben von Ulster tragen zu viele Früchte, obwohl man versucht hat, die Ernte durch Beschneiden zu kontrollieren; Zwei unerwünschte Folgen sind die Folge: Die Trauben sind klein und die Reben, denen es bestenfalls an Kraft mangelt, erholen sich nicht von der Überfruchtbarkeit . Diese Mängel verhindern, dass die Sorte kommerziell Bedeutung erlangt oder sogar als Gartentraube beliebt wird. Die Qualität der Früchte ist sehr gut und ähnelt der von Catawba. Unter günstigen Bedingungen ist die Frucht attraktiv grün mit einem roten Schimmer. Die Früchte sind gut haltbar, wenn die Sorte unter geeigneten Bedingungen angebaut wird. Ulster entstand bei AJ Caywood , Marlboro, New York, und wurde von ihm etwa 1885 eingeführt. Seine Eltern sollen Catawba sein, die von einer wilden Æstivalis bestäubt werden . Sowohl der Weinstock als auch die Früchte weisen Spuren von Labrusca und Vinifera auf, die Æstivalis- Merkmale, falls vorhanden, sind jedoch nicht erkennbar.

Rebe winterhart, produktiv, überragend. Stöcke kurz, schlank, dunkelbraun, Oberfläche aufgeraut und mit schwacher Behaarung bedeckt; Knoten vergrößert und abgeflacht; Internodien kurz; Ranken vereinzelt, gespalten, früh auseinanderbrechend. Blätter klein, dick; Oberseite hellgrün, glänzend, glatt; Unterseite grauweiß, kurz weichhaarig; Blatt normalerweise nicht gelappt mit spitzem Ende; Blattstielhöhle mittel bis breit; Basalishöhle fehlt;

seitlicher Sinus eine Kerbe, falls vorhanden; Zähne flach, breit. Blüten selbstfruchtbar, früh; Staubblätter aufrecht.

Früchte spät in der Zwischensaison. Trauben lang, zylindrisch, oft einschultrig, kompakt; Stiel schlank, mit zahlreichen Warzen; Pinsel kurz, gelbgrün. Beeren mittelgroß, rund, dunkel mattrot mit dünner Blüte, langlebig; Haut dick, zäh, anhaftend, adstringierend; Fruchtfleisch hellgrün, durchscheinend, saftig, zart, feinkörnig, schwach aromatisch, leicht fuchsig; gut bis sehr gut. Samenfrei, ein bis sechs, mittelgroß, rundlich, braun.

VERDAL

(Vinifera)

Aspiran Blanc

Verdal ist eine der Standard-Spättrauben des pazifischen Hangs und reift als eine der letzten. Die Trauben sind auf entfernten Märkten selten zu sehen und die Qualität ist nicht gut genug, um sie zu einem sehr beliebten Wein für heimische Plantagen zu machen. Kraft und Widerstandsfähigkeit der Reben loben sie ebenso wie die großen und schönen Früchte, und diese Eigenschaften, zusammen mit der späten Reifung, werden sie wahrscheinlich lange auf den Traubenlisten im fernen Westen halten. Die Beschreibung ist zusammengestellt.

Reben kräftig, robust, gesund und produktiv; Stöcke eher schlank, halb aufrecht. Blätter mittelgroß, auf beiden Oberflächen kahl, außer unten in der Nähe der Achse des Hauptnervs; Die Nebenhöhlen sind gut ausgeprägt und im Allgemeinen geschlossen, wodurch das Blatt den Anschein erweckt, als hätte es fünf Löcher. Zähne lang, ungleich, spitz. Trauben groß bis sehr groß, unregelmäßig, langkonisch, meist kompakt; Schultern klein oder fehlend; Beeren groß bis sehr groß, gelbgrün; Haut dick, aber zart; Fleisch knackig, fest; Geschmack angenehm, aber nicht reichhaltig; Qualität gut. Sehr spät reifen, gut lagern und transportieren.

VERGENNES

(Labrusca)

Das wertvollste Attribut von Vergennes (Tafel XXIX) ist die Gewissheit in der Haltung. Die Rebe versagt selten, obwohl sie oft zu viel trägt, was zu Schwankungen in der Größe der Früchte und der Reifezeit führt. Bei mäßiger Ernte reifen die Trauben bei Concord, bei starker Belastung jedoch ein bis zwei Wochen später. Vergennes ist bei Winzern etwas unbeliebt, da die Rebstöcke so ausladend sind, dass sie für den Weinbau unbrauchbar sind. Dieser Fehler wird durch die Veredelung mit anderen Reben behoben. Die

Trauben sind attraktiv, die Qualität ist gut, der Geschmack angenehm, das Fruchtfleisch zart und Kerne und Schale sind nicht zu beanstanden. Vergennes ist die Standardtraube für die späte Lagerung in nördlichen Regionen und ist auf den Märkten noch im Januar weit verbreitet. Die ursprüngliche Rebe war ein zufälliger Sämling im Garten von William E. Greene, Vergennes, Vermont, im Jahr 1874.

Die Rebe ist unterschiedlich stark, zweifelhaft winterhart, ertragreich und gesund. Stöcke lang, dunkelbraun; Knoten vergrößert, stark abgeflacht; Ranken durchgehend, lang, zwei- oder dreigeteilt. Blätter groß, dünn; Oberseite hellgrün, glänzend, rau; Unterseite blassgrün, stark kurz weichhaarig; Blatt normalerweise nicht gelappt mit breit spitzem Ende; Blattstielhöhle breit; Zähne flach. Blüten halbsteril, Zwischensaison; Staubblätter aufrecht.

Späte Frucht, gut haltbar und versandfähig. Mittelgroße Büschel, breit, zylindrisch, manchmal einschultrig, locker; Stiel mit zahlreichen kleinen Warzen; Pinsel schlank, kurz, hellgrün. Beeren groß, oval, hell- und dunkelrot mit dünner Blüte, langlebig; Haut dick, zäh, anhaftend, adstringierend; Fruchtfleisch hellgrün, saftig, feinkörnig, etwas fadenziehend, zart, weinig; gut bis sehr gut. Samen frei, eins bis fünf, stumpf, braun.

WALTER

(Vinifera, Labrusca, Bourquiniana)

Wäre es nicht nahezu unmöglich, gesunde Walter-Reben anzubauen, würde die Sorte unter den amerikanischen Rebsorten einen Spitzenplatz einnehmen. Aufgrund der Verkümmerung durch Pilze, die Blätter, junges Holz und Früchte befallen, ist es jedoch nur in außergewöhnlich günstigen Jahreszeiten möglich, Nutzpflanzen dieser Sorte zufriedenstellend zu produzieren. Neben der Anfälligkeit für Krankheiten sind die Reben anspruchsvoll gegenüber Böden, überall im Wachstum unterschiedlich und werden in kalten Wintern geschädigt. Wie um die Fehler des Weinstocks zu sühnen, ist die Frucht von Walter nahezu perfekt, es fehlt ihr nur die Größe der Traube und der Beere. Die Traube und Beere ähneln denen von Delaware, aber die Frucht ist nicht so hochwertig wie die ihrer Eltern. Walter ist an die Bedingungen angepasst, unter denen Delaware gedeiht. AJ Caywood , Modena, New York, züchtete diese Sorte um 1850 aus Samen von Delaware, die von Diana bestäubt wurden.

Rebe kräftig. Stöcke mittellang und groß, dunkelrotbraun mit dünner Blüte; Knoten vergrößert, abgeflacht; Ranken intermittierend, gespalten. Blätter dick; Oberseite dunkelgrün, glänzend, glatt; Unterseite bronzefarben gefärbt, stark kurz weichhaarig; Lappen eins bis drei mit spitzem Ende;

Blattstielhöhle schmal; Basaler Sinus fehlt; lateraler Sinus eine Kerbe, falls vorhanden. Blumen in der Zwischensaison; Staubblätter aufrecht.

Fruchtt früh, ist haltbar und lässt sich gut versenden. Traube mittelgroß, breit, zylindrisch, meist einschultrig, kompakt; Stiel schlank, mit kleinen, verstreuten Warzen; Pinsel kurz, schlank, grün mit braunem Schimmer. Beeren klein, eiförmig, rot, glänzend mit dünner Blüte, hartnäckig, fest; Haut sehr zäh, leicht verklebt, unpigmentiert; Fruchtfleisch hellgrün, durchscheinend, saftig, zäh, etwas fuchsartig, weinig, aromatisch; gut bis sehr gut. Anhaftende Samen, ein bis vier, klein, spitz, hellbraun.

WILDER

(Labrusca, Vinifera)

Die Frucht von Wilder wird in Qualität und Aussehen von anderen Hybriden von Rogers übertroffen, aber die Rebe ist die zuverlässigste dieser Hybridsorten, sie ist kräftig, robust, produktiv und, obwohl etwas anfällig für Mehltau, genauso gesund wie alle anderen . Wilder ist auf den Märkten nicht so bekannt, wie es sein sollte, und jetzt, da Pilzkrankheiten durch Sprühen bekämpft werden können, sollte es häufiger in kommerziellen Weinbergen gepflanzt werden, insbesondere für lokale Märkte. Wilder ist eine der 45 Labrusca-Vinifera-Hybriden, die von ES Rogers, Salem, Massachusetts, gezüchtet wurden und erstmals 1858 beschrieben wurden.

Rebe kräftig, winterhart, produktiv, anfällig für Mehltau. Stöcke lang, zahlreich, rotbraun, an den Knoten dunkler; Internodien lang; Ranken intermittierend, bifid oder trifid. Blätter groß, unregelmäßig rund; Oberseite dunkelgrün , glänzend, glatt; Unterseite blassgrün, kurz weichhaarig; normalerweise nicht gelappt mit spitzem Ende; Blattstielhöhle tief, schmal, oft geschlossen und überlappend; Basaler Sinus fehlt; Sinus lateralis flach, schmal oder, wenn vorhanden, nur eine Kerbe. Blüten selbststeril, Zwischensaison; Staubblätter zurückgebogen.

Früchte früh in der Zwischensaison, gut haltbar und versandfähig. Trauben unterschiedlicher Größe, kurz, breit, spitz zulaufend, stark einschultrig, locker; Stiel lang, dick mit zahlreichen Warzen; Pinsel dick, grün mit einem Hauch von Rot. Beeren groß, oval, violettschwarz mit kräftiger Blüte, hartnäckig, fest; Schale dick, am Fruchtfleisch haftend, mit leuchtend rotem Pigment, adstringierend; Fleisch grün, durchscheinend, saftig, zart; Gut. Anhaftende Samen, eins bis fünf, lang, hellbraun.

WINCHELL

(Labrusca, Vinifera, Æstivalis)

Die Reben von Winchell (Tafel XXX) sind kräftig, robust, gesund, produktiv und die Früchte sind früh, von hoher Qualität und gut haltbar – insgesamt eine höchst bewundernswerte frühe Traube. Es gibt einige kleinere Fehler, die zu Nachteilen in der Kultur von Winchell werden. Die Beeren und unter bestimmten Bedingungen auch die Trauben sind klein und die Traube ist locker mit einer großen Schulter. Manchmal wird diese Lockerheit so ausgeprägt, dass ein vereinzelter, schlecht geformter Cluster entsteht; und wenn die Schulter so groß ist wie die Traube selbst, was oft vorkommt, macht sie die Traube unansehnlich. Die Schale der Trauben ist bei voller Reife ein schwerwiegender Fehler. Während die Ernte normalerweise gleichmäßig reift, gibt es Jahreszeiten, in denen aufgrund der ungleichmäßigen Reifung zwei Ernten erforderlich sind. Schließlich ist die Schale dünn und in ungünstigen Jahreszeiten besteht die Gefahr, dass die Beeren platzen, obwohl dies selten ein schwerwiegender Fehler ist. Diese Mängel kompensieren nicht die zahlreichen guten Eigenschaften der Winchell-Traube, die sie zur standardmäßigen frühen grünen Traube machen, die es verdient, zu den besten frühen Trauben jeder Farbe gezählt zu werden. Die ursprüngliche Rebe wurde um 1850 von James Milton Clough, Stamford, Vermont, aus Samen einer unbekannten violetten Traube gezüchtet.

Rebe kräftig, robust, gesund, sehr produktiv. Stöcke lang, zahlreich, schlank, dunkelbraun mit dünner Blüte; Knoten vergrößert, abgeflacht; Ranken kontinuierlich, manchmal intermittierend, gespalten. Blätter groß; Oberseite hellgrün, glänzend, glatt; Unterseite mattgrün, bronzefarben gefärbt, leicht kurz weichhaarig; Lappen drei bis fünf mit spitzem Endlappen; Blattstielhöhle tief; Basalhöhle flach; Zähne flach, breit. Blüten fruchtbar, Zwischensaison; Staubblätter aufrecht.

Fruchtt früh, ist haltbar und lässt sich gut versenden. Trauben lang, schlank, zylindrisch, oft mit langer Schulter, kompakt; Stiel kurz, schlank mit wenigen unauffälligen Warzen; Pinsel grünlich-weiß. Beeren klein, rund, hellgrün, haltbar, weich; Haut mit kleinen, rotbraunen Flecken, dünn, zart, leicht adstringierend; Fruchtfleisch grün, durchscheinend, saftig, zart, feinkörnig; süß; sehr gut bis bestens. Samen frei, ein bis vier, klein, rundlich, breit und lang, stumpf, braun.

WALDMEISTER

(Labrusca, Vinifera?)

Waldmeister ist eine hübsche, auffällige, ziegelrote Traube mit großen Trauben und Beeren, aber ihr Geschmack täuscht über ihr Aussehen hinweg, denn das Fruchtfleisch ist grob und der Geschmack dürftig. Die Sorte wäre keine Aufmerksamkeit wert, wenn sie nicht über einen hervorragenden

Rebcharakter verfügt. Die Reben sind robust, ertragreich und gesund. Die Trauben reifen kurz vor Concord und kommen zu einem günstigen Zeitpunkt auf den Markt, insbesondere für eine rote Traube. Woodruff stammte aus CH Woodruff, Ann Arbor, Michigan, als zufälliger Sämling, der 1874 aufkam und 1877 erstmals Früchte trug.

Rebe sehr wüchsig, winterhart. Stöcke dunkelbraun; Knoten vergrößert, abgeflacht; Ranken durchgehend, bifid oder trifid. Blätter rund; Oberseite hellgrün, matt, rau; Unterseite grünlich-weiß, kurz weichhaarig; Blatt normalerweise nicht gelappt mit spitzem Ende; Blattstielhöhle breit; Basaler Sinus fehlt; seitlicher Sinus flach und schmal, wenn vorhanden; Zähne flach. Blüten halbfruchtbar, früh; Staubblätter aufrecht.

Fruchtreife vor Concord. Blütenstände breit, weit spitz zulaufend, meist einschultrig, kompakt; Stiel kurz, dick, glatt; Pinsel lang, hellgrün. Beeren groß, rund, dunkelrot, matt, fest; Haut dünn, zart, anhaftend, leicht adstringierend; Fleisch hellgrün, durchscheinend, saftig, zäh, grob, sehr fuchsig; mittelmäßig in der Qualität. Anhaftende Samen, eins bis fünf, breit, kurz, rundlich, stumpf, braun.

WORDEN

(Labrusca)

Von den vielen Nachkommen von Concord ist Worden (Tafel XXXI) der bekannteste und verdienstvollste. Die Trauben unterscheiden sich von denen der Concord vor allem dadurch, dass sie größere Beeren und Trauben haben, eine bessere Qualität haben und eine Woche bis zehn Tage früher reifen. Die Rebe ist ebenso robust, gesund, kräftig und produktiv, passt sich jedoch anspruchsvoller an den Boden an, obwohl sie ab und zu sogar noch besser abschneidet. Der Hauptfehler der Sorte besteht darin, dass die Früchte stark platzen, was oft die gewinnbringende Vermarktung einer Ernte verhindert. Abgesehen von dieser Zartheit der Schale ist das Fruchtfleisch von Worden weicher als das von Concord, es gibt mehr Saft und die Haltbarkeitseigenschaften sind nicht so gut, so dass die Trauben kaum so gut haltbar sind wie die der häufiger angebauten Traube. Worden ist in den nördlichen Weinregionen sowohl für kommerzielle Plantagen als auch für den Garten sehr beliebt. Aufgrund der höheren Qualität der Früchte als Concord ist sie ein begehrterer Bewohner des Gartens und eignet sich unter gut geeigneten Bedingungen besser als kommerzielle Sorte, da die Früchte sowohl schöner als auch von besserer Qualität sind. Auf den Märkten sollten die Früchte zu einem höheren Preis als Concord verkauft werden, wenn sie zum sofortigen Verzehr gewünscht werden und wenn sie zeitnah geerntet werden können, da sie nicht gut an den Reben hängen. Ihre frühere Saison ist für eine kommerzielle Sorte gegen sie und wird sie mit den genannten Mängeln weitgehend daran hindern, den Platz von Concord einzunehmen.

Worden wurde von Schuyler Worden, Minetto , Oswego County, New York, aus etwa 1863 gepflanzten Concord-Samen ins Leben gerufen.

Rebe kräftig, robust, gesund, produktiv. Stöcke groß, dick, dunkelbraun mit rötlichem Schimmer; Knoten vergrößert, abgeflacht; Ranken durchgehend, schlank, gespalten, manchmal dreieckig. Junge Blätter sind auf der Unterseite und an den Rändern der Oberseite karminrot gefärbt. Blätter groß, dick; Oberseite dunkelgrün, glänzend, glatt; Unterseite hellbronzefarben, kurz weichhaarig; Blatt meist nicht gelappt; Blattstielhöhle breit, oft urnenförmig; Zähne flach. Blüten fruchtbar, Zwischensaison; Staubblätter aufrecht.

Frucht früh. Büschel groß, lang, breit, spitz zulaufend, meist einschultrig, kompakt; Stiel schlank mit einigen kleinen Warzen; Pinsel lang, hellgrün. Beeren groß, rund, dunkelviolettschwarz, glänzend mit starker Blüte, fest; Die Haut ist empfindlich, reißt stark, haftet leicht, enthält dunkelrote Pigmente und wirkt adstringierend. Fleisch grün, durchscheinend, saftig, feinkörnig, zäh, fuchsartig, süß, mild; gut bis sehr gut. Anhaftende Samen, eins bis fünf, groß, breit, kurz, stumpf, braun.

WYOMING

(Labrusca)

Hopkins Early Red, Wilmington Red, Wyoming Red

Der Wert, den Wyoming (Tafel XXXII) besitzt, liegt in der Widerstandsfähigkeit, Produktivität und Gesundheit der Rebe. Das Aussehen der Früchte ist sehr gut, die Trauben sind gut geformt und bestehen aus kräftig bernsteinfarbenen Beeren mittlerer Größe. Die Qualität ist jedoch schlecht, da sie im Geschmack und Fleischcharakter der wilden Labrusca entspricht. Sie ist bei weitem nicht so wertvoll wie einige der anderen bisher beschriebenen roten Labruscas und kann weder für den Garten noch für den Weinberg empfohlen werden. Wyoming wurde von SJ Parker aus Ithaca, New York, eingeführt, der angibt, dass es 1861 aus Pennsylvania kam.

Rebe kräftig, robust, gesund, produktiv. Stöcke zahlreich, schlank, dunkelrotbraun mit blauer Blüte bedeckt; Knoten vergrößert, häufig abgeflacht; Ranken durchgehend, kurz, gespalten. Blätter von durchschnittlicher Größe und Dicke; Oberseite hellgrün, matt, glatt; Unterseite mattgrün mit bronzefarbenem Schimmer, kurz weichhaarig; Lappen eins bis drei mit spitzem Ende; Blattstielhöhle flach, breit; Basalishöhle fehlt normalerweise; seitlicher Sinus flach und breit, wenn vorhanden; Zähne flach. Blüten steril, Zwischensaison; Staubblätter zurückgebogen.

Frühzeitig fruchtbar, gut haltbar. Trauben schlank, zylindrisch, kompakt; Stiel kurz, schlank mit kleinen Warzen; Pinsel schlank, hellgrün mit braunem Schimmer. Beeren mittelgroß, rund, sattes Bernsteinrot mit dünner Blüte, langlebig, fest; hautempfindlich, anhaftend, adstringierend; Fruchtfleisch hellgrün, durchscheinend, saftig, zäh, fest, stark fuchsig, weinig; schlechte Qualität. Anhaftende Samen, ein bis drei, leicht eingekerbt, hellbraun.

FUSSNOTEN:

[1] Bioletti , Frederic T. *Bericht des Internationalen Weinbaukongresses* , 88. 1915.

[2] Anthony, RD *NY Agr . Exp. Sta., Bul. 632* : 88. 1917.

[3] Bioletti , Frederic T. *Calif. Exp. Sta., Bul. 180* : 135. 1906.

[4] *Ebenda.* , 136–138.

[5] Bioletti , Frederic T. *Calif. Exp. Sta., Bul. 180* : 108–112.

[6] Bioletti , Frederic T. *Calif. Exp. Sta., Bul. 180* : 113–118.

[7] Munson, TV *Foundations of American Grape Culture* , 217. 1909.

[8] Bioletti , Frederic T. *Calif. Exp. Sta., Bul. 180* : 96–97. 1906.

[9] Für einen Bericht über dieses Experiment siehe Bul. 381 des NY Agr . Exp. Sta., Genf.

[10] Zitiert aus Bul. Nr. 381, NY Agr . Exp. Sta.

[11] Jedes Gewicht besteht aus 300 grünen Blättern, je 5 von 60 Ranken. Das erste Blatt hinter dem letzten Cluster wurde ausgewählt.

[12] Der Betrag entspricht dem Hektar Holz, das im Herbst beschnitten wird.

[13] Zahl pro Acre.

[14] Munson, TV *Foundations of American Grape Culture* : 224–227. 1909.

[15] Husmann , George C. und Dearing, Charles. *Muscadine-Trauben. Bul. 709, US Dept. Agr .* : 16–19. 1916.

[16] Der Rest dieses Kapitels wird mit Genehmigung von *Bul erneut veröffentlicht. 246, Calif. Exp. Sta., Vine Pruning in California* , veröffentlicht 1916 von FT Bioletti . Es wird nicht das gesamte Bulletin wiedergegeben, die erneut veröffentlichten Teile werden jedoch wörtlich transkribiert. Alle Abbildungen in diesem Kapitel wurden aus dem Bulletin von Professor Bioletti nachgezeichnet .

[17] Der folgende Bericht basiert auf der Arbeit des Autors am NY Agr . Exp. Sta., über die 1916, 1917 und 1918 vor mehreren Gartenbaugesellschaften berichtet wurde.

[18] Husmann , Geo. C. und Dearing, Charles. *Die Muscadine-Trauben* , US-Abt. Agr . Bul. 273: 33–36. 1913.

[19] Husmann , George CUS Abt. Agr . Bauernbul. Nr. 644.

[20] Husmann , George CUS Abt. Agr . Bul. Nr. 349. 1916.